Plant Ecology
植物生態学

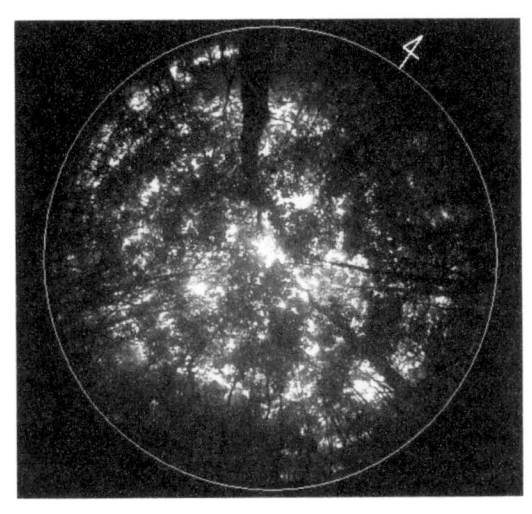

寺島一郎　彦坂幸毅
竹中明夫　大崎　満
大原　雅　可知直毅
甲山隆司　露崎史朗
北山兼弘　小池孝良
著

朝倉書店

執 筆 者

寺島 一郎（てらしま いちろう）	東京大学大学院理学系研究科教授
彦坂 幸毅（ひこさか こうき）	東北大学大学院生命科学研究科助教授
竹中 明夫（たけなか あきお）	（独）国立環境研究所生物多様性研究プロジェクト総合研究官
大崎 満（おおさき みつる）	北海道大学大学院農学研究科教授
大原 雅（おおはら まさし）	北海道大学大学院地球環境科学研究科教授
可知 直毅（かち なおき）	東京都立大学大学院理学研究科教授
甲山 隆司*（こうやま たかし）	北海道大学大学院地球環境科学研究科教授
露崎 史朗（つゆざき しろう）	北海道大学大学院地球環境科学研究科助教授
北山 兼弘（きたやま かねひろ）	京都大学生態学研究センター教授
小池 孝良（こいけ たかよし）	北海道大学北方生物圏フィールド科学センター教授

（執筆順．* は著者代表）

はじめに

　植物は，有機物の一次生産者として，地球上の生物圏の基盤をなしている．その役割に対応して，さまざまな点で植物はユニークな生活の特徴を持っている．植物の生態の理解は，地球環境変化の進行するこの時代に，生態系や自然環境の保全のためにも必須である．

　植物生態学は多岐にわたる分野であり，境界領域との連携も進展している．そのためか，全体を概観する作業が個別の研究の進展に伴わず，ここ20年ものあいだ，日本語で書かれた大学レベルの教科書が刊行されてこなかった．細分化されたそれぞれの領域を理解し，研究に取り組んでいくためには手ごろな解説書があっても，全体を見渡す教科書がないのは不便である．器官や個体レベルの生理生態から，個体群レベルの過程，群集の維持・動態，そして生態系の制御機構という，生態学の扱うさまざまなスケールは，相互に密接に関係しているので，植物生態の機能理解には，総合的な視野が必須である．こうした認識に立って企画・編集されたのが本書である．

　本書は，さまざまなスケールでの植物の生態現象の機能的側面に注目している．地球上の生態現象やパターンの記載も生態学の重要な側面であるが，「なぜ」そうした現象やパターンがあるのか，という問いに，普遍的に答えられるようなプロセスの解明に主眼を置くことで，この分野の骨格がよく把握できるためである．網羅的になることを避けるため，対象は陸上植物に限り，水界の生態学は他書に譲った．また，微生物や動物との相互作用についても，植物の繁殖・栄養獲得や生態系循環という視点から触れるにとどめた．

　本書で強調する植物の特性は，独立栄養，固着生活，そしてモジュール成長である．陸上植物は，大気中の二酸化炭素から光合成を行い，また土壌中の無機塩類を吸収して生体有機物を生合成する，独立栄養生物である．そのために，水中から乾燥した陸上に進化するに伴って，根を張る固着性の生活形と，積み重ね的に地上部・地下部の枝分かれ構造を発達させる個体成長のモジュール性を獲得した．本書は，こうした特性を鍵に，全11章から植物生態の骨格を解説する．

第1章は，これらの特性を大局的に把握するためのロードマップである．植物の生態学を理解するために必須の系統進化，形態，生理，植物地理，地球環境学といった諸関連分野の概説にもなっている．独立栄養生物としての植物の生理生態的な諸特性と多様性は，第2章（光合成生態）と第4章（栄養生態）で述べる．葉で行われる二酸化炭素の同化過程である光合成と，根から吸収されるさまざまな無機栄養塩の同化過程は，植物を特徴づけ，すべてのスケールでの生態現象に深く関わっている．葉と根を結ぶ茎の分枝構造の特性については，第3章で成長のモジュール性に注目して整理し，また固着性・モジュール性に起因した繁殖様式の多様性と，個体群の遺伝的な構造の特性については第5章で述べる．

　植物の個体群（同種の集団）および群集（多種の集団）の生態学は，その固着性・モジュール性に起因する個体性の不明確さや，極端な成長の可塑性を持つため，動物のそれとは異なるアプローチが必要になる．生活史と個体群を解説する第6章では，特にサイズ成長の可塑性を定量的に記述するのに有効な，サイズクラス分布の推移行列モデルについて紹介する．第7章では，空間的な制約のもとに生じる個体間の相互作用が個体群と群集にもたらしている，さまざまなパターンを整理する．第8章では，おなじ資源を利用する種個体群間の関係と，多種が共存する機構について説明し，第9章では，陸上植生を形成する植物群集の種組成の定量的な分析と，広い空間（景観）スケールでの群集パターン解析のための手法を紹介する．

　第10章では，植生と土壌のあいだの栄養動態に注目し，風化を含む長い土壌発達過程と関連づけて陸上生態系の生産と物質循環を説明する．第11章では，陸上の生物生産を規定する植物の生態が，進行する地球環境変化に伴ってどのような影響を受け，また地球環境にフィードバックするかを概説する．

　本書の全体を，学部や大学院の通年の講義だけでカバーするのは少々大変かもしれない．ていねいに書いたつもりであるので，本書を用いて，講義を補い，あるいは独習によって理解を深め，植物のさまざまな生態現象を究明していく手引きとして活用して欲しい．

2004年11月

著者代表　甲山隆司

目　　次

1. 植物と環境 ……………………………………［寺島一郎］… 1
1.0　はじめに ……………………………………………………… 1
1.1　陸上植物の進化 ……………………………………………… 3
1.1.1　陸上の乾燥 ………………………………………………… 5
1.1.2　クチクラ …………………………………………………… 6
1.1.3　気　孔 ……………………………………………………… 7
1.1.4　世代交代 …………………………………………………… 8
1.1.5　陸上植物の体制の進化 …………………………………… 9
1.1.6　大気中のCO_2濃度の変化と光合成代謝系の進化 ……… 14
1.2　太　陽　光 …………………………………………………… 17
1.2.1　太陽光の波長組成 ………………………………………… 17
1.2.2　太陽光のエネルギー総量 ………………………………… 19
1.2.3　地球温暖化 ………………………………………………… 20
1.3　光合成と一次生産 …………………………………………… 23
1.3.1　光合成とその効率 ………………………………………… 23
1.3.2　純一次生産 ………………………………………………… 24
1.3.3　陸域生態系の一次生産 …………………………………… 29
1.4　世界の陸上生態系 …………………………………………… 32
1.4.1　大気の大循環と気候帯の成立 …………………………… 32
1.4.2　世界の植生 ………………………………………………… 35
1.5　この章のまとめ ……………………………………………… 41

2. 光合成過程の生態学 …………………………［彦坂幸毅］… 42
2.0　はじめに ……………………………………………………… 42
2.1　光合成の機作 ………………………………………………… 43
2.1.1　光合成 ……………………………………………………… 43

	2.1.2	光呼吸 ······	45
	2.1.3	暗呼吸 ······	45
2.2	光合成速度の環境応答 ······	46
	2.2.1	律　速 ······	47
	2.2.2	光 ······	47
	2.2.3	CO_2濃度 ······	49
	2.2.4	気孔開度 ······	53
	2.2.5	温　度 ······	55
	2.2.6	呼吸速度の環境応答 ······	56
2.3	ストレスと光合成 ······	57
	2.3.1	光阻害 ······	57
	2.3.2	水ストレス ······	61
	2.3.3	温度傷害 ······	62
2.4	光合成系の順化 ······	63
	2.4.1	順化の意義の理解 ······	64
	2.4.2	光順化 ······	67
	2.4.3	温度順化 ······	68
	2.4.4	葉の老化・寿命 ······	69
2.5	葉群光合成 ······	70
	2.5.1	葉群光合成速度が決まる仕組み ······	70
	2.5.2	葉群光合成の最大化 ······	72
2.6	光合成の多様性 ······	74
	2.6.1	C_4植物とCAM植物 ······	74
	2.6.2	光合成能力の種間差 ······	78
2.7	この章のまとめ ······	80

3. 光を受ける植物のかたち ······［竹中明夫］··· 81

3.0	はじめに ······	81
3.1	光が葉に届くまで ······	81
	3.1.1　太陽からの光 ······	81
	3.1.2　光をさえぎるじゃまもの ······	82

  3.1.3　光をたくさん受ける葉の向き ………………………………………… 85
  3.1.4　強い光を避ける葉の向き ……………………………………………… 86
  3.1.5　個体のなかでの相互被陰 ……………………………………………… 88
  3.1.6　受光量の評価 …………………………………………………………… 89
 3.2　葉の足場としての茎 ………………………………………………………… 90
  3.2.1　茎の役割 ………………………………………………………………… 90
  3.2.2　へたり込まない茎 ……………………………………………………… 91
  3.2.3　折れない茎 ……………………………………………………………… 93
  3.2.4　高さと広がりのバランス ……………………………………………… 95
  3.2.5　通導器官としての茎 …………………………………………………… 96
  3.2.6　シュートのなかの茎と葉のバランス ………………………………… 98
  3.2.7　植物の構造と個体の収支バランス …………………………………… 99
  3.2.8　地下部の構造と機能 …………………………………………………… 100
  3.2.9　複雑なトレードオフ関係とかたちの多様性 ………………………… 100
 3.3　植物の成長とモジュール構造 ……………………………………………… 103
  3.3.1　成長解析 ………………………………………………………………… 103
  3.3.2　アロメトリー …………………………………………………………… 105
  3.3.3　モジュール構造 ………………………………………………………… 106
  3.3.4　一年生草本，多年生草本，クローナル植物 ………………………… 107
  3.3.5　樹木のアーキテクチャ ………………………………………………… 108
  3.3.6　モジュールの配置と資源の探索 ……………………………………… 110
  3.3.7　光をめぐる木々の競争と形作り ……………………………………… 111
 3.4　この章のまとめ ……………………………………………………………… 112

4.　植物の栄養生態 ……………………………………………………[大崎　満]… 114
 4.0　はじめに ……………………………………………………………………… 114
 4.1　根系の発達 …………………………………………………………………… 114
  4.1.1　根の活性維持の機構 …………………………………………………… 115
  4.1.2　根−地上部相互関係より見た作物の生産性 ………………………… 117
 4.2　根における養分吸収 ………………………………………………………… 118
 4.3　植物にとっての必須元素と有用元素 ……………………………………… 119

  4.3.1　必須元素（栄養素）と有用元素の定義 ……………… 119
  4.3.2　植物体を構成する元素 …………………………………… 121
 4.4　植物の各種元素の吸収特性 ……………………………………… 122
  4.4.1　表面地殻組成との関係 …………………………………… 122
  4.4.2　植物の各種元素の主成分分析 …………………………… 122
  4.4.3　各種元素集積の相互関係 ………………………………… 131
  4.4.4　元素集積の進化的傾向 …………………………………… 133
 4.5　土壌と植物養分特性 ……………………………………………… 135
  4.5.1　酸性土壌 …………………………………………………… 135
  4.5.2　塩類土壌 …………………………………………………… 136
 4.6　元素と代謝の関係 ………………………………………………… 138
  4.6.1　窒素栄養 …………………………………………………… 139
  4.6.2　リン栄養 …………………………………………………… 145
  4.6.3　カリウム栄養 ……………………………………………… 151
 4.7　この章のまとめ …………………………………………………… 153

5. 繁殖過程と遺伝的構造 ………………………………［大原　雅］… 156
 5.0　はじめに …………………………………………………………… 156
 5.1　花の性と交配システム …………………………………………… 158
  5.1.1　花の性の多様性 …………………………………………… 158
  5.1.2　交配システム ……………………………………………… 160
  5.1.3　自殖を避けるためのメカニズム ………………………… 163
  5.1.4　閉鎖花と開放花 …………………………………………… 165
  5.1.5　ポリネーション・シンドローム ………………………… 166
  5.1.6　結実のメカニズム ………………………………………… 170
 5.2　果実・種子の散布 ………………………………………………… 172
  5.2.1　散布の適応的意義 ………………………………………… 172
  5.2.2　さまざまな様式——植物と散布者の間の矛盾—— …… 173
 5.3　繁殖と個体群の遺伝的構造 ……………………………………… 177
  5.3.1　Hardy-Weinbergの法則 ………………………………… 177
  5.3.2　遺伝的多様性 ……………………………………………… 178

  5.3.3　Hardy-Weinberg 平衡を乱す要因 ………………………… 178
 5.4　この章のまとめ ……………………………………………… 187

6. 生活史の進化と個体群動態 ……………………………[可知直毅]… 189
 6.0　はじめに ……………………………………………………… 189
 6.1　植物の生活史の多様性 ……………………………………… 190
  6.1.1　一回繁殖型草本 ………………………………………… 191
  6.1.2　多回繁殖型多年生草本 ………………………………… 192
  6.1.3　木　本 …………………………………………………… 193
 6.2　シードバンク ………………………………………………… 193
  6.2.1　埋土種子集団の動態 …………………………………… 194
  6.2.2　周年休眠サイクル ……………………………………… 195
  6.2.3　発芽時期と適応度の関係 ……………………………… 196
 6.3　生活史の進化 ………………………………………………… 197
  6.3.1　生活史進化の理論 ……………………………………… 197
  6.3.2　一年草，二年草，多年草の生活史の進化 …………… 197
  6.3.3　遅延繁殖の進化 ………………………………………… 200
 6.4　サイズ依存的繁殖の進化 …………………………………… 203
  6.4.1　サイズ依存的繁殖の至近要因 ………………………… 204
  6.4.2　サイズ依存的繁殖の遺伝的背景 ……………………… 205
  6.4.3　サイズ依存的繁殖の究極要因 ………………………… 206
 6.5　植物の個体群統計 …………………………………………… 208
  6.5.1　生命表解析：生存曲線と繁殖曲線 …………………… 209
  6.5.2　個体群増殖に関する基本定理 ………………………… 211
  6.5.3　オイラー方程式 ………………………………………… 213
 6.6　推移行列モデル ……………………………………………… 214
  6.6.1　推移行列モデルによる個体群統計解析 ……………… 215
  6.6.2　期間増加率 λ と固有値 ………………………………… 218
  6.6.3　感受性分析と弾性分析 ………………………………… 219
  6.6.4　Life Table Response Experiment（生命表反応テスト）…… 220
  6.6.5　推移行列モデルに対する批判 ………………………… 222

- 6.7 植物の繁殖戦略 ……………………………………………… 223
  - 6.7.1 繁殖価 ……………………………………………………… 223
  - 6.7.2 繁殖のコストと残存繁殖価 ……………………………… 226
  - 6.7.3 繁殖分配 …………………………………………………… 227
  - 6.7.4 一回繁殖型か多回繁殖型か ……………………………… 229
- 6.8 この章のまとめ ……………………………………………… 232

7. 密度効果と個体間相互作用 ……………………[甲山隆司・可知直毅]… 234
- 7.0 はじめに ……………………………………………………… 234
- 7.1 植物集団の発達と密度効果 ………………………………… 235
  - 7.1.1 成長速度への密度効果 …………………………………… 235
  - 7.1.2 死亡率に及ぼす密度効果 ………………………………… 237
- 7.2 集団構造の密度依存性 ……………………………………… 242
  - 7.2.1 サイズ分布の記述法 ……………………………………… 243
  - 7.2.2 サイズ分布に及ぼす個体間相互作用の効果 …………… 245
  - 7.2.3 空間分布の記述法 ………………………………………… 248
  - 7.2.4 空間分布の時間変化 ……………………………………… 250
  - 7.2.5 二山化と階層分化 ………………………………………… 250
- 7.3 サイズ分布動態のシミュレーション ……………………… 254
- 7.4 この章のまとめ ……………………………………………… 260

8. 種の共存と種多様性 ……………………………………[甲山隆司]… 262
- 8.0 はじめに ……………………………………………………… 262
- 8.1 1世代内での多種系 ………………………………………… 263
  - 8.1.1 種数を制御した実験 ……………………………………… 263
  - 8.1.2 1世代実験からの長期変化予測の問題点 ……………… 265
- 8.2 多世代にわたる共存と排除の関係 ………………………… 267
  - 8.2.1 2種の空間競争モデルと競争排除則 …………………… 267
  - 8.2.2 資源量と生物密度を考えた2種系モデル ……………… 270
- 8.3 共存をもたらすさまざまな要因 …………………………… 274
  - 8.3.1 単純化したモデルの限界とメタ群集モデル …………… 274

	8.3.2	攪乱と時間的な変動 ………………………………………………	276
	8.3.3	水平方向の非均質性 ………………………………………………	278
	8.3.4	植物がつくる垂直方向の非均質性 …………………………………	279
	8.3.5	種間の相互交代と更新タイプの多様性 ………………………………	282
	8.3.6	種間のトレードオフは共存を促進するか？ …………………………	285
8.4	種多様性と生態系としての機能 …………………………………………	286
	8.4.1	気候傾度に沿った種多様性のパターン ………………………………	286
	8.4.2	同一植生タイプ内での種多様性のパターン ……………………………	290
	8.4.3	なぜ熱帯林では樹木種多様性が高いのか？ …………………………	292
8.5	この章のまとめ ………………………………………………………………	294

9. 群集・景観のパターンと動態 ………………………［露崎史朗］… 296

9.0	はじめに ………………………………………………………………	296
9.1	空間軸と時間軸 ………………………………………………………	298
9.2	永久調査区と長期生態学研究 ……………………………………………	301
9.3	時間系列と遷移――特に遷移初期について―― ……………………………	302
9.4	植物群集観――単位説と連続説―― ……………………………………	303
9.5	植物社会学 ………………………………………………………………	304
9.6	群分析と序列化 ………………………………………………………	305
9.7	群分析――クラスター分析―― ……………………………………………	305
9.8	序 列 化 ………………………………………………………………	307
	9.8.1 加重平均と反復平均法 ……………………………………………	308
	9.8.2 傾向化除去対応分析 ………………………………………………	309
	9.8.3 正準分析 …………………………………………………………	309
9.9	人為と植生 ………………………………………………………………	310
9.10	空間規模と時間規模 ……………………………………………………	312
9.11	日本規模での植物群集 …………………………………………………	312
9.12	リモートセンシング ……………………………………………………	314
9.13	植 生 指 数 ……………………………………………………………	315
9.14	地理情報システム ………………………………………………………	316
	9.14.1 ラスター形式の特性 ……………………………………………	317

9.14.2　ベクトル形式の特性 …………………………………… 318
　9.15　島の地理生態学 ……………………………………………… 319
　9.16　景観の識別とその手法 ……………………………………… 320
　9.17　保全生態学への応用 ………………………………………… 320
　9.18　この章のまとめ ……………………………………………… 321

10.　土壌・植生系の発達過程と栄養動態 ……………［北山兼弘］… 323
　10.0　はじめに ……………………………………………………… 323
　10.1　土壌——植生系—— ………………………………………… 324
　　10.1.1　生態系の鉛直構造 ……………………………………… 324
　　10.1.2　生産（地上）と分解（地下）の機能的な関係 ……… 326
　　10.1.3　土壌断面と有機物 ……………………………………… 327
　　10.1.4　土壌圏における根の現存量とその鉛直分布 ………… 329
　10.2　炭素と栄養塩の循環 ………………………………………… 330
　　10.2.1　土壌圏における炭素の分布と分解 …………………… 330
　　10.2.2　窒素の循環 ……………………………………………… 334
　　10.2.3　リンの循環 ……………………………………………… 337
　10.3　炭素と栄養塩の内部循環を駆動する生物要因 …………… 341
　　10.3.1　リター …………………………………………………… 341
　　10.3.2　土壌微生物と土壌動物 ………………………………… 343
　10.4　リターの質を変化させる要因 ……………………………… 345
　　10.4.1　栄養塩の回収効率 ……………………………………… 346
　　10.4.2　防御物質 ………………………………………………… 347
　10.5　土壌——植生系の発達—— ………………………………… 349
　　10.5.1　遷移の進行と純生態系生産 …………………………… 350
　　10.5.2　長期的生態系発達と純生態系生産 …………………… 354
　10.6　この章のまとめ ……………………………………………… 359

11.　地球温暖化と植物の生態 ……………………………［小池孝良］… 361
　11.0　はじめに ……………………………………………………… 361
　11.1　CO_2 への応答 ……………………………………………… 364

11.1.1　研究方法の変遷 …………………………………… 364
　　11.1.2　個葉レベル ………………………………………… 365
　　11.1.3　個体レベル ………………………………………… 367
　　11.1.4　群集レベル ………………………………………… 372
　11.2　炭 素 収 支 ……………………………………………… 377
　　11.2.1　ミッシング・シンク ………………………………… 378
　　11.2.2　推定方法 …………………………………………… 379
　　11.2.3　ネット方式 ………………………………………… 381
　　11.2.4　機能タイプ ………………………………………… 383
　11.3　CO_2 フラックス ………………………………………… 383
　　11.3.1　測定方法 …………………………………………… 384
　　11.3.2　衛星データとの連携 ………………………………… 385
　　11.3.3　フラックスによる炭素収支 ………………………… 387
　11.4　植生の応答予測 ………………………………………… 388
　　11.4.1　温暖化の直接効果 …………………………………… 388
　　11.4.2　地形対比による予測 ………………………………… 389
　11.5　この章のまとめ ………………………………………… 391

文　　　献 ……………………………………………………… 393
おわりに ………………………………………………………… 421
索　　　引 ……………………………………………………… 423

Box

1. 水ポテンシャル　5
2. 気温の逓減率とフェーン　33
3. Farquhar らの光合成化学モデル　51
4. クロロフィル蛍光の利用　59
5. 葉群光合成モデル　71
6. 同位体分別　76
7. 落葉性と常緑性　84
8. 寄生植物，つる植物，着生植物　102
9. 亜高山帯シラビソ・オオシラビソ林の縞枯れ現象　241
10. サイズ分布動態の移流方程式モデル　259
11. 力学系モデルと平衡状態の安定性　273
12. 種多様性の指数と，種の相対頻度分布モデル　287
13. 優占度　299
14. 類似度指数　306
15. DCA による時間系列に沿った群集変化の解析　310
16. CCA による規模依存的な環境要因の抽出　313
17. 風化と二次鉱物（粘土）の形成　339
18. IPCC の森林の定義　379
19. 京都プロトコル　383
20. キサントフィルサイクル　386

1

植 物 と 環 境

1.0 はじめに ── 環境, 適応, 馴化 ──

　生態学は,「生物とその環境との相互作用を研究する学問」と定義することができる.環境 (environment) とは,生物を取り巻くものすべてのものである.環境を形成する要因は多様であり,一般には,非生物的要因と生物的要因とに分けて考える.非生物的要因を,さらに,物理要因と化学要因や,気候的要因と土地的要因に分けることもある（表 1.1).地球上には,これらの要因が時間的にも空間的にも複雑に組み合わさることによって,多様な環境が成立している.そして,その多様な環境のほとんどすべてに生物が生息している.

　生物はその環境によく合った形態や機能を持っている.この状態を,生物が環境に適応 (adaptation) しているという.生物が環境に適応するメカニズムを理解しておくことは,植物と環境との相互作用を考える上での基礎となる（詳細は

表 1.1　生物の環境を構成する要因（黒岩 1993；松本 1993 を改変）

・非生物的環境（無機的環境）
　　気候的要因：光,温度,水,大気組成（湿度,二酸化炭素(CO_2)濃度など),
　　　　　　　　火事
　　土地的要因：地形,地質,土壌（地温,水分,無機栄養,pH,通気性など)
・生物的環境（有機的環境）
　　種内関係：資源をめぐる競争,異性関係,同性関係,血縁関係など
　　種間関係：資源をめぐる競争,病原菌,被食・捕食関係,共生・寄生など

第6章を参照).ある同種の植物個体からなる集団(個体群)を考えよう.生物は遺伝子の複製の過程や,交配時の遺伝子交換や組み換えなどによって,つねに遺伝的変異を作り出している.したがって,通常,個体群内の個体間には遺伝的な変異がある.個体群内の個体がつねに遺伝的に均一であれば,適応は起こらない.遺伝的変異は適応の原動力である.

個体が残す繁殖可能な子の数の平均値を適応度(fitness)という.ある遺伝的変異を持つ個体の適応度が,その変異を持たない個体よりも大きいと仮定しよう.この個体群では,世代を経るにつれてこの変異遺伝子を持つ個体の頻度が増し,最終的には変異遺伝子を持つ個体ばかりになってしまう.逆に適応度を小さくするような変異を持つ個体は,世代を経るにつれ減っていく.このようなプロセスを多くの遺伝的変異について幾世代も繰り返すことにより,生物はその生育環境に適した(すなわちその環境で繁殖可能な子をもっとも多く残すような)形態と機能を持つようになる.これが適応である.いっぽう,個体そのものが1世代の間に環境に適した形態と機能とを持つようになることを,馴化(順化ともいう,acclimation)と呼んで適応と区別する.

適応度の違いによって次世代への子の残り方も違うことを,自然選択(natural selection)と呼ぶ.また,進化(evolution)は,世代間で遺伝子頻度が変化することと定義することができる.適応度を大きくする変異を持つ個体の頻度が増え,小さくする変異を持つ個体の頻度が減ることはまさに進化である.したがって,適応とは自然選択による進化によってもたらされるということができる.

生物は祖先から受け継いだ遺伝子を,「やっつけ仕事で,つぎはぎ(bricolage,フランス語)」に改変し,環境に適応する(Jacob 1970).これが進化の本質である.したがって,適応は完璧なものではなく,祖先から受け継いだ遺伝子に大きく制限される.また,生物が使いうるエネルギーや資源には限りがある.何をやるにも資源やエネルギーを使わなければならないので,生物の性質の変化には,あちらを立てればこちらが立たずというトレードオフ(trading off)の関係があることにも注意が必要である.このため,どのような環境においても他の生物よりも高い適応度を示すような生物は存在しえない.

生物の生活は,環境によって規定される.これが生物に対する環境の作用(action)である.いっぽう,生物は環境の作用を受けるばかりではなく,環境を改変する.これを反作用(reaction),あるいは環境形成作用と呼ぶ.したが

って，生物の存在する環境はつねに変化する．また，地球史のスケールでは，氷河期と間氷期が繰り返している．これらから明らかなように，環境は一定ではない．この意味で，生物を，変化する環境に対して適応し続けている存在としてとらえることもできる．

　上に述べたことを基礎として，この章では，植物生態学を学ぶ上で重要な事柄をいくつか述べたい．1.1節では，約4.5〜5億年前に現在の陸上植物の祖先が水中から陸上に進出し，その後どのように進化してきたのかを，いくつかの視点から学ぶ．植物の進化は，祖先から受け継いだ遺伝子を使った「つぎはぎ」である．したがって，われわれが目にする現存の植物の祖先が，どのように進化してきたのかを知ることは，現在の植物と環境との関係を知る上でもたいへん重要である．また，植物が上陸してから起こった地球環境の変化についても簡単に解説する．1.2節では，太陽からやってくる光エネルギーについて概説する．1.3節では，植物がどのような効率で太陽光エネルギーを固定するのかを，葉のレベルから生態系のレベルにまでスケールアップしながら述べる．1.4節では，太陽からやってくるエネルギーに注意しながら，陸域の生態系の成り立ちを解説する．

　なお，生物学の記述は定性的な「お話」になりがちなので，現象の定量的理解に役立つような練習問題をつけた．できればこれらの問題を自ら解いて，この章で話題とする現象の定量的理解に利用してほしい．しかし，これらを省略しても，大意は理解できるように書いたつもりである．数式に抵抗のある読者は，最初は解答を斜め読みして，先に進んでいただきたい．

1.1　陸上植物の進化

　約46億年前に地球が誕生した．当時の地球にはO_2がほとんど存在しなかった．いっぽう，CO_2濃度はきわめて高かった．地球の誕生後まもなく，細菌の祖先が活動を開始した．1.2節に述べるように，太陽から地球にやってくる放射には紫外線が含まれている．紫外線はDNAを損傷する有害な放射である．水は紫外線をよく吸収するので，紫外線は，水中深くには到達しえない．このため，当時，生物の生存は水中に限られた．約27〜30億年前，葉緑体の祖先であるシアノバクテリア（藍藻，藍色細菌ともいう）が水を分解してO_2を発生するタイプの光合成（酸素発生型光合成，$2H_2O + CO_2 \rightarrow (CH_2O) + H_2O + O_2\uparrow$）をはじめ

た．こうして地球の大気にO_2が蓄積した（図 1.1）．O_2の存在は生物にとって二つの意味で画期的である．その一つは，好気呼吸が行えるようになったことである．O_2がない条件では，グルコース 1 分子から嫌気呼吸（発酵）によって獲得できる ATP（アデノシン三リン酸）量は 2 分子である．いっぽう，好気的な呼吸を行えば，グルコース 1 分子から 30 分子以上の ATP を獲得することができる．このことにより，生物の活動は一気に活発になった．

もう一つは，大気中のO_2に紫外線があたると，光化学反応によりオゾン（O_3）が生成・蓄積することである．大気中のO_3の濃度は，O_2濃度（高度が高いほど気圧は低いので，単位体積あたりのO_2のモル数は小さい）と紫外線量（高度が高いほど多い）の兼ね合いによって決まり，現在，O_3は主として高度 10～40 km に存在する．これがオゾン層である．大気中のO_2濃度が上昇するにつれて，大気中のオゾン濃度も増加した．オゾンが紫外線を十分に吸収するようになって，生物の地上への進出が可能になった（フロンガスなどによるオゾン層の破壊が問題となるのは，DNA を損傷する紫外線が地上に降り注ぐようになるためである）．約 6 億年前，浅い海が広がり多細胞化した緑色植物が進化した（図 1.1）．これらの条件がすべて整った 4.5～5 億年前，植物が陸上に進出した．

一方，O_2は活性酸素生成のもととなる危険な分子でもある．また高濃度のO_2は，光合成の炭酸固定反応を阻害する．植物の進化には，O_2発生型の光合成に

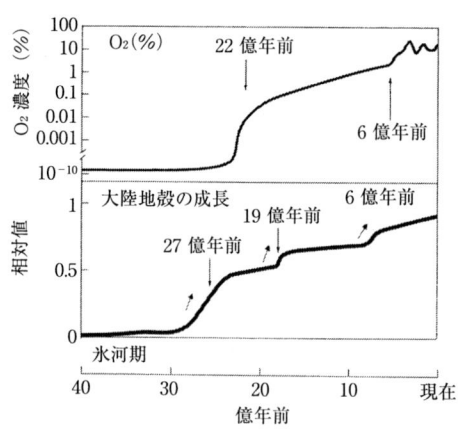

図 1.1 地球史（川上 2000 を改変）
大気中の酸素濃度（上）と大陸地殻の成長曲線（下）．酸素濃度は 24 億年前から増加しはじめた．6 億年前には，陸地の面積が増えるとともに，浅い海で緑藻類が進化した．

よる自身の環境形成作用のつけを払っているという側面もある．これについては後述する．

1.1.1 陸上の乾燥

植物の祖先は水中に生息し，体の表面から光合成の原料であるCO_2やHCO_3^-，および無機栄養分を吸収していた．水域では，たとえ海水でも細胞を脱水する力（すなわち吸水力）はそれほど大きくない（Box 1 および問題 1 参照）．したがって，水たまりや湖沼が干上がりでもしない限り，乾燥ストレスに出会うことはなかった．いっぽう，問題 2 で考察するように，湿度が高い場合でも空気による脱水作用はかなり厳しい．

Box 1　　　　　　　　　　　　　　　　　　　　　　　　　　水ポテンシャル

植物，大気，土壌などの水分状態は，一般的には水ポテンシャル（Ψ）で表す．水ポテンシャルは，問題とする水の Gibbs の自由エネルギー（μ, J mol^{-1}）と標準状態の水の Gibbs の自由エネルギー（μ_0, J mol^{-1}）との差を，水のモル体積（V_w, 1.8×10^{-5} m^3 mol^{-1}）で除したものである．

$$\Psi = (\mu - \mu_0)/V_w$$

水 1 mol あたりのエネルギー（J mol^{-1} = N m mol^{-1}）差をモル体積で除すので，単位は圧力となる（N m^{-2} = Pa）．普通，大気圧下の標準状態にある水の水ポテンシャルを 0 とする．水は，水ポテンシャルの高いほうから低いほうへ移動する．水ポテンシャルを，圧力 P および溶質のもたらす浸透圧 Π を用いて表すと，

$$\Psi = P - \Pi$$

ただし，高木などで重力の影響が無視できない場合には，重力ポテンシャルの項（mgh/V_w）を加える．ここで，m は水 1 mol あたりの質量（18×10^{-3} kg），g は重力加速度（約 9.8 m s^{-2}），h は高さ（m）である．すなわち，圧力が高いほど，また高いところにあるほど水は高いエネルギー状態にある．さらに，溶質の濃度が高いほど（すなわち，水の濃度（正確には活量）が低くなるほど）低いエネルギー状態となる．水は Ψ が高いほうから低いほうに移動しようとする．従来用いられてきた吸水力と Ψ とは絶対値が同じで，符号は逆である．溶質濃度が高く脱水する力が強い状態や，乾燥が厳しい（＝吸水力が強い）状態となると，Ψ は絶対値の大きい負の値となる．

【問題1】 海水の水ポテンシャル（$\Psi = -\Pi$, Π は浸透圧）を，van't Hoff の式（$\Pi = nRT/V$）を使って計算せよ．n は溶質のモル数（mol），R は気体定数（$8.31\,\mathrm{J\,K^{-1}\,mol^{-1}}$），$T$ は絶対温度（K），V は体積（$\mathrm{m^3}$，したがって n/V は濃度となる）である．ただし，温度は25℃とせよ．

  ヒント：現在の海水の NaCl 濃度は約 3.5% である．これは，NaCl で $0.6\,\mathrm{mol}\,l^{-1}$（$10^3\,\mathrm{mol\,m^{-3}}$）に相当する．$Na^+$ と Cl^- は完全に解離しているとしてよい．

［答え］ $\Pi = 1.2 \times 10^3 \times 8.31 \times 298 = 3 \times 10^6$ より，$\Psi = -3\,\mathrm{MPa}$（$\mathrm{M} = 10^6$，メガ）となる．101.3 kPa（1013 hPa）が1気圧にあたるので，約 −30 気圧である．ちなみに死海の NaCl 濃度は約 25% である．死海の水ポテンシャルも同様に計算すると，約 21 MPa であると計算される（ただし，この計算法は希薄溶液のためのものである．死海の水は希薄溶液とはみなせないであろう）．

【問題2】 25℃の空気の相対湿度が 100%，80%，50% のとき，これらの水ポテンシャルを求めよ．

  ヒント：純水を容器に入れて密閉すると，その容器の気相の湿度は 100% となる．溶質の水溶液を入れて密閉すると，溶液の水ポテンシャルの低下にともない湿度も低下する．水ポテンシャル（Ψ）と，浸透圧（Π）と相対湿度（RH，% 表示でなく絶対値）との間には，$\Psi = -\Pi = (RT/V_w)\log_e(RH)$ の関係がある．ここで，V_w は水の部分モル体積（約 $1.8 \times 10^{-5}\,\mathrm{m^3\,mol^{-1}}$）である．

［答え］ 空気の水ポテンシャルは，100% のときには 0 Pa（0気圧）であるが，湿度の低下とともに水ポテンシャルも激しく低下する．じめじめした感じのする湿度 80% のときでも，−30.7 MPa（303 気圧）である（死海の水ポテンシャルよりも低い！）．湿度が 50% のときの水ポテンシャルは，−95.3 MPa（941 気圧）になる．

1.1.2 クチクラ

4.5〜5 億年前に最初に上陸した植物は，緑藻類のうちの車軸藻の仲間のコレオケーテ（*Coleochaete*）のようなものであったという（図 1.2）．その後，ゼニゴケなどの苔（タイ）類，スギゴケなどの蘚（セン）類，それからシダの仲間，シダ種子植物（石炭紀から中生代ジュラ紀にかけて栄え絶滅），そして裸子植物．被子植物が進化してきた（図 1.3）．

上陸した植物は，その体表面をクチクラ（cuticle，英語ではキューティクルと発音する）で覆った．クチクラ層は，細胞壁の外側に分泌された不飽和脂肪酸を主成分とするロウ（wax）から成り立っている．これによって，体内の水分は失われにくくなった．しかし，光合成反応を営む植物にとって必須である CO_2 も透過しにくくなった．陸上植物にとっての最大のジレンマは，「水は失いたくないが CO_2 は吸収したい」ということである．

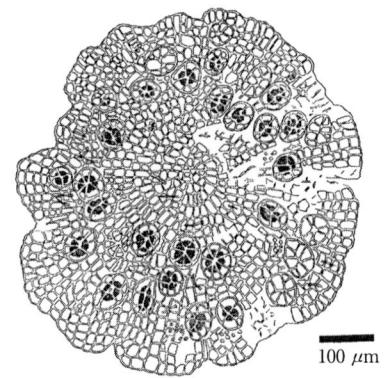

図 1.2 現生のコレオケーテ（*Coleochaete scutata*）のスケッチ（広瀬・山岸編 1977）
淡水産の水草などに着生．

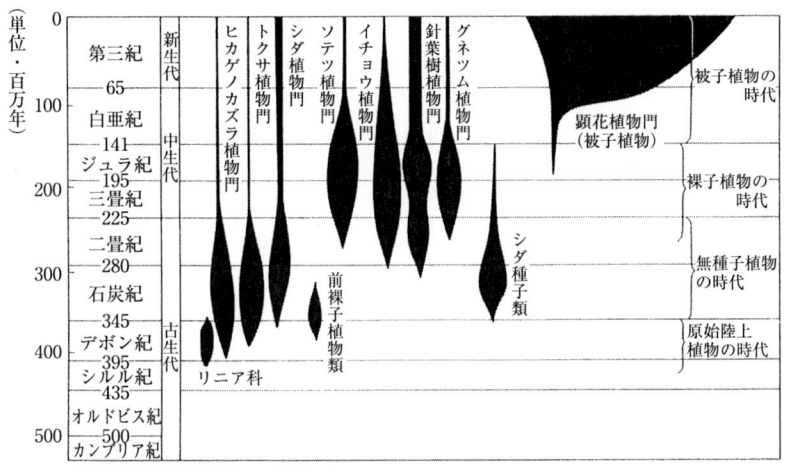

図 1.3 主な維管束植物群の出現年代（戸部 1994）

1.1.3 気　　孔

　陸上植物最大のジレンマに，植物はどのように対処してきたのであろうか．苔類のゼニゴケの葉状体は，1辺が 200 μm 程度の光合成のための部屋（気室：air chamber）を持っている．気室の中には，葉緑体を持った細胞がつながった同化糸が多数存在している．同化糸を持つことにより細胞の表面積が大きくなるので，葉緑体の CO_2 吸収に有利である．気室の天井にあたる表皮には穴（air

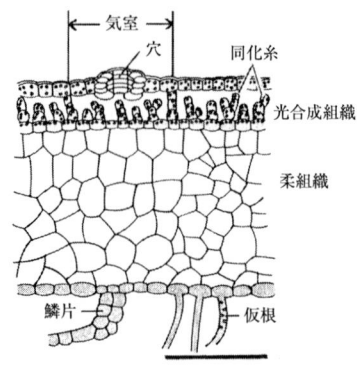

図 1.4 ゼニゴケ（苔類）の葉状体の断面
(Raven *et al.* 1999 を改変)
スケールは 0.2 mm.

pore）がある．気室の内部の湿度は 100％に近く，蒸発が起こるのは穴の近傍の小さな面積に限られる（図 1.4）ので，同化糸が直接大気に接する場合に比べて，蒸散ははるかに少なくなる．この穴は，開閉運動を行わない．葉状体が乾燥し，穴を形成する細胞の膨圧がなくなると穴の開口部の面積は小さくなるが，水分の蒸発は続くので，乾燥状態が続けばゼニゴケは干上がってしまう．

　自在に開閉する気孔が存在するのは，蘚類やツノゴケ類の胞子体，シダ植物，裸子植物，被子植物である．気孔の孔辺細胞は，細胞内のイオン濃度を調節することによって膨圧を変化させ，気孔開閉運動を行う．蘚類のなかには，ヒョウタンゴケのように孔辺細胞が中央に気孔を抱くドーナツ型の 1 個の細胞であるものもある．気孔は，水分が十分な条件では開き，乾燥すると閉じる．光による調節も受け，光合成に好適な明所では開き，暗所では開かない．さらに，葉の内部の CO_2 濃度が低下すると開き，上昇すると閉じる．

　気孔を持つことによって植物の水利用効率は格段に向上したが，CO_2 を取り込むためには必ず気孔を開かねばならず，ジレンマが根本的に解決されたわけではない．

1.1.4　世代交代

　多くの生物は世代交代を行うことを通じて他個体と遺伝子を交換し，集団内に多様な遺伝的変異を導入している．すでに述べたように，環境適応や進化の原動

力は，集団内に導入された変異である．生物の体には複相（$2n$）世代と単相（n）世代のものがあり，n世代を配偶体，$2n$世代を胞子体と呼ぶ．図1.2のコレオケーテは厚さが1細胞層で皿状に成長する付着性の多細胞の淡水藻である．巨視的な皿状の藻体（とはいっても直径1～2 mm）は配偶体である．配偶体の上で精子と卵子は合体し$2n$となる．受精卵はしばらく分裂を続け，その後単相に戻って遊走子（減数胞子）をつくる．$2n$である受精卵がしばらく分裂を続ける状態は，胞子体の原型と呼べるものである．

　スギゴケなどの蘚類では，雄と雌の配偶体は独立している．雄の配偶体がつくった精子が雌の配偶体まで泳ぎ着くと受精が起こる．受精卵は雌の配偶体上で分裂し，胞子体をつくる．一般に，蘚類では胞子体のほうが小さいが，両者のサイズは極端には違わない．シダ類では，直径1 cmにも満たない前葉体と呼ばれるハート型の葉状体が配偶体である．精子と卵子は前葉体上で合体し，受精卵は大きな胞子体に発生する．裸子植物，被子植物に至っては，雌性配偶体である胚嚢は微視的で，胞子体である植物の花の子房中の胚珠内に寄生している．花粉は雄の配偶体であり，堅い壁によって保護されていて乾燥にも耐えられる．世代交代の一場面において，鞭毛や繊毛を持つ精子や遊走子が植物体外の水中を泳ぐことによって遺伝子を交換していた植物は，配偶体が微視的になり胞子体が大きくなるにつれて，徐々に水中移動距離を短くし，ついには乾燥条件でも遺伝子を交換し，遺伝的多様性を形成できるようになった．これらの植物には，遺伝子交換をより効率的に行えるような，さまざまな交配システムの進化が見られる（第5，6章を参照）．

1.1.5　陸上植物の体制の進化

　植物が上陸した当初は，地上の植物密度は低かったであろう．しかし，条件のよい場所では植物の密度が徐々に高まり，植物間で光をめぐる競争が起こるようになった．コケ植物，特に蘚類にはかなりの体制の分化がみられるものの，根，茎，葉の分化はない．シダ植物の祖先も，当初は茎に相当する器官だけしかもたなかったが，しだいに光合成器官である葉を地上高く広げ，水や無機栄養を吸収し植物体を力学的に支える丈夫な根を持つものが現れた．また，葉と根をつなぐ茎には，糖やアミノ酸を運ぶ篩部と，水や無機栄養分を運ぶ木部とからなる維管束が発達した．

a. 植物の構造の特徴

維管束植物の特徴の一つは,器官の種類が少ないことである.植物体は根,茎,葉という3種類の器官によって構成される.多種類の器官を少数もつ動物とは対照的である.また,動物個体が単位性がはっきりしている(unitary)のに対して,植物はモジュールを繰り返した(modular)体制であり,単位性ははっきりしない(裏山からタケを1個体採って来いと命ぜられれば,途方にくれなければならない).

地上部は,茎と葉によって成り立つシュートと呼ばれるモジュールの繰り返し(iteration)により成立している(分節構造:modular structure).花も花茎のまわりに花葉が配されたシュートである(図1.5).植物は,堅い細胞壁を持つ細胞(レンガと見立てることができる)を積み重ねた体制をもつ.したがって,いったんでき上がった体のサイズを大きくするのは難しい.しかし,モジュールを継ぎ足すことによって,環境に応じた体制を無理なくつくることができる.好適な条件下では,基本構造を何度も繰り返して大きく育つ.いっぽう,条件が悪いときには,正常な器官を少数持つ小さな個体をつくる.

細胞分裂が起こる場所が,分裂組織(meristem)に限られていることも大きな特徴である.分裂組織には,シュートの先端(シュート頂)および根の先端(根端)にある頂端分裂組織(apical meristem)と,茎や根に発達する形成層やコルク形成層のような側方分裂組織(lateral meristem:SAM)とに分けられる.

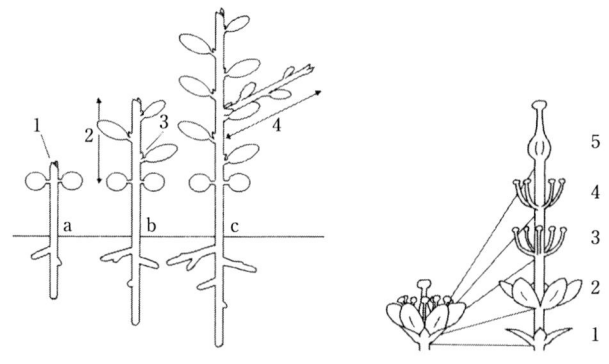

図1.5 シュート (原 1994)
左:a〜c,発達の順序.1,幼芽;2,幼芽が伸長したもの;3,腋芽;4,腋芽が伸長してできた側枝.右:花もシュートである.1,萼(がく)片;2,花弁;3,4,雄蕊;5,1〜数枚の心皮からなる雌蕊.

茎頂（シュート頂）分裂組織（shoot apical meristem：SAM）は，高層ビルの建築の際に見られる最上階のクレーンにたとえられよう．下の成熟した組織から細胞構築のための素材やエネルギーの供給を得て，新しい細胞を植物体に供給しつつ，それを足場として分裂組織自身が上昇する．根端分裂組織（root apical meristem：RAM）は，土壌中で組織の形成を担うので，分裂したての若い細胞や分裂組織を物理的に保護するための根冠が発達する．

形成層（vascular cambium）は，樹木などの茎と根に存在する管状の分裂組織である．内側に木部の細胞を切り出すので，形成層の円周は拡大する．この活動が季節によって規則的に繰り返される場合には，年輪（annual ring）が形成される．外側には篩部細胞を切り出すが，円周が拡大するので，しばらく前につくられた篩部は裂ける．この裂け目はコルク形成層（cork cambium, phellogen）の活動によって形成される樹皮によって埋められる．

植物の体制の生態学的特徴については第3章で詳しく述べられる．

b. 吸水と蒸散

維管束中で水や無機栄養分を運ぶパイプである導管，仮導管は，いずれも細胞が連結して形成されるものである．導管とは，細胞（導管要素）どうしが細胞の直径と同じ程度の大きな孔（穿孔）でつながっているもので，仮導管は細胞（仮導管要素）が多数の直径 $1\,\mu m$ 程度の壁孔でつながっている．導管や仮導管をつくる細胞は，セルロースで厚い二次細胞壁をつくり，丈夫なリグニンの内張りを施す．やがてこれらの細胞は連結し，細胞質は失われ，通導組織として機能するようになる．

仮導管を持つ植物の最初の化石は，デボン紀のシダ植物の祖先である．導管が進化したのはずっと後で，被子植物の出現を待たなければならない．現生の植物でも，シダ植物と裸子植物は仮導管のみしか持たない．被子植物のみが仮導管に加えて導管も持つ．

地上高く葉を持ち上げる体制をとるときに問題となるのは，土壌で吸収した水や栄養塩を高い位置にまで持ち上げることと，力学的に高い背丈の植物体を支えることである．現生の植物では，もっとも背が高いのは，アメリカの北西部に分布するセコイア（*Sequoiadendron giganteum*，裸子植物の針葉樹，スギ科）で 120 m の高さにも達する．被子植物でもっとも高くなるのは，西オーストラリアのユーカリの一種 *Eucalyptus regnans*（フトモモ科）で 95 m に達するという．

これらは，地中の水を 100 m もの高さまで汲み上げて葉を繁茂させている．Torricelli（トリチェリー）の法則によれば，片方を封じた管に入れた水は，他方の口の開いた側が水中にあるとき，10 m までしか持ち上げることはできないはずである（水銀で同じことをすれば，0.76 m まで持ち上がる）．植物がどのようにして 100 m までも水が持ち上がるのかどうかを検討しよう．まず思い浮かぶのは毛管力であろう．この可能性について検討してみよう．

【問題3】 毛管現象は，管の壁と水との間の水素結合によって起こる．水の表面張力を σ（25℃では，$\sigma=0.072\,\mathrm{N\,m^{-1}}$：表面張力は線分にかかる力，あるいは表面を一定面積広げるために必要なエネルギーとして定義される），管の半径を r，水の密度を ρ ($1000\,\mathrm{kg\,m^{-3}}$)，重力加速度を g ($9.8\,\mathrm{m\,s^{-2}}$)，管壁と管壁付近の水の表面のなす角度を θ とすれば，毛管力によって持ち上げられる水の高さ h は，

$$h = \frac{2 \cdot \sigma \cdot \cos\theta}{r \cdot \rho \cdot g}$$

である．水を 100 m の高さまで上げることができる r を求めよ（図1.6）．θ は 0 として計算してよい．

［答え］ $r=0.15\,\mu\mathrm{m}$．

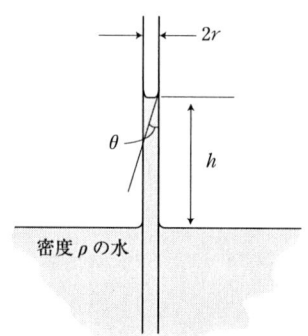

図1.6 毛管による水あげ

したがって，導管や仮導管の半径が $0.15\,\mu\mathrm{m}$ 以下のとき，100 m 以上の高さにまで水を持ち上げることは可能である．しかし，以下に考察するように，このような細い管では蒸散をまかないきれない．

【問題4】 100 m の高さの木が半径 20 m の樹冠を持っているとしよう．この木の最大蒸散速度は，5 mol H₂O s⁻¹（$=90\,\mathrm{g}$ H₂O s⁻¹）程度である．1本の管を単位時間あたりに流れる水の体積 v (m³ s⁻¹) を表す Hagen-Poiseuille（ハーゲン-ポアゾイユ）の式は，水の粘性を η ($1.002\times$

10^{-3} Pa s),管の入口と出口の圧力差を管の長さで割ったもの(圧力勾配)を $\Delta P/\Delta x$ とすれば,

$$v = \frac{\pi \cdot r^4}{8 \cdot \eta} \cdot \frac{\Delta P}{\Delta x}$$

と表現される.水の流れる量は,管の断面積である πr^2 ではなく r^4 に比例することに注意せよ.地面と樹冠との間に20気圧(したがって,$\Delta P/\Delta x = 2 \times 10^4$ Pa m^{-1})の圧力がかかるとして,$r = 0.15$ μm の 100 m の管を流れる水の体積を求めよ.また,上に述べた蒸散速度を実現するためには,この管を何本持っている必要があるだろうか.この数の管の断面積の合計を求め,樹冠の面積と比較せよ.

[答え] $r = 0.15$ μm の 100 m の管 1 本あたりで 4.0×10^{-21} m^3 s^{-1} である.したがって,この樹木の最大蒸散速度を実現するためには,2.3×10^{16} 本の管が必要である.管の断面積の合計は 1600 m^2 となるので,幹の断面積は樹冠の面積をはるかに超えてしまう.

問題4より明らかなように,樹木は管の半径が 0.15 μm より大きい管を持つ必要がある.実際の導管の半径は 10~200 μm 程度である.このような半径の管であると,毛管力で持ち上げることのできる高さはせいぜい 1.5~0.075 m である.したがって,水を持ち上げるために重要なのは,毛管力ではない.

すでに述べたように,湿度が極端に高くない限り空気は乾燥しており,葉の水を奪う.葉の乾燥が進むと葉の吸水力は大きくなり,仮導管や導管内の水を吸収しその水を蒸散することになる.湿潤な日本でも,樹木の葉の水ポテンシャルが -2 MPa(-20 気圧)程度になることはよくある.管内の水は葉の方に引かれるので水には張力がはたらき,管の内部は陰圧となる.

水分子どうし,あるいは水と管壁との間にはたらく水素結合(凝集力)はたいへん強力である.この強い水素結合と空気の乾燥とが,高さ 120 m の木の樹冠への水の供給を可能にしている.ただ,乾燥が厳しくなると,水の柱が切れることもある.問題4で示した Hagen–Poiseuille の式から明らかなように,管を太くすると水は流れやすくなるが,水の柱は切れやすくなる.これらの間のトレードオフについては,第3章で詳しく取り扱う.

c. 形成層と樹木の体制

背丈を高くするためには,力学的にも丈夫である必要がある.根や茎を太くすれば丈夫になるが,これをすべて生きた細胞でつくると,呼吸エネルギーの消費が大きくなる.この問題を解決したのは,形成層による二次成長である.樹木は,形成層の活動によって,過去の自身の体を死んだ丈夫な材として残しつつ,その表層だけに,生きた組織を持ちつつ太ることができるようになった(図1.7).発

図 1.7 草本植物と樹木の体制
白い部分，光合成器官；点を打った部分，生きている非光合成器官；黒の部分，死んだ非光合成器官．

達した形成層を持つ裸子植物や被子植物のみが，巨大な樹冠を高い位置で支えることができる．

現生の木生シダやヤシの木は，典型的な形成層を持たない．このため，これらの植物は，力学的なストレスがかかりにくい直立型の構造をしている（第3章）．

1.1.6 大気中のCO_2濃度の変化と光合成代謝系の進化

多くの光合成生物は，光エネルギーを利用してつくったATPとNADPH（還元型ニコチン（酸）アミドアデニンジヌクレオチドリン酸）を使ってカルビン–ベンソンサイクル（還元型ペントースリン酸回路）を駆動し，CO_2を固定して糖をつくるC_3回路を持っている．この回路で最初にCO_2を固定する酵素はリブロース-1,5-二リン酸カルボキシラーゼ/オキシゲナーゼ（ribulose-1,5-bisphosphate carboxylase / oxygenase，略称はRubisco）である．太古よりCO_2を固定（カルボキシル化）してきたこの酵素は，その名前のとおりO_2も固定する（酸素化反応）．光合成生物がRubiscoを使いはじめたときは大気のO_2濃度が低かったので，酸素化反応はほとんど起こらなかった．ところが，酸素発生型の光合成生物の長年の活動によって大気にO_2が蓄積すると，酸素化反応が起こるようになった．

酸素化反応の産物はホスホグリセリン酸とホスホグリコール酸である．このうちホスホグリコール酸はホスホグリコール酸ホスファターゼによって加水分解さ

れ，リン酸とグリコール酸を生じる．ホスホグリコール酸は，光合成による CO_2 の固定回路であるカルビン-ベンソンサイクルの反応を阻害する．グリコール酸も有害物質である．植物の祖先が水中に生育していたときには，現生の藻類が行うように，せっかく固定した炭素を失うことにはなるが，グリコール酸を細胞外に排出することも可能であった．しかし，上陸にともない，これらの物質を体内で完全に無毒化する必要性が生じた．この無毒化のために植物が獲得した経路が，光呼吸経路である．

　光呼吸経路の駆動のためには，多大のエネルギーを使う．またこの経路には，せっかく固定した炭素を CO_2 として失う反応も含まれている．Rubisco による O_2 添加反応は CO_2 固定反応と競争的に起こるので，O_2 濃度が高いほど，あるいは CO_2 濃度が低いほど，O_2 添加反応は起こりやすい．また，Rubisco 酵素としての特性は温度によって変化し，高温になればなるほど O_2 添加反応が起こりやすくなる．したがって，気孔が閉じがちで葉緑体内の CO_2 濃度が低くなる乾燥環境や，高温環境では，光呼吸によって失うエネルギーおよび CO_2 は植物にとって大きな損失となる．

　このような環境には，トウモロコシ，サトウキビ，ススキ，ホソアオゲイトウなどによって代表される C_4 植物が分布している．C_4 植物は，CO_2（真の基質は HCO_3^- イオン）に対する親和性が強く O_2 による阻害を受けないホスホエノールピルビン酸カルボキシラーゼ（PEPCase）によって，C をいったん炭素 4 個の化合物に固定し，Rubisco 近傍で脱炭酸反応を行うことによって Rubisco に高い濃度の CO_2 を供給する．このため，光呼吸はほぼ完全に抑えられる．しかし，CO_2 濃縮回路を駆動するには余分のエネルギーが必要である．比較的 O_2 添加反応が起こりにくい湿潤，冷涼な環境では，Rubisco が直接 CO_2 を固定する C_3 植物よりも C_4 植物の方が不利である．

　砂漠のように乾燥が厳しい環境では，雲が少なく陽射しが強い．したがって植物体の温度は著しく高くなる．空気は乾燥しているので気孔を開けば大量の水が蒸散によって失われる．いっぽう，晴れた夜には放射冷却によって植物体の温度は低下する．こういうときであれば，気孔を開いても蒸散はわずかである．このため，夜間に気孔を開いて CO_2 を固定するような植物が現れた．これらを CAM（Crassulacean acid metabolism：ベンケイソウ有機酸代謝）植物と呼ぶ．C_4 植物は，昼間，濃縮回路およびカルビン-ベンソンサイクルを二つの細胞（葉肉細

胞と維管束鞘細胞）の分業によって駆動している．いっぽう CAM 植物は，夜間に気孔を開いて PEPCase によって CO_2（分子形態としては，HCO_3^-）を固定後，これをリンゴ酸として液胞に蓄積し，昼間，リンゴ酸から脱炭酸反応によって取り出した CO_2 を，カルビン–ベンソンサイクルで再固定するという一連の反応を一つの細胞で行っている（第 2 章）．CAM 植物の気孔は，光よりも葉の内部の CO_2 濃度に対して強く応答する．夜間の気孔の開口，昼間の閉鎖は，炭酸固定による葉内 CO_2 濃度の低下，脱炭酸による葉内 CO_2 濃度の上昇に対応している．

陸上植物が出現して以来，O_2 濃度はほぼ安定していたが，CO_2 濃度は地質時代とともに大きく変動した（図 1.8）．たとえば，白亜紀にプレート（地殻とマントル最上部）の移動によってインド亜大陸がアジア大陸に衝突したときに，ケイ素を含む岩がむき出しになった．これが風化する際に，大気中の CO_2 が固定され，大気の CO_2 濃度が徐々に低下した．

$$CaSiO_3 + CO_2 \longrightarrow CaCO_3 + SiO_2$$

植物が C_4 や CAM 代謝系を獲得したのは，このような原因で大気の CO_2 濃度が低くなり，濃縮にコストをかけても見返りのあるような時代であった．Rubisco は炭素の同位体分別が著しい酵素で，$^{13}CO_2$ よりも $^{12}CO_2$ を好む．したがって，C_3 植物の $^{13}C/^{12}C$ は空気の $^{13}C/^{12}C$ よりも 2～3％ ほど小さい．いっぽう，C_4 植物や CAM 植物は炭素の同位体分別をほとんどしない PEPCase によって CO_2 がいったん固定され，それが Rubisco によって再固定されるため経路全体としても

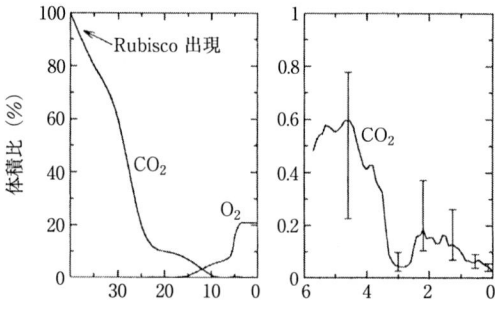

図 1.8　大気中の CO_2 濃度の変遷（Sage & Pearcy 2000 を改変）
CO_2 濃度は徐々に減少してきている．

分別が少ない．したがって，草食動物の化石の安定同位体比を比較すれば，これらの食べた草がC_3であったか，C_4やCAMであったかがわかる．C_4植物が出現したとされるのは，第三紀の中新生から鮮新生（1500〜3000万年前）である．

C_4の光合成代謝やCAMは，異なる分類群で並行的に進化した．CO_2濃縮経路が複雑であることを考えれば，並行的な進化の事実は驚異である．CAM植物は，裸子植物 *Welwitschia* 属やシダ植物にもみられる．不思議なことに，水中に生息する維管束植物（ヒカゲノカズラ門，いわゆる小葉類のシダ）のミズニラもCAM植物である．水中における昼間のCO_2の奪い合いを避けているという．

1.2 太 陽 光

地球のほとんどすべての生物のエネルギー源は，太陽からの光である．ここではまず，太陽からやってくる光の質と量について解説する．

1.2.1 太陽光の波長組成

放射とは，物体から射出される電磁波のことで，いわゆる光（可視光）もこれに含まれる．放射には波としての性質があるいっぽう，粒子（光量子）として取り扱うこともできる．波長λの光量子1 molが持つエネルギーE_λは，

$$E_\lambda = N_o h\nu = N_o hc/\lambda$$

で表される．ここで，N_oはAvogadro（アボガドロ）定数（6.02×10^{23} mol^{-1}），hはPlanck（プランク）定数（6.6×10^{-34} J s），cは光速（3.0×10^8 m s^{-1}），νは振動数（$\nu = c/\lambda$）である．波長が短いほどエネルギーは大きくなる．光の持つエネルギーはATPの加水分解によって生じる30〜40 kJ mol^{-1}よりもはるかに大きく，共有結合エネルギー（たとえば，C−Cの348 kJ mol^{-1}）に匹敵する大きさである．これらの数字から光エネルギーを化学エネルギーに変える光合成のもつ意義や，紫外線を吸収する塩基をもつDNAが紫外線により損傷される理由が理解できよう．

【問題5】 橙色の可視光である波長600 nmの，光量子1 molのエネルギーを求めよ．また，波長300 nmの紫外線光量子1 molのエネルギーを求めよ．

［答え］ 600 nmの光量子の持つエネルギーは200 kJ mol^{-1}，波長300 nmの紫外線1 molの持つエネルギーは400 kJ mol^{-1}である．

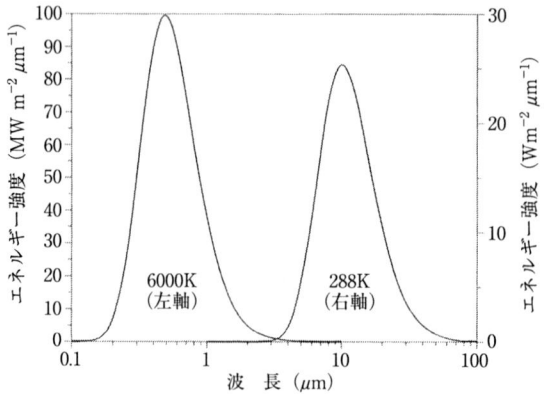

図 1.9 6000 K の太陽表面および 288 K の地面から射出する放射エネルギー (久米他訳 2003)
波長が λ と $\lambda+\Delta\lambda$ との間のエネルギーが $e_\lambda \Delta\lambda$ と書けるとき e_λ は，$e_\lambda = (2\pi c^2 h/\lambda^5)\{1/(e^{ch/\lambda kT}-1)\}$．$k$ は Boltzmann (ボルツマン) 定数 (1.381×10^{-23} J mol^{-1} K^{-1})，T は物体表面の絶対温度 (K) である．

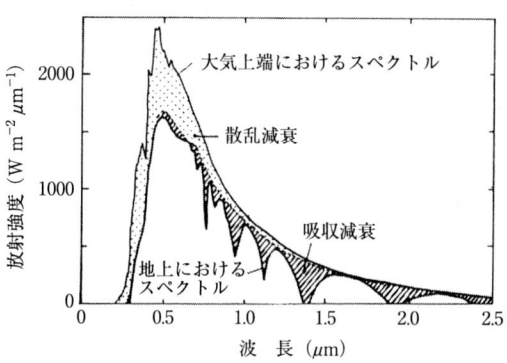

図 1.10 大気圏外および地上で測定した太陽からの短波放射スペクトル (近藤 2000)
大気圏外のスペクトルは図 1.9 とよく一致するが，地上のスペクトルは散乱，吸収の影響が著しい．

物体表面から射出される放射の波長組成とエネルギーの総量は，物体の表面温度で決定される．ここではまず，黒体の放射について述べる．黒体，あるいは完全放射体とは，照射されるすべての放射を吸収し，その温度において放射できる最大量のエネルギーを射出する物体である．黒体の波長組成は，Planck の分布則によって表される（図 1.9 の説明の数式参照）．太陽はほぼ完全な黒体である．

図 1.9 から，太陽光のうち波長あたりのエネルギーが最大になるのは，480 nm の青色光である．波長あたりの光量子数が最大になるのは，600 nm の橙色光である．光量子 1 個あたりのエネルギーは波長に反比例するので，後者のほうが長波長となる．Planck の分布則は，太陽以外の物体からの放射も表現する．地球表面の物体（地物）からの放射については，300 K を代入すればよい．波長組成を表現する曲線は，太陽の場合と同じ形をしている（図 1.9）．太陽からの放射の長波長側は，波長 3 μm でほとんどなくなる．いっぽう，地上の物体（地物）の放射の波長は約 3～40 μm である．波長が 3 μm 以下の放射を短波（short wave），それ以上のものを長波（long wave）と呼ぶ．

太陽からの放射の波長組成は，地球大気圏外では Planck の分布則でかなりよく説明できる．しかし，地表に到達する短波放射の波長組成は，気体分子による散乱や吸収によってずいぶん変わる（図 1.10）．大気圏外ではかなりの量が存在する紫外線は大気によって散乱され，さらにオゾンによって吸収されるので，地上に到達するのはごく微量である．近赤外部は，CO_2 と H_2O に吸収される．近年，大気中のオゾンがフロンなどによって破壊され，特に極域ではオゾン濃度がきわめて低い場所（オゾンホール）が観察されている．オゾンホール付近では，地表に届く紫外線が多くなっており，深刻な問題となっている．

1.2.2 太陽光のエネルギー総量

絶体温度 T の完全な黒体の表面から出る放射のエネルギー E は，Planck の分布則（図 1.9 の説明中の e_λ），波長 0 から ∞ までの定積分によって求めることができる（$\int_0^\infty e_\lambda d\lambda = \sigma T^4$）．$\sigma$ は Stefan-Boltzmann 定数（5.67×10^{-8} W m^{-2} K^{-4}）である．これに放射率（ε）を乗じた形にしたものが，Stefan-Boltzmann の式である．放射率とは，ある物体の放射量の，同じ温度の黒体の放射量に対する割合である．

$$E = \varepsilon \sigma T^4$$

T に 6000 K を代入すれば，太陽表面 1 m^2 あたりの放射エネルギーが算出される（太陽は完全な黒体と見なしてよいので，$\varepsilon = 1$）．これが宇宙空間に広がりながら地球に届く．大気圏外で太陽に向かって垂直な面が受ける太陽からの放射は，約 1370 W m^{-2} である．これを太陽定数（solar constant）と呼ぶ．しかし，すでに述べたように，短波は大気によって散乱され，O_3，CO_2，H_2O などによって吸

収されるので，地上に到達する短波は，夏のよく晴れた日の南中時でも 1000 W m⁻² 程度である．

【問題 6】 地球から太陽を眺めると，その直径は角度にして 0.5° である．太陽の表面温度を 6000 K とし，太陽から地球の大気圏外までの宇宙空間では太陽の短波放射の吸収が起こらないと仮定して，太陽定数を求めよ．なお，太陽は完全な黒体と見なしてよい（$\varepsilon = 1$）．

 ヒント： Stefan-Boltzmann の式を使う．太陽の半径を r，太陽から地球までの距離を R とすれば，$r/R = \sin(0.25°)$．微小な角度であるから，近似式 $\sin(0.25°) \sim (0.25/180)\pi$ を使う．

［答え］ 太陽表面から射出する短波エネルギーが，半径 R の球面に広がる．この球面 1 m² あたりのエネルギーを求めればよいので，

$$\frac{\sigma T^4 \times 4\pi r^2}{4\pi R^2} = \sigma T^4 \times \left(\frac{r}{R}\right)^2 = \sigma T^4 \times \left[\sin\left(\frac{0.25\pi}{180}\right)\right]^2 \approx \sigma T^4 \times \left(\frac{0.25\pi}{180}\right)^2 = 1398 \ [\text{W m}^{-2}]$$

となり，実測した太陽定数ときわめてよい一致を示す．

地上に到達する短波の 1 日の積算量は図 1.11 のようになる．春分や秋分の日，北極点や南極点では光は真横から射し，地面においたセンサーの感じる光は 0 となるはずである．このことから，極地方で受ける短波放射はごく少ないと思われがちであるが，夏季の長時間の日射によって積算短波放射量は熱帯地方の 1/3 程度にはなる．

【問題 7】 地面に短波センサーをおいて 1 日の短波を測定すると，短波放射の値は太陽南中時をピークとした sin 自乗曲線でよく近似できる．日の出を 6 時，日の入りを 18 時，南中時の短波放射を 1000 Wm⁻² として，1 日の積算短波放射を図 1.11 と同じ単位で求めよ．

 ヒント： sin 自乗曲線を日の出から日の入りまで積分するが，平均短波放射はピーク値の 1/2 である．

［答え］ $1000 \times 0.5 \times 3600 \times 12 = 21.6 \times 10^6$ より，21.6 MJ m⁻² である．この値は，砂漠の平均日短波放射エネルギーに近い．雲がかかりやすい熱帯多雨林の平均日短波放射エネルギーは，これよりもずいぶん小さい．

1.2.3 地球温暖化

地球が吸収した太陽からの短波のエネルギーは，最終的には地球から長波として宇宙空間に射出される．

【問題 8】 太陽からの短波が地球にあたったときの平均反射率（反射率をアルベド (albedo) と呼ぶこともある）を 0.3 とすると吸収率は 0.7 である．このように，地球は短波に対しては黒体といえない．しかし，長波に関しては黒体と考えて差し支えない．地球がいったん吸収した短波を，長波として放射することによりバランスがとれているとすれば，地球の平均表面温度

1.2 太 陽 光　　　21

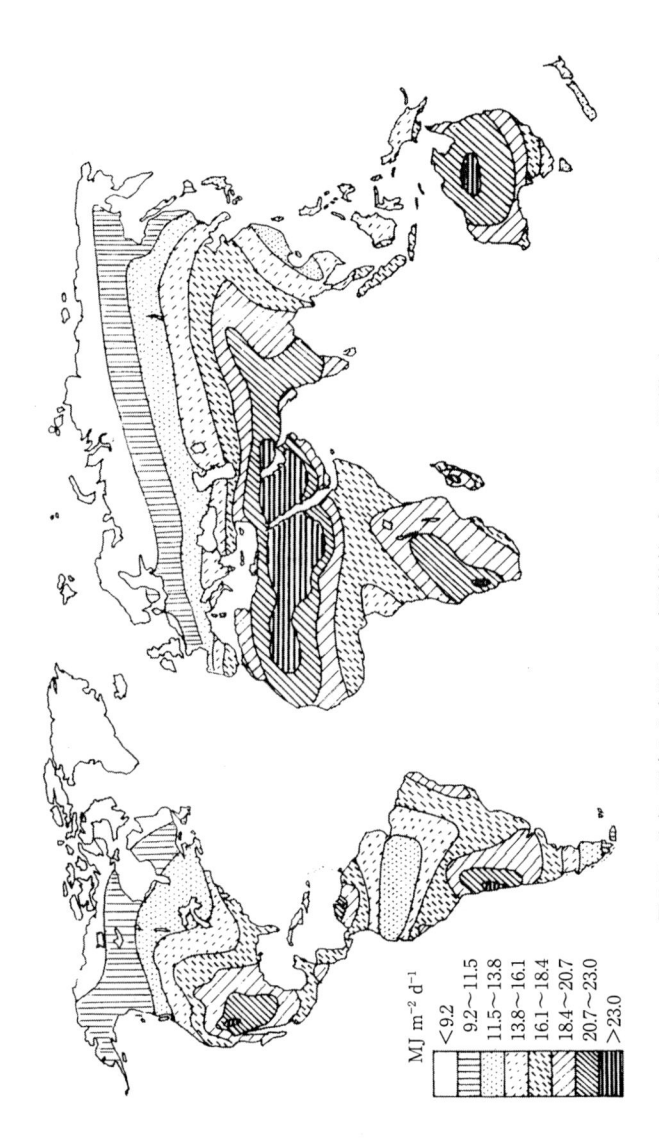

図 1.11　地表で測定した太陽からの短波放射エネルギーの日平均（Jones 1992）降雨が多く雲に覆われる期間が長い赤道直下よりも，亜熱帯高圧帯（図 1.15 参照）の砂漠のほうが多い．極域が極端に少なくはないことに注意．

MJ m^{-2} d^{-1}
<9.2
9.2〜11.5
11.5〜13.8
13.8〜16.1
16.1〜18.4
18.4〜20.7
20.7〜23.0
>23.0

は何℃となるか.

　　ヒント：　地球の半径を r とすれば，地球が吸収する太陽放射は，太陽定数の $0.7\pi r^2$ 倍，これと地球の表面全体からの長波放射がつり合う．地球からの長波放射について Stefan-Boltzmann の式を使う場合には $\varepsilon=1$ とせよ．

［答え］　太陽定数を 1370 W m^{-2} とすれば，

$$1370\times 0.7\times \pi r^2 = 4\pi r^2 \times \sigma T^4 \quad \therefore\quad T=\left(\frac{1370\times 0.7}{4\sigma}\right)^{1/4}=255\ [\text{K}]$$

すなわち -18℃ となる．

　問題8の答え -18℃ は，大気も含む地球全体としての値である．この温度は上空5km程度の空気の温度となっていて，地表面の温度とは違う．大気は太陽からの短波放射をかなりよく透過させるが，地球表面からの長波放射をよく吸収し放射する．長波放射を吸収・放射するのは，雲の液体状の水，水蒸気，CO_2，メタン（CH_4），N_2O，フロンなどである．これらのガスは温室効果ガスと呼ばれている．ガラス温室が暖かくなるのは，ガラスが短波を透過しやすく長波を透過しにくいためであると考えられて，このように名づけられた．しかし，実際には，ガラス温室が暖かくなるのは風が遮断されるためである（長波をよく透過させる石英ガラスで温室をつくっても，温室は暖かくなるという，たいへんコストのかかる実験によって実証された）．

　大気による長波の吸収は，大気中の CO_2，CH_4，N_2O，フロンなどの温室効果ガス濃度の上昇とともに増加する．これにともない，大気から地面への長波放射も大きくなる．このために，地表面が受けるエネルギーは増加する．放射の出入りが地球全体としてつり合うまで，地表の温度は上昇する．これが地球温暖化の原因である．適当な量の温室効果ガスの存在は生命の存在のために必須である．また，図1.8で示したように，過去の地質時代には，現在よりも CO_2 濃度がはるかに高い時代があった．この高 CO_2 時代の気温は現在よりも高かった．地球の温暖化が現在問題になっているのは，温室効果ガスの蓄積および温度上昇の速度が，過去の地質時代に起こった変化に比べて著しく速いためである．地球温暖化については，第11章で詳しく述べる．

1.3 光合成と一次生産

1.3.1 光合成とその効率

a. 光合成有効放射

短波放射のうち,植物の光合成に有効な光合成有効放射は,400〜700 nm であり,PAR(photosynthetically active radiation)と略記される.これらは,地上に到達する太陽の短波放射の約 40〜50% を占める.光合成の研究で光合成有効放射の量を表現するためには,PAR の光量子束密度(photosynthetically active photon flux density: PFD,または PPFD)を使うのが望ましい.単位は mol photons m^{-2} s^{-1} である.真夏の太陽南中時には PAR のエネルギーは約 500 W m^{-2},PFD は約 2 mmol m^{-2} s^{-1} になる.

b. 光合成の最大効率

葉にあたった光合成有効放射の 80〜95% は吸収される.葉がアントシアニンなどの光合成色素以外の色素を多量に含む場合を除き,緑葉に吸収された光合成有効放射は光合成に用いられる.光合成有効波長の光のエネルギーは,どの程度光合成産物として固定されるのであろうか.光合成の仕組みについては第 2 章で述べられるので,基礎的なことだけを述べよう.

C_3 植物の光合成反応は以下の式で表すことができる.

$$CO_2 + 2H_2O \longrightarrow (CH_2O) + H_2O + O_2, \quad \Delta G' = 490 \text{ [kJ mol}^{-1}\text{]}$$

ここで,(CH_2O)は炭水化物を表す.光呼吸が全く起こらず,光のエネルギーが最大の効率で光合成に使われるとき,1 mol の CO_2 が固定されるためには 8 mol の光量子が必要である.PAR の波長 400〜700 nm のエネルギーは,300〜170 kJ mol^{-1} なので,8 mol で 2400〜1360 kJ となる.したがって,理想条件では,光エネルギーの 20〜36% を糖の形で蓄えることができる.太陽から地上に到達する PAR の平均エネルギーである 215 kJ mol^{-1} を使えば,最大効率は 28% である.

c. 光合成の効率を低下させる要因

光合成速度は,光強度に対して飽和型になる.光が弱いときに効率は高く,強いときには低いので,たとえば,1 日の PAR(図 1.11 の約 45%)の積算値と光合成の積算値を用いて効率を計算すると,光が強いときの効率のほうが大きな影

響を与えることになる．光が強いときにも変換効率が下がらないようにするためには，光合成速度の最大値を大きくすればよい．実際に明るい場所にある葉（陽生植物の葉，陽葉）の単位面積あたりの最大光合成速度は，暗いところにある葉（陰生植物の葉，陰葉）よりも大きい．しかし，地上に到達するもっとも強い光のもとで最大効率を発揮できるような葉は，経済的ではなく実在しない（第2章参照）．

著しく光合成のエネルギー効率を下げているもう一つの要因は，1.1.6項で述べた光呼吸によるエネルギー消費である．温度や気孔の閉鎖具合にもよるが，チラコイド膜によってつくられるATPやNADPHの20〜50％は，光呼吸経路によって消費される．

したがって，自然条件下の光合成の効率はもっとも高い場合にもたかだか10％であり，ストレスのかかりにくい条件でも数％程度である．

1.3.2 純一次生産
a. 生産とは

植物は，光合成によっていったんつくられた炭水化物を呼吸系によって酸化分解する過程でATPを取り出している．また，呼吸系の中間代謝産物を利用して植物体を作り出す．したがって，呼吸は植物の生活に必須なプロセスである．しかし，いったん呼吸によって失われたCO_2は，植物体の構築に使うことはできない．われわれを含む動物が食べることもできない．そこで，光合成によるCO_2固定速度（Cや植物体の乾燥重量で表すこともある）から呼吸速度を引いたものが，正味の光合成量として重要視される．

葉や植物体の正味（見かけ）の光合成速度（net photosynthetic rate）は，真の光合成速度（gross photosynthetic rate）から呼吸速度（respiration rate）を差し引いたものである．土地面積あたりで表す場合には，正味の光合成速度を純一次生産（net primary production, P_n），真の光合成速度を総一次生産（gross primary production, P_g）と呼ぶことが多い．P_nの内訳は，植物の成長に使われるもの（yield, Y），枯死脱落（落葉，落枝など，litter, L），動物による被食（grazingあるいはpredation, G）である．すなわち，

$$P_n = P_g - R = Y + L + G$$

一次生産とは，独立栄養生物（autotrophic organism）が無機物から有機物を

生産することを指す．いっぽう，従属栄養生物（heterotrophic organism）による生産を，二次，三次，…次生産と呼ぶ．植物が生産した有機物を食べる植食動物（herbivore）による生産を二次生産，植食動物を食べる肉食動物（carnivore）による生産を三次生産，さらにその肉食動物を食べる動物の生産は四次生産という．動物の純二次生産について考えてみよう．

純二次生産 P_n' は，摂食量を I，不消化排出量を F，呼吸を R とすれば，

$$P_n' = (I-F) - R = A - R = Y + L + G$$

と表現することができる．ここで，$I-F$ を同化量（A）と呼ぶ．同化量は一次生産における総一次生産に相当するものであり，一定時間に消化管などから体内に吸収された有機物量を意味する．動物の純生産も，体の成長や生殖などによる動物体，ミルク，卵などの生産を含めた成長（Y），毛，爪などの脱落，個体群などを扱う場合には死亡個体も含めた死滅量（L），吸われた血液や寄生虫に奪われた同化産物量なども含める被食（G）に分けることができる．

【問題 9】 表 1.2 は，Ceder Bog Lake および Lake Mendota の生産力を示したものである．ここで，生産力と呼ばれているのは，植物プランクトンの場合では総生産（P_g），消費者では同化量（A）にあたるものである．ある栄養段階にある生物の同化量と，すぐ下位の栄養段階の総生産または同化量との比率 A，B，C，D，E を求めよ．

表 1.2 生産力と累積効率（Lindeman 比）（Lindeman 1942 を改変）

	Ceder Bog Lake		Lake Mendota	
	生産力 ($MJ\ m^{-2}\ year^{-1}$)	累積効率 (%)	生産力 ($MJ\ m^{-2}\ year^{-1}$)	累積効率 (%)
光合成有効放射	2235	—	2235	—
植物プランクトン	4.6	0.20	20.0	0.89
植食動物	0.61	A	1.74	C
肉食動物	0.13	B	0.096	D
大型肉食動物	—	—	0.013	E

［答え］ Ceder Bog Lake では，一次消費者/一次生産者（A）= 0.133，二次消費者/一次消費者（B）= 0.223．Lake Mendota では C = 0.087，D = 0.0525，E = 0.135 となる．この比率を Lindeman は累積効率（progressive efficiency）と名づけたが，現在では，Lindeman 比と呼ばれる．純生産の比率を比較することもある．いずれも，ほぼ 10% 程度におさまる場合が多いので，10% の法則とも呼ばれている．太陽からのエネルギーに対する植物の生産は，それに比べてかなり低い．また，世界の食糧問題を考えるとき，肉食者と草食者（ベジタリアン）とでは必要とする農地面積が異なることも理解できよう．

b. 生態系の一次生産量の推定

生態系の一次生産量の推定には二つの方法を用いる．一つは「光合成法」と呼ばれる方法である．これは，葉群光合成モデルを用いた推定法である．森林を例にとると，いろいろな高さからとった葉について測定した光-光合成曲線と，森林内の光強度の分布とから森林の総光合成速度（総一次生産）を求め，別に求めた呼吸速度から，純光合成速度（純一次生産）を求めるものである．詳しくは第2章で説明する．

もう一つは「積み上げ法」と呼ばれるものである．これについてもまず森林を例にとって述べよう．ある期間 Δt の森林の純一次生産量 (P_n) は次の式で求めることができる．

$$\Delta P_n = \Delta Y + \Delta L + \Delta G$$

ここで，ΔP_n, ΔY, ΔL, ΔG はそれぞれ，期間 Δt の間の純一次生産量，現存量の増分，枯死・脱落量，被食量である．

現存量の増分の測定は以下のようにする．まず適当な方形区を設け，そのなかの樹木のサイズを測定する．よく測定されるのは，胸高直径である．胸高直径を測定し，一定期間 Δt の後，同じ樹木の胸高直径を同じ位置で測定する．測定は，同じ季節，気象条件の似ている期間に行うことが望ましい．測定後，できればその方形区の樹木を伐採し乾燥して重量を測定する．その方形区の樹木を伐採することができない場合には，近隣の類似したプロットの樹木について胸高直径を測定後，伐採する．地下部も掘り返して根の重さも測定するのが望ましいが，大木の根をすべて掘り取るためには多くの時間と労力がかかる．樹木個体の乾燥重量を胸高直径の関数で表現し，方形区における測定値から樹木個体の乾燥重量を推定することによって，Δt あたりの成長量が推定できる．一般には，log（樹木個体乾燥重量）を log（胸高直径）に対してプロットすると，直線関係が得られ，これを回帰式とする場合が多い．下生えや小径木についてのデータも忘れずにとる．

枯死量 ΔL は，期間 Δt における枯死個体量と生存個体の部分的枯死量との和として定義される．これを直接測定するのはやっかいなので，一般にはリタートラップを用いる．リタートラップは，開口部の面積が一定となるようなネットでつくられることが多い．これを，生産量を測定すべき森林に設置する．これにトラップされる落葉・落枝を定期的に回収し，その乾燥重量を測定する．極相に達

した森林以外では，枯死量と脱落量は等しくはない．厳密な推定を行うためには，樹木個体に残る枯死部分の測定も正確に行う必要がある．また，地下部の枯死量の推定は別に行わなければならないが，技術的には，非常に困難である．

被食量の推定には，目の細かいリタートラップを用いる．リタートラップ中の虫糞を集め，その乾燥重量を求める．フィールドで採取した虫に実験室内で葉を食べさせて被食量と糞量との関係を求める．この関係とリタートラップの糞量から，被食量を求める．植食者は鱗翅目（ガなど）の幼虫の場合が多い．

草原の純一次生産にも同じ式が適用できる．しかし，地上部は毎年枯れて，翌年新しく形成されるので，枯死量や被食量が小さい場合には，その生育期間中の地上部現存量の最大値を近似的に地上部生産量と見なすことができる．多種によって成立する群落では，それぞれの種の示す地上部現存量が最大値となる時期が異なるので，数回の測定を行う必要がある．被食量や枯死脱落量は，背丈の低いリタートラップを用いて推定する．数回層別刈り取り法を行えば，層別の枯死脱落量を求めることができる．多年生草本の場合には，地上部の生産の一部は前年に地下部に蓄えられた物質によっている．当年の地下部の成長と物質の転流を考慮した推定を行う必要がある．

こうして求められた純生産と，別に測定した呼吸速度を合計して，総生産を求めることができる．

c. 呼　吸

呼吸は，成長のために必要な成分やエネルギーを供給するいっぽう，生体の維持に必要なエネルギーも供給する．前者を構成呼吸（成長呼吸），後者を維持呼吸と呼ぶ．構成呼吸は作り出される植物体の成分には依存するが，環境条件，特に温度にはほとんど影響されないとされている．植物体の成分は，特殊な貯蔵器官（果実など）を除けばほぼ一定である．したがって，構成呼吸速度は環境や種によらず，総生産速度のほぼ $1/3\sim1/4$ となる．いっぽう維持呼吸は，植物体の大きさ（生きている部分と死んだ部分との重量比）や器官の活性，環境条件，特に温度に大きく依存する．温度の高いほうが種々のイオンの濃度勾配の維持や細胞成分のターンオーバーに多くのエネルギーを使う．

これらをまとめると，個体の呼吸速度 R ($gCO_2\ day^{-1}$) は，総光合成速度を P_g ($gCO_2\ day^{-1}$，あるいは植物体の乾燥重量を使ってもよい），個体重を W として，

$$R = kP_g + cW$$

と表すことができる．ここで，k は構成呼吸係数（無名数），c は維持呼吸係数（$gCO_2\ g^{-1}\ day^{-1}$）である．この式を P_g で割れば，

$$R/P_g = k + cW/P_g > k$$

である．先ほど述べたように，k は 0.25 程度である．したがって，総生産の少なくとも25%は呼吸によって失われる．cW/P_g のうち，維持呼吸係数 c は，植物体の活性が高い場合および高温の場合に大きい．W/P_g は，植物体の乾燥重量と総光合成速度の比率である．非光合成器官と光合成器官の相対比（C/F 比）と関係するものである．先に示した図1.7は，W/P_g が小さい草本植物と大きい樹木である．純生産量/総生産量を高めるためには，葉の量に比べて茎や根を小さくし，非光合成器官の呼吸をなるべく小さく抑えたほうがよい．しかし，光をめぐる競争があると，背丈を高くするために支持組織の量を増やす必要がある．樹木は，死んだ堅い組織を内側に抱える体制をとるという工夫をしていて，個体重量に対する生きていて呼吸をする細胞の相対量を減らしている．しかし，大きな樹木個体では生きている非光合成器官がどうしても大きくなるので，R/P_g が大きくなる．また，c の影響のため R/P_g は温度が高いほど大きい（図1.12）．巨大な樹木によって成立する熱帯多雨林の R/P_g は，最大80%にものぼる．いっぽう，温帯の草原や耕地では，R/P_g は小さい．

構成呼吸と維持呼吸とは峻別できるものではなく，あくまでも実験的操作によって得られるものである．これらの操作が非生理学的な条件設定を含むことなど

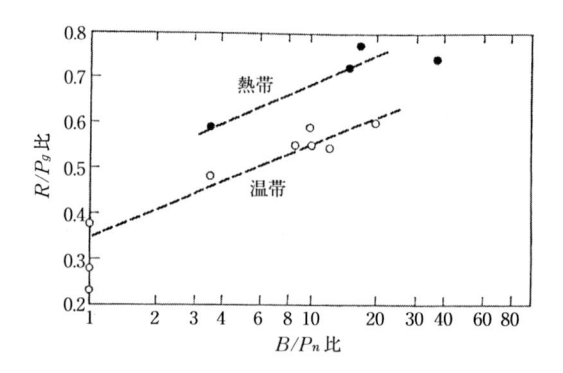

図 1.12 植物群落の R/P_g 比と B/P_n 比との関係（Whittaker 1975を改変）B は植物の現存量を示す．したがって B/P_n は，純一次生産がすべて成長に使われたときに植物の現存量が何年間でつくられるのかを表す．B/P_n 比の大きい成熟した森林ほど R/P_g 比が大きい．温度が高い熱帯では，さらに R/P_g 比が大きくなる．

から，構成呼吸と維持呼吸とを区別することに批判もある．

1.3.3 陸域生態系の一次生産

以上のようにして求めた総生産および純一次生産のデータを表1.3に示す．世界の純生産は，陸上では $0.5 \sim 2$ kg 乾物 m^{-2} year^{-1} である．

【問題10】 植物体がすべて糖（CH_2O として考えよ）から成り立っているとする．1 mol の CH_2O から取り出すことのできるエネルギーを 490 kJ として，2 kg 乾物 m^{-2} year^{-1} をエネルギーの単位に換算せよ．また，これから1日あたりのエネルギー固定量を計算せよ．さらに，図 1.11 にある太陽からの短波エネルギー量の約 45％ が光合成有効放射であることに注意して，PAR を 6 MJ m^{-2} day^{-1} としたとき，光合成有効放射の持つエネルギーのうちどの程度が純生産として固定されるのかを計算せよ．

［答え］ CH_2O の分子量は 30 である．したがって，純一次生産をエネルギーの単位で表すと，$490 \times 10^3 \times (2000/30) = 32.7$ MJ m^{-2} year^{-1}．1日あたりのエネルギーに換算すると，89 kJ m^{-2} day^{-1} となる．したがって，純生産の効率は光合成有効放射に対して 1.5％，短波放射全体に対して 0.68％ となる．

植生が発達していれば，光合成有効放射のほとんどは吸収され，光合成に使われうる．しかし実際には，砂漠などのように植物が地面を覆っていない地域も多い．また，光合成有効放射が葉に吸収されたとしても，強光，高温，気孔の閉鎖などによって光合成の効率は下がる．また，このうちの 25〜80％ は呼吸によっ

表1.3 陸上生態系の炭素ストックと純一次生産（IPCC 2001 など．データソースによって値がかなり異なる）

生 態 系	面 積 (10^6 km^2)		炭素量 (kgC m^{-2})			純一次生産 (kgC m^{-2} year^{-1})		P_n/P_g
	WBGU	MRS	WBGU 植物体	WBGU 土壌	MRS 植物体	WBGU	MRS	Golley
熱帯林	17.6	17.5	12	12.3	19.4	0.78	1.25	0.3
温帯林	10.4	10.4	5.7	9.6	13.4	0.63	0.78	0.3
北方林	13.7	13.7	6.4	34.4	4.2	0.23	0.19	0.3
熱帯サバナ，イネ科草原	22.5	27.6	2.9	11.7	2.9	0.79	0.54	0.58
温帯イネ科草原，疎林	12.5	17.8	0.7	23.6	1.3	0.42	0.39	0.58
砂漠/半砂漠	45.5	27.7	0.2	4.2	0.4	0.03	0.13	—
ツンドラ	9.5	5.6	0.6	12.7	0.4	0.11	0.09	0.67
耕地	16	13.5	0.2	8	0.3	0.43	0.30	0.61
湿地	3.5	0	4.3	64.3	—	1.23	—	—

WBGU：森林のデータは Dixon et al. (1994)，草原などのデータは Atjay et al. (1979) による．MRS：Mooney et al. (2001) による．Golley：Golley (1972) による．
植物体の乾燥重量の約 45％ が C なので，現存量や生産量を乾燥重量として求めるためには，この表の値を 2.2 倍すればよい．

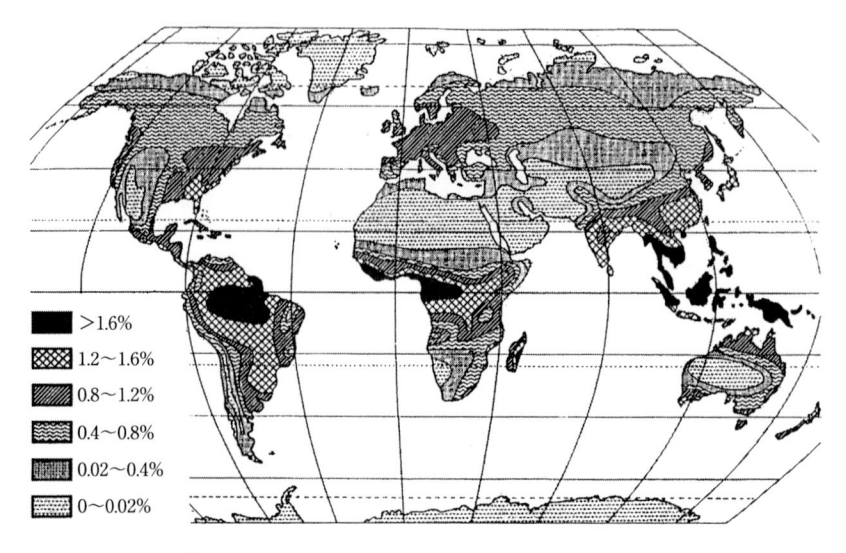

図 1.13 純一次生産による太陽からの光合成有効放射の固定率の分布（Larcher 1995）

表 1.4 種々の生態系の太陽からの全短波放射に対する生産効率の比較（吉良 1976）

	$\Delta P_n/\Delta P_g$	総生産効率（%）	純生産効率（%）
森林生態系	0.25〜0.50	2.0〜3.5	0.5〜1.5
草原（多年生草本）	0.45〜0.55	1.0〜2.0	0.5〜1.0
草原（一年生草本）および耕地	0.55〜0.70	〜1.5	〜1.0

て失われる．光合成有効放射のうち何％が純生産として固定されるかが，図1.13に示されている．呼吸で失われる量は多いけれども，植生が豊かで，光合成を好適な条件で行うことができる熱帯多雨林の固定率が，他の地域よりもやや高いことがわかる．もっとも，これは自然植生に関するデータである．熱帯域のプランテーションで成長の速い草本植物を育てた場合，最適な生育期間においてはこの固定率は5％程度にのぼることがある．

　吉良（1976）は，その当時までに得られていた日本および世界の一次生産に関するデータを取りまとめた（表1.4）．草原は森林よりも総生産の効率は低いが，P_n/P_gが大きいので，純生産効率はそれほど遜色なく，どの生態系でも約1％となる．また，図1.12からも明らかなように，純生産は林齢の影響を受ける（図1.14）．図1.14は，スギなどの同種の人工林を想定して描かれたものである．葉の量は，林冠が閉鎖直後に極大値に達する．このとき，総生産量も極大値に達す

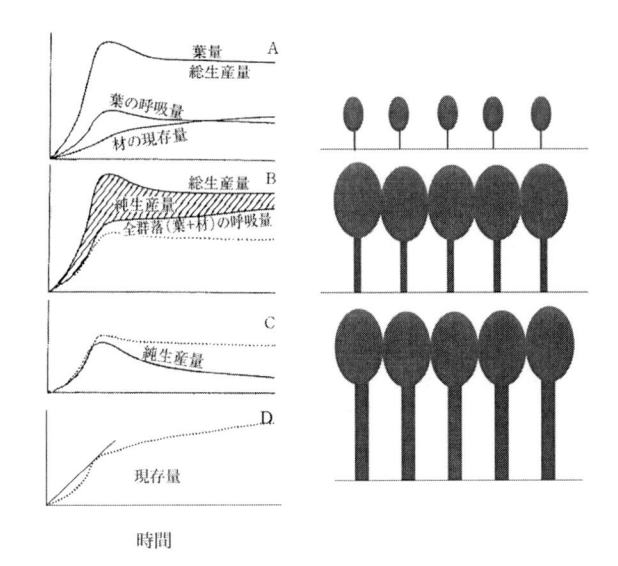

図1.14　人工林の成長と生産との関係
A，葉量および非光合成器官量；B，総一次生産量と呼吸量；C，純一次生産量；D，現存量.
　この図では，葉量はほぼ総生産量に比例する．葉の量は早い時期に最大に達し，その後は一定，あるいは漸減する．いっぽう，材や根の現存量は葉の量が最大に達した後にも増加し，やがて頭打ちとなる．その結果，純生産は早い時期にピークに達し，その後減少する．Kira & Shidei (1967) による．ただし，CとDの点線は，以下の問題点を定性的に考慮して筆者が描き込んだ．Dの原点から純生産への接線については，問題11を参照のこと．
　問題点：この図では，呼吸を現存量に比例するとしている．葉については，この仮定は正しい．しかし，材については，樹木の成長とともに死んだ組織の割合が増えるので，材の呼吸が現存量に比例するという仮定は不適当であろう．また，図1.12から判断しても，最終段階における総生産に占める呼吸の割合も高すぎる．これらを考慮すれば，Cに見られる純生産量のピークは原図ほどには明瞭でなくなるであろう．

る．しかし，その後も支持器官の成長は続くので，呼吸速度は大きくなる．このため，純生産の最大値は林冠が閉鎖する時点で得られる．この図は鬱蒼とした人工林の純一次生産量が最大ではないことを示唆するインパクトのあるものだが，呼吸の見積もりなどに問題もある．呼吸が総生産に対して占める比率がこれほど高く（最終的には80％以上になっている）なければ，純一次生産のピークはそれほど明瞭なものでなくなる（図の点線参照）．天然林への遷移の場合，樹種の置き替わりや，ギャップ形成による林齢のモザイク現象があり，純一次生産のピークは明瞭ではない．森林の齢と純生産の関係は，地球温暖化時代における植物による CO_2 固定能の推定において重要なものであるので，今後も検討が必要である（第12章参照）．

【問題11】 第10章に詳しく述べるように，大気中のCO_2濃度の上昇が地球温暖化の原因となっている．大気中のCO_2濃度の上昇をくいとめるために，森林にCO_2を吸収させ，それを燃やさずに建材や紙とすることは有効な方法である．同種の人工林を造林するとすれば，伐採をいつ行えばよいか．

［答え］ 図1.14 Dの原点からバイオマス増加のグラフに接線を引き，接点を与える時期に伐採をしてふたたび造林すれば，時間あたりの炭素蓄積量が最大となる．しかし，この議論では，地下部の存在が無視されている．地下部の採集は事実上不可能である．地下部も土壌微生物などに分解され，結局は，CO_2となって放出される．

1.4 世界の陸上生態系

1.4.1 大気の大循環と気候帯の成立

1.2.2項（図1.11）で検討したように，極地方が受ける短波放射は，熱帯の1/3程度である．いっぽう，極地方の地表からの正味の長波放射は，熱帯の1/2程度となる．したがって，低緯度地域で放射エネルギーは余り，高緯度地域では放射エネルギー収支がマイナスになる．このままだと，熱帯はますます暖かくなり，極はますます冷えるはずであるが，空気や海流が熱帯から極へとエネルギーを運んでつり合いが保たれている（図1.15）．

a. 大気の循環と気候

図1.15で示した大気の循環のうち，Hadlay（ハドレー）循環について説明しよう．太陽放射は熱帯を暖め，大量の水蒸気を蒸発させる．暖まり湿った空気は上昇する．空気の温度は上昇にともなって低下する．やがて，空気の含まれた水蒸気は温度の低下とともに水滴となり，雨となって落下する．水蒸気が液体の水滴に変化する際には凝結熱を放出するので，空気の上昇に伴う温度の低下は緩やかである．約15 kmの高さにまで上昇した空気は，対流圏上部において南北両半球で極方向に向かい，南北緯20～30度の緯度帯で下降する．この大気の循環をハドレー循環という．空気が上昇する場所を熱帯収束帯（域），下降する場所を亜熱帯高圧帯（域）という．下降する空気には水蒸気がほとんど含まれていないので，下降にともなう温度の上昇は熱帯収束域における空気の上昇にともなう温度の低下よりも大きい．したがって，亜熱帯高圧帯には乾燥した高温の空気が吹きつけることになる．下降した空気は赤道方向と極方向に向かう．

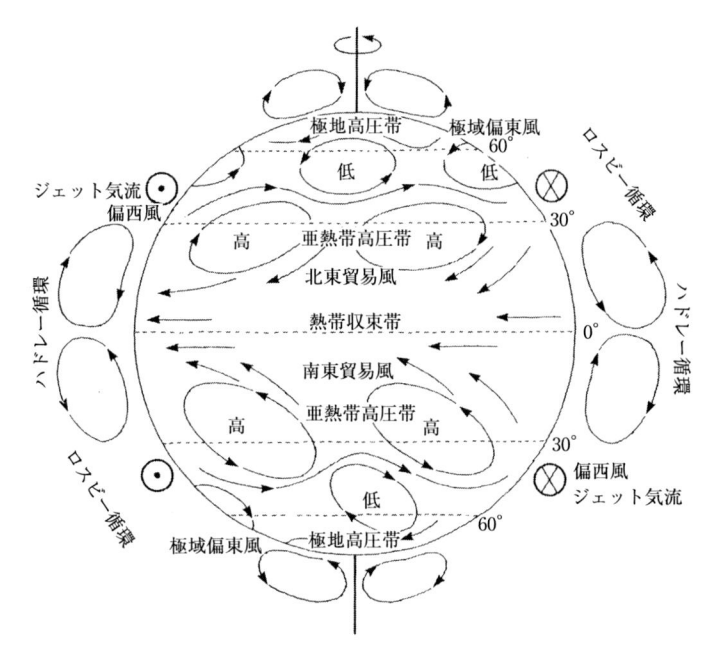

図 1.15 大気の循環（松本 1993 を改変）
⊙は紙面から読者側へ向かう方向，⊗は読者側から紙面に向かう方向．

Box 2

気温の逓減率とフェーン

　登山などの場合，100 m 登ると 0.6 ℃気温が下がるとして山頂の気温を予測する．しかし，気温の逓減率は定数ではない．逓減率は，空気が乾燥するとともに大きくなる値である．これは，空気の乾燥とともに，結露による凝固熱放出が減少するからである．水蒸気を全く含まない空気では，100 m 上昇するごとに 1℃気温が下がる．いっぽう，湿度が高い空気では多量の水蒸気が結露するため，逓減率は 0.5℃程度になる．湿った風が山の斜面に沿って上昇し雨を降らせた後，乾燥した空気が山の反対側の斜面を下る場合，山のふもとは著しい高温になる．この現象をフェーンと呼ぶ．日本の過去最高気温は山形市で計測された 40.8℃であり，これも日本海側からの台風の湿った風が飯豊連峰を越え吹き下ろしたフェーン現象によるものである．

地球上では，地表に沿って速度 v で運動する質量 m の物体に対して，北半球では進行方向の右向きに，南半球では左向きに力がはたらく．これを Coliori 力という．大きさは緯度 f 度の地点で $2mv \times \sin(f)$ である．したがって，極で最大，赤道では 0 である．Corioli 力のため，北半球では，亜熱帯高圧帯に吹き下りてくる空気のうち，赤道方向に向かう空気は北東の風（貿易風：trade wind）になり，極方向に向かう空気は南西の風（偏西風：westerly wind）となる．

極地方では，極から低緯度方向に北東風が吹く．中緯度の大気循環を Rosby（ロスビー）循環と呼び，ほとんど水平面上を循環している．偏西風は特に対流圏上部で強く，北半球でも南半球でも東向きの強い気流となり，ジェット気流（jet stream）と呼ばれている．これは航空機の速度にも大きな影響を及ぼす（日本からアメリカ西海岸まで，行きは 9 時間，帰りは約 11～12 時間かかる）．海流も貿易風と偏西風が海水に吹きつけることによって生じる．

大気の大循環と Corioli の力によって，地球レベルでの気候および植生を大まかに説明することができる．

熱帯収束域には多量の降雨があり，熱帯多雨林が発達する．いっぽう，亜熱帯高圧帯には乾燥した高温の空気が吹きつけるため，砂漠となる．熱帯多雨林と砂漠との間には熱帯季節林，熱帯疎林，サバンナが帯状に成立する．

温帯域の大陸の西側の気候は，陸と海の比熱の違いによって決定されている．温帯域の低緯度地方では，夏に陸地のほうが海よりも熱しやすい．海上を吹いてくる偏西風は水蒸気を多く含むが，暖かい陸に上がるとさらに多くの水蒸気を含むことができるようになるので，陸地は乾燥する．いっぽう，冬には陸地のほうが海より低温になるので，海からの湿った風が陸地に雨をもたらす．このようにして，夏に乾燥し，冬には雨が降る地中海性気候が成立する．緯度が高くなると，夏にも陸の温度が海よりも低くなり，雨が降るようになる（西岸海洋性気候）．大陸の西の端から内陸部に進むと，気候帯の成立はこのように単純ではなく，地形要因なども考慮に入れなければならない．

大陸の東側は，モンスーン（季節風：monsoon）の影響を受ける．モンスーンとは，大陸と海洋の上の気温が季節によって逆転するために，季節によって風向が反対となる現象である．特にユーラシア大陸と太平洋やインド洋との温度差による季節風は，その周辺の国々に大きな影響を与えている．夏には大陸，冬には海の気温のほうが高くなる．夏には，大陸で暖まった空気は上昇し，そこに海か

ら湿った空気が吹き込む．上空では逆方向の風が吹く．ヒマラヤによって夏の季節風は遮られ，その南側には大量の雨が降るいっぽう，その北側は乾燥する．日本列島の太平洋側と日本海側の気候の差も，モンスーンによってもたらされる．

b. 土　壌

気温は土壌にも大きな影響を与える．温度が低いと土壌微生物の活性が低下するので，植物遺体の分解が遅い．このため，高緯度地帯の土壌には有機物が大量に蓄積する．極地方や高山で，森林限界よりも極側に位置する高木が分布しない地域をツンドラ（tundra）と呼ぶ（1.4.2項参照）．たとえば，ロシアのツンドラでは未分解の有機物が蓄積し，その下は泥炭（peat）化する．また土壌下部は永久凍土となる．表土は黒色を呈する．ツンドラの低緯度側にある森林（タイガ：taiga）では，針葉樹の落葉の有機酸は降雨とともに下降して鉄やアルミニウムを溶かし，これらの成分に乏しい溶脱層をつくるいっぽう，その下層に塩基に富む層が生成し，腐植（humus），鉄やアルミニウムなどが沈着・集積する．このように溶脱層，集積層を持つ土壌をポドゾル（podsol）という．

中緯度地方の草原では，温暖な気候のため植物遺体はかなりよく分解され，腐植や塩類に富むチョルノジョーム（chernozem）あるいはモリソル（mollisol）と呼ばれる肥沃な黒色土壌となる．世界の穀倉地帯はこのような土壌帯にあたる．日本の大部分を含む広葉樹林帯には，粘土化が進んだ褐色森林土壌（brown forest soil）が生成する．

低緯度地帯では，高温のため微生物活性が高く有機物の分解は著しく速いので，土壌の有機物量は少なく貧栄養である．鉱物質土壌が露出することも多い．また，排水のよい山地で粗い土性の土地では，熱帯ポドゾルと呼ばれる土壌となることがある．

1.4.2　世界の植生

横軸に年平均降水量，縦軸に年平均気温をとると，世界の植生（図 1.16）がうまく記載できる（図 1.17）．たとえば，熱帯では，雨量が多いと熱帯多雨林が成立し，少なくなるにつれて季節林，疎林，砂漠となる．もちろん，この図では温度の年較差などは表現できないので，海洋性気候や大陸性気候の違いは表現できないなどの欠点がある．

図 1.17 の形がほぼ三角形であることに注目しよう．高緯度地方で，森林が成

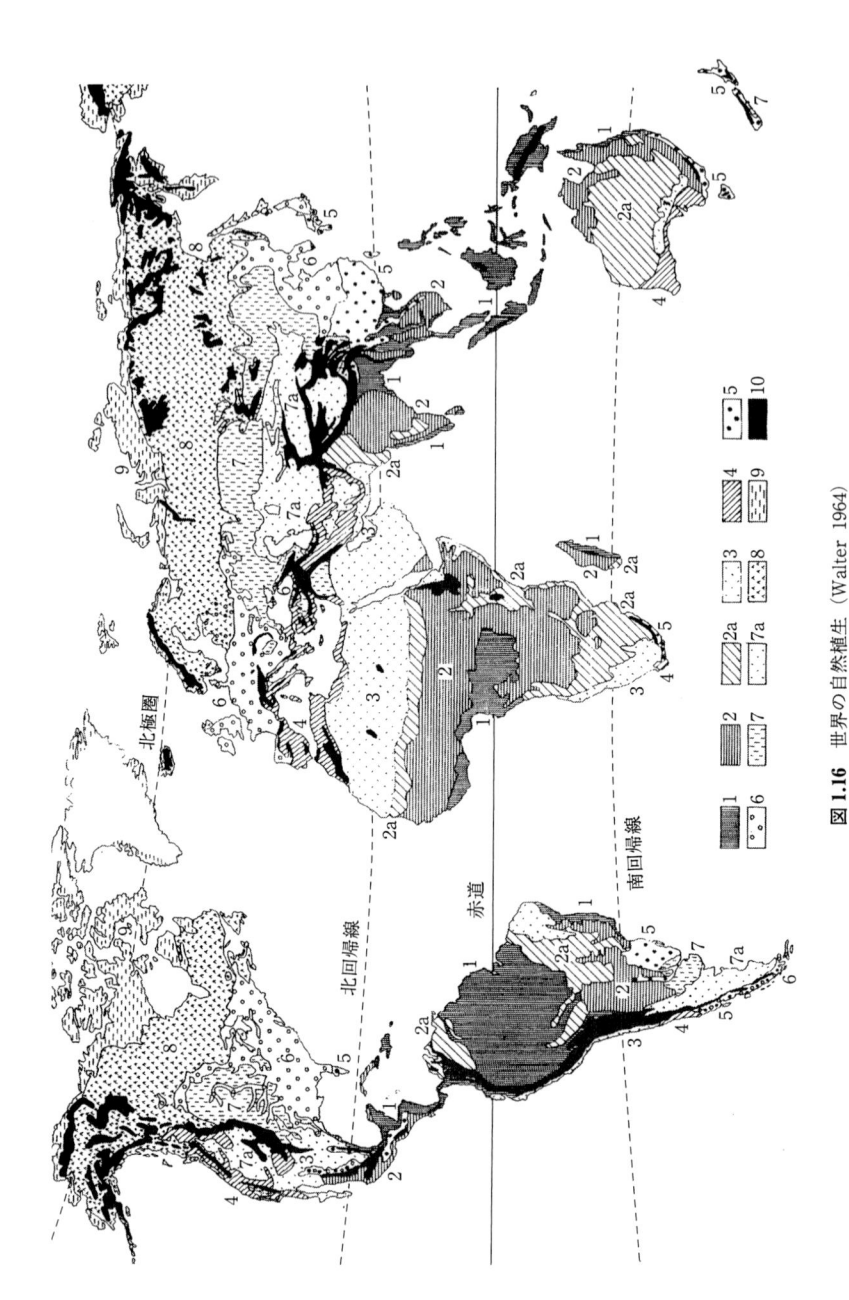

図 1.16 世界の自然植生（Walter 1964）

1, 熱帯多雨林；2, 熱帯季節林；2a, サバナ；3, 熱帯・亜熱帯の砂漠；4, 常緑硬葉樹林；5, 常緑広葉樹林（照葉樹林）；6, 落葉広葉樹林（夏緑樹林）；7, ステップ；7a, 寒冷な砂漠；8, 針葉樹林（タイガ）；9, ツンドラ；10, 高山荒原.

1.4 世界の陸上生態系

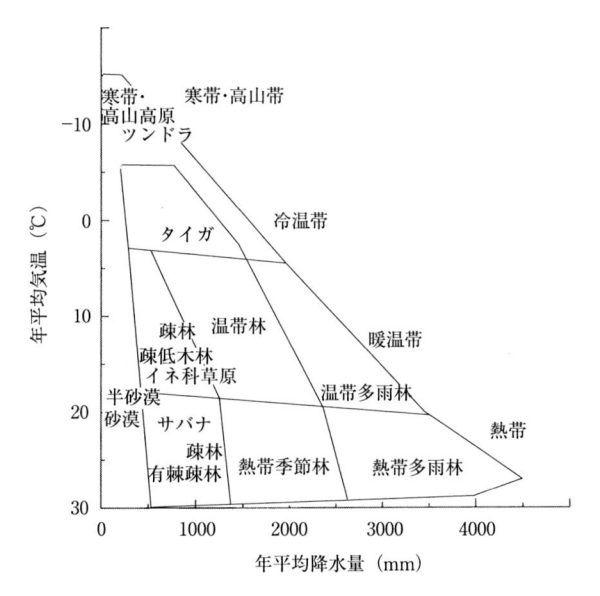

図 1.17 世界の自然植生（Whittaker 1975 を改変）
植生は，年平均気温と年平均降水量とでほぼ満足に記載できる．

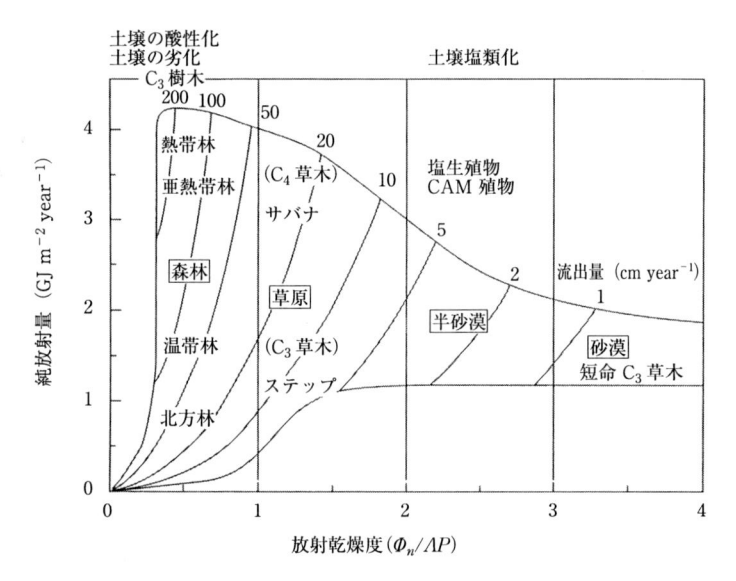

図 1.18 世界の自然植生と放射乾燥度との関係（及川 2000 を改変）
森林が成立するのは，放射乾燥度が 1 以下の場所である．流出水とは，土壌から下方に移動し河川などに流れる水のことで，降水量と同じ深さの単位で表してある．放射乾燥度が小さいと流出水は多い．

立するために十分な雨量は，低緯度地方で森林が成立するためには十分でないことになる．なぜだろうか．これを説明するためには，Budyko（ブディコ）が提案した放射乾燥度を考えるとよい（図1.18）．放射乾燥度とは，その場所の正味の放射エネルギー（Φ_n, J m^{-2} year^{-1}）を，その場所の降雨量（P, kg m^{-2} year^{-1}）をすべて蒸発するために必要なエネルギー（ΛP）で除したものである（$\Phi_n/\Lambda P$）．Λは単位質量の水の気化熱である．すなわち，$\Phi_n/\Lambda P$を計算することによって，正味の放射エネルギーと雨をすべて蒸発させるのに必要なエネルギーの大小を判定できる．低緯度ほど正味の放射エネルギーが大きいために，そのエネルギーに見合う降水量がなければ森林は成立しない．森林が成立するのは，放射乾燥度（$\Phi_n/\Lambda P$）が1以下の場所に限られる．いっぽう，放射乾燥度が3を超えると砂漠となる．

　放射乾燥度は植生の成立条件の予想だけではなく，土壌の状態を知る上でも有用である．たとえば，放射乾燥度が1以下の場所に成立している森林を伐採したとする．樹木を伐採すると，土壌栄養塩の植物による吸収が停止する．正味の放射量よりも雨量が多いので，雨は土壌の栄養塩を溶脱（leaching）して流出水となり，土壌の貧栄養化と河川の富栄養化を招く．熱帯多雨林の樹木を伐採すると，ただでさえ貧栄養な土壌がさらに貧栄養化するのはこのためである．熱帯多雨林の再生が困難な理由の一つはここにある．いっぽう，放射乾燥度の大きいところで植物を栽培するために，土壌に水を与えることを考えよう．水は土壌中の溶質を溶かす．蒸発皿の実験を思い浮かべれば理解できるように，土壌表面から水が蒸発する際，土壌中の溶液は表面方向に移動する．その結果，土壌表層に高濃度の溶質が集積する．乾燥地の灌漑が完全でないと，かえって塩害を招くのはこのためである．

　植生を分類する際には，相観学的方法が用いられる．ここでいう相観とは，一般には植物群落の最上層を構成する優占種が高木か，灌木か，草本植物か，それらが密に生えているのか，疎に生えているのか，常緑か，落葉か，などが植生分類の重要な要素となる（第8,9章参照）．以下に，いくつかの代表的な植生について述べる．これらの世界における植生分布は図1.16のとおりである．

　熱帯多雨林（tropical rain forest）は，熱帯の多雨地帯に成立する常緑広葉樹林である．アジアでは，インドネシア，マレーシアに豊かな森林が分布している．存在する樹種の数はきわめて多い．主要樹種はフタバガキ科などである．典型的

な森林の樹高は30〜40 mになる．また，このレベルよりもさらに高い超出木（超高木：emergent）が存在するのも特徴である．すでに述べたように土壌は貧弱であり，伐採後には，少ない土壌栄養塩も雨によって急速に流出する（図1.18）．

1.4.1項で述べた熱帯ポドゾルには，熱帯ヒース林（tropical heath）が成立する．熱帯ヒース林は一般に貧栄養で，ウツボカズラなどの食虫植物が分布する．

熱帯山地林（tropical montane forest）は，熱帯多雨林が成立する緯度にある山地林である．2000〜3000 mの高度の山地には霧がかかることが多い（雲霧帯）．高度にともない樹高は低くなる．湿度が高いので樹木の幹にはさまざまな着生植物が繁茂する．

熱帯季節林（tropical seasonal forest）は，乾季に落葉する落葉樹や半落葉樹を主体とする森林である．樹高，バイオマスとも熱帯多雨林よりも小さい．タイの北部などに見られ，チーク（クマツヅラ科）やコクタン（カキノキ科）など堅い材を持つ落葉樹を生産する．日本の落葉樹林は，冬に落葉する夏緑樹林（summer-green forest）であるが，熱帯季節林は雨緑樹林（rain-green forest）である．

サバナ林（savanna woods）や棘低木林（thorn woods）と呼ばれる森林は，さらに乾燥した地帯に成立する．乾燥のため，葉は小型になり，棘のあるものも多い．地面は主としてC_4光合成経路をもつイネ科草本によって覆われる（後述）．

照葉樹林（laurel-leaved forest）は，熱帯から暖温帯にかけて成立する常緑多雨林を指す．アジア地区ではヒマラヤ南麓，雲南，南中国，台湾，日本西南部にかけて発達する，常緑のブナ科植物を優占種とするクチクラ層の発達した葉を持つ樹木により成立している．熱帯山地林も広義には照葉樹林である．

硬葉樹林（hard-leaved forest, sclerophyllous forest）は，冬に降雨があり夏の乾燥が厳しい地中海性気候の地域に広がる．オリーブ（モクセイ科），コルクガシやイシガシ（いずれもブナ科）など，堅い葉を持つ常緑樹が優占する．灌木林も多い．硬葉は力学的にも丈夫で，クチクラが発達しているので乾燥にも強い．

夏緑樹林は，冷温帯に発達する落葉広葉樹林（broad-leaved deciduous forest）をいう．ブナ林は中央ヨーロッパ，中国，北米東部から中央部，日本の特に日本海側などに見られる．そのほかに，ミズナラ林などがある．

亜寒帯（垂直分布としては亜高山帯）では，生育に不適な冬季の低温期間が長く，針葉樹林（coniferous forest, needle-leaved forest）が発達する．シベリア

のタイガなどがこれに含まれる．日本では，北海道にトドマツやエゾマツ（マツ科）が優占する森林，本州の亜高山帯にはシラビソ，オオシラビソ（マツ科）が優占する森林がある．

ツンドラ（tundra）は，亜寒帯や高山帯の植生である．夏の生育期間は2～3カ月ときわめて短く，地衣類，蘚類に混じって，ツツジ科やヤナギ科の群落が見られる．タイガと接する箇所では，カラマツ類（マツ科）が多くなる．

ヒース（heath）は，イギリス，ヒマラヤなどの高山の森林限界近くや高山帯に発達し，*Calluna* 属，*Erica* 属，コケモモなどの常緑のツツジ科の灌木を主体とする植生である．

草原にはいくつかの種類がある．草というと grass と英訳する場合が多いが，grass は剣状の葉（blade）を持つイネ科草本などを指すことばである．双子葉類の草本植物は forb と呼ばれる．単子葉，双子葉を含めて草本植物を herbaceous plants，あるいは単に herb という．

サバナ（savanna）は，熱帯の夏雨地域における低木を交えた草原を指す．主として C_4 のイネ科植物が分布する．CAM を行う多肉植物も多い．

ステップ（steppe）は，温帯の豊かな土壌に成立する広葉型とイネ科型の混ざる草原である．プレーリー，パンパなどのコムギの穀倉地帯として有名な地域はステップである．単子葉類の枯れた地上茎がいつまでも残る場合には，叢生草原（tussock grass land）と呼ぶ．

高茎草原（tall herbage）は，乾燥が原因でできる草原ではなく，比較的湿った，やや暗い環境に成立する．草丈が数 m に達するハナウドやシシウドなどのセリ科やキク科の植物に混ざってシャクナゲ（ツツジ科）などが見られる．

常緑荒原（alpine meadow）は，山岳では森林限界以上，平地では寒帯の森林限界より高緯度に見られる草原である．冬は積雪によって低温から保護される．日本の高山でお花畑といわれている草地もこれに属する．

砂漠（desert）の占める面積も広い．砂漠とはいっても植物の生えない場所から，少量の植物の生える場所までさまざまである．サボテン科，トウダイグサ科，キク科，ハマビシ科などの植物が繁茂する．

1.5 この章のまとめ

　生物の環境適応のメカニズムを学び，植物が上陸以来たどった進化の道筋を概説した．大陸の移動や地球史的な気候変動，および生物の環境への反作用によって環境は変化する．植物は，この変化に対して適応しつつ進化してきた．

　次に，太陽の放射の波長組成や絶対量を学んだ．この基礎に立って，太陽光のエネルギーを化学エネルギーとして固定する光合成の効率，光合成が基本となる生態系の一次生産について学んだ．純一次生産として固定される太陽からの短波のエネルギーは1％程度である．いっぽう，太陽からのエネルギーは，地球の気候帯，ひいては植生を規定する要因でもある．大気の大循環を学び，気候帯の成立について議論した．

［寺島一郎］

2

光合成過程の生態学

2.0 はじめに

　光合成は，光をエネルギー源として，水を分解して酸素を発生し，CO_2から糖を合成する代謝経路である．これは植物の炭素骨格・エネルギー源を供給するほぼ唯一の経路である．光合成速度は一定ではなく，環境条件の影響を大きく受ける．さらに，同一条件で測定しても，種内・種間で異なる光合成速度が見られる．このような光合成速度の多様さは，植物の生存・成長・繁殖の多様さの原因の一つである．また，この多様さは生態系の生産力の違いをもたらし，地球上の生態系の多様さをもたらす原因の一つでもある．

　この章のテーマは，「光合成速度はどのように決まっているのか」である．単純に考えれば，光合成速度が高いほど生存・成長・繁殖に有利であると思える．しかし，光合成速度には生化学・生理学的な制限があり，さらに，環境条件は光合成を行うために必要な資源として，あるいはストレスとしてさまざまな影響を与える．植物はこれらの制限・制約を克服するために，さまざまな工夫をしている．また，個体の戦略を考えれば，あえて光合成速度を犠牲にして別のメリットを選んだほうが有利な場合もあるだろう．これらの多角的な視点を持つことによって「なぜこの植物はこのような光合成速度を持つのか」，その生態学的意義が理解できる．

　この章では，まず光合成系の生化学メカニズムを簡単に説明する（2.1節）．次

に，1枚の葉を念頭におき，その葉を異なる環境にさらしたときに，光合成速度がどのように変化するのか（2.2節），また，光合成系にどのような傷害が起こるのか（2.3節）を説明する．さらに，生育環境によって光合成系が適応的に変化することを，主に進化生態学的な観点から概説する（2.4, 2.5節）．最後に，種によって光合成特性がどのように異なるかを概説する（2.6節）．

2.1 光合成の機作

2.1.1 光合成

　光合成を行う最小の単位は，葉緑体である．高等植物は細胞（主に葉肉細胞）内に多数の葉緑体を持ち，光合成を行っている．葉緑体は，2重の包膜に囲まれた細胞内小器官である．葉緑体の内部には，チラコイド膜と呼ばれる膜構造がある．チラコイド膜と包膜の間は液相の空間で，ストロマと呼ばれる（図2.1）．

　チラコイド膜では二つの重要な反応が起こっている．一つは電子伝達である．電子伝達系は，水を分解して電子を取り出し，$NADP^+$を還元してNADPHを生産する経路である．電子伝達の駆動力は光エネルギーである．光エネルギーは，クロロフィルと呼ばれる色素によって吸収される．すべてのクロロフィルは光化学系複合体に結合しており，吸収したエネルギーを光化学系の反応中心に伝える．反応中心はエネルギーを受け取ると励起され，強い還元力を持つ．この還元力を利用し，$NADP^+$が還元される（詳細は図2.1を参照）．なお，光合成において発生する酸素は，電子伝達系における水の分解産物である（$2H_2O \rightarrow 4H^+ + O_2 + 4e^-$）．

　もう一つの重要な反応はATP合成である．電子伝達系の構成要素の一つであるプラストキノンは，電子伝達の際にプロトン（H^+）をチラコイド膜の外側から内側に運搬する（図2.1）．これと水分解によるプロトンの生成により，チラコイド膜内外にプロトン濃度の勾配ができる．この濃度勾配をエネルギー源とし，プロトンがチラコイド膜のATP合成酵素を通過する際にATPが合成される．

　チラコイド膜で生産されたATPとNADPHは，それぞれCO_2吸収のためのエネルギー源・還元力として，ストロマのカルビン-ベンソンサイクルで利用される．カルビン-ベンソンサイクルは，11の酵素によって触媒される循環経路である（図2.1）．CO_2吸収は，リブロース-1,5-二リン酸カルボキシラーゼ/オキシ

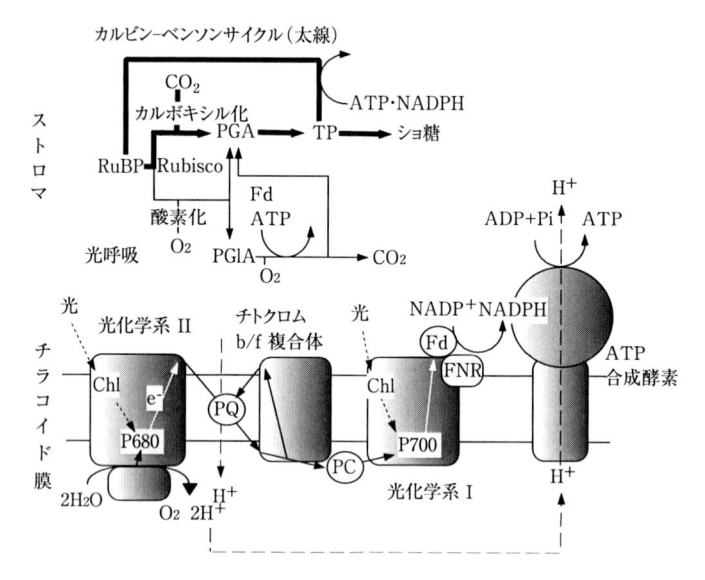

図2.1 光合成と光呼吸の模式図

チラコイド反応において，実線は電子の，点線はエネルギー（光エネルギーまたは励起エネルギー），破線はプロトン（H^+）の移動を示す．

チラコイド膜には四つの巨大なタンパク質複合体が存在する．光化学系II複合体のクロロフィル（chl）が光を吸収すると，励起エネルギーが反応中心（P680）に伝達される．P680で励起された電子は反応中心を離れ，プラストキノン（PQ）に伝達される（光化学反応）．P680が電子を失うと，光化学系IIで水が分解され，電子が供給される．PQは光化学系IIから電子を受け取ると同時に，チラコイド膜外側のH^+と結合し，膜中を移動する．PQはチトクロムb/f複合体に電子を渡し，H^+を膜内側に放出する．さらに電子はチトクロムb/f複合体からプラストシアニン（PC）を経て，光化学系I複合体の反応中心（P700）に伝達される．光化学系Iでは光化学系IIと同様に光化学反応が起こり，電子がフェレドキシン（Fd）に伝達される．Fdはフェレドキシン-NADP酸化還元酵素（FNR）の触媒でNADP$^+$に電子を渡す．RuBP, リブロース二リン酸；Rubisco, RuBPカルボキシラーゼ/オキシゲナーゼ；PGA, ホスホグリセリン酸；TP, トリオースリン酸；PGlA, ホスホグリコール酸．

ゲナーゼ（Rubisco）という酵素が触媒するカルボキシル化反応（carboxylation）によって行われる．CO_2は，リブロース二リン酸（RuBP）という五つの炭素を持つ糖リン酸に化合し，2分子のホスホグリセリン酸（PGA）が生産される．

$$\text{RuBP} + CO_2 \longrightarrow 2\text{PGA} \tag{2.1}$$

PGAは三つの炭素を持つ有機酸リン酸である．PGAから，ATPとNADPHを消費してトリオースリン酸が生産される．このトリオースリン酸の一部が葉緑体の外（細胞質）に輸送され，ショ糖などの合成に利用される．残りのトリオー

スリン酸からは，ATPを消費してRuBPが再生され，ふたたびカルボキシル化反応が起こる．

Rubiscoは分子量550 kDaの巨大な酵素で，光合成の鍵酵素として知られる．Rubiscoは基質であるCO_2に対する親和性が低く，通常大気のCO_2濃度では反応速度が低い．このため，葉は大量のRubiscoを持つ必要がある．葉のタンパク質の20～30％はRubiscoが占める．このためRubiscoは，「地球上でもっとも量が多いタンパク質」としても知られる．

2.1.2 光呼吸

Rubiscoはカルボキシル化反応だけでなく，RuBPの酸素化反応（oxygenation）も触媒する．

$$RuBP + O_2 \longrightarrow PGA + \text{ホスホグリコール酸} \qquad (2.2)$$

この反応の生成物の一つであるホスホグリコール酸からPGAを再生する過程が光呼吸（グリコール酸回路）である（図2.1）．物質生産の点から見ると，光呼吸は全く無駄な経路である．第一に，生成物ホスホグリコール酸は有害である．第二に，光呼吸では，せっかく吸収した炭素をCO_2として放出してしまう．第三に，ATPとフェレドキシンから直接供給される還元力（電子）が消費されてしまう．光呼吸は「エネルギーを消費する」という点で，暗呼吸と全く役割が異なる点に注意されたい．光呼吸の意義は，酸素化反応によって「やむを得ず」生産されるホスホグリコール酸の処分であると考えられている．

光があたっているときは，葉では光合成も光呼吸も同時に起こっている．通常大気条件では，カルボキシル化反応によって吸収された炭素の30～50％が光呼吸によって放出されている．光呼吸がどれだけ起こるかは，葉緑体中のCO_2とO_2の濃度に依存する．Rubiscoが触媒する反応では，まずRubiscoにRuBPが結合する．葉緑体中のCO_2濃度が相対的に高ければ，Rubisco-RuBP複合体にCO_2が結合し，カルボキシル化反応が起こりやすい．逆に，O_2濃度が高ければ酸素化反応が起こりやすい．

2.1.3 暗呼吸（ミトコンドリア呼吸）

暗呼吸では糖が分解され，CO_2が発生する．この意味では，暗呼吸は光合成の逆反応であるが，光合成とは全く別のプロセスである．暗呼吸の役割は，糖とし

て蓄積しておいた還元物質からエネルギーをATPのかたちで取り出すことにある．

　暗呼吸は，大きく三つのステップに分けることができる．一つめの解糖系は細胞質で行われる．解糖系では，ブドウ糖が分解されてピルビン酸などになる間にATPが生産される．嫌気条件下では，もっぱら解糖系がATP合成を担う．好気条件下ではピルビン酸はミトコンドリア内に輸送され，二つめのステップであるTCAサイクル（クエン酸サイクル）に入る（植物ではリンゴ酸として入ることも多い）．TCAサイクルではピルビン酸が分解され，CO_2が発生する．その際，還元力が取り出され，NAD^+などに渡される．この還元力は三つめのステップである電子伝達系に渡され，ミトコンドリア内膜の内側から外側へのプロトン輸送に利用される．こうしてできたプロトン濃度勾配を利用し，チラコイド膜と同様のメカニズムでATP合成に利用される．電子は最終的にチトクロムオキシダーゼ（cytochrome oxidase）から酸素に渡され，水となる．

　植物のミトコンドリアには，チトクロムオキシダーゼのほかにもう一つの酸化酵素があり，これはオルタナティブオキシダーゼ（alternative oxidase）と呼ばれている．チトクロムオキシダーゼでは電子伝達の際にプロトン輸送が起こるが，オルタナティブオキシダーゼでは起こらない．このため，オルタナティブオキシダーゼで酸化が起こる場合は，ATP合成量が減少してしまう．オルタナティブオキシダーゼに電子が伝達され酸化が起こる経路をオルタナティブ経路，チトクロムオキシダーゼで酸化が起こる経路をチトクロム経路などという．オルタナティブ経路はシアン化合物に阻害されないため，シアン耐性呼吸とも呼ばれる．

　オルタナティブ経路の生理学的・生態学的意義は必ずしも明らかではないが，細胞内に還元力が過剰になった場合に，それを安全に消去するための手段であるとする説が一般に受け入れられている．特殊な例として，サトイモ科の一部の種の肉穂花序では，オルタナティブ経路活性を上げることにより熱を発生し，訪花昆虫の誘因に役立てていることが知られている．

2.2　光合成速度の環境応答

　光合成速度[注]は，同一種の葉でも，葉がさらされている環境や葉が育ってきた環境によって大きく変化する．一つの葉を違う環境にさらしたときの光合成速

度の変化を，短期応答（short-term response）という．これはたとえば1枚の葉の光合成速度が，弱い光をあてたときには低く，強い光をあてたときには高くなる，といった変化である．短期応答は，さらに，葉が健全な状態での応答と，ストレスによって葉内に傷害が起こり光合成速度が低下してしまう場合の2種類に分けることができるであろう．この節ではまず，健全な葉における光合成速度の環境応答について述べる．

注）本稿での「光合成速度」は，カルボキシル化反応によるCO_2吸収から，光呼吸と暗呼吸によるCO_2放出を差し引いた上でのCO_2吸収速度（いわゆる純光合成速度）を，葉面積あたりで表したものである．なお，光合成におけるO_2発生速度とCO_2吸収速度の比は，多くの場合，光呼吸の有無にかかわらず1:1である．

2.2.1 律　　速

光合成速度の環境応答を理解するためには，律速という概念の理解が不可欠である．前節で述べたように，光合成系はさまざまな反応の組み合わせによって成り立っている．重要なのは，光合成速度は個々の反応の平均値などによって決まっているわけではなく，もっとも低い反応の速度によって決まっている，ということである．これは，直列に連なったベルトコンベアを想像するとわかりやすいであろう．複数のベルトが連なったベルトコンベアでは，他のベルトがどんなに高い能力を持っていたとしても，全体の速度は，もっとも遅いベルトによって決まってしまう．全体の速度が一つの反応によって限定されていることを律速，あるいは制限（limitation）と呼び，律速している反応を律速段階（limiting step），その反応の速度を限定している原因を律速要因（limiting factor）と呼ぶ．たとえば光が非常に弱い場合は，光合成速度は光化学系の反応（光化学反応）が進む速度によって律速される．光強度が律速要因，光化学反応が律速段階というわけである．律速段階は環境によって異なるため，光合成速度の環境応答は複雑である．以下では，光合成速度と環境要因の関係を通して，光合成速度がどのような生化学・生理学的メカニズムで決定されているのかを説明する．

2.2.2 光

光合成は光をエネルギー源とするため，光強度は光合成速度に大きな影響を与える．図2.2に光-光合成曲線を示す．光強度0のときは，葉は暗呼吸によってCO_2を放出している．光強度が増加すると，光合成速度は弱光域では直線的に増

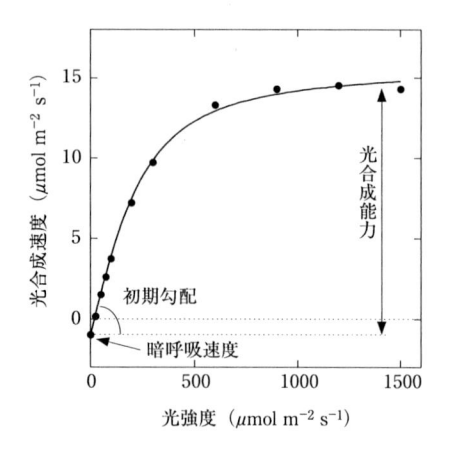

図 2.2 光-光合成曲線（彦坂，未発表）
シロザの例を示す．実測値を非直角双曲線で近似している．非直角双曲線については Box 5 を参照．

加し，ある程度の強さ以上では飽和して変化がなくなる．弱光域において，光合成速度が見かけ上 0 になるような光強度を光補償点と呼ぶ．また，弱光域の直線部分の傾きを光-光合成曲線の初期勾配と呼ぶ．これらのパラメータは弱光域の光合成速度の指標となる．

光が律速するときの光合成速度がどのように決まっているか，光-光合成曲線の初期勾配を通して見てみることにしよう．初期勾配は，暗呼吸の影響を無視すれば，照射光量あたりの光合成量（総光合成量）である．これはさらに，光合成の量子収率（吸収光量あたりの光合成量）と光吸収率（照射した光のうち，葉に吸収された割合）の積として表すことができる．

$$初期勾配 = \frac{光合成量}{照射光量} = \frac{光合成量}{吸収光量} \times \frac{吸収光量}{照射光量} \tag{2.3}$$

光合成の量子収率がどのような値になるのかを，NADPH の生産と消費の面から考えてみよう．1 mol の CO_2 をカルビン-ベンソンサイクルで固定するためには，2 mol の NADPH が必要である．1 mol の $NADP^+$ を還元するためには 2 mol の電子が必要である．1 mol の電子を伝達するためには，二つの光化学系にそれぞれ 1 mol の光量子が必要である．総合すると，1 mol の CO_2 を固定するために，最低 8 mol の光量子が必要であり，最大の量子収率は 1/8 = 0.125 となる．しかし現実の植物で観察される量子収率は，0.05〜0.07 の値にしかならない．この低

下の最大の理由は，光呼吸によるエネルギーの消費と CO_2 の放出である．光呼吸の影響を受けない高 CO_2 濃度下や低 O_2 濃度下で量子収率を測定すると，0.10〜0.11 と理論に近い値が得られる．この値は，ほとんどの C_3 植物に共通である．量子収率の環境応答については，2.6.1-a 項も参照されたい．

　光吸収率は，主として光吸収色素であるクロロフィル含量によって決まっている．光吸収率は，クロロフィル含量に対して飽和型の曲線を描く．この曲線は，多くの草本植物で共通である．いっぽう，照葉樹など表面にワックスがかかっている葉や，多数の毛が生えている葉では反射率が高くなるため，光吸収率が低くなる．なお，アントシアンなど，クロロフィル以外の色素が葉に多量に含まれている場合，それらの色素に吸収した光は光合成に使われないため，量子収率が低下する．

　弱光下の光合成速度については Björkman（1981）も参照されたい．

2.2.3　CO_2 濃度

　ある程度光強度が上がると，光はもはや律速要因ではない．強光下では，律速要因は CO_2 濃度で，律速段階は Rubisco である，と一般には考えられている．しかし，Rubisco はたしかに重要な役割を持つが，いつでも Rubisco だけが律速段階であるとは限らない．強光下の光合成速度が決まる仕組みは，さまざまな反応段階や環境要因の影響を受ける複雑なものである．ここでは，光合成速度の CO_2 濃度依存性を見ることを通して，強光下の光合成速度が決まる仕組みを可能な限りかみ砕いて説明する．

　図 2.3a に，強光下で測定した CO_2 濃度-光合成曲線を示す．光合成速度は CO_2 濃度に対し飽和型の曲線を示し，CO_2 濃度が高くなるほど高い．C_3 植物の場合，CO_2 吸収速度は CO_2 濃度 40〜60 μmol mol^{-1} で見かけ上 0 となる．この CO_2 濃度を CO_2 補償点という．このとき葉は CO_2 を吸収していないわけではなく，カルボキシル化反応による CO_2 吸収と，光呼吸とミトコンドリア呼吸による CO_2 放出がつり合っている状態にある．

　炭酸同化は酵素触媒反応であるため，CO_2 濃度と光合成速度の関係は反応速度論によってモデル化することができる．一般に，酵素反応の速度と基質濃度の関係は単純な直角双曲線（Michaelis-Menten の式）によって表すことができるが，Rubisco にとっては CO_2 だけでなく O_2 と RuBP も基質であり，さらに光呼吸の

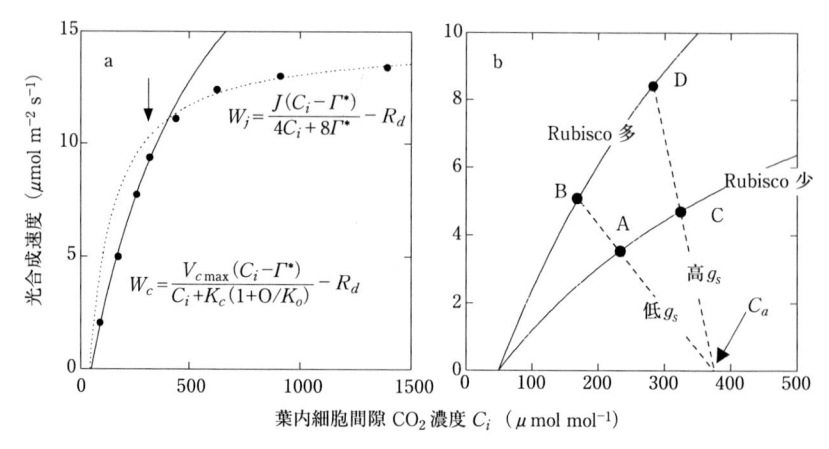

図 2.3 CO_2 濃度-光合成曲線

葉内細胞間隙 CO_2 濃度 (C_i) に対し光合成速度をプロットしている. a, ミズナラの例 (彦坂, 未発表). 測定条件は光強度 1000 $\mu mol\ m^{-2}\ s^{-1}$, 葉温 20 ℃. 矢印は大気 CO_2 濃度 (370 $\mu mol\ mol^{-1}$) のときの測定値. 近似曲線については Box 3 を参照. b, Rucisco 量と気孔コンダクタンス (g_s) が光合成速度に与える影響. 実線は光合成速度の CO_2 濃度依存性を示す. Rubisco 量が多い葉は同じ C_i で比べると高い光合成速度を持つ. 点線は, 大気 CO_2 濃度 (C_a) と同じ値のときに光合成速度が 0 になる点から, 傾き $-g_s$ の直線を引いたもの (本文参照). 点線と実線が交わる点が葉の光合成速度となる. 低い光合成速度を持つ葉 (A) が光合成速度を上げようとする場合, Rubisco 量を増やすだけでも (B) 気孔コンダクタンスを上げるだけでも (C) 光合成速度が上がる. Rubisco 量, 気孔コンダクタンスの両方を高くすると, より高い光合成速度が得られる (D).

CO_2 放出も考慮しなくてはならない. これらの複雑な関係は, Farquhar ら (1980) によってはじめてモデル化された. 数式を使った説明は Box 3 を見ていただくことにして, ここでは概念的な説明をする. Rubisco, CO_2 濃度, 光合成速度の三者の関係に影響を与える要素を直観的に整理すると, 以下のようになる. ①酵素反応は, 基質濃度が高いほど進みやすい. CO_2 はカルボキシル化反応の基質であるため, CO_2 濃度が高いほどカルボキシル化速度が高くなり, 光合成速度が上がる. ② CO_2 と O_2 は, Rubisco の活性部位を競合的に奪い合う (競合阻害と呼ぶ). O_2 濃度に対し CO_2 濃度が相対的に高いほど酸素化反応が起こりにくく, カルボキシル化反応が起こりやすくなり, 光合成速度が上がる. ③ RuBP の酸素化反応が遅いと, 光呼吸の CO_2 の放出が少なくなるため, 見かけ上, 光合成速度が上がる. 図 2.3a の近似曲線は, Farquhar らのモデルを適用したものである. まず重要なのは, 低 CO_2 濃度域と高 CO_2 濃度域において, 光合成速度の CO_2 濃度依存性が異なる曲線によって説明されることである.

Box 3　　　　　　　　　　　　　　　　Farquhar らの光合成生化学モデル

CO_2 吸収速度 P は，以下の式で表される．

$$P = V_c - 0.5V_o - R_d \tag{2.4}$$

ここで，V_c と V_o はそれぞれカルボキシル化反応と酸素化反応の速度である．V_o の係数 0.5 は，一度の酸素化反応あたり 0.5 の CO_2 が放出されることを意味する．R_d はミトコンドリア呼吸（日呼吸）の速度である．CO_2 吸収速度と CO_2 濃度の関係は，1 本の式で示すと非常に複雑になる．便宜的に，RuBP が飽和している場合（W_c）と RuBP 供給が光合成を律速している場合（W_j）の二つに分けて表される．

・**RuBP が飽和している場合**（強光，低 CO_2 濃度条件）

Rubisco が触媒する反応では，CO_2 と O_2 はそれぞれ酸素化反応とカルボキシル化反応を競合的に阻害する．RuBP が飽和している場合，この関係は生化学的に以下のような式で表すことができる．

$$V_c = \frac{V_{c\,max} C}{C + K_c(1 + O/K_o)} \tag{2.5}$$

$$V_o = \frac{V_{o\,max} O}{O + K_o(1 + C/K_c)} \tag{2.6}$$

ここで，$V_{c\,max}$ と $V_{o\,max}$ はそれぞれカルボキシル化反応と酸素化反応の最大速度，C と O はそれぞれ CO_2 と O_2 の濃度，K_c と K_o はそれぞれ CO_2 と O_2 に対する Michaelis 定数である．(2.5)式において，酸素が競合的にカルボキシル化反応を阻害するさまは，分母の O に表されている．酸素濃度が高くなると，分母が大きくなり，カルボキシル化反応が低くなる．(2.5), (2.6)式を(2.4)式に代入すると，RuBP が飽和している場合の光合成速度（W_c）を得る．

$$W_c = \frac{V_{c\,max} O (C - \Gamma^*)}{C + K_c(1 + O/K_o)} - R_d \tag{2.7}$$

ここで，$\Gamma^* = (V_{o\,max} K_c O)/(2V_{c\,max} K_o)$ である．また，$\Gamma^* = (C V_o)/(2V_c)$ でもあり，これは，ミトコンドリア呼吸を無視したときの CO_2 補償点と等しい．本文中の直観的な説明（①〜③）を大ざっぱに本式にあてはめると，CO_2 濃度上昇は，分子の C の増加によって光合成速度を増加させる（①と②）．光呼吸による CO_2 放出の影響は，分子の $-\Gamma^*$ の項に含まれている（③）．$V_{c\,max}$ は葉によって異なり，Rubisco 量（活性）が高いほど高い．つまり，低 CO_2 濃度域における光合成速度を高くするためには，Rubisco 量を増やせばよいことになる（図 2.3 参照）．

・**RuBP が不足している場合**（弱光，高 CO_2 濃度条件）

Farquhar らのモデルでは，RuBP 再生速度は電子伝達速度に律速されていると仮定している．カルビン–ベンソンサイクルで 1 mol の RuBP を再生するため

には，2 mol の NADPH が必要であり，このためには 4 mol の電子が伝達される必要がある．さらに，酸素化反応が一度起こると，光呼吸では四つの電子を消費する．電子伝達速度を J とすると，$J = 4V_c + 4V_o$ である．これに Γ^* を導入して (2.4)式に代入すると，電子伝達速度と光合成速度 W_j の関係は以下のようになる．

$$W_j = \frac{J(C - \Gamma^*)}{4C + 8\Gamma^*} - R_d \tag{2.8}$$

電子伝達速度 J は，光強度に対し飽和曲線を示す．Farquhar らのモデルでは，光強度が光合成を律速するさまは，J の低下によって表されることになる．また，光飽和時の最大電子伝達速度 J_{max} は葉によって異なり，電子伝達系タンパク質の量が多いほど高い．つまり，高 CO_2 濃度域における光合成速度を高くするためには，電子伝達系タンパク質などの量を増やせばよい．

光合成速度 P は W_c と W_j のうち低いほうとして求められる．この (2.7), (2.8)式を CO_2 濃度-光合成曲線にフィットさせたのが図 2.3a である．

参考文献
von Caemmerer, S. (2000) *Biochemical Models of Leaf Photosynthesis*. CSIRO, Collingwood.
寺島一郎 (2002) 個葉および個体レベルにおける光合成．光合成（駒嶺 穆総編集，佐藤公行編），pp. 125-149．朝倉書店．

・低 CO_2 濃度域では，RuBP は飽和しており，CO_2 がもっとも不足する基質である．光合成速度は，CO_2 濃度の上昇とともに急激に増加する．このとき，光合成速度が上昇する原因は上記①～③のすべてを含むが，主として①の影響が大きい．なお，このとき律速段階は Rubisco である．

・高 CO_2 濃度では，相対的に RuBP が不足する．このとき，光合成速度を律速しているのは Rubisco ではなく RuBP の供給となる．「律速」の本来の意味からすれば，このとき光合成速度は CO_2 濃度に依存しなくなるはずであるが，実際には光合成速度は緩やかに増加する．これは，CO_2 と O_2 の競合関係が（律速段階がどこであろうと）存在するためである．つまり，高 CO_2 濃度では①の要素がなくなるが，②と③の要素によって，CO_2 濃度上昇とともに光合成速度が増加する．なお，RuBP 供給の律速段階（つまり高 CO_2 濃度域における光合成の律速段階）は，一般には電子伝達系だと考えられているが，はっきりわかっているわけではない．

葉の Rubisco 量を増やせば，低 CO_2 濃度域の光合成速度を増加させることができる．しかし，Rubisco だけを過剰に増やすと，低 CO_2 濃度でも RuBP 供給

が光合成を律速するようになり，光合成速度が増加しなくなってしまう．光合成速度を効率よく増加させるためには，Rubiscoだけでなく RuBP 供給にかかわるタンパク質（電子伝達系タンパク質など）の量も増加させなくてはいけない．多くの C_3 植物では，通常の CO_2 濃度付近（350~450 μmol mol^{-1}）で Rubisco の能力と RuBP 供給の能力がつり合う（低 CO_2 濃度域の曲線と高 CO_2 濃度域の曲線が，この CO_2 濃度付近で交差する）．つまり，通常，植物が生育するような条件では，光合成速度は，Rubisco だけでなく他のタンパク質に共律速（co-limitation）されているといえる．

2.2.4 気孔開度（水分条件）

気孔とは，表皮に存在する通気口である．光合成で固定される CO_2 のほとんどは，気孔を通って植物体内に取り込まれる（図 2.4）．気孔は二つの孔辺細胞の運動によって開閉することができる．気孔が完全に閉じると CO_2 の流入はほとんど起こらず，光合成ができなくなる．さまざまな環境要因が，気孔の開閉を通して光合成速度に影響を与えている．ここではまず，気孔の開閉が光合成にどのような影響を与えるかを見てみよう．

CO_2 の移動は能動的に起こるのではなく，もっぱら物理的拡散にしたがって起こる．光合成が起こると，葉緑体周辺の CO_2 濃度が下がり，大気と葉緑体周辺の CO_2 濃度差にしたがって CO_2 が移動する．CO_2 の拡散は Fick の第一法則によって記述できる．

$$P = g_s(C_a - C_i) = g_m(C_i - C_c) \tag{2.9}$$

ここで，g_s と g_m はそれぞれ気孔と葉肉細胞における拡散コンダクタンス（伝導度），C_a, C_i, C_c はそれぞれ大気，葉内細胞間隙，葉緑体における CO_2 濃度（あるいは分圧），P は光合成速度（= CO_2 拡散速度）である（ここでは簡単のため境界層抵抗を無視した）．オームの法則と類似していることに注意されたい（電圧が CO_2 濃度差，光合成速度が電流に相当．コンダクタンスは抵抗の逆数）．気孔コンダクタンス g_s は，気孔開度が大きいほど高い．葉肉細胞コンダクタンス g_m は，近年ようやく測定が可能になり，その値は気孔コンダクタンスと同等であることが明らかになった．しかし，その決定要因や環境応答などはほとんどわかっていない．光合成に好適な条件では，C_i は C_a の 60~80%，C_c は 40~60% まで低下する．

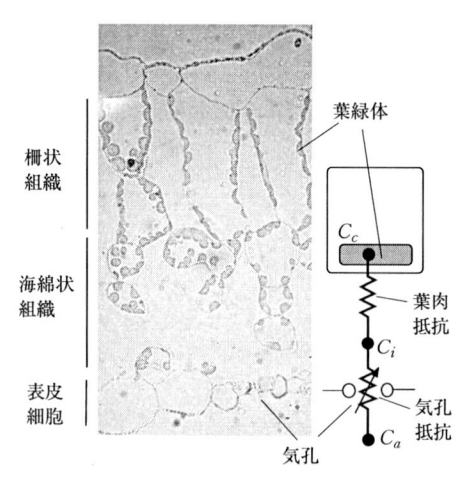

図 2.4 シロザ葉の断面写真(左,東北大学小口理一氏 提供)と葉内への CO_2 拡散の模式図(右)

CO_2 は大気から気孔を通って葉内細胞間隙へ拡散し,さらに葉緑体内へ拡散する.気孔と,葉肉細胞において拡散コンダクタンスが低い.図中太線は CO_2 拡散を電気回路にたとえたものである.C_a, C_i, C_c はそれぞれ大気,葉内細胞間隙,葉緑体内の CO_2 濃度(電圧に相当).気孔と葉肉細胞において抵抗が大きくなる(抵抗はコンダクタンスの逆数).気孔抵抗は気孔の開き方に依存するため,可変抵抗である.

気孔コンダクタンスが光合成速度にどのように影響するのか,図 2.3b で説明しよう.この図では横軸に C_i を,縦軸に光合成速度を示している.図中実線は上述した光合成の生化学的モデルであり,光合成速度は C_i にのみ依存すると仮定する(話を単純にするために,$C_c = C_i$ とする).図中点線は $P = g_s(C_a - C_i) = -g_s(C_i - C_a)$ である.つまり,横軸の切片が C_a と同じ値(ここでは 370 μmol mol^{-1})で,そこから傾き $-g_s$ で上昇する直線である.実線と点線が交わった点が光合成速度となる.つまり,光合成速度は Farquhar モデルと (2.9) 式の連立方程式の解として求められる.Farquhar と Sharkey(1982)は,実線を要求関数(demand function),点線を供給関数(supply function)と呼んだ.Rubisco など光合成系タンパク質によって CO_2 をどれだけ要求するかが決まり,気孔コンダクタンスによってどれだけ CO_2 を供給できるかが決まるということである.この図から,葉が光合成速度を高めるためには二つの方法があることがわかる.一つは,光合成系タンパク質の量(活性)を増やす(=要求関数の傾きを大きくする)ことである.もう一つは,気孔コンダクタンスを高くする(=供給関数の傾きを大きくする)ことである.

気孔はCO_2の取り込み口であるとともに，水蒸気が植物体内から出ていく通路でもある．葉の蒸散速度Eは，CO_2の拡散同様に以下の式で記述できる．

$$E = g_h(H_i - H_a) \tag{2.10}$$

ここで，H_iとH_aはそれぞれ葉内細胞間隙，大気の水蒸気濃度（または分圧）である．g_hは気孔における水蒸気のコンダクタンスで，CO_2のコンダクタンスg_sの約1.6倍である．葉内細胞間隙では水蒸気濃度はほとんど飽和しており，H_iはその葉温での飽和水蒸気圧とほぼ等しいと仮定できる．また，葉温と気温が同一ならば，$H_i - H_a$は大気飽差（vapour pressure deficit：飽和水蒸気分圧と実際の水蒸気分圧の差）と等しい．

通常の環境では，植物は光合成で獲得するCO_2の100倍以上の水を蒸散によって失う．水分の過剰な損失を防ぐため，植物は環境変化に応じて気孔コンダクタンスを敏感かつ精密に制御している．以下に主な気孔コンダクタンスの環境応答を紹介する．

・光条件が変わる場合，気孔コンダクタンスは光合成速度と同調しており，暗黒下では0に近く，強光下で大きくなる．このとき，光合成速度と気孔コンダクタンスの関係は比例に近く，C_iはあまり変化しない．

・大気飽差が大きくなると蒸散が起こりやすくなるので（(2.10)式参照），蒸散を抑制するために小さくなる．

・気孔コンダクタンスは，温度には直接は応答しないと考えられている．ただし，野外では気温が変化すると大気飽差も変化することが多い（たとえば，水蒸気分圧の絶対値が一定ならば，高温ほど飽差が大きくなる）ため，気温は間接的に気孔コンダクタンスに影響することになる．乾燥地では，日中に気温が上がって大気飽差が上昇すると，気孔コンダクタンスの低下とそれによる光合成速度の低下が起こる．これを日中低下（midday depression），あるいは昼寝現象と呼ぶ．

気孔コンダクタンスの調節については，2.3, 2.4節も参照されたい．

2.2.5 温　　度

多くの酵素反応の速度は，温度の影響を受ける．一般に，酵素反応速度は，通常温度では温度増加に対して指数関数的な増加を示し，ある温度域以上（多くの場合，その酵素が普段は経験しないような温度）になると低下する．光合成系タンパク質がかかわる反応の速度の多くは，これと同様の温度応答を示すが，光化

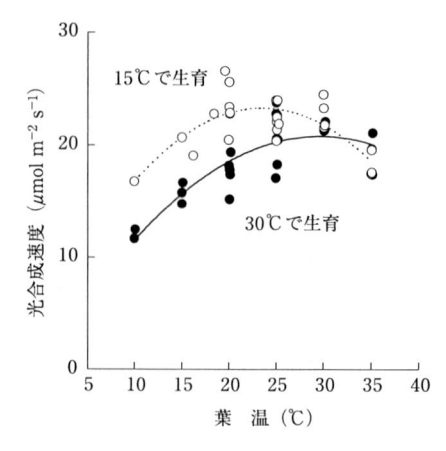

図 2.5 温度-光合成曲線（彦坂，未発表）
異なる温度で育てたオオバコの測定結果．測定条件は，大気 CO_2 濃度（370 μmol mol^{-1}），光強度 2000 μmol m^{-2} s^{-1}．

学反応は例外で，その反応速度は温度にほとんど依存しない．

強光で測定した光合成速度も，単純な指数関数的増加を示さない，という点では例外といえる．多くの C_3 植物では，光合成速度が最大になる温度（最適温度）は 20℃から 35℃の間にある（図 2.5）．これは必ずしも酵素活性が 35℃以上で低下するからではなく，カルボキシル化反応と酸素化反応の温度依存性の違いを反映している．カルボキシル化反応も酸素化反応も高温ほど速度が高くなり，どちらも 40℃程度までは速度低下は起こらない．しかし，両者の温度依存性は異なり，酸素化速度のほうが，温度が増加したときの速度の増加量が大きい．このため，高温では光呼吸による CO_2 放出が相対的に大きくなり，光合成速度が見かけ上低下する．なお，高 CO_2 濃度で温度-光合成曲線を測定すると，高 CO_2 濃度では光呼吸が抑えられるため，温度-光合成曲線のかたちが変わり，最適温度は高くなる．光呼吸をほとんど行わない C_4 植物の最適温度も高い（C_4 植物については後述）．温度と光合成の関係についての詳細は Berry & Björkman (1980) を参照されたい．

2.2.6 呼吸速度の環境応答

暗呼吸速度は，光強度が 0 のときの CO_2 放出速度と定義される．多くの場合，

暗呼吸速度は光合成能力の 5〜10％程度である．ただし，これはあくまで瞬間値であり，1日あたりで見ると，夜の時間が長いため，総 CO_2 吸収量に対する呼吸消費の割合はもっと高い．暗呼吸速度は温度に依存し，多くの場合，温度が 10℃上がると速度が約2倍になる．また，暗呼吸速度は光の有無に依存し，光存在下では，暗黒下時の 40〜60％まで低下する（このメカニズムは未解明）．光存在下のミトコンドリア呼吸を，日呼吸（day respiration）と呼ぶ場合もある．古くから，純光合成速度（見かけの光合成速度）に暗呼吸速度を足すことによって総光合成速度を計算する，ということが行われてきたが，これは生化学的には正しくないことになる．

呼吸速度は環境要因だけではなく，細胞内の生化学的な状況にも依存する．多くの植物では呼吸の基質である糖の濃度が高いときに呼吸速度が高い．一般に，陽が沈み夜がはじまった頃には，昼間の光合成によって生産された糖がまだ葉に蓄積しており，呼吸速度が高い．時間が経つと，糖の含量は転流と呼吸消費によって徐々に低下するため，呼吸速度も低くなる．シアン耐性呼吸の速度は，糖濃度が高いときに高い傾向がある．このような呼吸速度の変化は多くの植物で確認されているが，近年，陰生植物では呼吸速度が糖濃度に依存せず，呼吸速度の日変化も示さないことが示された．このような植物では，呼吸速度は細胞内のエネルギーレベル（ADP/ATP比）に依存する．陰生植物は，弱光環境に適応するために，エネルギーを無駄に消費しないような呼吸調節機構を持っているのであろう．呼吸速度の調節はまだ不明な点が多い．

2.3 ストレスと光合成

時に環境条件は植物の生育に不適である．しかし植物は基本的に移動することはできず，不適である環境にも耐えなくてはいけない．そのために植物は，さまざまな環境耐性のためのメカニズムを進化させている．

2.3.1 光阻害

光は光合成するために不可欠であるが，過剰な光は光合成系に傷害をもたらす．これを光阻害（強光阻害：photoinhibition）という．光阻害によって傷害を受けるのは，主に光化学系IIである．光化学系IIのクロロフィルに吸収された

光エネルギーは，反応中心に伝えられる．光が弱いときにはこのエネルギーのほとんどは電子伝達に利用されるが，電子伝達速度には上限があるため，強光下では電子伝達が滞る．この状態で反応中心にエネルギーが伝達されても利用することはできず，反応中心にエネルギーがたまってしまう．行き場のなくなったエネルギーは酸素に伝達され，活性酸素が生産されてしまう．活性酸素はそのエネルギーで反応中心を破壊し，不活性化する．不活性化した光化学系IIはもはや電子伝達を行わないため，チラコイド膜からのATP・NADPH供給能力が低下し，光合成速度が低下する．これが光阻害である．しかし，光合成系は光阻害を回避するためにさまざまな防御機構（光防御機構：photoprotective mechanisms）を持っており，通常生育している植物では見かけ上光阻害が起こっていないことが多い．光阻害・光防御の研究は，クロロフィル蛍光（Box 4）の利用によりこの十数年で大きく進んだ．以下，代表的な防御機構を簡単に紹介する．

a. 光合成と光呼吸

光阻害が起こらないようにするためには，エネルギーが余らないようにすればよい．光合成や光呼吸の速度が高いということは，より多くのエネルギーを消費しているということであり，光阻害防御に有効であると考えられる．特に，光呼吸はCO_2がなくても反応が進むので，気孔を閉じて葉内のCO_2が欠乏した状態でも，エネルギーを消費できるという利点がある．実際，光呼吸を阻害剤などによって止めると，光阻害が起こりやすくなる．

b. 熱放散

クロロフィルが吸収したエネルギーはすべてが反応中心に伝えられるわけではなく，一部は熱となって放散される（熱放散：heat dissipation）．植物は熱放散されるエネルギーの割合を状況に応じて変えることができる．強光時には，植物は熱放散の割合を高くし，吸収したエネルギーの半分以上を安全に散逸させ，過剰エネルギーの蓄積を防ぐ．

熱放散のメカニズムはすべてが明らかになっているわけではないが，チラコイド膜におけるプロトン濃度勾配の大きさや，カロテノイド色素，特にその一種であるゼアキサンチン（Z）とアンテラキサンチン（A）が重要な役割を担っていることはわかっている．ZやAは光照射下で存在し熱放散に関与するが，葉が弱光下や暗黒下におかれると，ビオラキサンチン（V）という物質に変化する（エポキシ化）．Vは熱放散機能を持たないため，弱光下では光エネルギーは反

応中心に伝達され，光化学反応は効率よく進む．強光が照射されると，再びVがAやZに変化する（デポキシ化）．このデポキシ化-エポキシ化のサイクルをキサントフィルサイクルと呼ぶ．キサントフィルサイクルは，光が過剰になる条件にのみ熱放散を行うための調節機構であると考えられている．

c. water-water サイクル

通常，電子伝達系では，光化学系 II で水を分解して取り出した電子を伝達し，光化学系 I からフェレドキシンに電子を渡す（図 2.1）．しかし，強光下で電子伝達速度が上がり，カルビン-ベンソンサイクルによる還元力処理能力を上回るようになると，光化学系 I は酸素に電子を渡し，活性酸素を生成するようになる（Mehler 反応）．こうしてできた活性酸素は，スーパーオキシドジスムターゼやアスコルビン酸ペルオキシダーゼなどの酵素によって安全に消去され，最終的には水になる．この水から水へのサイクルを water-water サイクルと呼ぶ．water-water サイクルは物質を生産することはなく，もっぱら余剰エネルギーの消費にはたらくと考えられている．条件によっては，電子伝達系で生産される還元力の 20% を消費することができる．

d. 傷害を受けた光化学系 II の修復

光化学系は多数のタンパク質（サブユニット）が結合して構成されている．光化学系 II の反応中心 P680 は，D1 タンパク質と呼ばれるサブユニットに結合している．反応中心が不活性化すると，光化学系 II は自ら D1 タンパク質を分解する．分解された後には再合成された D1 タンパク質が挿入され，光化学系 II は活性を回復する．この回復は非常に高い速度で起こる．通常の条件では光阻害が起こらないような植物でも，阻害剤を添加して D1 タンパク質の合成を止めると，数時間で大半の光化学系 II が不活性化してしまう．つまり，光阻害はもともと普通の環境でも起こっているのであるが，D1 タンパク質のターンオーバーが速いため，起こっていないように見えているだけなのである．

光阻害，光防御機構について詳しくは浅田（1999）を参照されたい．

Box 4　　　　　　　　　　　　　　　　　　　　　　　**クロロフィル蛍光の利用**

クロロフィルが吸収した光のエネルギーは，すべてが光化学反応に利用されるわけではなく，一部は熱となって放散され，また一部はクロロフィル蛍光

(chlorophyll fluorescence) として放出される．クロロフィル蛍光として放出されるエネルギーは，吸収エネルギーの0.5〜3％にすぎず，エネルギー収支の点からは無視できるレベルである．しかし，クロロフィル蛍光の大きさの変化から，光化学系についてのさまざまな情報を得ることができる．通常条件では，クロロフィル蛍光を発するのは光化学系IIに結合しているクロロフィルであり，得られる情報も光化学系IIに関係するものが多い．

　クロロフィルが吸収したエネルギーは，光化学反応，熱，蛍光のいずれかになる（実際には，光化学系Iでエネルギーが利用される場合などがあるが，ここでは省略する）．光化学反応が行えるような条件では，吸収エネルギーの多くは光化学反応に流れる．しかし，なんらかの原因で光合成が行えなくなると，熱や蛍光となるエネルギーが多くなる．また，熱放散能力の上昇により熱となるエネルギーの割合が増えると，蛍光となるエネルギーの割合が減る．つまり，蛍光の強度の変化から光化学系IIの状態が推定できるのである．

　Schreiberらがパルス変調（pulse amplitude modulation：PAM）蛍光測定装置を開発（1985年）して以来，クロロフィル蛍光の量子収率（吸収した光量あたりの蛍光量）を容易に測定できるようになった．これに強い光（フラッシュ）の利用などを組み合わせることにより，多くの情報を得ることができる．図2.6Aは，クロロフィル蛍光収率がどのように変化するかを模式的に示したものである．暗黒下に微弱な測定光をあてると，低い蛍光収率が見られる（F_o）．これに，数千 μmol m^{-2} s^{-1} の強い光を短時間（1秒程度）あてると，蛍光収率が増大する（F_m）．この増大は，以下のように説明できる．暗黒下では，吸収した光エネル

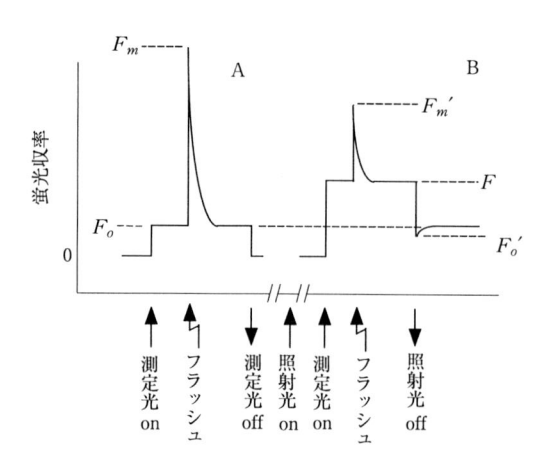

図2.6 クロロフィル蛍光収率変化の模式図
A，暗黒下にある葉に測定光をあて，さらにフラッシュをあてたもの；B，照射光下で安定した葉に測定光をあて，さらにフラッシュをあて，照射光を消したもの．

ギーの多くは光化学反応に利用されるため，蛍光へ流れるエネルギーの割合は低い．しかしフラッシュをあてると，直ちに光化学反応が飽和してしまい，測定光のエネルギーは光化学反応に流れない．結果的に蛍光（と熱）へ流れるエネルギーが増大し，蛍光収率が上がるのである．このとき光化学反応の量子収率は以下の式で表される．

$$F_v/F_m = (F_m - F_o)/F_m$$

F_v/F_m は，光阻害などが起こっていない健康な状態ならば，多くの維管束植物で 0.8〜0.83 の値を持つ．これは，良好な条件では光化学系 II は吸収した光エネルギーの 80〜83% を光化学反応に利用していることを意味する．もし F_v/F_m が 0.8 よりも低い値を示していたら，葉に光阻害が起こっている可能性が高い．

葉に光を照射し，安定した状態でクロロフィル蛍光収率を測定したのが図 2.6B である．蛍光収率 F は，F_o より若干高い．このときフラッシュをあてるとやはり蛍光収率は増大するが（F_m'），これは F_m より低い．引き続き，照射光を消して赤外光をあてると蛍光収率は減少する（F_o'）（赤外光は，光化学系 I の光化学反応を引き起こし，光化学系 II の下流のみ電子伝達を起こす）．F_o' は F_o より低い．このときの光化学反応の量子収率は，以下の式で表される．

$$\Delta F/F_m' = (F_m' - F)/F_m'$$

この量子収率に光化学系 II が吸収する光の強度（葉にあてた光強度×葉の吸収率×0.5）をかけると，葉面積あたりの電子伝達速度となる（0.5 は光化学系 I と光化学系 II が同程度光を吸収することを仮定）．

F_m' や F_o' がそれぞれ F_m と F_o より低いのは，照射光下では熱放散能力が増大しているためである．すでに述べたように，フラッシュがあたったときは，吸収エネルギーは熱か蛍光にしか流れない．暗黒下に比べ照射光下では熱放散が大きいため，その分蛍光に流れるエネルギーが少ないのである．熱放散の大きさを表すパラメータはいくつかあるが，非光化学的消光（non-photochemical quenching：NPQ）というパラメータがよく利用される．

$$NPQ = (F_m - F_m')/F_m'$$

参考文献

Schreiber, U., Bilger, W. & Neubauer, C. (1995) Chlorophyll fluorescence as a nonintrusive indicator for rapid assessment of in vivo photosynthesis. In: *Ecology of Photosynthesis* (eds. Schulze, E.-D. & Caldwell, M.M.), pp. 49-70. Springer-Verlag, Berlin.

寺島一郎（2002）個葉および個体レベルにおける光合成．光合成（駒嶺 穆総編集，佐藤公行編），pp. 125-149．朝倉書店．

2.3.2 水ストレス

水は生命活動の維持に不可欠である．土壌水分が減少した場合，あるいは大気

が乾燥して（大気飽差が増加して）蒸散速度が過大になりがちな場合，植物体の水分が不足しやすくなる（水ストレス）．多くの植物は，水ストレスにさらされると気孔を閉じ気味にし，蒸散を抑える．植物が水ストレスを感知する方法にはさまざまな種類がある．葉の水ポテンシャル（第1章参照）の低下や，大気飽差の上昇にともなう蒸散速度の増加が起こると，孔辺細胞が応答して気孔閉鎖がはじまる．土壌水分が減少すると，根でアブシジン酸（植物ホルモンの一種）が生産され，これが蒸散流にのってシグナルとして孔辺細胞に運ばれ，気孔閉鎖が起こる．

気孔コンダクタンスが減少すると，上述のように葉内の CO_2 濃度の低下が起こり，光合成速度が低下する．葉の水ポテンシャルが $-1\,\mathrm{MPa}$ 以上あるような軽い水ストレスでは，光合成系に傷害が起こることはなく，光合成速度の低下は気孔の閉鎖でほとんど説明できる．その証拠に，高 CO_2 濃度にさらして葉内の CO_2 濃度を強制的に高くし，気孔コンダクタンスの影響を排除すると，非ストレス下の葉とストレス下の葉の間に光合成速度の違いは見られなくなる．

さらに強い水ストレスが起こり，水ポテンシャルが大きく低下した場合には，高 CO_2 濃度で測定した光合成速度さえも低下する．このとき葉内ではなんらかの生理学的傷害が起こり，光合成速度が低下したと考えられる．しかし，その原因については，細胞体積の減少，光合成系タンパク質活性の低下，葉内 CO_2 コンダクタンスの低下などさまざまな説が出されているが，よくわかっていない．

2.3.3 温度傷害

多くの酵素の活性は低温で大きく低下するが，光の吸収や光化学反応は温度の影響を受けない．このため，低温で光があたっているときには，エネルギーは吸収されるが，カルビン-ベンソンサイクルや光呼吸での消費が起こりにくい．葉緑体内では行き場のない還元力が蓄積し，活性酸素が生じやすくなる．光化学系 I はさまざまなストレスに高い耐性を持つが，低温感受性植物では，葉が気温 10℃前後にさらされると，$100\,\mu\mathrm{mol\,m^{-2}\,s^{-1}}$ 程度の比較的弱い光でも光化学系 I に傷害が起こる．この原因として，活性酸素消去システムの一部が低温で不活性化するなどの説が提唱されている．低温耐性植物でも，低温・強光にさらすと光化学系 II の光阻害が起こりやすくなる．

光合成速度は，過剰な高温では低下する．低温で育成した葉を高温にさらすと，

電子伝達活性やカルビン–ベンソンサイクルのいくつかの酵素の活性が低下し，光合成速度の低下をもたらす．この活性低下の原因はよくわかっていない．なお，多くの野外環境では，高温そのものの影響よりも，高温により上昇した大気飽差が引き起こす水ストレスの影響が大きい．生態学では高温適応の研究はそれほど重要視されておらず，研究例は少ない．

2.4 光合成系の順化

葉を異なる環境に数日〜数週間さらしておくと，光合成の性質に変化が起こる．たとえば，強い光のもとで育った葉（陽葉と呼ぶ）の光合成能力は弱い光のもとで育った葉（陰葉）のそれよりも高い．このような，生育環境に由来する性質の変化を長期応答（long-term response）という．長期応答の多くは，個体の適応度を高めるためになんらかの貢献があると考えられており，環境変化への適応的順応という意味を込めて順化（馴化：acclimation）と呼ばれる．

順化においては，さまざまな葉の性質が変化する（表 2.1）．生態学では，順化において光合成系がどのように変化するかだけではなく，順化の意義，つまり順化によってどのようなメリットを得ているのかが重要な研究課題である．この節

表 2.1 光順化と温度順化における光合成特性の変化

	光順化 弱光　強光	温度順化 低温　高温
光合成能力	<	—*
呼吸速度	<	>
窒素含量	<	>
Rubisco 含量	<	>
クロロフィル含量	≧	>
クロロフィル a/b 比	<	>
光化学系 I 含量	=	?
光化学系 II 含量	<	>
チトクロム f 含量	<	>
気孔コンダクタンス	<	—
C_i/C_a 比	≧	<
葉の厚さ	<	>
柵状組織の層数	<	?
葉重/葉面積比	<	>

*どの温度の光合成能力かによって異なる．

では，まず順化の意義がどう理解されているかを述べ，それから個々の順化を概説することにする．また，順化と関係が深い葉の老化についてもここで述べることにする．なお，高 CO_2 環境への順化については第 11 章を参照されたい．

2.4.1 順化の意義の理解

順化のメリットを考える上で，光合成速度の高低は必ずしも指標にならない．たとえば，高い光合成速度を維持するためには，気孔を大きく開かなくてはいけない．これでは蒸散速度も高くなってしまうため，水分が欠乏するような環境では適応的とはいえない．順化応答の適応性を評価するために，いくつかの指標が提案されている．

a. コスト-ベネフィット（利益）関係

光合成と蒸散の関係のように，高い光合成速度を持つためには，植物はさまざまな性質を犠牲にしなくてはいけない．このような「犠牲」をコスト，光合成速度をベネフィット（利益）と見なして定量化し，経済学的な比較によって，どのような光合成速度を持つことが適応的かを判断するのがコスト-ベネフィット（利益）解析（cost-benefit analysis）である．光合成系の順化においては，その生育条件での光合成速度が利益と見なされる．コストとして見なされることが多いのは，暗呼吸，水（蒸散），葉に投資される窒素である．

古くは，光合成による炭素獲得を利益，暗呼吸による炭素損失をコストと見なした解析が行われた．多くの場合，光合成能力（光飽和下の最大光合成速度）は暗呼吸速度と正の相関がある．この関係を因果関係と見なす．つまり，「光合成能力を高めると暗呼吸速度も高くせざるを得ない」と考える．強光環境ならば，光合成能力を高くすればするほど，実際の環境での光合成速度も高くなる．しかし，つねに光合成能力＝利益（光合成速度）とは限らない．林床のような弱光環境では，光合成速度が光飽和することは少なく，光合成能力を高くしても，生育環境での光合成速度は上がらない．むしろ暗呼吸速度を下げることによる効果が大きく，光合成能力が低いほうが，弱光下での光合成速度が高い．このように考えれば光順化，つまり陰葉-陽葉間の光合成能力の違いの意義を理解できる（表 2.1）．

光合成と呼吸の関係においては，コストと利益はどちらも炭素である．したがって利益-コスト差として単純な引き算が可能であるが，利益とコストが全く異

2.4 光合成系の順化

なる物質であるケースではそうはいかない．光合成と蒸散の関係もその一つである．ここでは，Cowan (1977) のコスト－利益解析の例を示す．光強度，葉温，大気 CO_2 濃度を一定とし，光合成速度は気孔コンダクタンスのみに依存すると仮定する．まずは，これらの仮定のもとで気孔コンダクタンスと光合成速度・蒸散速度の関係がどうなるかを整理してみよう．2.2.4 項や図 2.3 で見たように，気孔コンダクタンスが上がると C_i が高くなり，光合成速度が飽和的に増加する（図 2.7）．いっぽう，蒸散速度は気孔コンダクタンスと大気飽差の積である（(2.10) 式）ため，大気飽差が一定ならば，気孔コンダクタンスと蒸散速度の関係は直線である．

ここで，光合成が利益，蒸散がコストと考えられるが，単純に両者の引き算をすることはできない．そこで Cowan は，「水を吸収するために必要なコスト」を炭素に換算するためのパラメータ λ を導入した．λ は水を吸収するための根の構成コストや維持コスト，その他輸送などに必要なあらゆる炭素コストを，蒸散される水量あたりで表した値と考えられる．λ は定数であるが，環境条件によって変化すると考えられる．たとえば，土壌が乾燥した条件では，根あたりに吸収できる水の量は少ないので，λ は大きくなると考えられる．λ を導入すると，利益を光合成速度 P，蒸散 E に伴うコストを λE と定義できる．利益－コスト差 $(P - \lambda E)$ を最大にするような気孔の開け方が最適である，と考える．

$P - \lambda E$ の環境依存性を見てみよう．大気飽差が小さいと，同じコンダクタン

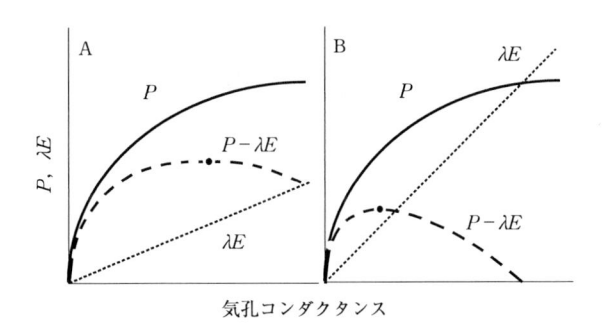

図 2.7 気孔コンダクタンスと光合成速度・蒸散速度の関係
実線は光合成速度 P，点線は蒸散 E に伴う炭素コスト λE，破線は $P-\lambda E$．気孔コンダクタンスの増加に対し，光合成速度は飽和的に，気孔コンダクタンスは直線的に増加する．このため $P-\lambda E$ を最大にする最適な気孔コンダクタンスが存在する（黒丸）．気孔コンダクタンスに対する λE が低い場合（A）と高い場合（B）．λE が高いと，最適な気孔コンダクタンスは低くなる．

スでも蒸散速度 E が低い（(2.10)式）．気孔コンダクタンスを大きくしても λE はそれほど上がらないため，$P - \lambda E$ を最大にする最適な気孔開度は比較的大きい（図 2.7A）．しかし大気飽差が大きい場合は，λE が大きいため最適な気孔コンダクタンスは比較的低い（図 2.7B）．このような議論は，土壌が乾燥したときの状況にも適用できる．土壌が乾燥すると λ が大きくなると考えられるので，λE が小さい図 2.7A は土壌が湿潤な条件，同図 B は土壌が乾燥した条件を表すことになる．この図から，土壌が乾燥した場合は最適気孔コンダクタンスが小さくなると期待できる．これらの予測は，気孔コンダクタンスの日中低下などの短期応答や，水ストレスにさらされた葉が気孔を閉じ気味にするなどの，長期応答の傾向と定性的によく一致する．

b. 資源利用効率

Cowan は，パラメータ λ を導入することによってたくみな解析手法を編み出したが，現実の植物について λ を実測・推定することは困難である．利益とコストを同じ尺度で扱うことができないときには，利益-コスト差を導くことはできない．この場合は，単位コストあたりの利益，つまり利益/コスト比が指標として利用される．これは資源利用効率（resource use efficiency）と呼ばれる．たとえば，光合成速度/蒸散速度比は，光合成の水利用効率として使用される[注]．

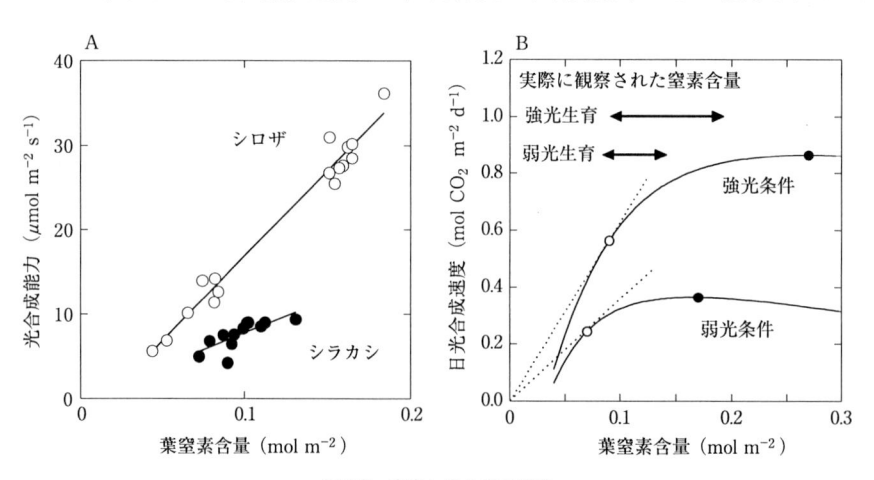

図 2.8 窒素と光合成の関係
A，光合成能力と窒素含量の関係（Hikosaka *et al.* 1998 を改変）．シロザとシラカシについて得られたもの；B，1 日の光合成量と窒素含量の関係をモデルにより計算したもの（Hikosaka & Terashima 1995 を改変）．図中矢印は，ホウレンソウを異なる光条件，栄養条件で育成したときに見られた窒素含量の範囲を示す（Terashima & Evans 1988）．

気孔コンダクタンスを低くすると，水利用効率は高くなる．

　資源利用効率の利用の例として，窒素をコストとした場合の解析を紹介しよう．植物が吸収できる窒素は自然界に不足しがちで（第4, 10章参照），窒素の有効利用は植物の適応度に大きな意義を持つ．葉の窒素の大半は，光合成系のタンパク質などに含まれる．このため，光合成能力と窒素含量の間には高い相関が見られる（図2.8A）．この相関から，「高い光合成能力を持つためには，窒素の含量を高くしなければいけない」という因果関係を考え，窒素あたりの1日の光合成量を窒素利用効率と定義する．図2.8Bは，モデルを利用して計算した窒素含量と1日の光合成量の関係である．1日の光合成量は窒素含量に対し曲線となり，最大値を持つ（黒丸）．高窒素含量で光合成量が下がってしまうのは，呼吸速度が窒素含量とともに増加することを仮定しているからである．すでに上で述べた，光合成と呼吸を利益とコストと考えた場合の「光合成速度（利益−コスト差）が最大」になる点は，まさにここである．図中白丸は，光合成−窒素曲線に，原点を通る接線が交わる点である．この点では窒素あたりの光合成量，つまり窒素利用効率が最大になる．葉面積あたりの光合成量を最大にするためには，葉は黒丸のような窒素含量が最適であり，窒素あたりの光合成量を最大にするためには，白丸のような窒素含量が最適である．おそらく窒素栄養が不足しているとき，つまり窒素の価値が高いときには窒素あたりの光合成量を大きくするように，窒素栄養が十分なときには葉面積あたりの光合成量を大きくするように，窒素含量を調節しているのであろう．この予測は，現実の植物の傾向をよく説明している（図2.8B）．また，白丸・黒丸とも，最適な窒素含量は，弱光環境に比べ強光環境で高い．このことは，陽葉が高い窒素含量や高い光合成能力を持つことをよく説明する．

　　注）水利用効率，窒素利用効率とも研究によってさまざまに定義されている．たとえば，水利用効率は，作物収量/要水量の比として使われることも多い．窒素利用効率の場合は，ここに記した窒素あたりの1日の光合成量のほかに，2.6.2項で述べる窒素あたりの光合成能力や，個体レベルの窒素利用効率（吸収窒素量あたりの成長量）がある．これら「利用効率」の生態学的意義は互いに全く異なるので，注意が必要である．

2.4.2　光　順　化

　光順化時には，葉の窒素含量が変わるだけではなく，光合成系タンパク質の組成比が変化する（表2.1参照）．この組成比の変化の意義は，光合成系が，光化

学系のクロロフィルによって光エネルギーを「吸収」し，カルビン-ベンソンサイクルなどでそのエネルギーを「利用」する系であると考えれば理解しやすい．強光下では，吸収される光エネルギーは十分であり，カルビン-ベンソンサイクルの酵素量を増やして光合成能力を増加させれば，高い光合成速度を実現できる．弱光下では，光強度が光合成を律速するので，クロロフィルを増やすことによって光吸収率を高くすれば，その環境での光合成速度が高くなると期待できる[注]．すべてのタンパク質・色素の量が多ければどの環境でも有利であるように思えるが，現実にはタンパク質を合成するための窒素の量は限られており，無制限に増やすことはできない．そこで，効率のよい窒素の分配が必要になる．弱光下では，カルビン-ベンソンサイクルへ窒素の投資を減らし，光化学系の量を相対的に高めれば，窒素利用の効率が高まるであろう．

このような変化は，光化学系 II 複合体のなかでも起こる．弱光に順化した葉では，複合体の数が減る代わりに，一つの複合体が持つ集光性クロロフィルが増える．高等植物がもつクロロフィルにはクロロフィル a とクロロフィル b があるが，集光性クロロフィルはクロロフィル b を多く含むので，弱光で育てた葉ではクロロフィル a/b 比が下がる．

注）クロロフィルと光吸収率の関係は飽和曲線であるため，通常植物が持つようなクロロフィル含量では，クロロフィルを増すことによる光-光合成曲線の初期勾配の増加は大きくない．また，陰葉では光化学系への窒素分配が多いが，窒素含量が低いため，クロロフィル含量が陽葉より多いとは限らない．結果的に，実際の植物では陰葉と陽葉の初期勾配の違いは小さい．

2.4.3 温度順化

異なる温度に順化した葉では，温度-光合成曲線が変化する（図 2.5 参照）．光合成の最適温度は低温で育てた葉で低くなることが多い．この変化の生理学的メカニズムはまだよくわかっていない．キョウチクトウを用いた研究では，低温で育てた葉では光合成系タンパク質の量が多くなり，低温での光合成速度が高くなるいっぽう，酵素の耐熱性が低下するため高温での光合成速度が下がり，その結果として温度-光合成曲線が変化することが示されている．そのほかにも，電子伝達活性の温度依存性の変化，葉内 CO_2 濃度の変化，光合成系タンパク質の組成比変化などの説が出されているが，研究例が少なく，それぞれの説がどこまで一般化できるのかは明らかではない．

低温で育てた葉における光合成系タンパク質量の増加は，多くの植物で見られる．そのほかにも，Rubisco/クロロフィル比やクロロフィル a/b 比の増加が見られるなど，低温への光合成系の順化には，強光への順化と共通点が多い（表 2.1 参照）．この類似も，光エネルギーの「吸収」と「利用」のバランスを考えることによって理解できる．光順化では，光環境によって変わるのは「吸収」であった．温度は，エネルギーの「吸収」や光化学反応の速度には影響しないが，カルビン–ベンソンサイクルを含む酵素の活性には強く影響する．低温では，カルビン–ベンソンサイクルの活性，つまりエネルギーの「利用」能力が大きく低下する．この低下を補うため，酵素量を増やすのだと考えられる．

2.4.4 葉の老化・寿命

多くの草本植物では，個々の葉の寿命は数十日〜数カ月である．光合成能力は葉の展開がはじまるとともに上昇し，展開が終了した頃に最大に達する．光合成能力はその後加齢とともに低下する．この加齢に伴う光合成能力の低下を一般に老化と呼ぶ．光合成能力の低下の生理学的な原因は，光合成系タンパク質の分解であり，老化時の光合成能力はそのときの窒素含量や Rubisco 含量と高い相関を示す．分解されたタンパク質はアミノ酸となって別の器官に再転流され，再利用される．このため，葉の老化は加齢による生体機能の低下ではなく，古い葉から窒素などの栄養塩を回収し，再利用する機構であると考えられている．

葉の老化の進行は，遺伝子によって厳密に調節されており，環境によって変化する．たとえば，繁殖成長期にある一年草では，古い葉の窒素のほとんどは繁殖器官に転流される．このときに繁殖器官を切除すると，窒素の送り先がなくなるため，老化が抑制される．逆に，個葉を被陰すると老化が促進される．つまり老化は必要に応じて起こっているのであり，順化の一種であると考えたほうがよいのであろう．

葉の寿命も環境によって変化する．たとえば，多くの常緑木本植物では弱光環境ほど葉の寿命が長くなる．このような葉寿命の環境応答の意義も，コスト-利益関係から理解が進んでいる．葉をつくるためには相応の炭素，つまりコストが必要である．1枚の葉は，少なくとも次の葉をつくるための炭素を獲得しなければいけない．たとえば弱光環境のように光合成速度が制限される場合は，低い光合成速度を補うために長い寿命を持つことが必要であると考えられる．また，葉

のコストが大きい場合も，葉の寿命を長くしなければならないと考えられる．これらの考え方は，葉の寿命の種間差を考える上でも重要である．

2.5 葉群光合成

多くの場合，野外では植物は集まって群落を構成しており，葉群（leaf canopy）を光合成生産の単位と見なすことができる．葉群の光合成速度は，個葉の光合成速度の和であるが，葉群内の葉はみな同じような光合成速度を持つわけではない．この理由の一つは，葉群内の相互被陰によって葉が受けることができる光の強さが異なるなど，葉群内の環境が均一でないことである．もう一つは，そのような不均一な環境に個葉が順化し，光合成特性が異なることによる．これらの違いは，森林から草原までほとんどの葉群に共通して見られる普遍的なものである．葉群光合成モデル（群落光合成モデル）は，葉群内の光環境と個葉の光合成特性の分布を数式で表し，個葉の光合成速度を積算することによって，葉群の光合成速度の計算を可能にした．この節では，葉群光合成モデルの概略とそれを利用した解析を通して，葉群光合成の成り立ちを理解していただきたい．

2.5.1 葉群光合成速度が決まる仕組み

太陽光は上方から入射するため，葉群内では上部が明るく下部ほど暗いという光環境の勾配が存在する．水平に均一な群落ならば，葉群内の光環境は，土地面積あたりの葉面積（葉面積指数：leaf area index; LAI）と葉の空間配置パターンで決まる．葉群内のある高さにおいて測定した水平面（相対）光強度 I は，積算葉面積指数 F（測定点より上にある葉面積を土地面積で割ったもの）に依存し，以下の式で表される（図2.9A）．

$$I = I_o \exp(-KF) \qquad (2.11)$$

ここで，I_o は葉群最上部（$F=0$）に到達する光強度で，K は吸光係数（減光係数）と呼ばれる．この式は，溶液中の光の減衰を記述したランバート–ベールの法則（Lambert–Beer's law）と原理的に同じなので，そのままベール（ベア）の法則と呼ばれることも多い．吸光係数は葉群によって異なる．吸光係数にもっとも大きな影響を与えるのは，葉群を構成する葉の角度である．垂直的な葉では，個々の葉が吸収する量が少なく，その分葉群内に光が通りやすくなり，吸光係数

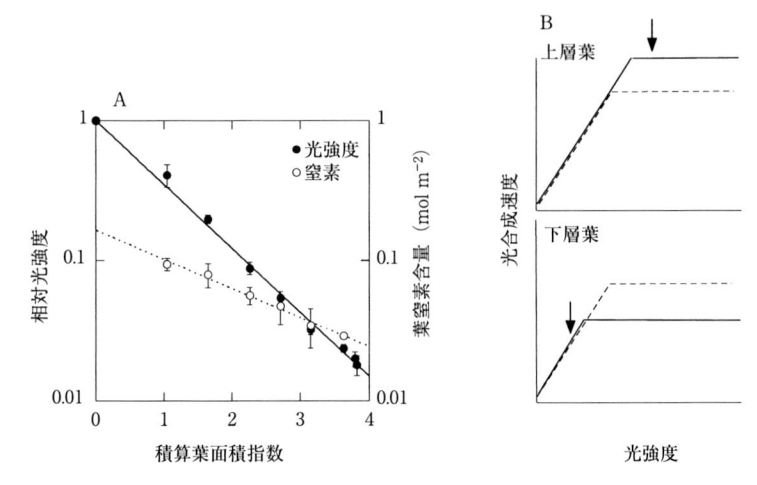

図 2.9 オオオナモミ葉群内における光強度と窒素含量を積算葉面積指数に対してプロットしたもの（A，彦坂，未発表）と葉群内の窒素分配の意義（B）．光–光合成曲線には単純化のため2直線を用いた．詳細は本文参照．

は低くなる．吸光係数はイネ科植物など葉が垂直的な葉から構成される葉群では0.4〜0.6，水平な葉から構成される葉群では0.7〜0.9の値を持つ．葉群内の葉の受光については，第3章も参照されたい．

葉群内では，光環境の勾配に沿って光合成系が順化しており，上部の葉ほど高い光合成能力や高い窒素含量を持つ（図2.9A）．多くの葉群において，最上部と最下部の葉の光合成能力の間には2倍以上，時には10倍近い違いが見られる．現在の葉群光合成モデルでは，葉群内の光環境の違いと個葉の光合成特性の違いを数式として表し，葉群内の個葉の光合成速度の積算として葉群光合成速度が計算される．このようにして推定された葉群光合成速度は，実際に測定された速度や成長速度と高い相関を示す．葉群光合成モデルの詳細についてはBox 5を参照されたい．

Box 5 　　　　　　　　　　　　　　　　　　　　　　　　　**葉群光合成モデル**

葉群光合成モデルにはさまざまな種類があるが，ここでは光合成特性を窒素含量の関数として表したHiroseとWerger（1987）のモデルを簡略化して紹介する．

各葉の葉面積あたりの受光量 I' は，葉の光の透過率を無視すると，(2.11)式を微分することによって得られる．

$$I' = KI_o \exp(-KF) = KI \tag{2.12}$$

垂直的な葉（K が小さい）の受光量が少ないことは，この式からもわかる．

葉群内では，上部の葉ほど高い光合成能力や高い窒素含量を持つ．葉群光合成モデルでは，これら光合成特性の違いを，位置 F の関数として表す．ここでは例として Hirose と Werger のモデルを簡略化して紹介する．まず，葉群のさまざまな層の葉の光-光合成曲線を測定し，それを非直角双曲線で近似する（図2.2 参照）．

$$P = \frac{\phi I' + P_{\max} - \{(\phi I' + P_{\max})^2 - 4\phi I' \theta P_{\max}\}^{1/2}}{2\theta} - R \tag{2.13}$$

ここで，P は光合成速度，$P_{\max}$ は光合成能力（飽和光下の光合成速度），ϕ は初期勾配，θ は曲線の凸度，R は呼吸速度である．次に，各葉の窒素含量を測定し，光-光合成曲線のパラメータと窒素含量の関係を直線で近似する．Anten ら (1995) は，初期勾配と凸度を定数とし，$P_{\max}$ と R を窒素含量の関数とした（図2.7a 参照）．

$$P_{\max} = a_p + b_p N \tag{2.14}$$
$$R = a_r + b_r N \tag{2.15}$$

これにより，葉によって光合成特性が異なることを窒素含量の違いに置き換える．さらに，窒素含量と葉の位置（F）の関係を指数関数で表す（図2.9A 参照）．

$$N = N_o \exp(-K_n F) \tag{2.16}$$

ここで，N は位置 F における窒素含量，N_o は最上部の窒素含量，K_n は分配係数である．(2.13)式に (2.12), (2.14)〜(2.16)式を代入することによって，葉の光合成速度を F と I_o の関数として表すことができる．葉群光合成速度は，葉群内の個葉の光合成速度の積算として計算される．

参考文献

Anten, N.P.R., Schieving, F. & Werger, M.J.A. (1995) Patterns of light and nitrogen distribution in relation to whole canopy gain in C_3 and C_4 mono- and dicotyledonous species. *Oecologia* **101**: 504-513.

Hirose, T. & Werger, M.J.A. (1987) Maximizing daily canopy photosynthesis with respect to the leaf nitrogen allocation pattern in the canopy. *Oecologia* **72**: 520-526.

広瀬忠樹 (2002) 群落の光合成と物質生産. 光合成（駒嶺 穆総編集，佐藤公行編），pp. 150-162. 朝倉書店.

2.5.2 葉群光合成の最大化

葉群光合成モデルを応用することにより，どのような性質が葉群光合成にとっ

て都合がよいのかを検討できる．さらに，感度分析を行うことにより，葉群光合成速度を最大にする性質を予測することができる．

a. 個葉光合成特性

なぜ葉群内の上下の葉の性質が違うのか？ その意義は，2.4.1-b 項で述べた個葉の資源利用効率の観点からも理解できるが，葉群全体でどのように窒素が利用されているかを考えることにより，より明確にすることができる．ここでは，葉群内の窒素分配が葉群光合成に与える影響を考えてみよう（図 2.9B）．話を単純にするために，葉が 2 層しかない葉群を考える．上層の葉は強い光を，下層の葉は弱い光を受ける（矢印）．二つの葉に均一に窒素を分配した葉群（点線）と，窒素含量に勾配をつけた葉群（実線）を考える．ここでは，両葉群が持っている総窒素量は等しいとする．窒素含量に勾配があると，光合成能力は上層葉で高く，下層葉で低い．上層葉は強い光を受けるため，光合成能力が高い葉ほど光合成速度が高い．しかし，下層葉は光合成速度が光に律速されているため，光合成能力が低い葉でもそれほど光合成速度は下がらない．このため，窒素含量に勾配がある群落のほうが光合成速度が高いのである．

葉群光合成モデルを使った研究では，最適な葉間窒素分配を予測することができる．現実の葉群で見られる窒素分配の勾配は，予測される最適な窒素分配よりも多くの場合緩やか（均一分配に近い）であるが，均一に窒素を分配したときよりも 20％ 程度，葉群光合成速度を増加させていることが示されている．

b. 葉面積指数（LAI）

光合成には光が必要である．LAI が大きいほど葉群全体の受光量が大きいので，葉群光合成速度は LAI が大きいほうが高い．ただし，LAI があまり大きすぎると，二つの面で不都合が起こる．一つは，最下層の葉が受ける光の強さが，光補償点よりも下がってしまうことである．そのような葉は実質上炭素を獲得しないので，持っていても無駄である．もう一つは，窒素利用である．窒素資源が限られている場合，葉群の窒素量を一定のまま LAI を大きくすると，個葉の窒素含量が「薄まって」しまう（葉面積あたりの窒素含量が下がる）．葉面積あたりの窒素含量の低下は，葉の光合成能力の低下につながるので，やはり過度なLAI の増加は不利である．葉群光合成速度を最大にする LAI（最適 LAI）は，葉群が持つ窒素量が多いほど高い．また，最適 LAI は吸光係数 K にも依存する．K が高い葉群では，光の減衰が大きいため下部の葉の光環境が悪く，この結果，

最適 LAI が小さい．実際の葉群でも，K が低い葉群ほど LAI が高いという傾向が見られる．

2.6 光合成の多様性

2.6.1 C_4 植物と CAM 植物

a. C_4 光合成

　Rubisco には二つの欠点がある．一つは，低 CO_2 濃度でのカルボキシル化速度が遅いことで，もう一つは，酸素化反応も触媒してしまうことである．酸素化反応が起こると，せっかく同化した炭素を光呼吸によって失ってしまう．この二つの欠点を，葉緑体内の CO_2 濃度を能動的に高めることによって取り除き，光合成の効率を飛躍的に増加させたのが C_4 植物である．

　C_4 植物の葉では，葉肉細胞と維管束鞘細胞に葉緑体がある（C_3 植物の維管束鞘細胞には，普通葉緑体はない）．葉肉細胞と維管束鞘細胞では異なる代謝が行われている（図 2.10A）．葉肉細胞の葉緑体には，カルビン-ベンソンサイクルはない．CO_2 はホスホエノールピルビン酸（PEP）という炭素を三つもった（C_3）化合物に結合し，C_4 化合物であるオキザロ酢酸が合成される．この反応は，PEP カルボキシラーゼという酵素に触媒される．C_4 植物という呼び名は，CO_2 が固定されてできる最初の生成物が C_4 化合物であることに由来する（C_3 植物の場合，最初の生成物は C_3 化合物の PGA である）．オキザロ酢酸以降の代謝経路は種によって若干異なり，3 種類が知られている（サブタイプと呼ぶ．NADP-ME 型，NAD-ME 型，PCK 型）．いずれのサブタイプでもリンゴ酸やアスパラギン酸などの化合物が維管束鞘細胞に輸送され，細胞内でふたたび CO_2 が放出される．維管束鞘細胞の葉緑体にはカルビン-ベンソンサイクルがあり，C_3 植物と同じように CO_2 が固定され，糖が生産される．維管束鞘細胞で CO_2 を放出した化合物はふたたび葉肉細胞に戻り，PEP となって CO_2 固定に利用される．言い換えれば，C_4 植物では，葉肉細胞と維管束鞘細胞で「分業」を行っているのである．葉肉細胞は CO_2 濃縮を担当し，維管束鞘細胞は CO_2 固定を行っている．この一連の代謝経路を C_4 サイクル，あるいはジカルボン酸サイクルと呼ぶ．

　C_4 植物の長所は二つある．一つは，C_4 サイクルによって CO_2 を葉肉細胞に濃縮することで光合成の効率を高めていることである．維管束鞘細胞内の CO_2 濃

2.6 光合成の多様性

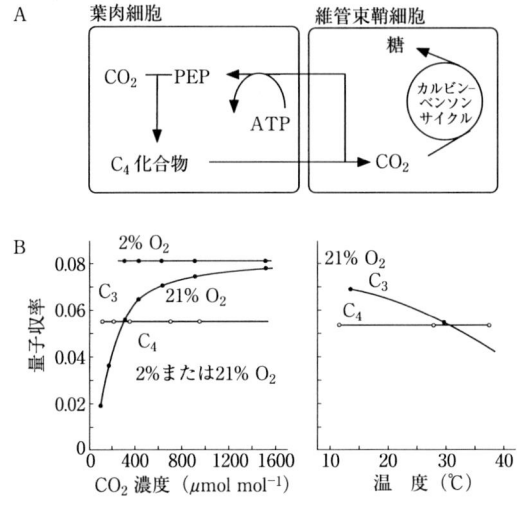

図 2.10 C_4 光合成の模式図 (A) および C_3 植物（黒丸）と C_4 植物（白丸）の量子収率の比較 (B) (Ehleringer and Björkman 1977 を改変)
CO_2 濃度, O_2 濃度, 温度の影響を比べている.

度は，C_3 植物の約 10 倍に高まっており，酸素化反応はほとんど起こらない．このため，C_4 植物の大気条件での最大光合成速度は，C_3 植物のそれよりも高いことが多い．もう一つは，CO_2 濃縮により低 CO_2 濃度でも高い光合成速度を実現できるため，気孔コンダクタンスを低くし，蒸散を抑えることができる点である．これは乾燥条件で有利である．しかし C_4 光合成には，CO_2 濃縮のためにエネルギーを消費するという欠点がある．1 mol の CO_2 を維管束鞘細胞に送り込むために，少なくとも 2 mol の ATP が必要である．このため，すべての面において C_3 植物より優位に立っているわけではない．図 2.10B は C_3 植物と C_4 植物の光合成の量子収率を比較したものである．C_3 植物の量子収率は，高 CO_2 濃度と低温で高い．これらの環境依存性は，いずれも光呼吸活性が高 CO_2 濃度や低温で低いという性質を反映している．いっぽう，C_4 植物の量子収率は，CO_2 濃度・温度にほとんど左右されない．C_4 植物の量子収率は，高温での C_3 植物の量子収率より高いが，低温での C_3 植物の量子収率よりは低い．C_4 植物は光呼吸を抑える代わりに CO_2 濃縮にエネルギーをかけているため，光呼吸がもともと起こりにくい条件では C_3 植物より不利になるのである．以上の性質から，C_4 植物は，高温・乾燥環境で C_3 植物よりも有利であり，実際の分布もそのような傾向がある．

C_3 植物と C_4 植物はさまざまな方法で見分けることができる．一つは，葉の解剖学的違いである．C_4 植物は維管束鞘細胞が葉緑体を持ち，周辺の葉肉細胞が放射状に配置されている（クランツ構造と呼ばれる）．二つめは，CO_2 補償点である．C_4 植物では光呼吸が起こらないため，CO_2 補償点が非常に低い．三つめは，炭素安定同位体組成比である．PEP カルボキシラーゼは Rubisco に比べ $^{13}CO_2$ を固定しやすいため，C_4 植物は相対的に ^{13}C 含量が多い（詳細は Box 6 を見よ）．

Box 6

同位体分別

　地球に存在する炭素のほとんどは原子量が 12 である（^{12}C）が，約 1% の割合で原子量 13 の炭素（^{13}C）が存在する．両者は放射能を持たず半永久的に安定である．同じ性質を持つが原子量が異なるものを同位体と呼び，安定な同位体を安定同位体（stable isotope）と呼ぶ．炭素のほかには ^{15}N，^{18}O などがよく用いられる．

　安定同位体は，化学的性質は基本的に同じであるが，反応速度にわずかな差が見られる．物理的・化学的過程を通して同位体比が変わることを同位体分別（isotope discrimination または fractionation）と呼ぶ．同位体分別には，以下のような一般的傾向が見られる．ただし，例外も多いので注意されたい．

　1) 平衡状態では，より制約がかかる環境に重い同位体が集まりやすい．わかりにくい表現であるが，たとえば，溶存二酸化炭素の一部は水と結合して重炭酸イオンになる（$CO_2 + H_2O \longleftrightarrow H^+ + HCO_3^-$）．このとき，結合する分子数の多い HCO_3^- のほうが ^{13}C の割合が多い．

　2) 動的状態では，重い同位体のほうが速度が遅い．拡散などの物理的過程でも化学反応などの化学的過程でも，重い同位体を含んだ化合物の変化のほうが遅い．

　3) 化学的過程で起こる同位体分別は，物理学的過程によるものよりも大きい．

　同位体比や同位体分別は特殊な表記で示される．炭素安定同位体を例に説明しよう．まず，単純な比 $R = {}^{13}C/{}^{12}C$ を定義する．次に，同位体比の標準試料からの偏差 δ（deviation）を計算する．

$$\delta^{13}C = (R_{sample}/R_{standard} - 1) \times 1000 \qquad (2.17)$$

δ は ‰（per mil）で表される．ここで，R_{sample} と $R_{standard}$ はそれぞれサンプルと標準試料の同位対比である．標準試料には，カリフォルニア州の PeeDee 層から産出するベレムナイト化石（PeeDee belemnite: PDB）に含まれる炭酸カルシウムが利用され，$R_{standard} = 0.011237$ である．一般に「同位体比」と呼ぶと，この δ

のことを指す．同位体分別 $\mathit{\Delta}$ は以下のように近似される．
$$\delta = \delta_s - \delta_p \tag{2.18}$$
ここで，δ_s と δ_p はそれぞれ，反応前と後の δ を示す．

　光合成では，大気から葉緑体までの拡散という物理的な分別とカルボキシル化における化学的な分別が起こる．C_3 植物では，葉肉細胞の CO_2 拡散コンダクタンスを無視した場合，$\mathit{\Delta}$ は以下の式に従う．
$$\mathit{\Delta} = a + (b-a) \times (C_i/C_a) \tag{2.19}$$
ここで，C_i は葉内 CO_2 分圧，C_a は大気 CO_2 分圧，a は拡散による分別（$a = 4.4$‰），b はカルボキシル化における分別を表す．(2.19)式では，$b \gg a$ の場合，葉内 CO_2 分圧が高い（つまり，気孔コンダクタンスが高い）ほど同位体分別が大きくなる．C_3 植物では，Rubisco の同位体分別効果が大きく（$b = 27$‰），C_i/C_a と $\mathit{\Delta}$ の間に強い正の相関が見られる．このことを利用し，葉の δ や $\mathit{\Delta}$ の値からその葉の C_i/C_a を逆算して推定できる．大気飽差が一定であれば，C_i/C_a が高いほど水利用効率（蒸散量あたりの光合成量）が低いという関係があるため，δ を水利用効率の指標とする研究も多い．

　植物体の δ は，C_3 植物と C_4 植物で大きく異なる．Rubisco は上述のように同位体分別効果が大きいため，C_3 植物を構成する炭素は大気 CO_2 の同位体組成（$\delta = -8$‰）に比べ，^{13}C の割合が少ない．$\mathit{\Delta}$ は 12～26‰ で（$\delta = -20 \sim -34$‰），このばらつきは多くの場合，種にかかわらず C_i/C_a の違いで説明できる．いっぽう，C_4 植物の PEP カルボキシラーゼは Rubisco に比べ同位体分別効果が小さく（$b = -5.7$‰ といわれる），C_4 植物の炭素同位体組成は大気に近い．$\mathit{\Delta}$ は 0～10‰ で（$\delta = -8 \sim -18$‰），C_3 植物の値と明確に区別できる．なお，C_4 植物の δ のばらつきには，C_i/C_a だけでなく，維管束鞘細胞で濃縮された CO_2 が細胞外に漏れる割合が影響する．

　(2.19)式では葉肉細胞コンダクタンスを無視しているが，ガス交換特性と同位体分別測定を組み合わせることにより，葉内コンダクタンスの測定が可能である．

参考文献
O'Leary, M.H., Madhavan, S. & Paneth, P. (1992) Physiological and chemical basis of carbon isotope fractionation in plants. *Plant, Cell and Environment* **15**: 1099-1104.
Farquhar, G.D., Ehleringer, J.R. & Hubick, K.T. (1989) Carbon isotope discrimination and photosynthesis. *Annual Review of Plant Physiology and Plant Molecular Biology* **40**: 503-537.
和田英太郎（2002）生態系の構造と物質の流れ．環境学入門3 地球生態学（植田和弘・住明正・武内和彦編），pp. 109-140. 岩波書店．（物質循環研究における同位体利用について述べられている）

b. CAM 光合成

C_4 植物では，葉肉細胞と維管束鞘細胞の間で空間的な「分業」を行っている．これに対し，葉肉細胞のなかで時間的な「分業」を行っているのが CAM 植物である（Crassulacean acid metabolism：ベンケイソウ型有機酸代謝．ベンケイソウ科 Crassulaceae に多く見られるためこの呼び名がある）．CAM 光合成の経路は，C_4 光合成によく似ている．CAM 植物では，気孔は昼間はあまり開かず，夜間に開く．夜間に PEP カルボキシラーゼが CO_2 を固定し，リンゴ酸として液胞に蓄積する．昼間は外界からの CO_2 取り込みはせず，液胞内に蓄えておいたリンゴ酸から CO_2 を再放出させ，その CO_2 をカルビン-ベンソンサイクルによって固定し，糖を合成する．CAM 植物では 2 種類のサブタイプ（NADP-ME 型，PCK 型）が知られている．

このような複雑な機構は，水分欠乏に適応するためのものである．日中は気温が上がり，大気飽差が大きく，気孔を開けば水分の損失は免れない．夜間ならば大気飽差はそれほど大きくなく，気孔を開いても水分の損失は少なくてすむ．CAM 植物は，砂漠など水分が極端に欠乏しがちな環境に分布する．

2.6.2 光合成能力の種間差

同じ C_3 光合成を持つ植物であっても，その光合成能力には大きな種間差がある．光合成能力の違いは種の生態学的特性と関係があり，以下のような傾向が知られている．同一条件で育成すると，光合成能力は，①木本植物より草本植物で高い，②葉の寿命が長い植物より短い植物で高い，③遷移後期に出現する種よりも先駆種で高い，④ストレス環境をニッチとする種で低い．たとえば，より貧栄養条件や高標高をニッチとする種で低い．Reich ら（1997）は，このような光合成能力の違いが葉の他の性質と高い相関を持つことに気がついた．彼らは，熱帯雨林からツンドラまでさまざまなバイオームのさまざまな種で現地での陽葉の生理生態学的特性を調べ，バイオーム，系統，生活型にかかわらず，葉の寿命が短い植物ほど，乾燥重量あたりの光合成能力，葉面積あたりの光合成能力，葉面積/葉重比，乾燥重量あたりの窒素濃度，気孔コンダクタンスが高いことを見出した（図 2.11）．

種間の光合成能力の違いは，どのようなメカニズムによってもたらされているのであろうか．すでに述べたように，種内における葉面積あたりの光合成能力の

2.6 光合成の多様性

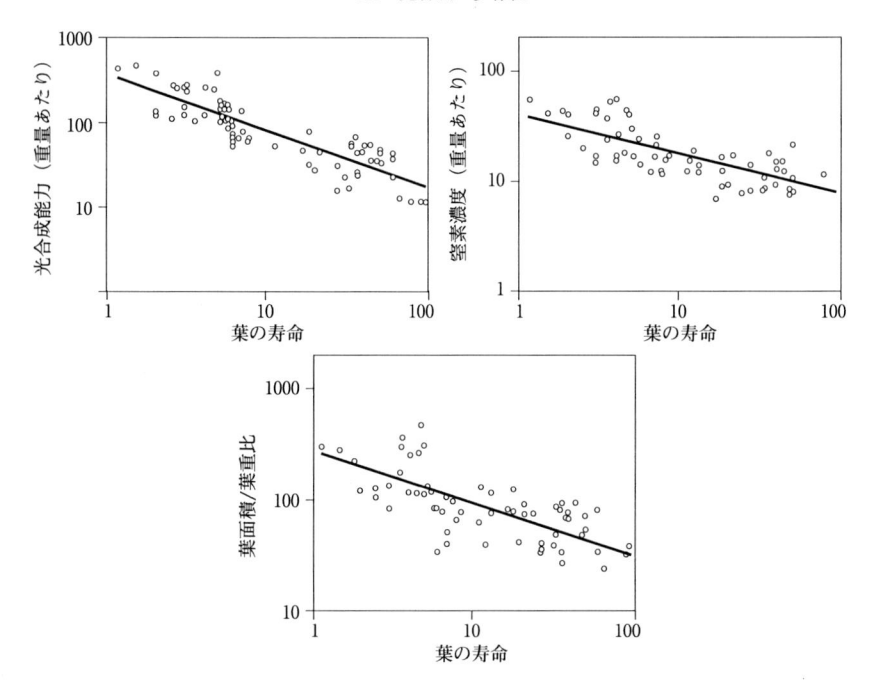

図 2.11 光合成特性の種間差 (Reich et al. 1997 を改変. copyright 1997, National Academy of Sciences, USA)
熱帯からツンドラまで六つのバイオームのさまざまな生活型の種の陽葉を比較.

違いは，葉面積あたりの窒素含量の違いに帰することができる（図 2.8 参照）．Reich らの種間比較では，葉面積あたりの窒素含量に大きな違いはないので，光合成能力の違いは窒素あたりの光合成能力に帰することができる．実際，窒素含量と光合成能力の関係は，種内で大きく異なる（図 2.8）．窒素あたりの光合成能力は光合成窒素利用効率と呼ばれ，葉の寿命が短い種で高いことが知られている．光合成窒素利用効率が種間で異なる生理学的な原因は，主に葉の窒素を光合成系に投資する比率の違いと，葉緑体内 CO_2 濃度（C_c）の違いであると考えられている．

このような葉の特性間の相関の生態学的意義は，以下のように説明されている．葉の寿命を長くするためには，葉の物理的強度を高くしたり，被食されないための防御への投資が必要である．そのためには，バイオマスや窒素を構造性物質や防御物質へ投資しなければいけない．葉を丈夫にするために葉肉細胞の細胞壁を厚くすると，CO_2 の拡散が悪くなって葉緑体 CO_2 濃度が下がり，光合成窒

素利用効率が低下する．構造性物質などへ窒素を多く投資すると，光合成系への窒素の配分が少なくなり，光合成窒素利用効率が下がる．つまり，光合成能力と葉の寿命の間にはトレードオフがある．光合成能力が高い葉では葉の寿命を長くすることはできず，葉の寿命を長くするためには光合成能力を犠牲にしなくてはいけない．そして，非ストレス環境では光合成能力が高く，成長速度が高い種が有利であるのに対し，ストレス環境では物理的強度や被食防御能力が高い種が有利なのであろう．いっぽう，葉の寿命が短く，光合成能力が低い種にはメリットがなく，そのような種は淘汰されてしまうのであろう．

2.7　この章のまとめ

　植物は効率よく光合成を行うために，さまざまな工夫をしている．まず，光合成系そのものがよくできたエネルギー変換系である（吸収した光を糖合成に利用するときの理論的最大エネルギー変換効率は約40％である）．さらに，熱放散機構やwater-waterサイクルなど多くの補助システムが，さまざまなストレスから光合成系を守るためにはたらいている．C_3植物にはRubiscoの効率の低さや水の損失といった欠点もあるが，C_4光合成やCAM光合成はその欠点を補い，特殊な環境への進出を可能にした．

　葉の光合成系自身，生育環境の変化に対して柔軟に順化する．順化の意義は，光合成を経済的な視点から見たときによく理解できる．光合成速度が高いことは植物が生存，成長，繁殖する上で有利であるが，光合成能力を高めるためには相応のコストがともなう．高い光合成能力を維持するための資源（水，窒素など）が不足する場合は，あえて光合成能力を低くしてその資源の利用効率を高めることも重要な戦略である．ある環境で最適な戦略が，別の環境でも最適とは限らない．このことが葉の順化応答を多様なものとし，さらに種間の光合成特性をも多様なものとしているのであろう．

[彦坂幸毅]

3

光を受ける植物のかたち

3.0 はじめに

　植物の生活は，光合成によってつくられた有機物に依存している．光を受けた葉のなかで営まれる光合成の仕組みは，分子のレベルまで掘り下げて明らかにされてきた（第2章）．しかし，どんなにたくみな光合成メカニズムを持っていても，光がなくては何もできない．すべては光を受けとることからはじまる．

　植物の葉が光を受けている様子は目で見ることができる．簡単に見えるだけにかえって見過ごしてしまいがちであるが，植物のマクロな構造には，光を受ける装置としての合理性が随所に見られる．自然のなかでの資源の獲得の仕方や，まわりの個体と資源をめぐって競争するプロセスを理解することは，生態学の大きな課題の一つである．この章では，光の獲得を中心に，植物の構造と機能の関係を生態学的な視点から考える．

3.1 光が葉に届くまで

3.1.1 太陽からの光

　植物が受け取る光は太陽に由来する．太陽光の性質については，第1章で詳しく解説されている．太陽から到達する光のうち，植物が利用できるのは人間の目が感じられる可視光とほぼ同じ，400〜700 nm の波長域の光である．

太陽からの光の一部は，大気中の空気の分子，ちり，雲の粒子などにあたって散乱されながら地表に届く．このために，地平線から上の空全体も明るく見える．散乱されずに太陽から直接届く光は直達光，散乱されてから届く光は散乱光と呼ばれる．直達光と散乱光の比率は大気の状態による．曇った日であれば100％が散乱光であるし，よく晴れた日であれば1〜3割程度が散乱光で残りが直達光である．

　太陽はおおよそ東からのぼって西に沈む．日の出と日の入りの正確な方位や天空を移動する経路は，緯度と季節によって変化する．赤道に近いところほど日の出・日の入りの方位の季節変化は小さく，日照時間の変化も小さい．いっぽう高緯度では，日照時間は季節によって大きく変動する．また，中緯度地域では太陽高度が低い冬に南向き斜面と北向き斜面の日当たりの違いが顕著であるとか，森林の高木が枯れた後の空き地（林冠ギャップ：canopy gap）では，その真ん中よりも北寄りのほうが日当たりがよい（北半球の場合）といったことは，太陽の軌道を考えれば理解できる．

3.1.2　光をさえぎるじゃまもの

　生物が生きていくために必要で，ある個体がその恩恵にあずかると他の個体の使える分が減ってしまうものを資源（resource）と呼ぶ．植物にとっては，光，水，土壌中の栄養塩などが資源である．また，空間も資源の一つと見ることができるであろう．すでに他の個体がふさいでいる地面には，他の個体は入れない．空間を確保した植物は，そこにそそぐ光や，根を張った土のなかの水，栄養塩を手にすることができる．

　資源がみなに十分行き渡るほどはないとき，個体の間で資源の奪い合いが生じる．茎を伸ばして葉を広げる植物は，自分が使う光エネルギーを得るとともに，他の個体が使えたかもしれないエネルギーの量を減らしている．森林のなかや，草本植物が茂る群落の地表面近くへは，空からそそぐ光の1割以下，時には1％程度の光しか届かないことも珍しくない．上に葉を広げる植物が光をとってしまうからである．

　光をさえぎる植物はいわば光のフィルターである．このフィルターを地面から見上げてみると，隙間があちこちに散在している．フィルターを通過してくる光の量や方向分布は，その下で生活している植物の光合成生産と密接に関係する．

この光フィルターの性質は時とともに変化する．草本群落ならば，植物が成長して地上部が発達すると光の透過率は小さくなる．また，落葉樹を含む森林の光の透過率は，葉を茂らせているときと落葉期とで大きく違う．フィルターの下の植物にとっての光環境は，光源である太陽光の季節変化だけでなく，上層の植物の季節変化の影響も強く受ける．

植物からなる光フィルターは，光の波長組成にも影響する．葉は緑の光を吸収しにくい．また，赤い光はよく吸収するが，それより少し波長が長い近赤外光は吸収しにくい．植物群落のなかでは，葉を透過した光や葉の表面で反射された光のために，緑や近赤外の光の比率が高くなっている．植物は光環境に応じて生理的性質や形態を変化させるが，光の量だけでなく光の質も，周囲の情況を判断する情報として使っている．

群落の中と外との光量を同時に測定してその比率を計算すれば，群落の光透過率を求めることができる．また，写真を使って光透過性を調べることもできる．自然の光は水平面より上からくるものがほとんどなので，水平面より上の半球全部を一度に写し込む画角180°の魚眼レンズを天頂方向（真上）に向けて群落を撮影する（図3.1）．このような写真は全天写真（hemispherical photograph）と呼ばれる．撮影した写真のどの部分が空のどの方向にあたるかは，カメラの向きとレンズの性質によって決まる．写真の解析から，空のどの方向からの光がどれ

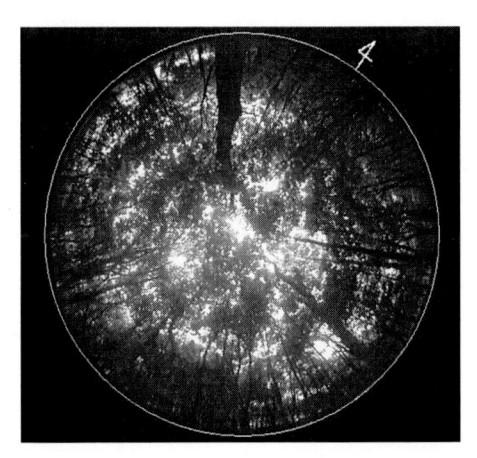

図3.1 魚眼レンズを真上に向けて撮影した森林内の様子
円周は地平線，円の中心が天頂方向に相当する．矢印は北の方向を示す．見上げたときに空が透けて見えている部分は，空からの光を通す部分でもある．

だけ枝や葉の隙間を透過してくるかを推定できる．空の明るさの分布と重ね合わせれば，群落全体としての光透過率を推算することもできるし，太陽の軌道を重ねてみて，太陽からの直射光がいつ透過してくるかを予測することもできる（Anderson 1964；Chazdon & Field 1987）．さらに，受光面である葉の向きの傾きに応じた受光量の推算もできる．

なお，フィルターの性質がそのまま群落内の光環境を決めるのではないことに注意が必要である．群落上にそそぐ光の量や，その方向性も重要な要因である．たとえば，冬の落葉広葉樹林の林冠（葉や枝が茂ったところ）は夏の何倍も光を通しやすいが，冬の林内に到達する光はそれほど多くはない．冬は日照時間が短いことや日射が弱いこと，また太陽の軌跡が低いところを通るので，特に直達光が木の幹などにさえぎられやすいことなどのためである．

Box 7

落葉性と常緑性

みずみずしい細胞が薄く平らに並んだ葉を，厳しい寒さや乾燥のなかで維持するのは容易なことではない．葉を広げて光合成生産を行うには適していない期間では，個体の持つ葉をすべて落としてしまう種類も少なくない．そのような性質を落葉性と呼ぶ．落葉性の樹木は，特に落葉樹と呼ばれる．落葉期の間，新しい葉のもとは芽のなかで保護され，ふたたびくらしやすい環境になるのを待つ．落葉性の多年生草本では，芽は地面や地中で厳しい環境をやり過ごす．落葉性に対し，つねに緑の葉を持っている性質を常緑性と呼ぶ．常緑性の樹木は常緑樹と呼ばれる．

日本では，落葉は冬を越すために役立っているが，広く世界を見まわしてみると，乾燥した期間中に落葉するものも多い．夏の乾燥が厳しく冬は湿潤な地域では，夏に落葉して冬は緑という種が見られる．落葉は，受動的に葉が枯れるというよりも，積極的に葉を落として，厳しい環境に耐えられる体制をつくる機能である．進化の歴史のなかでは，落葉性はまず乾燥に耐える適応的機能として生じてきたもので，それがその後の寒冷地での分布拡大を可能にしたとも考えられている．

また，落葉広葉樹林の林床を主な生育場所にしている多年生草本のなかには，林床に多くの光が射し込む春先にいち早く葉を広げ，上層木の葉が展開して林床が暗くなると早々に葉を落としてしまう種類も多い．このタイプの植物は，春植物（spring ephemeral）とも呼ばれる．

なお，常緑，落葉という言葉は個体の性質を表す言葉であり，個々の葉の性質を表すものではない．1年の決まった時期に落葉して葉がなくなる種類では，

個々の葉の寿命は必ず1年未満であるが，落葉期間を持たない常緑性の植物の場合，葉の寿命はさまざまである．1枚の葉が10年前後も生き続ける常緑樹もあるが，新葉の展開と前後して古い葉が落葉し，葉の寿命が実質的にほぼ1年という種もある．また，熱帯には個々の葉は数カ月の寿命しかない常緑樹もある．

3.1.3 光をたくさん受ける葉の向き

　太陽電池の受光装置は，薄くて平らである．多くの植物の葉も薄くておおよそ平らである．一定量の素材から光を受ける器官をつくるのであれば，球状やブロック状にするよりも，薄くて平らにしたほうが受光面積を大きくできる．

　平らな紙をくるりと巻いて筒にすると，曲げる力に対して丈夫になる．限られた材料から一定の長さの構造物をつくるとき，力学的な強度を保つには平板状よりも円柱状のほうがよい．多くの植物は，平板状の葉と細長い円柱状の茎を持っている．葉と茎は，それぞれ光を受けるための面積重視の構造と，地上部の構造を支える強度重視の構造と見ることができる．1本の茎とそれについている葉をまとめてシュート（shoot）と呼ぶ．茎の構造と機能については，後に詳しく述べる（3.2節）．

　話を太陽電池のたとえに戻そう．太陽電池を設置するときは，受光面をどちらに向けるかに十分注意しないといけない．向きによって受けられる光の量が，そして発電量が違うからである．同じように，植物の葉も向きによって受ける光の

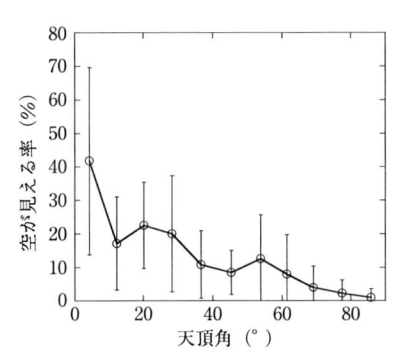

図3.2 図3.1の写真から読み取った，空隙の面積比率と天頂角（天頂方向に対してなす角度）との関係
天頂に近いほど，隙間が多いことがわかる．

図 3.3 光がくる方向を向くようにねじ曲がった葉（ハエドクソウ）
向かって右側が開けていて明るい．

量が変わる．群落の内部の光が不足しがちな環境では，葉はなるべく光がたくさん受けられる方向に向けて，面積あたりの受光量を増やすのがよいはずである．

図 3.2 は，先に示した林床で撮影した全天写真を読み取って描いた空隙率と天頂角（天頂方向となす角度．0°が真上，90°が地平線の方向）の関係である．地平線近くほど，空が見えにくくなることがわかる．こうした性質はかなり一般的である (Reifsnyder *et al.* 1971)．また，太陽からの光は，太陽の位置が地平線に近いときほど弱く，天頂に近くにあるときほど強い．これらを合わせて考えると，上層のフィルターの光透過性にはっきりした方位による違いがない限り，葉は天頂付近からくる光を受けやすいようにおおよそ水平に展開するのがよさそうである．林のなかの植物の葉を見ると，たしかに垂直に傾いたものは珍しく，水平に近い葉が多い．

いっぽう，群落や林の縁や林冠ギャップのわきなど，方位によって光の量に大きな偏りがあるところでは，はっきりと一方向に傾いた葉を見ることができる．葉柄を曲げたりねじったりして，光がくる方向に葉面が向くように調節しているものが多い（図 3.3）．

3.1.4 強い光を避ける葉の向き

葉の光合成能力には上限がある．受ける光が強ければ強いほど，いくらでもたくさん光合成が行われるわけではない．強すぎる光はむしろ害になることもある．光阻害，あるいは強光阻害と呼ばれる現象である．光阻害の生理的なメカニズム

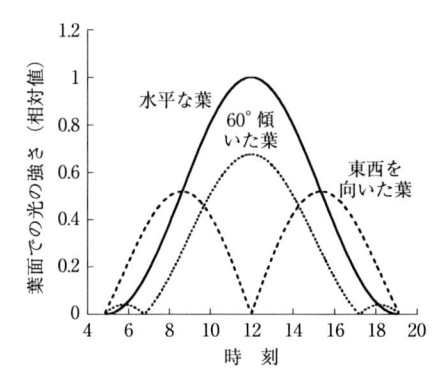

図 3.4 葉の向きと葉面にあたる光の強さの関係
水平な葉，60°傾いた東向きの葉，コンパス植物を想定した東西に向いた垂直な葉，それぞれの葉面での光量の時間変化を推定したもの．水平面での正午の光を1として相対値で示した．北緯35度で，6月20日頃の太陽の軌跡を想定している．

は，第2章で詳しく解説されている．

　葉の向きを調節して受光量を大きくすることができるのと同じように，葉の向きしだいで強い光を避けることができる．特に日中の太陽高度が高く直達光が強いときに，その光を真正面から受けないようにすることが有効である．日の出，日の入り近くの太陽高度が低いときの光は，正面から受けても大したことはない．水平な葉は天頂近くからの光を真正面から受けることになるが，葉を斜めに傾ければ，強い光の入射角が小さく（より斜めに入るように）なる（図3.4）．明るいところの植物と，森林のなかの暗いところの植物とを見比べると，たしかに明るいところでは葉が傾いたものが多いことに気がつくであろう．同じ個体のなかで明るいところの葉，暗いところの葉を比べても同じパターンが見られる．

　群落の場合，群落の上のほうの葉が斜めに構えて強すぎる光を避けると，そこで吸収されなかった光は群落のなかへと透過していく．利用しきれない光を受け流し，下のほうの光不足の葉がこの光を利用できれば，群落の光合成効率が高まる．上の葉と下の葉が同じ個体に属するならば，個体全体の光合成効率が高まることにもなる．葉の光吸収と群落の光合成の関係については，第2章で解説されている．

　葉の向きによって強光を避けている端的な例の一つは，コンパス植物 (*Silphium laciniatum* L.) である (Jurik *et al.* 1990)．コンパス植物は，乾燥地に生育するキク科の草本である．葉の面は東西を向いていることが多い．決まった方位に葉

を向けていることが，コンパスという名前の由来である．この向きだと，朝夕の光はまともに受けるが，日中の強い光は斜めに構えて受け流すことができる（図3.4 中の東西を向いた葉を参照）．

コンパス植物では葉の向きは固定されているが，環境に応じて向きが変化する植物もある．たとえば，3 枚の小葉からなる複葉を持つクズは，日中の陽当たりが強いときには小葉の付け根がねじれて葉面を垂直に近くするとともに，小葉どうしが重なり合う．夕方になって日が弱くなると，ふたたび朝のように水平に葉面を広げる．このような形の変化は，強すぎる光を避けているように見える．試みにむりやり針金で小葉を水平にすると，垂直になっている場合よりも葉温が上昇するとともに，光合成速度が低下した（Forseth & Teramura 1986）．

ところで，ある構造の意義を評価するには，違う構造のものと比べるのが有効である．上のクズの例では，自然に存在する形態を変形させて，その機能の変化を見ている．しかし，どのような形でも自由に試せるわけではない．たとえば，クズの葉を複葉ではなくて単葉にしてみるなどという実験はできない．自由に形を変えられない場合には，コンピュータのなかに仮想的な植物を再現し，その形態をいろいろに設定して機能を評価するシミュレーション実験が有効な場合もある．

3.1.5　個体のなかでの相互被陰

多くの植物は複数の葉を持っている．それらの葉をどのように配置するかによって，それぞれの葉が受ける光の量は変化する．特に，葉どうしが日陰にしたりされたりという相互被陰（mutual shading）が受光量に大きな影響を与える．

まずは，1 本のシュートのなかでの葉の相互被陰を考えよう．シュート上の葉が平面をうまく埋めるように配置されれば，上の葉が下の葉を日陰にすることはない．たとえば，茎の先端付近に葉がまとまっている場合，葉の枚数が葉の形に応じた適当な範囲内であれば，重なり合いを避けることができる．水平に伸びる茎の場合には，茎の両側にそれぞれ一列に並ぶような形で葉をつけるものが多い．また，葉のサイズや葉柄の長さを変えることで，平面内の重なり合いを避けている植物もある．ヤマグルマ，トチノキ，ヤツデ，ミズキ，イチョウなど，さまざまな分類群の植物の例をあげることができる（図 3.5）．

では，上に向かって伸びる茎に立体的に葉がついている場合には，葉の間の相

図 3.5 平面を埋める葉の並び方
左からホオノキ（シュートの先端に，葉どうしが重ならない枚数の葉が輪生），イタドリ（横に伸びる葉の両側に並ぶ葉），ヤマグルマ（葉柄の長さが違うために葉が重ならない）．

互被陰はどうなるであろうか．同じ面積の葉をつけるのであれば，なるべく広い空間内に分散させれば互いに日陰になりにくくなり，より多くの光を受けられる．広い空間に葉面を配置するには，節（茎に葉がついているところ，node）と節の間の茎，すなわち節間（internode）を長くする，葉を細長くする，葉柄を長くするなどの方法がある．

1個体が1本のシュートだけからなる単純な植物も少なくないが，多くの植物は枝分かれをし，多数のシュートがつくられる．大きな木であれば数百本，数千本のシュートを持っている．これらのシュートの相互被陰の程度は，シュートの空間配置によって決まる．樹冠（樹木の，枝や葉が茂っている部分：canopy）内のシュートの配置に見られるパターンについては後で触れる．

3.1.6 受光量の評価

植物がおかれた光環境を評価することと，植物の受光量を評価することは，密接に関係してはいるものの別のことである．光環境に加えて葉の向きや相互被陰が，個々の葉が受ける光の量に影響する．

群落全体をまとめて考えると，群落上にそそぐ光と群落の下へと通り抜ける光の差が，植物に吸収された光のはずである．群落全体の光吸収についてはすでに第2章で解説されている．農地のように均一な群落では，全体の受光量を個体数で割れば，1個体あたりの受光量を推定できる．

では，複数の種が混ざり合い，同じ種でも個体サイズにばらつきがあるような群落で，個体ごとの受光量を知るにはどうしたらよいであろうか．直接的な方法は，個々の葉の上に光センサーを取り付けて光をはかることである．そのほか，

コンピュータで植物の三次元構造を再構成し，葉どうしの相互被陰を幾何学的に計算して評価する方法もある（Pearcy & Yang 1996）．後者の方法では，被陰関係と光源やフィルターの性質とを組み合わせて1枚ずつの葉の受光量を推定する．何本かの個体を並べて再構成すれば，個体の間の光をめぐる競争も評価できる．この方法は，植物の構造の計測に手間がかかることのほか，さまざまな推定誤差をともなうといった問題があるが，いっぽうで，「もしこんな形をしていたら」という仮想的な構造の受光機能が評価できるという利点もある．構造の意義を考えるとき，それとは違う構造と比較することの意義はすでに書いたとおりである（3.1.4 項）．

3.2 葉の足場としての茎

3.2.1 茎の役割

個体のなかでの葉の相互被陰を少なくするには，葉を展開する空間を広くしたほうがよい．それも，なるべく横方向に大きく広げたほうが上からくる光を受けやすい．葉を大きくするだけでは広がりに限りがある．多くの植物は，茎を横に伸ばして水平方向に大きな受光体制をつくっている．

茎は高さをかせぐ役割も果たしている．周囲の植物よりも低いところに展開した葉は，上の葉が吸収した残りの光しか受けられない．茎を上方へ伸ばし，周囲の植物よりも高いところに葉を広げることができれば，光を求めての競争で優位に立てる．どこまで伸びたらどれだけ多くの光を受けられるかは，まわりの環境によって決まる．高木の下の草本は，少々伸びても高木に追いつかない．いっぽう，草丈が低く密生した草本群落のなかでは，数 cm 高く伸びることで光環境が大きく改善するかもしれない．

高く伸びることは，光をめぐる競争で有利になるだけではない．花や果実をつける高さは，繁殖の成功とも関係する．花粉を風に運んでもらう風媒花の場合，高くて風通しのよいところに花をつければ，花粉を飛ばしやすいし受け取りやすい．また，空から花を探す昆虫に花粉を運んでもらう虫媒花の場合も，群落のなかに埋もれた花よりは，高いところの花のほうが見つけてもらいやすい．さらに，受粉して結実した果実や種子が散布するときも，高いところにあったほうが有利そうである．タンポポのように，葉は地際からロゼット状に広げているが，花茎

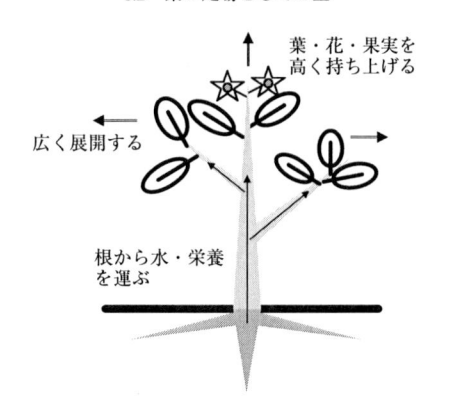

図 3.6　茎の機能の模式図
上に伸びて周囲の植物よりも高いところに葉をつける足場となること，高いところに花や果実を配置する足場となること，広い面積に葉を広げて光を受けるための足場となること，水や栄養塩を根から葉へと運ぶ通導パイプとなることが，茎の主な機能である．

は高く持ち上げる草本が数多くみられるのは，花や果実の高さが繁殖の成功と関係していることの現れであろう．

水平に広がるにしろ，上に伸びるにしろ，茎という足場にのった葉は地面から離れてしまう．根が吸収した水や栄養塩を葉へと運ぶのも，茎の重要な機能である．図 3.6 に，茎の主な機能をまとめた．以下では，茎の機能と構造との関係を見ていく．

3.2.2　へたり込まない茎

水まきなどに使うビニールのホースを，長さ 20 cm に切ったものがあるとする．その一端を手でしっかり持って，ホースを垂直に立ててみる．ホースはまっすぐに立っているであろう．横から押したり引いたりしてみても，すぐにまっすぐに戻るはずである．では，長さ 2 m のホースであったらどうか．両端を手で持ち，ホース全体を垂直にしたところで上の手をそっと離すと，一瞬はまっすぐ立っているように見えるが，すぐに倒れてしまうであろう．よほどまっすぐなホースをとても注意深く立てればしばらく安定して立っているかもしれないが，横からちょっと押したらひとたまりもなく倒れてしまい，もとには戻らないであろう．

このように，垂直に立てられた細長い構造物が曲がってもとに戻らなかったりへたり込んでしまったりする現象を，座屈（buckling）と呼ぶ．重心が横方向に

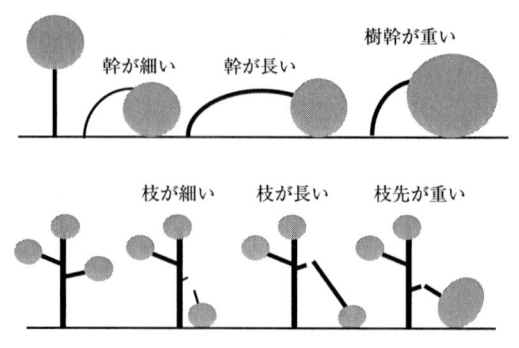

図 3.7 茎の座屈（上）と破損（下）が起こりやすい条件

ずれて重力が構造物を曲げる方向にはたらいたとき，構造物の復元力がこれに打ち勝てないと座屈が起こる．細くて長い構造物ほど，座屈は起こりやすい．さらに，構造物の上端に大きな質量の物質がのっていれば，ますます座屈が起こりやすくなる．長さ 20 cm のホースであっても，その先端に 1 kg の鉄のおもりをのせたら，たちまち倒れてしまうであろう．

垂直に立っている植物の茎も，座屈を起こしやすい構造である．茎の上方についている葉や枝分かれした茎はおもりとなる．背が高くなるほど，そして上にのった葉や茎の荷重が大きくなるほど，それらを支える茎は太くないと座屈しやすい（図 3.7）．材料力学の知識に基づいて，座屈を起こさない限界の太さを計算することができる．円柱の上にのったおもりを支える場合，高さが 2 倍になったら直径は $\sqrt{2}$ 倍にならないと強度を保てない．なお，茎の上にのったおもりではなく茎自身の重さによる座屈を考える場合は，高さが 2 倍になったら直径は $2^{3/2}$ 倍になる必要がある．

限界ぎりぎりの太さの茎は，雨や落下物などにより少しでも余分な荷重がかかると，座屈したり破損したりする．安全を見込んで太くすればするほど丈夫にはなるが，その分，材料となる有機物が必要になり，高さの成長や葉への配分が犠牲になる．植物は，どのように高さと丈夫さの折り合いをつけているのであろうか．

これまでに調べられた植物では，直立した茎にかかる荷重が 3〜5 倍程度にならないと座屈しない，すなわち，3〜5 倍の安全率を見込んだ茎をつくっている場合が多い．しかし，この安全率は固定されたものではない．多くの植物は，環境に応じて太さを変化させることが知られている．一般に，暗いところでは安全性を犠牲にして，ひょろ長く上に伸びる傾向がある．暗いところで細長く伸びる

という性質は，特に明るい環境を得意とする種類で顕著である．そのような植物は，いったん他の植物の下の暗い環境に沈んでしまうと生存すら危うくなるので，少々の危険をともないながらも，上へ上へと伸びる性質を持つことは理にかなっている．

ところで，植物は周囲の植物に覆われて日陰になる前から，潜在的な競争相手の存在を察知し，茎を細長く伸ばすことが近年明らかになってきた（Ballaré 1999）．周囲に植物が生育していると，それらの植物にあたって反射された光が横からあたる．この光は，緑や近赤外の比率が高い（3.1.2 項参照）．この光質の変化を茎が感知して，細長く伸びはじめる．競争相手に日陰にされる前にいちはやく上へと伸びれば，それぞれの植物が成長して互いに接するようになったときにはじまる，光をめぐる競争で先手をとることができる．

この反応には，植物に普遍的に存在する色素であるフィトクロム（phytochrome）が関与していることが知られている．フィトクロムは，植物が吸収しやすい赤い光があたったときと，吸収しにくい近赤外光があたったときとでその構造が変化する．周辺に植物が存在すれば相対的に近赤外光の比率が増えるので，フィトクロムは周囲の状況のセンサーとして機能する．

3.2.3 折れない茎

前項では，垂直に立った茎が曲がったり折れたりしてしまう危険性について考えた．次に，横に伸びた枝の強さに注目しよう．今度もビニールチューブを例にして考える．長さ 20 cm くらいのチューブの一端を握ったまま，水平にしてみる．おそらくチューブはそのまま横に伸びた状態を保つであろう．けれども先端に 1 kg のおもりをつけたら，ひとたまりもなく折れ曲がる．また，50 g 程度のおもりであれば支えられるかもしれないが，同じ重さのおもりをもっと長いホースの先端につけたら，あっさりと曲がりそうである．

細長い構造物に横から力がはたらいたときに生じる，折り曲げようとする作用を曲げモーメント（bending moment）と呼ぶ．曲げモーメントは，外部からはたらく力が大きいほど大きくなるし，固定点から力がはたらく点までの距離が長いほど大きくなる．曲げモーメントが限界を越えると，構造物は折れてしまう．限界は材料の材質に依存するが，同じ材質の構造物であれば，太いほど壊れにくくなる．茎のような円柱の場合，曲げモーメントに対する強さは半径の 3 乗に比

例する．直径が2倍の茎は断面積が4倍になるが，曲げモーメントに対する強さは8倍になる．

地面から上に向かって伸びている茎には，横から風の力がはたらいて曲げモーメントが発生する．横に張り出している茎にも，葉についた雨や雪の重さや落下物の衝撃で曲げる力がはたらく．また，横枝の先がどんどん伸びていけば，てこの腕が長くなるとともに枝自身の重さも大きくなっていくので，曲げモーメントも大きくなる．十分な太さを持たない茎は，やがて枝自身の重さで折れてしまうであろう（図3.7参照）．

一般に，物体に外から力がはたらくとき，これに抗する力が内部に発生する．これを応力（stress）と呼ぶ．耐えられる応力の限界は，物体の材質によって決まっている．応力がこれを越えれば，物体は壊れてしまう．外からはたらく力が大きいほど，大きな応力が発生する．また，物体が鋭角的な部分があると，その周辺に強い応力が発生し破損がはじまりやすい．

植物の体にもさまざまな外力がはたらき，そのために応力が発生する．植物体の一部に集中して応力が発生すると，その部分が壊れやすくなり，構造全体の弱点となる．樹木のように二次的に茎が肥大成長する場合，大きな応力が発生するところほど優先的に太くなることで，植物体のどの部分でも応力が一定となるような構造がつくられるとする仮説（応力一定仮説：uniform stress hypothesis）がある（Dean & Long 1986）．この仮説は，木の側枝が幹から分かれるところのように，特に応力が大きい部分で肥大成長が盛んになる現象をよく説明している．強い圧縮や引っ張りの力がはたらく部分に発達する材は，あて材（reaction wood）と呼ばれる．直立した幹から横枝が伸びている場合，枝の上側は引っ張られ下側は圧縮される．針葉樹では，圧縮される部分にあて材が発達する．いっぽう被子植物では，圧縮される部分だけでなく，引っ張られるところにもあて材ができる（Wilson & Archer 1979）．

個体全体にはたらく外力が強いと，伸長成長が抑えられるいっぽうで肥大成長が促進される．風当たりが弱いところに生育する木や，人工的に支えをあてた木の幹は細くなりがちである．

ここまでの，座屈しない太さや曲げモーメントによって折れない太さについての定性的な議論をより定量的にするには，植物の体の各部にはたらく応力を計算することが必要になる．1本の茎が直立する単純な体制の植物の場合は比較的容

易に応力の計算ができるが，三次元の複雑な枝分かれ構造をつくる植物も多い．そのような場合には，コンピュータを利用して構造力学に基づいた大量の計算を行えば，各部の応力を知ることができる．

3.2.4 高さと広がりのバランス

高くなることにメリットがあるといっても，上に伸びる茎ばかりつくったのでは横方向に広がって光を多く受けることができない．かといって横に伸びる茎にばかり材料を投資すれば高さ方向の成長ができなくなり，周囲の植物の日陰になってしまうかもしれない．より明るい環境を求める高さの成長と，その場でより多くの光を受ける広がりの成長は，いっぽうを優先すれば他方が犠牲になる．このような，あちらを立てればこちらが立たずの関係をトレードオフ関係と呼ぶことは，すでに第 1 章で紹介されている．

高さと広がりの折り合いのつけ方には唯一の正解があるわけではなく，種類によって高さ優先の成長をするもの，広さ優先の成長をするものがある．また，同じ種類であっても，環境によって優先順序が変わることもある．

まずは，種類間で比較したときに見られるパターンを紹介する．森林の林床では光が不足している．そこで生育する木本のなかで，本来低木性で将来も大きくならない樹種では，高さよりも広がりを優先した形態形成をしがちであり，本来は高木となる樹種の稚樹では，広がりよりも高さを優先する傾向があることが知られている（Kohyama 1987）．

図 3.8 オオシラビソの稚樹の樹形
左，比較的明るい環境のもとでつくられる円錐型の樹形；右，暗い環境のもとでつくられる傘型の樹形．主軸がほとんど伸びない．

広がり優先のかたちは，その場での受光量を増やし，光合成生産を大きくすることに役立つであろう．いっぽう，高木性樹種の高さ優先のかたちは，上方のより明るい環境に到達できるので有利だと考えてよいであろうか．これは，林内の光環境が高さによってどのくらい変化するかによる．地面の近くには植物がまばらにしか生育していないのであれば，少々の高さの違いは光環境にあまり影響しない．しかし，上層の高木が枯死して林冠にギャップができたときには，高いところほどこの隙間に近くなり，多くの光を受けられる．高木性樹種の稚樹の高さ優先の成長パターンは，ギャップのなかでの競争では有利になるであろう．

同じ種類が環境によって優先順位を換える例の一つに，針葉樹の傘型の樹形があげられる (Kohyama 1980)．スギ，モミ，トウヒの仲間などの針葉樹は，尖った円錐形の樹形をつくる（図3.8）．しかし，種類によっては，稚樹が林内の暗い環境におかれた場合に，途中で高さ方向の成長をほとんど止めてしまい，側枝だけ伸びるものがある．その結果，細長い茎の上に円盤状に側枝が広がったちょうど傘のようなかたちができあがる．高さの成長を続けても光環境の改善がほとんどないような場合，このような体制は，茎の量を節約しながら受光量を多くする上で有効であろう．

なお，ここで紹介したパターンとその意義の説明は，いずれも定性的なものである．かたちをつくるコストとそのかたちが果たす機能とを定量的に評価した研究は多くはなく，今後に待つところが大きい（竹中 2003）．

3.2.5 通導器官としての茎

茎が水を通すといっても，1本のホースのように太い穴があいているわけではない．針葉樹などの裸子植物では仮導管，被子植物では導管と仮導管と呼ばれる細長い細胞が集まって水を通す組織をつくっている．導管は仮導管よりも水を通しやすい（第1章）が，いずれにせよ水が通るときには抵抗がある．茎の断面積が大きいほど多くの導管ないしは仮導管が束になっており，全体としての抵抗は小さくなって水は通りやすい．これは1本のストローを通して息を吹き出すのと，5本束ねて吹くのとを比べてみればよくわかる．後者のほうがずっと楽に息を吐ける．

葉の量が多いほど，あるいは葉の蒸散量が多いほど，茎の抵抗も小さくしないと葉が乾いてしまうので，茎も太くする必要がある．いっぽうで，葉の量が多け

ればそれだけ力学的な安定のためにも茎を太くする必要がある．水の供給のために必要な太さと，力学的な丈夫さのために必要な太さとがちょうど一致する必然性はない．力学的な支持と水分通導と，どちらの機能が欠けても植物は生きていけない．したがって，二つの機能それぞれのために必要な太さのうち，太いほうに合わせて茎をつくる必要がある．では，どちらの機能のほうがより太い茎を要求するのであろうか．

　力学的支持と通導能力の両者に注目した研究はごく少ないが，1本の直立した茎のような単純な構造を想定し，いくつかの仮定をおいた上で，十分に水を供給するために必要な太さと，座屈しないような強度を持つ太さとをそれぞれ計算して比較した研究がある（種子田・舘野 2003）．それによると，仮導管を持つ針葉樹では水の通導能力が低いため，水が十分に供給できる太さの茎は力学的には十分以上の強度を持つ．また，通導能力が高い導管を持つ広葉樹では，力学的支持に十分な太さをつくれば水の供給には十分以上である．つまり，針葉樹では水分補給に追いつくように茎は肥大し，広葉樹では力学的な強度を保つように肥大していると考えられる．ただし，どのくらいの外力がはたらく場所でくらしているのか，どれだけの安全率を見込むかによって必要な力学的強度は違うし，どれだけ蒸散しやすい環境なのかによって必要な水の供給量も違う．環境条件も考慮に入れた定量的な研究がさらに必要であろう．

　ところで，個体のなかのあちこちで茎の太さをはかって横断面積を求め，その断面から先についている葉の量との関係をグラフに描いてみると，直線的な比例関係が見られることが多い．2倍の量の葉は2倍の断面積の茎に，10倍の葉は10倍の断面積の茎に支えられている．このパターンの解釈として提示されたのが，パイプモデル（pipe model）である（Shinozaki et al. 1964）．このモデルでは，一定量の葉を力学的・生理的に支えるには一定の太さの茎が必要であると考えて，単位量の葉と，これを支える茎，すなわちパイプとを合わせたものを構造単位として想定する．実際の植物は，この単位が何本も束ねられたものと考える．このような構造を想定すると，茎の断面積と葉量との比例関係をうまく説明できる．しかし，葉を支えるのに必要な太さと一口にいっても，さまざまな条件によって必要な太さは変化する．パイプモデルは，植物の構造を理解するための概念と考えるよりも，茎の断面積と葉量との関係の経験則として利用するのが妥当かもしれない．

図 3.9 コブシの長枝（左）と短枝（右）
それぞれ矢印から先が今年伸びた枝．短枝は 1 cm たらずしか伸びていない．

3.2.6 シュートのなかの茎と葉のバランス

1本のシュートをつくるとき，葉に多くの材料を配分すれば光を受ける面積を大きくできる．いっぽう茎に多くを配分すれば，遠くの空間にまで資源探索の手を伸ばせるし，広い空間内に葉を配置することで葉どうしの相互被陰が避けられる．

樹木では，長枝（long shoot）と短枝（short shoot）という2通りのシュートが1個体のなかに混在していることがよくある（図3.9）．短枝は，茎がごくわずかしか伸びない寸詰まりの枝である．短い茎に何枚も葉をつけていることも多い．いっぽう長枝は，普通に枝だと認識されている細長く伸びた枝である．長枝は新たな空間へと伸びていって空間を獲得するいわば伸長指向のシュート，短枝はその場で葉をつけて光を受けるだけの葉面積展開指向のシュートと見ることができそうである．

はっきりと分化した短枝をつくる樹種もあるが，明瞭な短枝をつくらない樹種でも，伸長指向のシュートと葉面積展開指向のシュートを作り分けている樹種は多い（Takenaka 1997；Yagi & Kikuzawa 1999）．形態的にはっきりと短枝が分化した種に限らずに，伸長指向のシュートと葉面積展開指向のシュートの両方をつくることは，かなり一般的な現象のようである．

高さと広がりのある構造をつくっていくには，長枝による足場作りは欠かせない．しかし，全部の枝を長く伸ばさなくても，シュートの相互被陰を減らすことはできよう．長枝ばかりをつくらずに長枝と短枝を混在させると，より少ない材料で受光機能が劣らない構造をつくれるのかもしれない．構造作りのコストと受けられる光とを，それぞれ定量的に評価して検討する必要がある．

3.2.7 植物の構造と個体の収支バランス

　生きている植物はつねに呼吸をして有機物を消費しているので，光が全くない状態では植物の有機物収支は赤字である．光の量を徐々に増やしていくと，やがて個体全体の光合成生産と呼吸による有機物の消費とがちょうどつり合って，差し引き0になる．このときの光条件を，個体の光補償点と呼ぶ．光合成は行えず呼吸だけはしている茎や根などの量が，葉に対して相対的に大きいほど，個体の光補償点は高くなる．一般に，個体サイズが大きくなると茎が長くなるが，長い茎は太くなければ強度が保てなくなることから，葉に対して茎の量が相対的に大きくなる．したがって，個体サイズが大きくなるとともに，個体レベルの光補償点は高くなると考えられる（Givnish 1988）．

　ところで，植物が光不足の環境で耐える能力を表す耐陰性（shade tolerance）という言葉がある．自然を見まわすと，林のなかなどの暗いところに生育している植物と，そういう環境ではほとんど見られず，もっぱら明るいところでしか見られない植物があることに気がつく．この違いを，光不足に耐える能力，すなわち耐陰性の違いによるものと考える．耐陰性は，植物の分布パターンから推定される仮想的な能力である．

　種による耐陰性の違いが生じる仕組みを求めて，さまざまな研究が行われてきた．葉の暗呼吸速度が低く，より暗いところでも光合成生産が呼吸量を上まわって正の純生産を上げられる種が，耐陰性の高い種だという仮説は古くからある．個体の形作りのバランスに注目して，暗いところでより多くの物質を葉に配分したり，薄い葉をつくって受光量を大きくする性質が重要だとの仮説もある．

　耐陰性を決める要因について，はっきりとした結論はまだ出ていない．これまでのところ，①耐陰性が低いといわれる種でも，暗いところではその環境に順化した光合成特性を持った葉（陰葉）をつくることが多く，葉レベルの光合成特性だけでは十分説明できない，②同様に，耐陰性が低い種でも葉への物質の分配を光環境に応じて調整しており，形作りのバランスだけでも説明できない，③暗いところでの死亡は，かならずしも炭素収支が赤字になることが直接の原因になっているわけではなく，食害や病原体のはたらきによって死亡することが多い，などが一般的に認められている（北島 2003）．種子の大きさなど，発芽直後のサイズが初期の死亡と密接に関連しているという研究もある．

3.2.8 地下部の構造と機能

この章は，植物の地上部の構造と機能を中心に書かれてあるが，地下部の重要性を軽んじているわけではない．地下部を無視してしまっては，植物の生活の半分しか見ていないことになる．地下の根は，地上部を力学的に支えるほか，土壌中の水やそこに溶けた栄養塩類を植物体内に取り込むという，重要な役割を果たしている（根の栄養塩吸収機能については第4章を参照）．地上部と地下部のサイズのバランスは，植物の生活に重要な意味を持つ．また，根や地下茎を伸ばした先から，新たな地上部をつくって占有する空間を拡大する植物も少なくない．

地表面からしみてくる降水や，地表面近くでの有機物分解によって供給される栄養塩，ところどころに存在する動物の遺体や排泄物の分解で供給される栄養塩など，地下部でも資源は不均一に分布している．そこにどのように根を配置するかが，土壌中の資源獲得にとってきわめて重要になるであろうことは容易に想像できる．根の資源獲得機能を評価するには，単に根の総質量や単位根量あたりの吸収能力を見るだけでは不十分であろう．

しかし，地下部の構造と機能の研究は，地上部のそれよりも数段難しい．土のなかにある根は目に見えない．見ようとして掘り出せば，土壌環境も根も攪乱してしまう．また，土壌中の資源の分布も，光のように簡単にははかれない．こうした困難のために，地下部の構造と機能の研究は，地上部のそれよりも遅れをとっている．とはいえ，その重要性は地上部の研究に少しも劣るものではない．見えないフロンティアである地下部の構造と機能の研究は，今後の発展が期待される分野である．研究方法の工夫が重要になってくるであろう．

3.2.9 複雑なトレードオフ関係とかたちの多様性

植物のかたちの各要素の間には，さまざまなトレードオフ関係があった．それらの制約のなかで，最適な妥協点というものはあるのだろうか．多くの要素が互いに関係しており，最適なかたちを決めることは簡単ではなさそうである．この問題に関連して，仮想植物の進化のシミュレーション実験を紹介する（Niklas 1997）．この実験では，植物が陸に上がったころを想定し，植物にはたらいたであろう自然選択圧を四つ仮定した．①光を受ける面積がより大きいかたちへ，②重力による曲げモーメントがより小さいかたちへ，③繁殖器官をより高く持ち上げるかたちへ，④表面積が小さく水の蒸発がより少ないかたちへ，という四つで

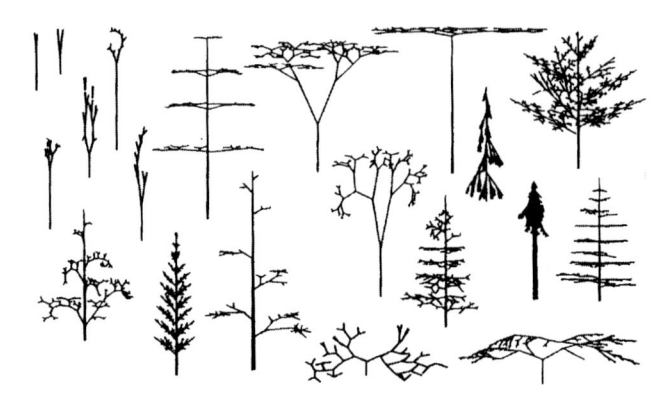

図 3.10 仮想植物が進化を経てたどりついた 20 通りの「最適な形態」(Niklas 1997)

ある．受光面積を大きくするには横に広がればよいが，重力による曲げモーメントは大きくなる．繁殖器官を高いところにつけるには，垂直方向の成長が必要であるが，表面積を小さくするには，なるべく枝を伸ばさないほうがよい．これらの四つの条件を同時に完全に満たすことはできない．

この仮想植物のかたちは，分枝の頻度と角度によって決まる．これらを親植物から少しだけ変えた子植物をいくつかつくってみて，それらの形態が上の選択基準に照らしてより優れたものかどうかを計算する．もし優れているならば，その形態へと進化は進むとする．また，複数のかたちが同じくらい優れた機能を持っているならば，それぞれのかたちを持った複数の種類へと分化させる．このプロセスを繰り返していくと，やがてそれ以上かたちを変化させると必ず機能が低下してしまうところへとたどりつく．これが最適な形態のはずである．

シミュレーション実験は，Y字型の植物を出発点として行った．上の四つの基準のうち一つだけを評価した実験では，最後に 1〜3 種類の最適な形態にたどりついた．しかし，考慮する淘汰圧の種類の数を増やすとともに終着点の数は増えていき，四つの条件すべてを総合して選択した場合には，20 種類ものかたちへと分化した（図 3.10）．たどりついた数多くの構造の見た目はさまざまであるが，四つの基準で総合評価すると，ほぼ同じくらい高い機能を持っている．

これはたいへん単純化した仮想的な世界での進化である．しかし，トレードオフ関係にある多数の機能を同時に果たさなければならないことが，植物のかたちの多様性の背景にあることを示唆しているようで，たいへん興味深い．同時に，

> **Box 8**
>
> ### 寄生植物，つる植物，着生植物
>
> 　ある生物が他の生物から一方的に栄養を搾取して得をするような生物間の関係を，寄生と呼ぶ．いわゆる寄生虫をイメージすればわかりやすい．動物に限らず，植物にも他の個体から水分，有機物，栄養塩を奪い取って生きている種類がある．そのなかには，自分自身でも光合成生産をしつつ，水分や栄養塩を宿主（寄生の相手）に依存するものもあれば（ヤドリギなど），全く葉緑体を持たず，全面的に宿主頼みの種類もある（ツチトリモチなど）．
>
> 　寄生をもう少し広く解釈して，他方の生物に負担を強いることで自分が資源を得るか負担を減らすこと全般を寄生と呼ぶならば，茎の支持機能を他の植物にたよるつる植物の生き方も，一種の寄生と見ることができる．自立できない細い茎を伸ばし，自立している他の植物に巻きついたり貼りついたり絡みついたり寄りかかったりして高さをかせぐ．茎を太くする必要がないだけ，少ない有機物で高さをかせぐことができる．いっぽうで，つる植物に取りつかれた側の植物は，つる植物の重さまで支えてやらなければならない．つる植物が広げた葉で日陰にされてしまえば，さらに迷惑である．つる植物はさまざまな分類群で見られる．双子葉植物に限らず，単子葉植物やシダ植物にもつる性のものがある．
>
> 　地面から伸びはじめるのではなく，最初から高いところで発芽して，その場にしがみつきながら葉を広げるタイプの植物もある．これらは着生植物と呼ばれる．樹木の幹などのほか，岩肌に着生するものもある．他の植物に着生した場合，これも高いところに葉を展開するための支持機能を他人頼みにする一種の寄生と見ることができる．
>
> 　着生という生き方を選ぶと，土壌中の水分を利用できない．着生植物には，降雨時に水を体内にため込んだり，雨水を受けてためておくコップ状の構造をつくるなどの工夫が見られる．また，霧が多く発生する雲霧帯では，植物体の表面につく霧の水滴も貴重な水資源となる．
>
> 　水分確保が問題になるのは，つる植物も同様である．力学的な支持だけでなく，水分の供給も茎の重要な機能である．茎を細くすれば，水分が通導しにくくなる．1本1本の導管を太くすれば，通導抵抗が小さくなって水が流れやすくなるが，葉からの蒸散量が多くなったり土壌が乾燥してくると，導管中の水柱が切れ気泡ができやすい．気泡ができてしまうと，水はとたんに流れにくくなる．
>
> 　つる植物，着生植物とも湿潤な気候帯に集中して分布している．この分布パターンは，つるや着生という生き方が乾燥した環境には向いていないことを反映していると考えられる．

特定のトレードオフ関係だけに注目するのでは，植物が示すさまざまなかたちとその機能を十分に理解できないことも示唆している．

3.3 植物の成長とモジュール構造

植物の成長には，重量の増加と，構造の空間的な拡大という二つの側面がある．この節では，植物の成長を重量に注目して解析する手法を二つ紹介する．成長解析とアロメトリー解析である．続いて植物のモジュール構造に焦点をあてて，新しい構造単位をつけ足すという植物の成長の特徴について考える．

3.3.1 成長解析

成長解析とはたいへん一般的な言葉であるが，植物の乾燥重量の増加をいくつかの要素に分解するための，特定の解析手法を指している．植物の成長を，種，環境条件，生育段階などの違いによって植物の成長速度の大小が生じるメカニズムを探るために使われる．

植物が成長するとき，葉がかせいだ光合成産物は，茎や根をつくるのに使われるだけでなく，葉の量を増やすのにも使われる．たいていの場合，植物の成長は光合成器官の拡大再生産をともなう．光合成産物を葉面積の増加に使わなかったら，小さな芽生えがたかだか数十年で高木へと成長できるはずはない．双葉の光合成生産だけで，太さ1mの幹をつくるなどとても無理である．

こうしたことを考えると，大きな個体ほど重量の増加速度も大きくなるのは当然である．しかし，成長の速い遅いを解析するときには，この大きさの効果を除いて考えたいこともしばしばある．その場合は，個体重の増加速度を個体重で割った相対成長速度（relative growth rate : RGR）を使う．時間を t，個体の乾燥重量を W とすると，相対成長速度は次のように式で書ける．

$$\frac{1}{W}\frac{dW}{dt} = RGR \tag{3.1}$$

相対成長速度は，いくつかの要素に分解して考えることができる．まず，成長はすべて葉が行う光合成生産によるものであれば，個体重あたりの成長速度を，葉面積あたりの生産速度と，個体重あたりの葉面積とを掛け合わせたものと考えることができる．前者は NAR（net assimilation rate），後者は LAR（leaf area ratio) と呼ばれる．葉面積を LA として式で表現すると，

$$\frac{1}{W}\frac{dW}{dt} = \frac{1}{LA}\frac{dW}{dt}\frac{LA}{W} \tag{3.2a}$$

あるいは

$$RGR = NAR\ LAR \tag{3.2b}$$

となる．NAR が大きいならば，単位葉面積あたりの光合成生産量が大きいことになるし，LAR が大きいならば，個体重あたりにして大きな葉面積を持っていることになる．葉面積あたりの生産量の大小は，環境の善し悪しにも葉の生理的特性にも依存する．

LAR はさらに，単位個体重あたりの葉重（leaf mass ratio : LMR）と単位葉重あたりの葉面積（specific leaf area : SLA）との積に分解される．葉の質量を LW とすると，

$$\frac{1}{W}\frac{dW}{dt} = \frac{1}{LA}\frac{dW}{dt}\frac{LW}{W}\frac{LA}{LW} \tag{3.3a}$$

あるいは

$$RGR = NAR\ LMR\ SLA \tag{3.3b}$$

となる．この式は，相対成長速度を三つの要素，すなわち葉面積あたりどれだけの光合成生産を行っているか（NAR），個体重のうちどれだけが葉に配分されているか（LMR），そしてその葉がどれだけ薄く広がっているか（SLA）に分解している．最初の要素は，環境条件と葉の生理的性質にかかわる要素，あとの二つは形態形成と直接かかわる要素である．

成長解析は，環境や種類によって成長速度が異なるときに，そのメカニズムを探る手がかりを提供してくれる．成長速度の違いが光合成器官である葉にどれだけ物質を配分しているかによるのか，葉の光合成機能の違いによるのかについてヒントが得られる．前に触れた，耐陰性を決める要因の研究はその例である．耐陰性の強い種では，弱光下での NAR が大きいというパターンが見つかれば，葉の光合成機能の違いが重要であろうと考えられるし，LAR が大きいならば，形態が重要だと考えられる．また，LAR の大小が葉への物質分配を反映したものか，あるいは葉の厚さの違いによるのかは，LWR と LMR を調べればわかる．

ところで，(3.1)式を時間で積分すると，W は時刻の関数として

$$W(t) = W_0 \exp(tRGR) \tag{3.4}$$

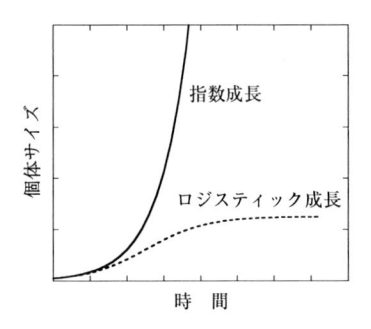

図3.11 指数成長（実線）とロジスティック成長（破線）

というかたちに書ける．ここで，W_0 は，$t=0$ のときの個体重である．もし RGR が一定のまま成長を続ければ，W はこの指数関数にしたがって無限に大きくなる（図3.11）．もちろん，植物はどこまでも大きくなりはしない．個体サイズの増加とともに，RGR はしだいに低下するのが普通である．このパターンを表現するためによく使われるのが，ロジスティック曲線（logistic curve）である．この曲線では，個体サイズの上限 K を設定し，W が K に近づくとともに RGR が小さくなることを，次のような式で表現する．

$$\frac{1}{W}\frac{dW}{dt}=r\left(1-\frac{W}{K}\right) \quad (3.5)$$

ここで，r は個体サイズが無限小のときの RGR に相当する．右辺は $W=K$ のときに 0 になるので，W は決して K を超えることはない．この式を積分すると，

$$W(t)=\frac{K}{1+(K/W_0-1)\exp(-rt)} \quad (3.6)$$

となる．これがロジスティック成長を表す式である（図3.11）．

3.3.2 アロメトリー

アロメトリー（相対成長：allometry）は，個体の成長にともなって，体の構成部分が個体全体のサイズや他の部分に対してどういう比率で大きくなっていくかという関係のことである．生物のある器官のサイズ y と，別の器官ないしは全体のサイズ x の関係には，

$$y=bx^a \quad (3.7)$$

という式がしばしば当てはまることが知られている (Niklas 1994). y と x が比例関係にあるならば，指数 a は 1 である．両辺の対数をとると

$$\log(y) = \log(b) + a \log(x) \tag{3.8}$$

となる．そこで，x と y の対数をとって，その関係をグラフにしたものに直線をあてはめ，パラメータ a と b を求めることがよく行われる．ただし，こうした解析を行うにあたっては，x と y ないしはそれらの対数がどのような誤差を含むのかに注意して，適切な統計処理を行う必要がある．

アロメトリー解析により求めた関係式は，測定しやすいものをはかって測定しにくい量を推定するためによく使われる．いくつかのサンプルで，測定しやすいものと知りたい量の両方を測定してアロメトリー関係を求める．あとのサンプルでは測定しやすい量だけを測定して，アロメトリー関係を使って知りたい量を推定する．たとえば，森林の材積量の調査では，胸高直径（ほぼ人間の胸の高さでの幹の直径：diameter at breast height）の測定値から，木の高さや材積，葉量などを推算することがよく行われる（第1章）．また，アロメトリーの関係式のパラメータの値は，その関係の背景にあるメカニズムを考えるための手がかりとしても利用される．

3.3.3 モジュール構造

ゾウの鼻は1本，イカの足は10本，カブトムシの足は6本といったように，動物の体の構成要素の数は，基本的に遺伝的に決まっている．いっぽう植物の体の構成要素の数は，決まっていないことが多い．成長とともにどんどん葉の枚数は増え，茎は枝分かれしていく．数枚の葉しか持たない実生から，数百～数千本の枝に数千～数万枚の葉がついた大木ができる．

すでに第1章で解説されているように，構成要素を後からつけ加えながらつくられる植物の体制はモジュール構造と呼ばれる．構造の単位となるモジュールがいくつもつなぎ合わされているのが，植物の体である．植物のサイズの拡大は，個々のモジュールのサイズの拡大をともなう場合もあるが，個数の増加によるところが大きい（図3.12）．

葉1枚1枚や，1本1本の茎をモジュールと見ることもできるが，1本の茎に葉がついたシュートを単位として考えることもできる．また，主幹と側枝がはっきりしているタイプの樹木では，1本の側枝を一つのモジュールと見ることもで

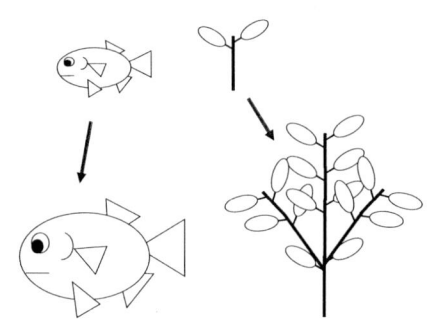

図 3.12 構成要素の拡大による成長（左）と構成要素数の増加による成長（右）

きる．植物の成長は，新しいモジュールの発生，つくったモジュールの変形（肥大，繁殖器官の発生など），古いモジュールの枯死・脱落などの要素に分解して考えることができる．

植物はモジュールをつくり足しながら空間を開拓する．モジュールをつくってはみたものの，配置した場所が資源に恵まれない環境であったなら，そのモジュールは切り捨ててもよい．もともとはよい環境であったのが，やがて条件が悪くなった場合も同様である．一部のモジュールを切り捨てても，個体全体の生存に直ちに支障はないので，このような資源探索が可能になる．地面に根を下ろしたままで資源を探索しなくてはならない植物にとって，体の部品の追加や削除がやりやすいモジュール構造は都合がよい．

3.3.4 一年生草本，多年生草本，クローナル植物

地上部の構造を年々積み上げていくかどうかで，陸上植物の成長パターンは大きく二つに分けることができる．木本植物（woody plant）と草本植物（herb）である．草本は，たいてい1年以内で地上の茎を枯らしてしまい，年々積み上げることはしない．いっぽう木本の多くは，数年から数十年，数百年，ものによっては数千年にもわたってモジュールを追加しながら地上部の構造をつくる．

草本植物のなかでも，年ごとに種子からすべての構造をつくり直すタイプと，永続性がある地下の構造に有機物を貯蔵し，生育期間のはじめにこの蓄えを元手にしてすばやく地上部の構造を再生するタイプとがある．前者のグループは一年生草本ないしは一年草（annual plant），後者は多年生草本ないしは多年草

（perennial plant）と呼ばれる．なお，一年草の生育期間がたまたま暦年をまたぐ場合に，二年草（biennial plant）と呼ばれることもあるが，生育期間が1年未満であれば一年草と変わるところはない．

多年生草本では，地上部は使い捨てにするものの，地下部の構造を年々拡大していくものが多い．特に，地下茎や走出枝を伸ばして株の数を増やしながら二次元的に拡大していく多年生草本は，クローナル植物（clonal plant）と総称される．遺伝的には均一な1個体が，一見すると多数の個体が群生しているような構造をつくる．このような拡大の様子を栄養繁殖（vegetative reproduction）と呼ぶこともあるが，1個体がその場で成長しているのであるから，繁殖よりはクローン成長（clonal growth）と呼ぶほうが適当である．クローナル植物の構造は，樹木が横倒しになって途中から根が出ているようなものである．

クローナル植物の1株1株は，ラメット（ramet）と呼ばれる．ラメットもモジュール構造の単位と見ることができる．遺伝的に均一なラメットの集団全体は，ジェネット（genet）と呼ばれる．クローナル植物のジェネットは，ラメット数を増やしながら成長する．Harper（1967）は，個体性がはっきりしないクローナル植物でも，ラメットを単位として見ることで，動物の個体群動態と同様な解析が可能であるとした．ただし，適応度を評価する場合などには，木本の場合にシュートごとではなく個体全体の適応度を考えるのと同様に，ラメットでなくジェネットを単位に考えるのが適当である．

走出枝や地下茎で結ばれたラメットの間では，有機物や栄養塩の動きがあることが知られている．子ラメットが最初につくられるときに親ラメットから材料が送り込まれるのは当然であるが，子ラメットが自立可能なところまで成長した後にも，親から子へと物質が動くことがある．特に，親ラメットが光環境や栄養塩に恵まれているいっぽうで，子ラメットが恵まれない条件におかれた場合に顕著である．ラメット間で物質が移動する現象は，生理的統合（physiological integration）と呼ばれている（Caraco & Kelly 1991）．

3.3.5 樹木のアーキテクチャ

木本植物は，複数年にわたって枯死しない地上部を持ち，すでにつくった構造に，さらに新しいシュートをつけ足しながら年々成長していく．新しいシュートは古いシュートによって力学的に支えられるとともに，根で吸収した水分や栄養

塩も，古いシュートを経由して供給される．サイズの拡大と分枝構造の発達とともに，古いシュートが支えるべき子孫シュートの数は増加する．より多くのシュートを支える茎は肥大していく．この点は，各ラメットが自前の根と支持器官を持つクローナル植物と大きく違う．

樹木のシュートであっても，すべてがいつまでも生き続けるわけではない．一部のシュートの枯死・脱落も，形作りの重要なプロセスである．樹木の地上構造のでき方を理解するには，シュートの発生，肥大，枯死に注目する必要がある．

樹木の枝や葉が茂っている樹冠部分のかたちは，樹種によって異なる．たとえば，多くの針葉樹は円錐型の樹形をつくるし，広葉樹には半球状の樹冠をつくるものが多い．樹冠をつくる枝の分枝構造をさらに詳しく見ると，樹種ごとに特徴があることがわかる．Halle ら (1978) は，熱帯の樹木の分枝構造を詳細に調べて類型化した．注目したのは，分枝の有無，幹と側枝の分化の有無，側枝の伸長方向，側枝上での主軸の分化の程度，どの枝の先端が繁殖器官となって伸長を停止するかなどの形質である．これらに基づき全部で 23 のパターンを認識し，それぞれのパターンをアーキテクチャ（architecture）と名づけた．アーキテクチャという語は構造（structure）と似ているが，なんらかの設計プランにしたがってつくられたものというニュアンスがある．植物の場合，このプランは遺伝的に決められたものである．

樹種ごとにそれぞれの特徴があるにしても，1 本 1 本の木の構造はさまざまである．一つには成長段階による違いがあるが，環境との相互作用によっても構造は変化する．樹木の形作りを理解するには，遺伝的に決まった基本的な設計図と，環境に応じた可塑性とを合わせて考える必要がある．もちろん，環境への反応の仕方も遺伝的な背景をもつものである．環境に応じた樹形の変化は，環境に合わせて順応的に光獲得構造をつくっていくプロセスと見ることができる．

ところで，永続性のシュートをつくり続けると，樹木は無限に大きくなるように思えるが，実際には種類ごとにおよその上限サイズが決まっている．また，環境によって上限サイズまで到達できないこともある．木の高さを決める要因は，光合成生産と幹の呼吸とのバランス，栄養塩の制限，遺伝的に決まった制約，水分通導の制限などが候補としてあげられているが（Ryan & Yoder 1997），まだはっきりした結論は出ていないようである．

特に上限サイズが小さいグループは，低木（shrub）と呼ばれる．これに対し

て森林の林冠を構成するような樹種は，高木と呼ばれる．高木と低木は高さで大まかに分類したものであるが，明らかに到達できる高さに違いがある．低木樹種は生育に適した環境におかれても決して高木のような高さにはならず，高木と肩を並べて林冠に頭を出すこともない．上方への伸長成長が止まってしまったり，地際から伸びる構造をそっくり枯らしてしまってまた別の枝を下から伸ばしたりするため，せいぜい数 m 程度にしかならない．

　低木は，光不足の林床や低温，強風など厳しい物理環境にさらされる高山，あるいは乾燥地や貧栄養地など，生育が困難な環境を本来の生活場所としているものが多い．このことから，限られた光合成生産に依存して生活する場合には，あえて大きくならない生き方のほうが有利なのではないかとも考えられるが，定量的な研究はいまだ不十分な段階である．

3.3.6　モジュールの配置と資源の探索

　空間のなかの資源の分布は不均一である．たとえば光資源の場合，群落全体として見れば上のほうほど光は豊富である（第2章）．また，群落は水平方向にも均一ではないので，その内部の光環境にも水平方向の不均一性がある．資源獲得用のモジュールは，少しでも資源が豊富な地点に配置できるほうがよい．

　地表面を二次元的に広がるクローナル植物では，よい環境におかれたラメットは数多くの子ラメットをつくるとともに，子ラメットを親の近くに配置することが知られている（Slade & Hutchings 1987）．これは，資源が豊富な場所に集中してモジュールを配置する上で，効果的な成長パターンである．逆によくない環

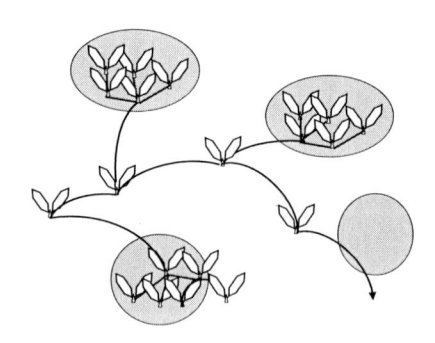

図 3.13　クローン植物の資源探索の模式図
灰色の領域は資源が豊富な場所を表す．この領域に根を下ろしたラメットは，多数の子ラメットをつくって近くに配置し，豊富な資源を利用する．

境におかれたラメットは少数の子ラメットをつくり，走出枝などを長く伸ばす．このような成長パターンは，広い範囲のなかから環境にめぐまれた場所を探すのに都合がよさそうである（図3.13）．

　樹木も明るいところに枝や葉を集中させる．樹木の枝は，明るいところでは多くの子枝をつくり，暗いところでは少数の枝しかつくらず，さらに暗いところの枝は枯死してしまうこともある．枝どうしが助け合っているわけではなく，資源不足にさらされた枝は枯れるに任せているようである．このような，植物体のモジュールが生理的に独立しているような振る舞いを自律性（autonomy）と呼ぶ（Sprugel $et\ al.$ 1991）．木の枝の自律性は，個体全体が効率的な資源獲得構造をつくる上で有利にはたらくと考えられる．

　助け合わないばかりでなく，環境にめぐまれないモジュールを積極的に切り捨てる現象も知られている．たとえば，個体全体が暗い環境にある場合と比べ，個体中の一部の枝が多くの光を受けていると，その他の暗いところの枝の枯死率が上がったり，つくる子枝の数が減ったりする．この現象は，correlative inhibitionと呼ばれている（Takenaka 2000）．

　日当たりが悪い枝であっても，光合成生産が維持のコストを上まわっているならば，切り捨てなくてもよいようにも思われる．しかし，生産高が少ない枝を力学的・生理的に支えるためのコストや，その枝が持っている栄養塩を回収して，日当たりがよいところにまわすことのメリットなどを総合してみたらどうであろうか．日当たりの悪い枝を積極的に枯らしてしまうことが，個体全体の炭素収支の改善につながることもありそうである．

3.3.7　光をめぐる木々の競争と形作り

　樹冠のかたちは，周囲の個体との相互作用によって変化する．森林のなかと単独で生えている場合とで，同じ種類の木でも樹冠のかたちが大きく違うのを見れば，個体間の相互作用が形作りに及ぼす影響の大きさがわかる．単独木では幹の下のほうまで側枝をつけている樹種でも，林のなかでは上方のみにしか枝がなかったり，林の縁の個体で，林の内側に面した側では枝が下から枯れ上がるのに対し，林の外の明るい側では下方の枝までよく発達していることが多い（図3.14）．これらはいずれも，明るいところに枝葉を集中させた構造であり，光を受ける上で都合がよい．

図 3.14 周囲の個体との相互作用による樹冠のかたちの変化
植林の縁に位置していたカラマツの樹冠が，周囲の個体を伐採したために見やすくなっているところを撮影した．向かって左方向が植林の外，右方向が内側．植林の外のほうは下まで側枝が発達しているが，内側の下枝は枯れ落ちてしまっていることがわかる．

地上での木々の相互作用は，主に光の奪い合いを介したものである．まわりの個体の存在による樹冠のかたちの変化は，光微環境に応じた枝の配置パターンの変化による部分が大きい．すでに紹介したように（3.3.6項），明るいところの枝は多くの子枝をつくり，暗いところでは少数の枝しかつくらず，さらに暗いところの枝は枯れてしまうと，おのずと明るいところに枝葉が集中した樹冠ができ上がる（Takenaka 1994）．

明るさに応じた子枝のつくり方や枝の枯らし方には，樹種によって違いがある．その違いは，光資源の獲得機能や，まわりの個体との相互作用にも反映されるはずである．形作りの個性は，それぞれの樹種の生き方の個性とも深くかかわっているに違いない．

3.4 この章のまとめ

この章では，光資源を受ける葉とそれを支える茎に注目し，その構造と機能を考えてみた．構造の裏づけのない機能はない．植物の形作りはその生き方と密接に関連している．

3.4 この章のまとめ

　この章のはじめに，どんなにたくみな光合成システムを持っていても，葉が光を受け取らないことには何もはじまらないと書いた．これは葉のなかの生理的なシステムよりも，個体の受光体制作りのほうが重要であるという意味ではない．光を受けること，そしてそれをエネルギーとして利用することは，どちらも植物が生きていくために不可欠である．

　葉の光合成特性は，光環境に応じて順化する．また，形態形成も光環境の影響を受ける．それぞれがある範囲内で調整可能である．種類によって調整の仕方は異なり，それは生き方の個性でもある．生理的な性質と形態とをどのように組み合わせるかが重要であり，どちらかで調節すればもういっぽうはどうでもよいということではない．本書の第2,3章と，光合成の仕組みと形作りとを続けて取り上げたのはゆえのないことではない．

　精緻で定量的な研究が行われてきた分子レベルの研究と比べたとき，マクロなかたちとその機能の研究はまだまだ発展途上である．特別な道具を使わなくても，植物の構造をよく観察すれば，いろいろなパターンが見えてくるであろう．そして生態学的なものの見方と想像力があれば，そのパターンの機能的な意味について魅力的な仮説を考えることもできるであろう．その仮説を定量的な研究によって確かめることは，そう簡単ではないかもしれない．難しく，同時におもしろい課題に限りはない．

[竹中明夫]

4

植物の栄養生態

4.0 はじめに

　基本的に植物の栄養は，根から吸収する無機栄養と，葉や根粒菌でガス成分を同化してつくられる有機栄養とに分けられる．無機栄養と有機栄養は複雑にからみ合って代謝され，植物が生育する．この章では，そのような複雑な代謝系が，生態系のなかでどのように機能しているのかを述べる．また，各種の環境条件や何千種にものぼる植物の栄養特性を理解するには，まず種間の元素の集積特性を理解することが，栄養生態を知る上での基本となる．

4.1 根系の発達

　無機栄養は，基本的に根より吸収される．したがって，特に低養分・貧栄養土壌における根系の形態的発達については多くの研究がなされている．しかし，根が低養分にどのように反応するか，根の機能維持はどのようなものであるか，微生物の関与はいかほどであるかといった，根発達の生理機構についてはほとんど不明といってもよい．

4.1.1 根の活性維持の機構

a. 器官間の関係

ある葉で光合成した産物は，特定の位置の器官に主に転流することから，光合成産物についてソース・シンク（source-sink）単位が存在することが多くの植物で明らかにされている．一般に，作物体を構成する各種栄養器官（葉，茎，根）は，器官相互の間に密接な量的関係を保ちながら成長する（片山 1951；中元・山崎 1988）．植物を構成する葉，分枝（分げつ），根は節ごとにその原基を形成するが，節間により区別されるこれら器官の集まりをフィトン（phyton）もしくはフィトマー（phytomer）と呼び，植物の茎葉はこのフィトンの連続体と考えるフィトン説（phyton theory）は古くから存在する（Evans & Grover 1940；川田他 1963）（図4.1）．このフィトン概念によると，節を挟んで上位節に下位根と分枝，下位節に上位根と葉が形成される．つまり，同一フィトンの下位根・分枝と上位根・葉は別の葉序に属する．

しかし，$^{14}CO_2$ を特定の葉に同化しその分配を調べると，^{14}C 化合物は同一葉序に属する側の枝，塊茎，上位根，下位根に主に分配されており（大崎他 1991；Osaki *et al.* 2004），光合成産物の分配から見る限りフィトン概念には不都合がある．そこで，節を挟んで上下に存在する器官を一つの節単位（node unit）と定義すると，各器官の生育・生理を考える上で理解しやすくなる．光合成産物の分配はこの節単位に基づくと，次の二つの原則に沿って行われる．①節単位内で旺盛に生育する器官が存在すると，その器官へ分配され，②節単位内に旺盛に生育

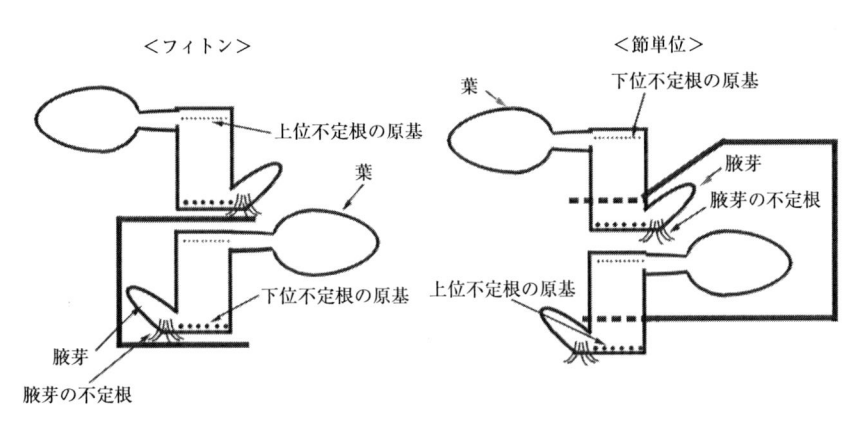

図4.1 フィトン（phyton）概念と節単位（node unit）の違い

する器官が存在しないと，同一葉序の他の節単位へ分配される．

b. 根への光合成産物の分配

根への光合成産物の分配は，節単位概念に基づくとどのように理解されるであろうか．イネでは，光合成産物は下位葉で同化した場合は主に根に，上位葉で同化した場合は主に穂に分配され，葉位間で分業が存在する（田中 1956；1958）（図4.2）．このことは，幼穂形成期以降に節間が伸長するが，その節における節単位には根が形成されず，根との関係が弱くなることを示している．一般に，子実形成型双子葉植物では地上部の節単位内に根を持たないことから，根には各葉から光合成産物が供給されることになるが，節単位内に強力なシンク（sink）が形成されると，その節単位から根への光合成産物の分配が低下する．したがって，これら子実形成型植物では，群落内では相互遮蔽により下位葉で光合成ができず，根への光合成産物の供給が著しく減少し，根の生理活性が低下しやすくなる．根の活性が低下すると窒素吸収能が低下し，上位葉やシンクの窒素の要求に応じるために下位葉の窒素が上位葉やシンクへ再転流して，ますます根への光合成産物の供給が低下するという悪循環に陥る．

地下部肥大型植物においては，$^{14}CO_2$トレーサー実験をすると，葉位にかかわらず光合成産物が一定の割合で供給される（Osaki *et al*. 1997；Yamada *et al*. 2002）．したがって，これらの植物では，群落で下位葉が相互遮蔽により機能低

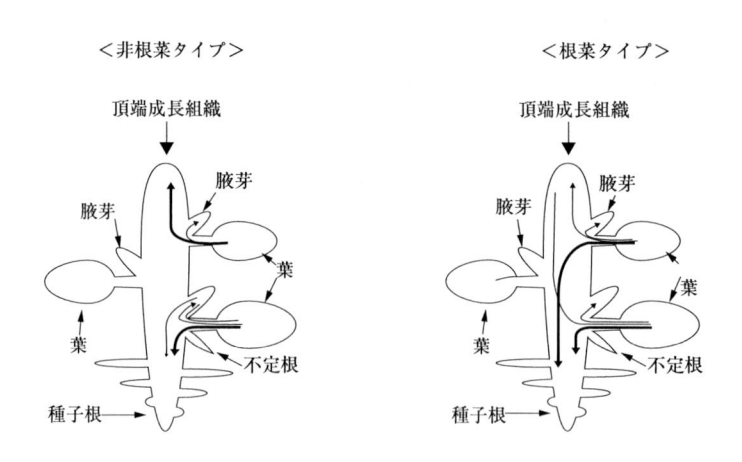

図4.2 光合成産物分配の地上部-地下部（根）関係

下しても，上位葉から光合成産物を根に供給できるため，群落構造にかかわらず地下部の生理機能が低下せず，高い養分吸収能を生育を通して維持できる．また，必ずしも地下部肥大型植物でなくとも，生育を通して根の活性が高く保たれる植物があり，このような植物では根量は多くないものの，上位葉からも光合成産物が根に供給される．このような機作についてはほとんど不明であるが，4.6.3 項で述べるように，カリウム栄養が関与している可能性が高い．

4.1.2 根-地上部相互関係より見た作物の生産性

多収品種・系統と緩効性肥料を使用して，各種作物で超多収を得ることが可能となった (Osaki et al. 1991b)．これらにおいて共通していることは，開花・収穫部位肥大期以降においても光合成が旺盛で乾物増加が続き，根の活性も高く養分吸収が旺盛なことである (Osaki et al. 1991a；1991b)．これまでの標準的な収量の作物においては，まず，養分（特に窒素）吸収能が低下し，それにともない，茎葉の窒素が収穫部位に転流するために，高い光合成能を維持することが困難であった．したがって，多収作物では根の機能維持により，高い光合成能の維持が可能となったと推定される．

イネ科作物では，先にも述べたように，下位葉と根との間に密接な関係があるため，草型の改良により下位葉にも十分光があたるようになり，根-地上部相互関係が良好になったことが超多収をもたらした主因と考えられる．いっぽう，地下部肥大型植物の草型は，多収作物においてもほとんど改良されておらず，草型による多収の説明は不可能で，むしろ根-地上部相互関係の改良によるところが大きいと考えられる (Osaki et al. 1996；1997)．根菜類では主要シンクが地下部に形成されることから，根は光合成産物の供給を受けやすいという利点がある．しかし，シンクが急速に肥大すると，今度はシンクと根の間に光合成産物の競合が起こる．多収の根菜類では従来の品種に比べて，むしろシンクの肥大は緩やかに推移し，極端なシンクと根の競合が起こらないように制御されている．このように，穀実作物と根菜類では生理・構造が異なるにもかかわらず，根-地上部相互関係の改良により多収穫が達成されたと考えられる．

4.2 根における養分吸収

a. 選択的養分吸収

一般に，水素（H），炭素（C），イオウ（S），窒素（N）を除くと，植物体中元素濃度は地殻中元素濃度より低く，地殻中濃度が低い元素ほど植物体中濃度も低下する傾向にある．しかし，これらの元素は土壌中，あるいは溶液中の存在比のままに植物体中に取り込まれるわけではなく，選択的に吸収される．そのことを示す Hoagland（1948）の古典的な実験で，培地からのイオン吸収が淡水藻類のニテラ（*Nittela clarata*）と海藻類のバロニア（*Valonia macrophysa*）で著しく異なり，それぞれの藻類の養分要求特性に応じて，各種イオンが選択に吸収された．細胞内外の溶液組成には大きな差異が認められ，淡水のニテラではこの5種類のイオン（Na^+, K^+, Ca^{2+}, Mg^{2+}, Cl^-）とも，強弱はあるものの淡水濃度に比べて濃縮されたが，海水のバロニアでは海水濃度に比べ，K^+ は培地の50倍に濃縮され，Na^+ は5分の1，Ca^{2+}, Mg^{2+} は極微量しか存在しなかった．このことは，生細胞は選択的にイオンを吸収したり，排除したりする機構を持っていることを示す．

多数の作物を大きな培養水槽で同時に栽培したとき，養分含有率は種により異なることから，養分の選択吸収能は植物により著しく異なることがわかる（但野 1993）．含有率の変動計数の種間差はナトリウム（Na）でもっとも大きく，カルシウム（Ca），塩素（Cl），マンガン（Mn），銅（Cu）でも大きいのに対して，リン（P），カリウム（K），亜鉛（Zn）などでは比較的小さい．ホウ素（B）やケイ素（Si）も含有率の種間差が大きい要素として知られている．この原因として，高橋（1974）は，第一に植物の養分吸収力の違い，第二に植物自体の持つ養分要求性の違いをあげた．養分吸収力に関係する因子としては①根系の広がり，②根の表面の性質，③根の生理的機能があり，養分要求性に関係する因子としては，①要求する栄養元素の量的な違い，②要求する栄養元素の種の違い，③要求する栄養元素の存在形態に対する好み（preference）の違いがあげられる．

b. 養分吸収機構

生体膜は内部環境と外部環境の境界壁であることから，物質の選択的輸送には膜機能が大きくかかわっている．この選択的透過性には大きく二つの型があり，

第一は濃度勾配（電気化学ポテンシャルの差）にしたがって起こる受動輸送（passive transport），第二は濃度勾配に逆らうためエネルギーを必要とする能動輸送（active transport）である．

ⅰ）受動輸送 電気化学ポテンシャルにしたがった物質の輸送である．生体膜の内外には，必ず電気化学ポテンシャルが存在し，一般に細胞は外側に比べて内側が負電荷になっているため，陽イオンの輸送を容易にし，陰イオンは通過しにくい．この輸送には単純拡散（水，酸素などの非特異的な膜透過）と促進拡散（物質に特異的な輸送タンパク質であるキャリアやチャンネルを介して起こる膜透過）があるが，いずれもエネルギーを必要としない．キャリアによる膜透過としてグルコース，スクロース，アミノ酸などが，チャンネルによる膜透過としてK^+，Na^+，Cl^-，Ca^{2+}などが知られている．

ⅱ）能動輸送 電気化学ポテンシャルに逆らった物質の輸送で，受動的輸送と異なりエネルギーを必要とする．この輸送は，輸送タンパク質，特にポンプによるATPの加水分解反応から直接イオン勾配形成に必要なエネルギーを得て行われる．植物ではH^+ポンプが重要で，原形質膜と液胞膜に存在し，原形質膜H^+ポンプは細胞内のH^+の細胞外への汲み出しに，また液胞膜H^+ポンプは液胞内へのH^+の取り込みに関与する．

4.3 植物にとっての必須元素と有用元素

4.3.1 必須元素（栄養素）と有用元素の定義

植物の栄養の本質は動物と異なり，無機栄養であるというLiebigの無機栄養説に触発されて，植物の必須元素を解明するために，von Sacks, Knopらによって1860年頃水耕栽培法が確立された．ある元素が植物にとって必要欠くべからずものであるとするためには，ArnonとStout（1939）によると，次の必須性（essentiality），①その元素を欠くと，植物は異常生育するか，一生（life cycle）を完結できないか，枯死してしまう，②その元素の機能は特異的で，他の元素による代替ができない，③その元素は植物の代謝に直接関与しているか，もしくは酵素反応のような重要な代謝過程に不可欠である，を満たさなければならない．

1860年代までに，de Saussure, von Sachs, Knopの3人の研究者によって，C, H, O, N, P, S, K, Ca, マグネシウム（Mg），鉄（Fe）が植物の生育に

とって必須であることが明らかにされた．さらに，植物の生育に必要な必須元素は1954年までに16種があげられたが，その後はリストへの追加はない（表4.1）．このうち，C，H，Oは光合成の過程を経て植物体に構成される元素で，水（H_2O）と二酸化炭素（CO_2）の結合により，炭水化物（CHO）と酸素分子（O_2）を生成するが，水は根から吸収され，二酸化炭素は葉の気孔から取り込まれる．残りの13元素は主に土壌溶液からイオンのかたちで吸収される．N，Sは溶液中でイオンとしてNO_3^-，NH_4^+，SO_4^{2-}の形態で吸収・同化され，C，H，Oとともに有機化合物の主要構成成分となる．P，Bは溶液中でイオンとしてPO_4^{3-}，BO_3^{3-}の形態で吸収され，エネルギーの転移や炭水化物の代謝，細胞壁の安定化に関与する．K，Mg，Ca，Clは溶液中でイオンとしてK^+，Mg^{2+}，Ca^{2+}，Cl^-の形態で吸収され，主に，イオンバランスの維持を行う．Cu，Fe，Mn，Mo，Znは溶液中でイオンかキレートとしてCu^{2+}，Fe^{2+}，Mn^{2+}，MoO^-，Zn^{2+}の形態で吸収され，エネルギーの転移や酵素の活性化に関与する．

必須元素の候補として，Na，Si，コバルト（Co），バナジウム（V），ニッケル（Ni）があげられるが，共通の見解に至っていない．特に，Niはウレアーゼの必須成分であり，多くの植物でこの酵素を含み，代替性がないことから，Niを必須元素としてあげる研究者も多いが，一生を完結できない植物はわずかであることから，必須元素と認めない研究者もいる．

表4.1 元素の必須性の発見経過

元素	発見者	発見年
C	de Saussure	1804
H	de Saussure	1804
O	de Saussure	1804
N	de Saussure	1804
P	Ville	1860
K	von Sachs, Knop	1860
Ca	von Sachs, Knop	1860
Mg	von Sachs, Knop	1860
Fe	von Sachs, Knop	1860
S	von Sachs, Knop	1865
Mn	McHargue	1922
Zn	Sommer & Lipman	1926
B	Warington	1923
Cu	Lipman & MacKinney	1931
Mo	Arnon & Stout	1939
Cl	Broyer *et al.*	1954

有用元素 (beneficial elements) は，必須元素ではないが植物の生育を促進するか，ある特定の植物か，もしくはある特殊な条件下において必須である元素と定義される (Marschner 1995)．それによると Na, Si, Al, Co, Ni, セレン (Se), さらに下等植物で，V, ヨウ素 (I) があげられている．

4.3.2 植物体を構成する元素

無機元素の必須性が動物と植物とで異なる．すなわち，①高等動物では Na, Co, Ni, I が必須であるが，高等植物では必須とされておらず，②高等植物では B が必須であるが，高等動物ではその必須性が確認されておらず，③両生物とも必須であるが，その機能が異なるものとして，Mg, Fe, Mn, Zn, Cu, Mo, Cl などがある (高橋 1974)．動物では Na は K, Cl とともに浸透圧調整，電荷バランス，DNA や膜などの安定性に寄与する．Co はビタミン B_{12} の構成成分，Ni は尿素の加水分解を触媒する酵素 (ウレアーゼ) の構成成分であるため，動物では重要である．I は脊椎動物では甲状腺ホルモンに多量に含まれ，不可欠の元素である．B が高等植物で必須であるが，動物や菌類で必須でないのは，細胞壁生成に重要な役割を果たしていることによる．

そのほか，植物と動物の機能の違いとして光合成能があり，特に光エネルギーを化学エネルギーに変える際の電子伝達系複合物に Mg, Fe, Mn, Zn, Cu が含まれることから，これら元素の役割は植物と動物で大きく異なる．Mo は，Fe とともに窒素固定微生物の窒素固定作用に重要な役割を果たすニトロゲナーゼ酵素の構成成分であることから，窒素固定をする植物には間接的ながら重要である．また，植物にとっては無機窒素の吸収・同化は特異的な過程であり，硝酸を還元してアンモニアを合成する際に，硝酸から亜硝酸を合成する過程を触媒する酵素 (硝酸還元酵素) の構成金属として，Mo が重要な機能を担っている．

以上のような必須性のほかに，元素バランスが細菌類・動物と大きく違う元素がある．たとえば，炭素(C)/窒素(N)比が高等植物では 14～15 と高いが，細菌類・動物では 4～9 と低い (Bowen 1966)．植物は太陽エネルギーを利用して光合成した炭素成分をデンプンとして貯蔵するほかに，植物体を構成する細胞壁成分としても多量に貯蔵する．いっぽう，細菌類・動物は生活に必要なエネルギーを結果的には植物の合成した炭水化物に依存し，これを随時摂取，分解して炭素を二酸化炭素として放出するために，体内での炭水化物の貯蔵は多くなく，また

植物のような細胞壁もないために炭素含有率が低い.

　窒素はタンパク質の基本構成成分であり,細胞質のタンパク質割合は植物,動物で大差ないことから,窒素あたりの炭素の割合は植物で高くなる.ただ,下等なケイ藻植物では多量のSiが細胞壁成分の大部分を占めているために,C/N比は6と高等植物に比べて低いが,(C+Si)/N比を求めると11となり,このような植物ではSiが一部,細胞壁のCの代替をしていると考えられる.

　生物が体構造を保持するためには殻,骨格,細胞壁といった硬組織が必要で,無機成分としては$CaCO_3$, $Ca_3(PO_4)_2$, SiO_2 が主なものである.Caは硬組織の主要成分であり,海棲動物は海水中にCO_3^{2-}が豊富に含まれることからこの陰イオンと不溶性の塩をつくり,陸生動物ではPO_4^{3-}と不溶性の塩をつくる場合が多い.いっぽう,魚類は海棲のものでも骨格成分はリン酸カルシウムであり,また,海棲植物でも石灰藻のように$CaCO_3$を主成分にするものや,ケイ藻のようにSiO_2を主成分にするものがあり,これら塩の組み合わせは環境の影響のみならず,各生物に特有な代謝系の選択によるところが大きい.

4.4　植物の各種元素の吸収特性

4.4.1　表面地殻組成との関係

　図4.3に,植物体に認められる量の多い40種の元素について,植物体中と表面地殻組成中の濃度の関係を示した.一般に,土壌中濃度が低い元素ほど植物体中濃度も低下する傾向にあり,土壌中元素濃度が植物体中元素濃度を反映している.H, C, O, S, N(図中になし)といった植物体主要構成元素を除くと,植物体中元素濃度は土壌中元素濃度と同程度か,より低い値を示す場合が多い.Si(図中になし),Al, Feは土壌の主要構成成分であるが,大部分は鉱物として存在するため植物には吸収されにくく,土壌中濃度に比べて植物体中濃度が著しく低くなる特徴が認められる.

4.4.2　植物の各種元素の主成分分析

　温帯・熱帯の各種気候・土壌条件に生育する植物葉の,12元素についての元素分析データ(1625種を含む4831サンプルのデータベース)より,主成分分析を行った結果,第一主成分はSi,第二主成分はAlとなり,地域ごとに同様の分

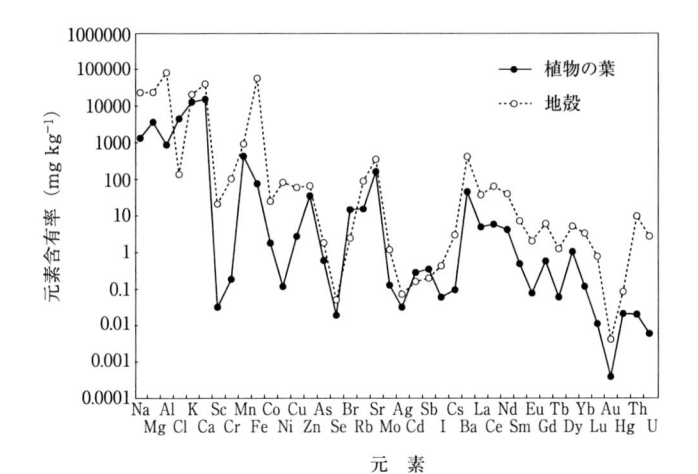

図 4.3 40元素の植物葉と地殻における含有率（植物葉は「陸上植物葉の元素濃度―中性子放射化分析データ集（I）―」（高田他編，環境庁国立環境研究所，1994）のデータの平均値より作成し，地殻はBowen 1979；Bodek *et al*. 1988；Carmichael 1989；Lide 1997のデータより）

析を行ったところ，第三主成分としてNaが抽出される場合もあった．これら3元素は必須元素ではないが，植物種によっては生育に有効な元素である場合もあり，いっぽう，AlとNaは一部の植物には毒性を示す．このように，Si，Al，Naには集積植物と排除植物に存在する．その機能が不明なことも多いが，生態的特徴を反映しているために，植物での吸収特性の理解は重要である．

a. ケイ素（Si）

SiはSiO_2として地殻表皮の60％も占めるが，存在形態はケイ酸，ケイ酸鉄，ケイ酸アルミニウムなど溶解度がきわめて低い形態であり，可給態のケイ酸を確保するためには多量の水が必要である．したがって，生物の進化の過程で水中から陸に上がっていくにともない，Siの意義が薄れていったと考えられる．系統発生の初期の段階ににとどまるケイ藻では，Siは必須で含有率が高い．半湿地性のシダ植物もケイ酸との関係はかなり深い．植物体中の元素を含有率の多い順位に並べると，Siは，単細胞藻類で3位，シダ植物で7位，被子植物で14位であり，進化とともに，また水から離れるにつれて，Siの含有率そのものが低下し，その必須性も薄らいできた（高橋 1974）．しかし，被子植物のなかでも単子葉類は双子葉類に比べてSi含有率が高い．

元素吸収は，元素吸収速度が吸水速度より速い場合に積極的吸収といい，遅い場合に積極的排除でほとんど同じときマスフロー依存（培地濃度依存）吸収という．Si の積極的吸収型植物で典型的なのはイネで，マスフロー依存型植物はキュウリ，積極的排除型植物はトマトが知られている．イネ科植物では Si を積極的に吸収しているが，その機能は明確でない．

植物における Si 含有率は種局在性が高いが，Ca も同様の傾向がある．ただし，Si に富む植物では Ca が少なく，Ca に富む植物では Si が少なく，両者には相反的な関係が認められる．したがって，Ca/Si 比をとると植物間差がいっそう明確になり，この比は単子葉類では 1 以下が多く，双子葉類では 2 以上のことが多い．

b. アルミニウム（Al）

土壌が酸性化すると，粘土鉱物の主要構成成分であるアルミニウムが多量に溶出し，アルミニウム毒性が植物生育の大きな問題となる．Al は溶液の pH に応じてさまざまな形態をとるが，酸性土壌の溶液中に多量に存在し植物体にもっとも影響を及ぼすと考えられている Al^{3+} が，植物体への Al 毒性の指標とされることが多い．

i）Al 集積植物　　Al 集積植物について，Chenery（1948），Chenery と Sporne（1976）は，地上部で 1000 ppm 以上の Al 含有率を持つものと定義した．吉井と神保（1932）は，調査した 808 種のうち 77 種で Al 含有率が高く，Webb（1954）は調査した 1324 種のうち 1000 ppm 以上の Al 集積植物は 50 種で，それらの系統分類上の位置から判断して，Al 集積を原始的形質と考えた．Chenery（1948）は簡易発色法で双子葉植物中 31 科に Al 集積植物を認め，種数が多かったのは，Rubiaceae（647 種），Melastomataceae（441 種）であったと報告している．これら Al 集積植物は熱帯雨林の科に多い．1625 種を含む 4831 サンプルのデータベースを解析したところ，Al 集積植物が多い目は Ericales（ツツジ目）（特に，Symplocaceae と Diapensiaceae），Gentianales（リンドウ目），Myrtales（フトモモ目）であった．Caryophyllales では Al だけでなく Si も多く集積する植物が存在し，特に Chenopodiaceae と Plumbaginaceae で顕著であった．このことは，これら Al 集積植物種が体内で Al と Si の複合体を形成することにより，Al 毒性を軽減している可能性を示唆する．

Al 集積植物は系統分類上，特定の科や属に属するということはなく，これら植物には次の五つの特徴が認められる．①樹木的性質（たとえば，*Coccocypselum* sp.），②堅い葉，③どぎつい色の花（たとえば *Palicourea* sp., *Psychotria* sp., *Hydrangea* sp.），④ Al は Al 集積植物にとっては必須であり，⑤ Al 集積植物の細胞液は酸性（pH 3.6〜5.2）で，その変動幅が狭い（Chenery 1948）．

Haridason ら（1986），Cuenca と Herrea（1990）は各種 Al 集積植物の葉において，細胞壁と内皮に Al が局在性していることを指摘した．Al 集積（葉における）植物では根でも Al 含有率（mg g^{-1}）が高く，*Miconia stephanthera* Ule で 6.8，*Rhynchospora tenuis* Link で 4.8，*Hypogynium virgatum*（Desve）Dandy で 4.4 であった（Mazorra et al. 1987）．いっぽう，Al 含有率（g kg^{-1}）は葉で高くないが，根において *Mauritia flexuosa* L. f. で 1.8，*Byrsonima crassifolia* L. HBK で 1.2，*Andropogon selloanus*（Hack）Hack で 4.3 と高いものもあった．水耕栽培においても，根に Al を多量に集積する植物種（特に低 pH 土壌適応植物で）があり，単なる表面沈着（付着）とは考えにくく，最近，根細胞内に有機酸とキレートをつくって集積している植物があることが解明されている．

ii）Al 集積機構 ベネズエラの低 pH 土壌に生育する熱帯林の，代表的な 15 種の導管液の pH は 2.6〜6.4 と種間差が大きく，導管液の Al 濃度（ppm）は

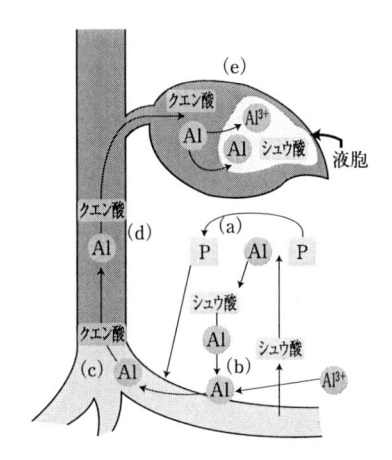

図 4.4 *Melastoma malabathricum* における有機酸とアルミニウムの関係
(a) 根から分泌されたシュウ酸が土壌中の難溶性リン酸アルミニウムを可溶化，可溶化されたリン酸は植物体に利用される．(b) アルミニウム（アルミニウムイオンおよびアルミニウム-シュウ酸複合体）が根の陽イオン交換部位に吸着される．吸着されたアルミニウムイオンは根から分泌される水素イオンにより遊離し，根細胞中に吸収される．(c) 吸収されたアルミニウムイオンはクエン酸と複合体を形成し，(d) 地上部へと輸送される．(e) 葉に輸送されたアルミニウムは単量態のアルミニウムイオン，またはリガンドをシュウ酸に変えて液胞中などに集積する．

Miconia dodecandra で 1973, *Richeria grandis* で 1525, *Graffentieda latifolia* で 4780 と高く, *Palicourea fendleri* で 628 と中程度であり, その他はきわめて低く (Cuenca *et al.* 1990), 導管液の Al 濃度と葉における Al 含有率とはほぼ対応した. Al は pH が低い場合に溶解度が上昇するため, 導管液の Al 濃度が pH と関係していることが予想されたが, 明瞭な関係は認められなかった. したがって, Al の導管輸送はなんらかの Al 化合物の形態によると推定されてきた. *Melastoma malabathricum* L. は Al 集積植物で, かつ Al を積極的に吸収し, Al 無添加で水耕すると生育が著しく低下する. この植物は根からシュウ酸を分泌して Al とキレート化して根に (細胞内にも) 集積する (Watanabe & Osaki 2002) (図 4.4). これが導管から地上部に移行する際には, Al はクエン酸とキレートを形成して転流し, 葉で再びシュウ酸とキレートして集積し, 一部は Al^{3+} のまま液胞に多量に存在している. ソバにおいても, 導管での転流形態はクエン酸とのキレート化合物で, 葉でシュウ酸とキレートして集積している (Ma & Hiradate 2000).

iii) Al の生育促進効果とその機構　　Al が, 低 pH 土壌適応植物の生育を促進する効果が知られている. 硫気孔植物に Al を添加して生育を調査したところ, ススキでは 40 ppmAl 添加でもっとも生育がよくなり, オオイタドリ, アジサイでも生育が促進された (Yoshii 1937). また, コメススキ, スズメノテッポウ, ウシノケグサ, ドクムギは Al 添加により根の生育が促進された (Hackett 1962). このほかにも, Al によって生育が促進される植物の報告は多い: チャ (Chenery 1955 ; Konishi *et al.* 1985), ラジアタマツとユーカリ (Huang & Bachelard 1993), *Miconia albicans* (Haridasan 1988), *Arnica montana* と *Deschampsia flexuosa* (Pegtel 1987), *Malastoma malbathricum*, *Melaleuca cajuputi*, *Vaccinium macrocarpon*, *Polygonum sachalinense* (Osaki *et al.* 1997).

Al 添加処理により, 生育が改善される理由として, ①植物体中で, Fe 化合物を Al で置換することにより, Fe を可給化して, Fe 欠乏を抑制し (特に, 好石灰植物の *Scabiosa columbaria*), ②細胞壁のマイナスチャージをブロックすることによりリンの吸収を促進し (*Eucalyptus*), ③低 Ca 培養液での液中への Ca 遺漏を抑制し (ヒマワリ), ④根での生長制御物質の分布を変化させて生育を変え (モモ), ⑤ Cu 毒性 (*Citrus*) や Mn 毒性 (*Atriplex*) を抑制する, ことなどがあげられる (Foy *et al.* 1978). Al が P 吸収を促進することが, ある種の温

帯・熱帯牧草（Andrew et al. 1973），チャ（Konishi et al. 1985），ブナノキ（*Fagus sylvatica*）（Bengtsoon et al. 1988），ソルガム（Tan & Keltjens 1990），カウピー（Malkanthi et al. 1995）で知られている．

iv）Alを無毒化する機構　Alの無毒化のために，根からの有機酸を分泌する機構が知られている．有機酸のなかには，Alとキレートを形成する能力を持つものがあり，有機酸とキレートしたAlでは毒性が低下し（Bartlett & Riego 1972；Delhaize et al. 1993），吸収もされにくくなるということから（Jones & Darrah 1995），根圏への有機酸の分泌量，あるいは体内の有機酸濃度とAl耐性の強弱に相関があることが考えられている．Delhaizeら（1993）のコムギを供試した実験では，Al耐性系統のほうが感受性系統よりもAl添加処理によるリンゴ酸放出量の増加が5～10倍も大きく，このリンゴ酸放出の促進はLa^{3+}，Fe^{3+}の添加やP欠によっては引き起こされなかった．また，Ryanら（1995）は，コムギのAlによるリンゴ酸放出促進には，K^+イオンの放出がともなわれること，ポリマー態Alには促進効果のないことを示している．このほかにも，Al耐性の強さと根からの有機酸の分泌量に相関関係があるという報告は多い（サヤインゲンのクエン酸（Miyasaka et al. 1991），ニンジン培養細胞のクエン酸（Koyama et al. 1990），トウモロコシのクエン酸とリンゴ酸（Pellet et al. 1995），*Cassia tora*のクエン酸（Ma et al. 1997a；1997b），ソバのシュウ酸（Ma et al. 1997c, Zheng et al. 1998a；1998b），ニンジンのクエン酸（Zheng et al. 1998b），*Malastoma malbathricum*（Watabnabe et al. 1998）など）．

v）Alと他元素吸収との相反関係　葉におけるAl含有率は，多くの元素と双曲線的な負の関係が認められたが，Al以外の他元素どうしではこのような関係は一般的でない（図4.5）．Alに関連したこのような元素集積機構の詳細は，現在のところ全く不明である．しかし，Al集積植物においては，Al以外の養分の葉での集積が著しく抑制されているが，自然条件下でこれら要素の欠乏症を呈していることはないので，酸性土壌での植物の適応戦略を解析する上でたいへん興味深いことである．Alと多量元素との相反性について，以下のことが知られている．

SiとAlの相互関係で，土壌の主な構成元素であるケイ素（Si）がAl毒性を軽減するということが最近注目されている．これは溶液中，あるいは根の内部でAlとSiが複合体を形成し，Alを無毒化するためと説明されている（Barcelo et

128　　　　　　　　　　　　　　　　4．植物の栄養生態

	Na	Mg	Al	Cl	K	Ca	Sc	Cr	Mn	Fe	Co	Ni	Cu	Zn	As	Se	Br	Rb	Sr	Mo
Na	■	/	L	/	/	/	L	/	L	/	/	/	L	L	/	/	L	/	/	/
Mg	0.344**	■	/	/	/	/	/	/	/	/	/	/	/	/	/	/	/	/	/	/
Al	-0.344**	0.159**	■	L	L	/	L	⌿	L	L	/	L	L	/	L	L	L	L	L	⌿
Cl	0.220**	0.312**	0.006	■	/	/	/	L	/	/	/	/	/	/	L	/	/	/	/	⌿
K	0.027	0.135**	-0.125**	0.391**	■	/	/	/	/	/	/	/	/	/	⌿	/	/	/	/	/
Ca	0.147**	0.367**	0.009	0.234**	0.153**	■	/	L	/	/	/	/	L	/	/	/	/	/	/	/
Sc	0.005	0.071	0.349**	0.095**	0.077	0.048	■	/	⌿	/	/	/	/	/	/	/	/	/	/	L
Cr	-0.050	0.094*	0.142**	0.627	0.022	0.040	0.414**	■	/	/	L	/	/	/	/	/	/	/	/	/
Mn	-0.112**	-0.020	0.134**	-0.077*	-0.024	-0.027	0.073*	0.095**	■	/	/	/	/	/	L	/	/	/	/	/
Fe	-0.015	0.066	0.081**	0.163**	0.102**	0.106**	0.579**	0.646**	0.055	■	L	/	/	/	/	/	/	⌿	/	⌿
Co	-0.042	0.040	-0.045	0.057**	0.011	0.003	-0.007	-0.008	0.134**	-0.009	■	L	/	⌿						
Ni	-0.050	0.034	0.125**	0.020	0.016	-0.006	0.118**	0.416**	0.087*	-0.001	0.101**	■	/	/	/	/	/	⌿	/	/
Cu	-0.047	-0.032	-0.027	0.017	0.127**	-0.062	0.007	0.198**	-0.025	0.143**	-0.005	0.114**	■	/	/	/	/	/	/	/
Zn	-0.085*	0.016	-0.062	0.012	0.052	0.023	-0.006	0.084**	0.332**	0.073*	0.086*	0.173**	0.117**	■	/	/	/	/	/	/
As	-0.059	-0.037	-0.013	-0.019	0.098*	-0.091*	0.016	0.268**	0.025	0.164**	0.005	0.121**	0.774**	0.143**	■	/	/	/	/	/
Se	-0.044	0.040	0.002	0.120**	0.155**	0.027*	0.172**	0.163**	-0.016	0.188**	-0.015	0.031	0.249**	0.106**	0.220**	■	/	/	/	/
Br	0.397**	0.277**	-0.063	0.501**	0.208**	0.262**	0.147**	0.116**	-0.079*	0.269**	0.056	-0.009	-0.003	-0.020	-0.033	0.208**	■	/	/	/
Rb	-0.156**	-0.014	0.049	0.175**	0.490**	0.003	0.097**	0.156**	-0.199**	0.154**	-0.013	0.076*	0.174**	0.238**	0.174**	0.163**	0.015	■	/	/
Sr	0.024	0.273**	0.089*	0.184**	0.052	0.327**	0.009	0.076*	0.256**	0.081*	0.045	0.137**	-0.018	0.482**	-0.065	0.042	0.157**	0.209**	■	/
Mo	-0.020	0.081	-0.042	0.084*	0.151**	0.023	-0.003	0.107**	-0.037	0.087*	-0.025	0.069	0.344**	0.058	0.227**	0.052	0.066	0.046	0.027	■
Ag	-0.043	-0.046	-0.037	0.021	0.030	-0.034	-0.010	0.077*	0.035	0.067	0.069*	0.021	0.215**	0.094**	0.426**	0.144**	0.021	0.012	-0.009	0.095**
Cd	-0.071*	-0.022	-0.045	-0.043	0.132**	-0.028	-0.010	0.076*	0.235**	0.069*	0.045	0.096**	0.336**	0.629**	0.287**	0.194**	0.046	0.274**	0.213**	0.132**
Sb	-0.058	-0.027	-0.008	-0.022	0.079*	-0.087*	0.040	0.343**	0.026	0.124**	-0.004	0.274**	0.717**	0.257**	0.832**	0.251**	-0.037	0.182**	-0.057	0.248**
I	0.014	0.070	-0.027	0.076*	0.034	0.109**	-0.005	0.024	-0.025	0.026	-0.005	0.005	-0.005	0.002	-0.011	0.015	0.103**	0.010	0.068	0.006
Cs	-0.034	0.001	0.036	0.034	-0.030	0.046	0.103**	0.397**	0.079*	-0.008	0.023	0.064	0.040	0.364**	0.042	-0.008	0.188**	-0.027	0.009	
Ba	-0.097**	0.088*	0.296**	0.007	-0.054	-0.013	0.091**	0.322**	0.226**	0.012	0.001	0.614**	0.078*	0.228**	0.102**	-0.005	-0.050	0.159**	0.365**	0.000
La	-0.029	0.038	0.120**	0.007	-0.027	-0.066	0.197**	0.525**	0.019	-0.002	-0.008	0.750**	0.062	0.071*	0.084*	0.000	-0.011	0.093**	0.082*	0.005
Ce	-0.035	0.028	0.131**	0.008	-0.034	-0.061	0.145**	0.364**	0.011	0.000	-0.014	0.637**	0.053	0.080*	0.068	-0.027	-0.012	0.057	0.086*	-0.002
Nd	-0.028	-0.022	0.069	0.007	-0.039	-0.058	0.117**	0.388**	0.060	0.008	-0.014	0.509**	0.060	0.102**	0.079*	0.062	-0.005	0.059	0.116**	0.012
Sm	-0.041	0.071	0.121**	0.013	-0.021	-0.025	0.190**	0.593**	0.031	0.019	-0.010	0.677**	0.107**	0.049	0.128**	0.011	-0.016	0.113**	0.061	0.054
Eu	-0.034	0.000	0.028	-0.013	-0.036	0.009	0.025	0.128**	0.032	0.013	0.029	0.265**	0.101**	0.198**	0.137**	0.015	-0.027	0.012	0.051	0.004
Gd	-0.021	-0.021	0.095**	-0.024	-0.030	-0.076	0.190**	0.500**	0.010	0.004	-0.010	0.712**	0.112**	0.061	0.098**	0.015	-0.019	0.059	0.048	0.028
Tb	-0.050	0.083*	0.141**	0.053	-0.032	-0.029	0.141**	0.566**	0.047	0.032	-0.011	0.689**	0.104**	0.083*	0.125**	0.005	-0.003	0.121**	0.152**	0.101**
Dy	-0.028	-0.028	0.106**	-0.017	-0.017	-0.016	0.104**	0.193**	0.028	-0.003	0.014	0.487**	0.003	0.092**	0.003	-0.007	-0.023	0.052	0.026**	-0.003
Yb	-0.048	0.083*	0.167**	0.051	-0.038	0.007	0.140**	0.497**	0.070*	0.054	-0.012	0.529**	0.068	0.070*	0.083*	-0.002	-0.008	0.117**	0.159**	0.138**
Lu	-0.048	0.083*	0.176**	0.046	-0.036	0.014	0.123**	0.419**	0.093**	0.067	-0.011	0.373**	0.059	0.057	0.066	-0.003	-0.013	0.111**	0.157**	0.156**
Au	-0.056	-0.004	0.073*	0.060	0.088*	-0.039	0.105**	0.241**	0.208	0.118**	-0.015	0.178**	0.400**	0.063	0.539**	0.129**	0.012	0.140**	0.014	0.124**
Hg	-0.034	0.015	0.007	0.126**	0.145**	0.008	0.011	0.147**	0.000	0.079*	0.008	0.095**	0.208**	0.052	0.318**	0.144**	0.036	0.118**	0.002	0.049
Th	-0.012	0.046	0.070*	0.053	0.049	0.071	0.359**	0.567**	0.008	0.612**	0.124**	0.044	0.000	0.008	0.019	0.126**	0.118**	0.089*	0.039	-0.015
U	-0.028	0.022	0.046	0.050	0.035	-0.003	0.075*	0.294**	0.028	0.177**	-0.012	0.018	-0.010	0.032	0.001	0.128**	0.002	0.090*	0.058	0.139**
	Na	Mg	Al	Cl	K	Ca	Sc	Cr	Mn	Fe	Co	Ni	Cu	Zn	As	Se	Br	Rb	Sr	Mo

注：＊と＊＊；それぞれ5%，1%レベルで有意．
　　⌿と／；それぞれ5%，1%レベルで有意な直線回帰．
　　∟とL；それぞれ5%，1%レベルで有意な多重回帰（L字型回帰）．

図4.5　40元素間の相関（「陸上植物葉の元素　高田他編，環境庁国立環境研究所，日本に生育する各種植物の葉における 40 元

4.4 植物の各種元素の吸収特性

	Ag	Cd	Sb	I	Cs	Ba	La	Ce	Nd	Sm	Eu	Gd	Tb	Dy	Yb	Lu	Au	Hg	Th	U	
		L				L									L						Na
												/		/							Mg
	L					L	/	/	/	/	/	/	/	/	/	/			L		Al
		L	L	/														/			Cl
		/	/				L					L	L		/						K
		L	L	/			L						L								Ca
						/	/	/	/	/	/	/	/	/	/	/	/		/	/	Sc
	/	/	/		/	/	/	/	/	/	/	/	/	/	/	/	/		/	/	Cr
		/	/										/	/							Mn
		/	/		/												/	/	/		Fe
	/										L								/		Co
	/	/			/	/	/	/	/	/	/	/	/	/	/	/	/				Ni
	/	/	/				/				/	/	/				/		/		Cu
	/	/	/			/	/	/	/	/			/	/	/	/	/		/	/	Zn
	/	/	/		/	/	/	/	/	/	/	/	/	/	/		/	/	/	/	As
	/	/	/												L		/		/	/	Se
				/			L					L							/		Br
	/	/	/			/	/	/					/	/	/	/	/		/	/	Rb
		/				/	/	/	/	/											Sr
	/	/	/										/	/	/	/	/			/	Mo
	■	/	/		/			L		L				/	/						Ag
0.151**	■	/			/											/	/				Cd
0.376**	0.417**	■		/	/	/	/	/	/	/	/	/	/	/	/	/	/	/			Sb
-0.014	-0.016	-0.010	■																		I
0.131**	0.029	0.208	-0.005	■										/	/						Cs
0.033	0.089*	0.132**	-0.016	0.011	■	/	/	/	/	/	/	/	/	/	/	/		/			Ba
-0.011	0.003	0.234**	-0.011	0.022	0.600**	■	/	/	/	/	/	/	/	/	/	/		/			La
-0.017	-0.002	0.143**	-0.012	0.010	0.614**	0.736**	■	/	/	/	/	/	/	/	/	/		/			Ce
-0.014	0.052	0.177**	-0.011	0.016	0.428**	0.656**	0.494**	■	/	/	/	/	/	/	/	/		/			Nd
-0.011	0.022	0.282**	-0.011	0.029	0.467**	0.924**	0.628**	0.646**	■			/	/	/	/	/		/	/	Sm
0.019	0.027	0.110**	-0.012	0.030	0.332**	0.233**	0.252**	0.138**	0.151**	■	/	/	/	/	/	/				Eu
-0.006	0.027	0.270**	-0.007	0.022	0.466**	0.932**	0.592**	0.608**	0.889**	0.229**	■	/	/	/	/	/	/		/	Gd
-0.015	0.016	0.222**	-0.016	0.042	0.623**	0.806**	0.688**	0.583**	0.865**	0.233**	0.693**	■	/	/	/	/		/	/	Tb
-0.011	-0.009	0.050	-0.007	0.025	0.624**	0.542**	0.450**	0.293**	0.334**	0.552**	0.420**		■	/	/	/	/		/	Dy
-0.014	0.010	0.156**	-0.015	0.040	0.513**	0.625**	0.524**	0.451**	0.699**	0.195**	0.528**	0.920**	0.414**	■	/	/	/	/	/	Yb
-0.014	0.013	0.117**	-0.014	0.040	0.393**	0.437**	0.345**	0.317**	0.517**	0.155**	0.370	0.777**	0.374**	0.957**	■	/		/	/	Lu
0.202**	0.128**	0.491**	-0.019	0.157**	0.172**	0.117**	0.102**	0.104**	0.182**	0.042	0.090*	0.198**	0.007	0.135**	0.100**	■	/			Au
0.107**	0.076*	0.259**	0.000	0.095**	0.078*	0.071*	0.056	0.625	0.104**	0.038	0.043	0.112**	0.005	0.073*	0.051	0.443*	■		/	Hg
0.006	-0.008	0.007	0.009	0.041	0.039	0.045	0.035	0.034	0.028	0.030	0.051	0.033	0.105**	0.051	0.070*	0.001	0.027	■	/		Th
-0.012	-0.015	-0.008	-0.007	0.018	-0.010	0.019	0.016	0.032	0.120**	-0.012	-0.001	0.318**	0.032	0.538**	0.627**	0.033	0.216**	0.194**	■		U
	Ag	Cd	Sb	I	Cs	Ba	La	Ce	Nd	Sm	Eu	Gd	Tb	Dy	Yb	Lu	Au	Hg	Th	U	

濃度―中性子放射化分析データ集（I）―」，
1994 のデータより作成）
素についての相関表．

al. 1993). このような Si による Al の軽減効果が積極的に研究されはじめたのは植物ではなく, 動物に関するものである (Birchall 1992). Al がアルツハイマー型の痴呆症の原因物質であり, Si が Al 吸収を阻害することによって, アルツハイマー疾患の発生を抑えていることが解明された. また Al による魚のえらの機能障害も, 溶液に Si を添加することで改善され, 体内の Al 含有率も低下した. 植物においても, ① Al 存在条件下で培地に Si を添加すると, 根の Al 含有率は Si 無添加処理のものと比べて低下したり (Barcelo *et al.* 1993; Hammond *et al.* 1995), ② Si で前処理した後に Al を添加すると Al 吸収が抑えられ, さらに取り込まれた Al に関しても根の先端から排除されたり (Corrales *et al.* 1997), ③ Al によって引き起こされた Ca 吸収の低下も, Si の添加で回復した (Hammond *et al.* 1995). これら Si による Al 毒性の軽減効果は, 溶液中, もしくは根内部で Si と Al が複合体を形成して Al を無毒化したためと考えられる. また, *Faramea marginata* の葉において, Al と Si が高濃度で集積しているが, 蛍光 X 線解析で, Al と Si が共沈していることが示された (Brietez *et al.* 2002). 酸性土壌で, Si を集積する樹木も多いことから, 今後 Al-Si 関係の研究は重要となる.

Al は, K, Ca, Mg 陽イオンと根において吸収部位が競合するために, Al によりこれらイオンの吸収が抑制されることが多くの植物で知られている (Roy *et al.* 1988 による). これらの阻害は競争阻害であり, これらの吸収が抑制された元素を培地に過剰添加することで, 生育阻害は軽減されることがある (Wagatsuma 1983; Shen *et al.* 1993; Rengel & Robinson 1989a; Grimme & Lindhauer 1989). また, Al によってドナン自由相 (Donnan free space) の Ca, Mg 量が減少するということ (Rengel & Robinson 1989b; Reid *et al.* 1995) も, Al の Ca, Mg 吸収阻害の一因となっている.

c. ナトリウム (Na)

地殻の母材である火成岩中には, Na と K がほぼ等量存在するが, それが風化してできた土壌中には, Na は K の半分ほどしかない. これは土壌粒子への吸着性が K で Na に比べて高いためである. また, Na は海に流れるため, 海水中で Na 濃度が高くなる (K の 27 倍の濃度) (高橋 1974). Na は移動しやすいために, 乾燥地で地下から毛管現象で地表に運ばれたり, 沼沢地などで集積しやすい. 塩が集積したところに好んで生育する植物を, 好塩植物 (Halophytes) と呼ぶ.

塩性植物として，*Aster tripolium*（キク科），*Atriplex subcordata*（アカザ科），*Salicornia herbacea*（アカザ科），*Tetragonia expansa*（ツルナシ科），*Suaeda maritima*（アカザ科）などがよく知られている．

多くの植物にとってNaは必須ではないが，NAD-malic enzyme型とPEP-CK型のC_4光合成を行う植物種では，Naは必須である．これは，C_4光合成回路を構成するピルビン酸の葉肉細胞葉緑体への輸送において，Naと共輸送しているため，Naがないとピルビン酸の輸送が停止して葉が枯死してしまう．いっぽう，同じC_4植物種でも，NADP-malic enzyme型のトウモロコシ，サトウキビでは，C_4光合成回路において，ピルビン酸の葉肉細胞葉緑体への輸送は，H^+との共輸送であるためNaを必要としない．

生物の生息環境における一価陽イオンとして主要なものはNaとKであるが，その存在比（K/Na）は海水（0.04），河川水（0.37），土壌溶液（0.23）で大きく異なり，植物体内のK/Na比はその生育環境のK/Na比を反映する傾向にある．たとえば，K/Na比は海棲褐藻類で1.6，蘚苔植物で2.2，羊歯植物で12.9，裸子植物で18.5，被子植物で11.7である（高橋 1974）．

高濃度の塩類による養分ストレス（陽イオンの拮抗）として，高濃度のNaはK，Mg，Caの吸収を，また高濃度のMgはK，Caの吸収を低下させる．一般に塩類土壌には，NaのほかにMgも高濃度で存在する場合が多く，K欠乏が起こりやすい．したがって，塩類土壌の耐性植物は，K吸収能にも優れている（Lerner 1985）．

4.4.3 各種元素集積の相互関係

a. 元素吸収バランス

各種養分組成培地からの養分吸収による，元素吸収バランスが調べられている．多数の作物を大きな培養水槽で同時に栽培して，各種養分含有率を求めると，養分含有率は種により異なることから，養分の選択吸収能が植物により著しく異なる．含有率の変動係数の種間差はNaで大きく，Ca，Cl，Mn，Cuでも大きいのに対して，P，K，Znなどでは比較的小さい（田中 1977）．BやSiも含有率の種間差が大きい要素として知られている．この原因として，高橋（1974）は第一に植物の養分吸収力の違い，第二に植物自体の持つ養分要求性の違いをあげた．

多数の作物を大きな培養水槽で同時に栽培して，供試全作物平均で各種養分含

有率を比較すると，塩基の地上部含有率は高い順にK，Ca，Mg，Naであり，地上部含有率/根部含有率比（地上部移行性）は高い順にCa，Mg，K，Naであって，Naは作物に吸収されにくく，また地上部移行性が低く，Kは多量に吸収され，根部と地上部に同様な含有率で分布し，CaとMgは吸収量はあまり多くないが，地上部移行性が高い（田中 1977）．この塩基含有率に種間差が生じる機作を，蒸散で取り込まれる量と実際の含有量との関連で推定すると，Naについては，ビートでは積極的吸収が行われ，他の作物では排除能の強弱によって，含有率の高低が支配されていると考えられる．Kではいずれの作物でも積極的吸収が行われており，CaとMgでは主として排除能の強弱によって，含有率の高低が支配されていると考えられる．塩基吸収・集積は種々の機構により制御されているが，結果として，塩基養分含有率の作物科間差の特徴は次のようになる．

1) イネ科，ユリ科：Ca，Mg，Na含有率が低い．なお，ユリ科でMg含有率が得に低い．
2) アカザ科：Ca含有率が比較的低く，相対的にMg，Na含有率が高い．
3) キク科，ナス科，シソ科，マメ科：Ca，Mg，Na含有率が中位である．
4) セリ科：Ca含有率が中位であり，相対的にMg含有率が低く，Na含有率が高い．
5) ウリ科：Ca，Mg含有率が高く，Na含有率が低い．
6) アブラナ科：Ca，Na含有率が高く，相対的にMg含有率が低い．

いっぽう，培地の塩基濃度が変化したときの生育反応の科間差の特徴は，次のようになる．

1) イネ科：一般に低濃度耐性が強く，高Ca濃度耐性が弱い．しかし，コムギ，トウモロコシは低Ca濃度耐性が弱く，イネは高Na，K濃度耐性が弱い．
2) キク科，低K，Ca，Mg濃度耐性，高Mg濃度耐性が弱い．
3) ナス科：低K，Ca，Mg濃度耐性が弱く，低Ca濃度培地での高Mg濃度耐性は弱いが，Ca，Mgがともに高濃度の培地では生育が良好である．
4) マメ科：低K濃度耐性が弱く，低Ca濃度耐性中，高Ca，Mg濃度耐性が弱である．なお，アズキは高Na濃度耐性が弱く，エンドウは高濃度耐性が一般に弱い．
5) セリ科，アブラナ科：低K，Ca濃度耐性が弱く，低Mg濃度培地で生育が

むしろ良好で，高 Mg 濃度耐性は弱く，高 Ca 濃度培地では生育が良好である．

培地中のある塩基の濃度が低濃度からしだいに上昇した場合，一般に①当該塩基の地上部含有率は上昇し，②他の塩基の含有率は拮抗的に低下する（田中 1977）．全作物平均で見ると，低濃度においては当該塩基の含有率は K＞Ca≧Mg＞Na であるが，濃度の上昇にともないその順序は変化しないが，その差が狭まる．拮抗関係における種間差を見ると，Na 含有率は低 K 濃度の場合，アブラナ科，ニンジン，ビート，エンバクなどでは著しく上昇し，Na 濃度が低い場合，キャベツ，ビートでは K 含有率が著しく上昇し，これらの作物では Na-K 間の拮抗関係が明瞭である．いっぽう，Na や K 濃度の変化で，Na や K 含有率が全く変化しない作物も多数存在する．また，Mg-Ca 間の拮抗によるこれら塩基の含有率の変化は，一般に標準培地で Mg，Ca 含有率の低い作物で小さく，高い作物で大きい．セリ科，アブラナ科などでは Mg-Ca 間の拮抗が明瞭に現れ，低 Ca 含有率耐性が弱いために，高 Mg 濃度において Ca 欠乏が多発するのに対して，ナス科では低 Mg・Ca 含有率耐性が弱いために，Mg・Ca 濃度がともに高いときに生育が良好である．

b. 周期律表における元素相関

40 元素相互の各種の相関関係表（図 4.5）に基づき，集積傾向が同一のものをグループ化すると，グループ 1：Na，K，Cs（アルカリ金属），Mg，Ca（アルカリ土類金属），Cl，Br，I（ハロゲン族），グループ 2：La，Ce，Nd，Sm，Gd，Tb，Dy，Yb（ランタニドグループ）と Lu，Ba，グループ 3：Th，U（アクチノイドグループ），Sc，グループ 4：Zn，Cd（IIb 族）に区分された（図 4.6）．なお，Lu，Ba はランタニド，Sc はアクチノイドグループではないが，周期律表では近傍にあり，それぞれの系の元素と類似していると考えられる．これら元素は，グループ内では，相互元素間のバランスをとりながら集積しており，集積もしくは排除の機構がきわめて類似した元素であった．

4.4.4 元素集積の進化的傾向

日本で生育する植物の 40 元素の集積における進化的傾向を調べたところ，①Caryophyllales（ナデシコ目）でアルカリ金属およびアルカリ土類金属の Na，K，Rb，Cs，Mg，VB および VIB 族の As，Se，Sb，重金属の Fe，Cu，Cr，

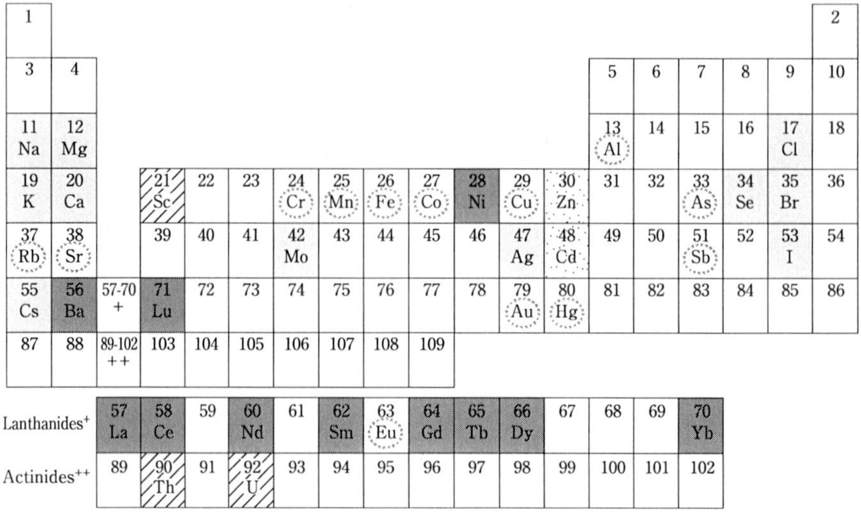

1																	2
3	4											5	6	7	8	9	10
11 Na	12 Mg											13 (Al)	14	15	16	17 Cl	18
19 K	20 Ca	21 (Sc)	22	23	24 (Cr)	25 (Mn)	26 (Fe)	27 (Co)	28 Ni	29 (Cu)	30 (Zn)	31	32	33 (As)	34 Se	35 Br	36
37 (Rb)	38 (Sr)	39	40	41	42 Mo	43	44	45	46	47 Ag	48 (Cd)	49	50	51 (Sb)	52	53 I	54
55 Cs	56 Ba	57-70 +	71 Lu	72	73	74	75	76	77	78	79 (Au)	80 Hg	81	82	83	84	85	86
87	88	89-102 ++	103	104	105	106	107	108	109								

Lanthanides+	57 La	58 Ce	59	60 Nd	61	62 Sm	63 (Eu)	64 Gd	65 Tb	66 Dy	67	68	69	70 Yb
Actinides++	89	90 Th	91	92 U	93	94	95	96	97	98	99	100	101	102

図 4.6 集積傾向が類似の元素の周期律表における位置

日本に生育する各種植物の葉における 40 元素について相関表を作成し（図 4.5），その相関係数に基づいてクラスター解析して類似グループを抽出した．同一の濃淡の網の元素間で集積傾向が類似しており，波線円で囲った元素では他元素と集積傾向が異なる．

Ag，Hgおよびハロゲン族の Cl，Br を多く集積する傾向が認められ，②原始的植物である Pteridophytes（シダ類）はランタニド（La, Ce, Nd, Sm, Eu, Gd, Tb, Dy, Yb）の集積が顕著であるが，周期律表でランタニド類に隣接する Ba，Cs や Lu，Sc の集積も多く，さらに他の金属元素の Al，Cr，Fe，Ni，Cu，Au，Hg も集積した．シダ類ではランタニドの集積が明確で，進化とともにこれら元素の集積は低下した．いっぽう，ナデシコ目は，前後の目の進化的傾向と関係なく，アルカリ金属，アルカリ土類金属およびハロゲン族を多量に集積する傾向が顕著であり，なぜこのような集積機構を獲得したのかという問題の解明は，今後，養分吸収機構を解明する上できわめて重要である．

4.5 土壌と植物養分特性

　熱帯と温帯の植物を目ごとに分類し，各種の多量元素含有率について熱帯と温帯の同一目どうしで相関を求めたところ，N，P，Kは温帯で集積が多く，土壌肥沃度との関係が強いと推定された．Ca，Mgは温帯，熱帯にかかわらず一定であり，地域の影響が小さく，目ごとに生理的集積能が強く作用していると考えられ，したがって適量のCa，Mgが供給されない土壌では，生育が困難な植物目が存在する．また，熱帯では温帯に比べてAl集積植物が多く，酸性土壌を反映していると推定される．

4.5.1 酸性土壌

　現在，全世界の非氷結地の30％にあたる，およそ39億5000万haの土地がpH 5.5以下の酸性土壌といわれている．この酸性土壌の77％が森林地帯，18％がサバンナ，プレーリーおよびステップであり，農業に利用されているのは耕作地の1億8000万haと熱帯の多年性作物に利用されている3300万haにすぎない（von Uexküll & Mutert 1995）．このような酸性土壌で植物の生育を困難にしている原因として，①土壌pH低下により可溶化するAl（時にはMn）の過剰障害，②プロトン（H^+）による障害，③Pの土壌吸着やAlとの結合による可給能の不足，④K，Ca，Mgなどの塩基の不足，⑤微量要素（Zn，Cuなど）の不足，⑥微生物活性の低下（硝酸化成，窒素固定作用など）があげられる（田中 1984）．一般的に，植物に利用可能な土壌中の無機要素は，土壌pHの影響を強く受ける．土壌が酸性化すると，粘土鉱物の主要構成成分であるアルミニウムが多量に溶出し，これが各無機元素の吸収にさまざまな影響を与える．

　酸性土壌では，P吸収に及ぼすAlの影響が特に大きい．植物体中でAlはPと結合して沈積するが，それが根の表面・内部，細胞表面，アポプラスト内で起こり，Pの移行が阻害される（Roy et al. 1988）．培地中のAl濃度の高まりにより，①地上部でのP濃度の低下が，イネ（Alam 1983），キャッサバ（de Carvalho & Cesar 1984），サトウカエデ（Thornton et al. 1986a），アメリカサイカチ（Thornton et al. 1986b）で認められ，②根におけるP集積が，各種植物種（Mathan 1980; Mugiwara et al. 1981; Thaworuwong & van Diest 1974;

Thornton et al. 1986c) で認められている．

4.5.2 塩類土壌

Na が多量に含まれる土壌は，塩性土壌（saline soils）とアルカリ土壌（alkaline soils）に分けられる．両土壌で高濃度になるイオン組成を見ると，Na^+，Cl^- がもっとも多く，次に Ca^{2+}，SO_4^{2-} である．アメリカ農務省基準では，土壌の水飽和溶液の電気伝導度（EC, $mS\ cm^{-1}$），土壌の交換性ナトリウムの占める割合（ESP，ESP = (exch. Na^+/CEC×100)），および土壌の pH により，塩性土壌およびアルカリ土壌とも EC が 4 以上，ESP は 15 以上であり，pH が 8.5 以下を塩性土壌，pH が 8.5 以上をアルカリ土壌と区別している．また，塩基として Ca が遊離形で 0.5～10% 以上含まれ，pH 8.3 以下のものを石灰質土壌（calcareous soils）という．

塩基が過剰な塩性土壌およびアルカリ土壌では，土壌 pH が高く，それらにともない以下のような植物生育障害が発生する（茅野 1982）．①Fe，Zn，Mn の欠乏で，これらは高 pH 条件で水酸化物などとして不溶化する．② Mo 過剰で，Mo は高 pH 下で可給性が高まり，多量に植物に集積する．③P 欠乏で，高 pH 下でリン酸カルシウムの沈殿を生成する．④B 欠乏と過剰で，高 pH 下で B は土壌の酸化鉄や酸化アルミニウムに固定されるため欠乏症に陥りやすいが，いっぽう，これらの土壌では溶脱しにくいために B が過剰に存在することになり，吸収能の強い植物では過剰症になることもある．⑤K，Mg，Ca 欠乏で，Na 過剰による他の塩基（K，Mg，Ca）バランスがくずれ，これらの欠乏症を引き起こす．⑥土壌の粘着性が高く，したがって通気性が悪く酸素欠乏に陥りやすい．

塩類土壌（塩性土壌とアルカリ土壌）では，土壌水分が少ないことや，水分ポテンシャルの関係から，作物の生育において植物の要水量は重要である．要水量は乾物 1 g を生産するのに要する水分量のことで，一定期間における植物の吸水量を乾物生産量で割った値である．要水量（g 乾物 g^{-1} 水分）は植物の光合成タイプで大きく異なり，C_3 植物で平均 600（450～950），C_4 植物で平均 300（250～350），CAM 植物で平均 80（40～150）である．C_3 植物は要水量が大きく，多量の塩分を吸収しやすい．たとえば，0.1% の塩分を含む水を吸い，塩分がそのまま吸収されるとすると，要水量 600 g なので，塩分濃度は乾物あたり 60% にもなる．C_4 植物の場合はこの半分程度で，C_3 植物に比べて有利であるが，その場

合でも相当量の塩分を体内から排除する必要がある．

　塩を植物体から排除・排出する機構として，①植物根細胞から Na の積極的排除能，② Na の地上部移行制御能，③葉からの塩の排出がある．Na 積極的排除能と Na 地上部移行制御能については，Na ポンプが関与していることが，このポンプの代謝阻害剤ウワバイン処理の結果から推定されているが，その実体はまだ不明である．葉から塩を排出する機構として，塩性植物のなかには，①塩類線 (salt gland) を葉の表面に多数形成して，地上部に移行してくる塩を排出したり，②葉の表面に囊状毛 (vesiculated hair) を形成して，塩を取り込んだ後に囊状毛を脱落させたり，③古葉に集積して脱落させたりしている．塩類線は塩性植物のイソマツ科，クマツヅラ科，ギョリュウ科，イネ科などに広く認められる．囊状毛は耐塩性にきわめて強い *Atriplex* 属の多くの植物に認められる．また，塩性植物は葉からの水分蒸散量を少なくするために，①葉数および葉面積の減少，②単位葉面積あたりの気孔数の減少，③葉厚の増大と多汁質化，④葉表皮の肥厚化とワックス集積，⑤通導組織の未発達化，⑥根の内皮細胞におけるスベリン化促進などの形態変化が知られている．

　高濃度の塩類による植物の生育障害の原因として，①培地浸透圧の上昇による植物の水吸収障害（浸透圧ストレス），②植物体内の塩濃度が高くなることに起因する代謝自体の阻害による生育障害（イオンストレス），③高濃度の塩が他の必須元素の吸収を抑制するすることによる生育障害（養分ストレス）があげられる．

　高濃度の塩類による浸透圧（水）ストレスとして，植物の吸水は体内外の水ポテンシャルの勾配にしたがう物理過程なので，根圏で根（植物体）に比べて水ポテンシャルが低ければ，吸水が困難でむしろ脱水されてしまう．双子葉塩性植物のホソバノハマアカザでは，Na を積極的に吸収し，葉で Na を液胞に蓄積して細胞質での生理活性阻害を回避しつつ，葉の細胞質の浸透圧バランスを保つために，生理活性を阻害しないベタインを多量に集積する．このような Na 集積植物では，液胞に Na を閉じ込める Na プロトンアンチポート活性が特に高い．このように，葉での浸透圧を高めることによって，高塩条件下でも水を吸収することができる．

　いっぽう，イネ科塩性植物のヨシでは，Na の吸収を抑制して，K を吸収し，さらにショ糖を集積して，葉身の水ポテンシャルを低下させている．このような

植物では，Naの地上部への移行を制御し，根からNaを排出する排除能が優れている．液胞との水ポテンシャルバランスをとるために細胞質に集積する物質として，糖類のスクロース（イネ科），ソルビトール（オオバコ科，バラ科），マンニトール（Combrelaceae, Myrisinaceae, アカネ科），ピニトール（マメ科，ヒルギ科，ナデシコ科），イノシトール（ナス科），アミノ酸類・誘導体のプロリン（シバナ科，キク科，イネ科），グリシンベタイン（アカザ科，ヒユ科，キク科，ナス科，イネ科，クマツヅラ科），アラニンベタイン（イソマツ科），プロリンベタイン（シソ科，マメ科，フチョウソウ科）などがある．

高い pH で通気性のよい土壌では，土壌溶液中の Fe^{2+}, Fe^{3+} 濃度は極端に少なく，pH 7～9 における主要形態である $Fe(OH)_2^+$, $Fe(OH)_3$, $Fe(OH)_4^-$ を全部合わせても 10^{-10} M 程度で，正常な生育に必要な Fe 量の 10^{-6}～10^{-5} M にはとうてい足りない．そこで，塩類土壌に生育している植物は，土壌中の不溶性鉄を可給化するなんらかの機構を備えている．

イネ科植物以外の植物による戦略 I（Strategy-I）として，鉄欠乏により，①根毛が密生し，この根毛に Fe^{3+} を Fe^{2+} に還元する酵素が強く誘導され，②フェノール化合物（フェルラ酸，ピスチジン酸，アルファフラン）を分泌して不溶性 Fe を可給化し，③プロトン ATPase により H^+ を分泌して，根圏の pH を低下させ，不溶性 Fe を可給化するなどの機能がある．イネ科植物による戦略 II（Strategy-II）として，鉄欠乏により，根よりムギネ酸類を分泌して，不溶性 Fe から Fe^{3+} を解離させキレート化し，Fe-ムギネ酸として吸収される．

塩類土壌においては，P は主に Ca-P 態で存在し，植物は吸収できない．キマメでは，クエン酸やピスチジン酸などの金属キレーターを分泌して，難溶性無機リンを可溶化する．

4.6 元素と代謝の関係

N, P, K は三大栄養素で，その集積量も多く，基礎代謝に深くかかわっている．これらの関与する基礎代謝の素過程はほとんど解明されているが，各種生態における適応戦略と基礎代謝の素過程は，さまざまに組み合わされて一定の方向に代謝システムが強化されている．ここでは，これまであまり知られていない代謝システムを中心に述べる．

4.6.1 窒素栄養
a. 窒素吸収

　土壌からの主要供給窒素形態は，アンモニア態（NH_4-N）と硝酸態（NO_3-N）である．土壌中では，水田，湿地で還元状態のためにアンモニア態窒素が主体となり，酸性土壌で硝酸化成を担う微生物活性が抑制されるためアンモニア態窒素が集積しやすく，一般の畑地・土壌で硝酸態窒素が主体となる．水耕栽培で単独の窒素源として，NO_3-N より NH_4-N を与えたほうが生育良好な植物を好アンモニア性植物，NH_4-N より NO_3-N を与えたほうが生育良好な植物を好硝酸性植物と呼んでいる．好アンモニア性植物はアンモニア同化能力に優れ，体内にアンモニアを集積することは少ないが，硝酸還元能が劣る．いっぽう，好硝酸性植物は，アンモニア同化速度に限界があり，アンモニアの供給が多いと体内にアンモニアが集積され，害を受ける．

　強酸性土壌条件下では，硝酸化成が抑制されるため NH_4^+ が主な窒素の供給源となる（Foy et al. 1978；Pilbeam & Kirkby 1992；Raven & Smith 1976）．したがって，そのような条件下に適応した植物は，Al 耐性とともに NH_4^+ に対する耐性（もしくは利用）機構を備えている．たとえば，クランベリー，サトウキビ，ブルーベリー，*Betula verucosa*，*Deschampsia flexuosa*，*Paspalum notatum*，*Lolium rigidium* などで，これらは NH_4^+ を有効に利用し，NO_3^- に対してしばしば毒性を示す（Foy et al. 1978）．酸性土壌に生育する，メラストーマ，アカシア，メラルーカ種では，Al の存在にかかわらず，NO_3^- 添加よりも NH_4^+ 添加で生育が良好であった（Watanabe et al. 1998）．いっぽう，Gigon と Rorison（1972）や Kotze ら（1976）は，好硝酸植物では酸性土壌で NH_4^+ 毒性により生育阻害を示すことを認めた．

　植物体中では，アンモニアは硝酸に比べて毒性が強く，根で吸収後直ちに，アミノ酸，アマイドに代謝されて無毒化され，硝酸は根で還元されてアンモニアとなった後，アミノ酸，アマイドに代謝されて地上部に転流するものと，毒性が低いのでそのまま地上部に運ばれて葉のクロロプラストで亜硝酸，アンモニアと還元され，グルタミン合成酵素-グルタミン酸合成酵素（GS/GOGAT）系でグルタミン酸に代謝されるものとがある．植物は，過剰の NH_4-N を吸収したときは種々のアマイド（グルタミン，アスパラギン，シトルリン，テアニンなど）をつくり，アンモニアの貯蔵形態として処理するが，このアマイドをつくる能力も，

耐アンモニア性と関係が深い．

b. 空中窒素の固定

窒素固定能を持つ生物は，原核生物の真正細菌と古細菌に広く散在しているが，真核生物である糸状菌，動植物は窒素固定能を持たない．植物と共生する窒素固定微生物には，①根粒などの共生器官を形成する，マメ科植物と根粒菌（*Rhizobium, Bradyrhizobium, Shinorhizobium, Mesorhizobium, Azorhizobium*），非マメ科植物（ハンノキ，ヤマモモなど）と放線菌のフランキア（*Frankia*），地衣類・蘚苔類・シダ類とラン藻のシアノバクテリア（*Nostoc, Anabaena*），②根圏で根から炭水化物などを得て窒素固定をする，トウモロコシと*Azospirillum*，イネと*Azotobacter*，③最近解明されつつある，植物の体内にすみついて窒素固定する，サトウキビの茎や根と内生菌（endophyte）の*Acetobacter diazotrophicus, Herbaspirillum* spp. などが主要である．これらは，寄主植物から栄養分を受け取ることができるために，土壌中で単独で窒素固定する*Azotobacter*や*Clostridium*に比べると，窒素固定活性はきわめて高い．

c. マメ科とイネ科の窒素生産効率の違い

一般的に，植物の成長速度は，栄養器官の窒素濃度ときわめて高い相関関係を示すことが知られている（Hirose 1989 ; Osaki *et al.* 1992 ; Oscarson 1989）．したがって，窒素を多く集積するマメ科は，乾物生産に対する潜在能力が高いはずである．しかしながら，窒素濃度と成長速度の関係を比較すると，C/N比が小さく，マメ科は単位窒素あたりの乾物生産能が他の植物に比べ著しく劣っている（図4.7）．すなわち，マメ科はこの窒素利用効率（乾物生産量/窒素吸収量）の低さが，マメ科の生産性に対して不利にはたらいている（den Dubbelden 1994 ; Hooda *et al.* 1989 ; Martignone *et al.* 1987 ; Mckey 1994 ; Shinano *et al.* 1995 ; Sinclair 1975）．また，窒素利用効率は，イネ科植物では培地窒素濃度に応じて著しい変動を示すのに対して，マメ科植物ではその変動幅が著しく狭く，これは窒素固定の有無によらない（Osaki *et al.* 1992）．

このような，マメ科植物の低い窒素利用効率の要因として，①単位窒素あたりの光合成能力が低い，②単位窒素あたりの呼吸効率が高い，③窒素は再転流するがこの効率が低い，のいずれかが考えられる．マメ科植物で再転流効率が特に低いとの報告はないことから，①と②の要因について述べる．

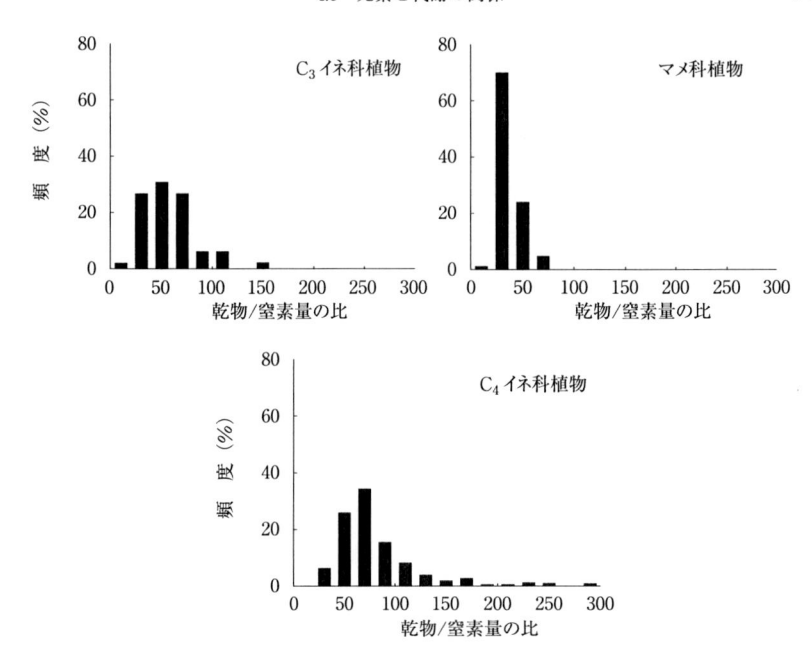

図 4.7 イネ科とマメ科熱帯牧草における乾物と窒素の比率の頻度分布（tropical feeds, 1981 のデータより作成）
イネ科 C_4 295 種，イネ科 C_3 49 種，マメ科 167 種．

i) 個葉光合成能の比較　マメ科の単位窒素あたりの個葉光合成速度は，イネ科よりも低く（牧野他 1988 ; del Pozo, et al. 2000 ; Seemann et al. 1984 ; Sinclair & Horie 1989），これらの原因として，単位窒素あたりの Rubisco 含有量とクロロフィル含有量が低く，構造性タンパクや貯蔵タンパクなどに合成される割合が高いことがあげられる（牧野他 1988）．しかし，Osaki ら（Osaki & Shinano 2001 ; Osaki et al. 2001）は，このような差異は，個葉の全生育期間を込みにして解析すると，植物体全体の C/N バランスを変えるほど大きなものではないと報告していることから，個葉光合成速度の違いが，植物体全体の窒素生産効率の違いを説明するものではない．

ii) 呼吸効率の比較　マメ科植物は窒素固定をするため，エネルギーを多量に消費し，結果として窒素利用効率が低くなるということが指摘されている．しかし，根粒菌をつけない同質遺伝子系統や，水耕で根粒菌をつけずに栽培した場合にも，依然として窒素利用効率が低い．つまり植物全体の炭素収支からすると，窒素固定に使用するエネルギーはそれほど大きいものではない．

生化学経路の理論的な解析に基づいて，植物構成成分の合成の際に発生するCO_2量を比較すると，タンパク質や脂質の合成には炭水化物の合成に比較してより多量の呼吸が必要である (Penning de Vries et al. 1983)．したがって，マメ科植物の生産効率が低いのは，子実に含まれるタンパク質や脂質を合成するために多量の呼吸を必要とするためと考えられがちであるが，そうすると窒素利用効率は同じ値を示すはずである．

Shinano ら (1995) は，ダイズとイネを水耕栽培してガス交換能を測定し，成長効率（純生産能/総生産能）は栄養生長期と生殖生長期，収穫期のいずれにおいてもダイズでイネよりも低いと報告した．さらに栄養成長期において，窒素供給量を変えてダイズとイネの体内の構成成分割合をほぼ同一にした場合も，成長効率はダイズでイネよりも低くなったこと，また呼吸能が体内タンパク含有率の影響をそれほど受けなかったことを報告している．さらに，Shinano ら (1995) は，ダイズとイネを異なる窒素レベルで水耕栽培した後，イネの止葉およびダイズの完全展開葉に$^{14}CO_2$を同化させ，その後24時間の$^{14}CO_2$放出量を同化後，明条件および暗条件において測定したところ，ダイズで長時間にわたりイネよりも高い放出が続いた．全同化^{14}Cあたりの同化後24時間の$^{14}CO_2$放出割合は，窒素条件よりも植物間差が大きく，明条件ではダイズで19〜20％，イネで9〜11％，暗条件ではダイズで12〜16％，イネで8〜10％であり，明条件，暗条件どちらにおいてもダイズで放出量が多いとした．

24種の樹木の窒素栄養について調査し，相対成長量（RGR = N-production efficiency×N-distribution ratio to leaf/N-use efficiency, $\varDelta DM/\varDelta t$/DM）を窒素生産効率（N-production efficiency, $\varDelta DM/\varDelta t$/N (leaf)），窒素葉分配率（N-distribution ratio to leaf, N(leaf)/N(total)），窒素利用効率（N-use efficiency, DM/N(total)）のパラメータに分解し，これらのパラメータを用いてクラスター分析したところ，グループ I として Asteridae, Rosidae，グループ II として Dilleniidae, Hamamelidae，グループ III として Coniferopsidae に分かれた (Shinano et al. 2001)．葉の光合成-呼吸能関係によると，呼吸割合（呼吸能/光合成能）はグループ I でグループ II より著しく高い傾向がある．したがって，生産効率はグループ I で低くなる．同様の結果が，小池 (1985) により得られている．グループ I は進化的には進んだグループで，マメ科樹木を含むが，生産効率をむしろ低くする戦略をとっている．

iii）光呼吸能の比較 光呼吸には窒素代謝も関係しているため，マメ科における炭素-窒素バランスの制御にも影響していることが考えられる．光呼吸経路はクロロプラスト，ペルオキシソーム，ミトコンドリアを経由する複雑な経路であり，その経路にグリシン・セリンを含むことから窒素代謝に密接に関連し，Nプールに炭素骨格を供給する役割を持っている．Madore と Grondzinski（1984）は，$^{14}CO_2$ 同化実験で，光呼吸活性が高いほど葉身中のグリシン・セリンへの分配割合が高くなり，この傾向は葉柄中にも見られることを報告した．

$^{14}CO_2$ を同化して経時的に各種化合物への取り込みを調べたところ，ダイズにおいてグリシン・セリン・グリコール酸の分配がイネよりも高く，低酸素処理によってオキシゲネーション活性を阻害した直後では，分配割合がイネとダイズでほぼ同じ値であり，またダイズでは光呼吸経路への炭素分配が高く，そのため低酸素処理による影響もダイズで高かった（Nakamura et al. 1997；Shinano et al. 1994）．

iv）初期光合成産物の有機酸とアミノ酸への分配 カルビン回路で生成したジヒドロキシアセトンリン酸（DHAP）が Pi トランスロケータを介して細胞質中に移送され，この DHAP がスクロース系か有機酸・アミノ酸系に分配されるが，それぞれスクロースホスフェイトシンターゼ（SPS）かホスホエノールピルビン酸カルボキシラーゼ（phospho*enol*pyruvate carboxylase：PEPC）により制御されており，明所では暗所に比べて PEPC 活性は約 3 倍に高まり，SPS 活性は抑制されることから，光合成産物は明所下では暗所下に比べて有機酸・アミノ酸系に活発に分配される（Champigny & Foyer 1992）．またこの代謝系は，ホスホエノールピルビン酸（PEP）が PEPC で触媒されてオキサロ酢酸，リンゴ酸を経てミトコンドリアで代謝されることから，解糖系のバイパスである（暗所下ではピルビン酸キナーゼ（PK）でピルビン酸に代謝され，ミトコンドリアに入るのが主要経路）．また，光と同様に NO_3^- も PEPC の活性を高め，SPS の活性を低下させる．したがって，明所下で NO_3^- が十分存在すると，光合成産物は呼吸系を伴う TCA サイクルを経由した有機酸・アミノ酸系に多量に分配されることになる．

最近，イネ科とマメ科作物では初期光合成産物のスクロース系と有機酸・アミノ酸系への分配様式が著しく異なることが明らかにされつつある（図 4.8）．イネのように多くの植物では，光合成産物をクロロプラストから細胞質に転流し，こ

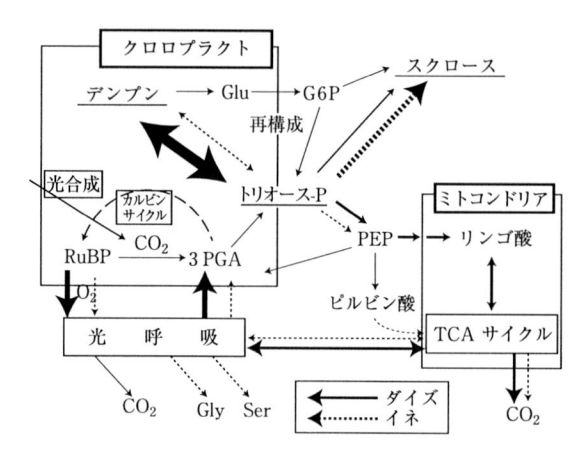

図4.8 イネとダイズにおける光合成初期化合物の代謝の差異

れらは主にスクロースに代謝される．しかし，ダイズのようなマメ科植物ではカルビンサイクルで炭酸固定後，大部分はクロロプラスト中でデンプンへと代謝されそのまま一時貯蔵される．その後，主に暗期に分解されて，細胞質に転流するが，かなりの量がTCAサイクルにまわされて，呼吸で消費される．したがって，暗期においてもダイズでイネより呼吸能が高く保たれる(Nakamura et al. 1997)．

以上のことから，マメ科とイネ科（非マメ科といってもよい）との間には，光合成初期産物の分配機構が著しく異なることが明らかにされつつある．初期光合成産物はマメ科植物では非マメ科植物に比べて，有機酸・アミノ酸代謝に多く分配し，結果として多量の同化産物が呼吸で消費される．このマメ科の光合成初期産物分配系は窒素濃度依存性ではなく，科特異的であり，同化産物を各種化合物に変換する呼吸効率が著しく低くなる．このことが，マメ科と非マメ科で，栄養成長期の体構成成分がほぼ同じ時期に，同量の窒素を吸収させても，マメ科で窒素あたりの乾物生産（C/N比，図4.7）が著しく低い理由である．

しかし，なぜ進化的に進んだマメ科植物で，非マメ科植物と比べて同じ量の窒素を同化・代謝するための呼吸効率が低いのであろうか？ 理由として，①炭素を放出することにより窒素が濃縮されるために，子実で窒素の高濃度貯蔵が可能となり，貧栄養土では発芽時に自前の栄養で旺盛に生育できる（窒素濃縮機能），②初期光合成産物が，窒素化合物に組み込まれる過程で呼吸系を経ることから，有機酸代謝が活発となる（有機酸代謝機能），③貧栄養土壌下では，光合成産物

の転流が抑制されてスクロースが集積しやすく，スクロースがフィードバック阻害で光合成能を低下させるが，呼吸能が高ければ，スクロース消費が起こり，光合成が進むため土壌から養分を吸い上げ，濃縮することが可能となる（養分のポンプアップ機能），ことなどがあげられる．

有機酸代謝機能が強化されると，①葉でのP利用能が高まり（4.4.2項），②根における有機酸分泌で，Al毒性の回避（4.4.2項）や難溶性リンの可給化（4.6.2項）が可能となる．マメ科植物では，このような利点に加えて，根粒菌による窒素固定能があるため，貧栄養土壌下での適応戦略としてはむしろ有利といえる．

4.6.2 リン栄養

生体内におけるPのもっとも重要な役割は，エネルギー伝達の媒体としてはたらくことである．光合成の炭素同化系や解糖系の中間代謝産物は，ほとんどが炭水化物のリン酸エステルであり，間接的にエネルギー伝達に関与し，さらにATP，NAD，NADPなどの高エネルギーリン酸化合物は，多くの酵素反応における直接的エネルギー供与体として作用する．つまり，解糖系やTCAサイクルより生成されるエネルギー（還元力）でATPや還元型ヌクレオチド（NADH，NADPH）を生成して，生体内におけるエネルギー転移反応や酸化還元反応を制御している．

また，Pは核酸・核タンパク質・リン脂質として，原形質の重要な構成元素である．リン脂質は原形質の膜構造をつくり上げる脂質中もっとも主要な成分であり，膜の透過性にも関係する．

a. リンの土壌中の存在形態

Pは主としてオルトリン酸のかたちで吸収される．オルトリン酸は三塩基酸であるので，水溶液の形態には H_3PO_4 の分子形から $H_2PO_4^-$，HPO_4^{2-}，PO_4^{3-} の3種のイオン形態が考えられるが，通常は酸性側で $H_2PO_4^-$，アルカリ側で HPO_4^{2-} の割合が大きくなる．しかしながら，土壌中ではオルトリン酸は各種化合物と結合し，大部分は不可給態で存在する．

土壌中におけるPの形態には，有機態リン，無機態リン，植物遺体や土壌微生物体内のバイオマスリンに大別される．

有機態リンは通常土壌中のPの20～80％を占める．有機態リンの成分としては，フィチン酸などのイノシトールリン酸塩，核酸，ヌクレオチド，リン脂質体，

レシチンなどが確認されているが，主成分としてはフィチン酸があげられる．

無機態のPは，リン酸のCa, Al, Fe塩，酸化物や粘土中に閉じ込められたリン酸塩，吸着態リン酸，溶液中リン酸など170種類もの形態が知られている（Schachtman et al. 1998）．これらの無機態リンの存在形態は，土壌pHによっても大きく変動し，特に酸性土壌で不可給化しやすい．植物が吸収・利用できるリンは土壌溶液中に存在する可給態の正リン酸イオンのみで，その土壌溶液内濃度はきわめて低い．

また，土壌中の微生物体内に存在するPの量は，土壌中の全P量の1～2％とわずかであるが，難溶性の無機態リンの溶解促進や有機態リンの分解と，それにともなうリン酸の生成など，植物に吸収可能なPを提供するのに果たしている役割は大きい．しかし，それでも通常の土壌溶液中の植物吸収可能な形態で存在するリン酸濃度は数 μM しかなく，植物はともすれば容易にリン酸欠乏状態に陥るといってよい．

したがって，植物は土壌中のさまざまな難溶性リンを可給化して獲得するさまざまな機構を発達させており，これらの機構の多様な種間差が認められる．

b. リンの獲得機構

i）根の形態変化　　リン酸欠乏に陥ると，根からのリン吸収を積極的に行うため，植物体の地上部に対する根の重量比が増加する（Lynch 1995）．このとき，根の重量比の増加だけではなく，根自体の形態にも変化が生じる．根の直径は小さくなり，根毛を発達させ，根の体積あたりの表面積を増やすことにより，リン酸と接触する範囲を広げる（Lynch 1995）．また，ルーピンではリン欠乏ストレスによりクラスター根（cluster root）と呼ばれる三次元状の細かい側根が発達することが知られており，このクラスター根はホスホエノールピルビン酸カルボキシラーゼ（PEPC），クエン酸合成酵素（CS），リンゴ酸脱水素酵素（MDH）などを誘導することにより，有機酸の合成・分泌を促進し（通常根の10倍ほど）（Johnson et al. 1994；1996），さらに，酸性ホスファターゼを多量に分泌する（Wasaki et al. 2003）．したがって，クラスター根は貧栄養や酸性土壌における栄養戦略としてきわめて重要であるが，研究歴が浅く，ようやくその端緒についたところである．

クラスター根は，Proteaceaeの*Banksia* sp.で最初に認められたことから，proteoid rootsとも呼ばれるが，その後 Betulaceae, Casuarinaceae,

Cucurbitaceae, Cyperaceae, Eleagnaceae, Fabaceae, Moraceae, Myricaceae などでも認められたことから，その形状にちなんでクラスター根と呼ばれることが多い（Lambers & Poot 2003）．クラスター根は低リン，低窒素や低鉄条件で誘導されるが，形態や形成位置が異なる．また，土壌微生物の存在でクラスター根形成が著しく促進されるが，どのような微生物がどう関与するかは不明である．

ii）根からの有機酸分泌　低リンストレスにさらされた植物体の根からの有機酸分泌が，アブラナやヒヨコマメ，ルーピンなどで報告されている（Ryan *et al.* 2001）．有機酸は土壌中に存在する難溶性の無機態リン（リン酸鉄，リン酸カルシウム，リン酸アルミニウムなど）に作用し，金属イオンとキレートを形成することにより可給化する．特に重要と考えられるのは，AlやFeとのキレート能が高いシュウ酸，リンゴ酸，クエン酸である．

分泌される有機酸の多くはTCAサイクルのメンバーであり，その炭素骨格は光合成産物から供給される．LynchとWhipps（1990）によると，30〜60％の光合成産物が根に分配され，その炭素プール中の70％が根圏に有機酸として分泌されるという．分泌される有機酸の供給に主に関与している酵素としては，CS，MDH，PEPCなどがある．低リン条件下でのPEPC活性の上昇については，ルーピン以外にもトマト（Pilbeam *et al.* 1993），ニチニチソウ（Nagano & Ashihara 1994），アブラナ（Duff *et al.* 1989; Hoffland *et al.* 1992）など，多くのC_3植物において確認されている．

iii）根からのリボヌクレアーゼ（RNase）や酸性ホスファターゼ（APase）分泌　有機態リンを分解してリン酸を形成するために，植物は根からRNase，APaseを分泌することが知られている．RNaseはRNAのリン酸エステル結合を加水分解し，モノマーのヌクレオチドを生じる．24時間のリン欠乏処理にさらされたトマトの培養細胞では，分泌性RNase活性が上昇する（Nurnberger *et al.* 1990）．根から分泌されたRNaseは，土壌中に存在するRNAから加水分解によりモノマーのヌクレオチドを生じ，APaseの作用とともに正リン酸を放出することに寄与している．いっぽう，APaseは有機態リン酸のリン酸エステル結合を加水分解し，正リン酸を生じる．分泌性APaseや細胞内，細胞壁，細胞膜に存在するAPaseが植物体内に普遍的に存在し，リン欠乏により活性が高まることがさまざまな植物で確認されている（Duff *et al.* 1994）．根からのAPaseの分泌は，植物がリン不足状態になるごく初期の段階から誘導される（Wasaki *et* *al.* 1999).

iv）リン酸トランスポーター　リン酸の吸収はプロトンとの共輸送で行われ，リン酸トランスポーターが関与する．リン酸トランスポーターには，高親和性と低親和性のものが存在するのではないかと推定されているが（Epstein 1976），土壌中の低いリン酸濃度を考慮に入れると，植物根からのリン酸の吸収に主に関与しているのは，高親和性トランスポーターであることが推定される．リン吸収はトランスポーターを使い，プロトンとの共輸送で行うので（Cunming *et al.* 1998），リン吸収はプロトンの分泌とも大きく関係してくる．プロトンの分泌は，根の周辺の pH を下げ，リン化合物の溶解度を高めるという利点がある．トマト，ヒヨコマメ，ルーピンなどからプロトンを放出するという報告がなされている（Neumann *et al.* 1999）．

ｖ）菌根菌によるリン吸収　糸状菌が根の表面や内部で形成される共生体を菌根（mycorrhiza）と呼び，菌根を形成する糸状菌を菌根菌（mycorrhizal fungi）と呼ぶ．菌根は，アーバスキュラー菌根，外生菌根，ツツジ型菌根，ラン型菌根に大別される．アーバスキュラー菌根は，宿主植物根内に嚢状体（vesicle）と樹枝状体（arbuscule）という特徴的な器官を形成し，アブラナ科とアカザ科以外のほとんどの草本植物と，一部の木本植物の根に共生する．外生菌は樹木の細根部に形成され，サンゴ状や棍棒状の形態を示す．

　菌根菌の主な機能として，リン酸吸収の促進があげられる．土壌中では，リン酸は土壌粒子に強く吸着されるために，拡散で植物根に吸収される距離はきわめて限られている．したがって，根近傍では絶えずリン酸不足の状態に陥っている．菌根菌は，菌糸を広く土壌中に伸ばして，土壌との接触面積を増やしリン酸を広範囲の土壌から吸収する．また，P を可給化するために，植物根と同様，菌糸から有機酸や酸性ホスファターゼを分泌する．

ｃ．植物体内でのリンの有効利用

ｉ）体内リン濃度の調整　植物の細胞質内で重要な役割を担うリン酸濃度は，ある一定の範囲内に保たれており，Theodorou と Plaxton（1993）によれば 5～15 mM であるという．植物は細胞質内のリン酸濃度を一定に保つため，体内に十分なリン酸が存在するときは過剰分を液胞に蓄積し，不足すると細胞質内に放出する（Mimura 1995；Schachtman *et al.* 1998）．液胞内のリン酸も不足し，植物体内のリン酸が不足すると，植物は P を古い器官から新しい器官への再転

流を促進することも知られている．そのほか，アラビドプシスでは低リンストレスに陥ると，細胞膜を構成する脂質の割合が変化することが報告されている（Hartel et al. 2000 ; Essigmann et al. 1998）．すなわち，低リンストレス下ではリン脂質の量が減少し，硫脂質やグリセロ糖脂質が増加する．これは，低リンストレス下では細胞膜のリン脂質含量を減らすことによりPを節約し，細胞質にPを供給している（Benning et al. 1992a ; 1992b）．このように，液胞と細胞質間では，液胞膜を介してリン濃度の調節が行われている．

いっぽう，他の細胞小器官との間でも，膜を介したリン濃度の調整も行われている．クロロプラストにおいて光合成で固定された炭素はクロロプラスト，細胞質，ミトコンドリアなどの細胞小器官に分配されるが，クロロプラスト，細胞質間の輸送は，リン酸とのアンチポートでクロロプラスト内膜に存在するトランスロケータにより行われる（Fischer et al. 1997 ; Hausler et al. 2000）．このように，クロロプラスト膜に存在するトランスロケータが，炭素化合物とともにリン酸をアンチポートすることから，このトランスロケータは炭素化合物のクロロプラスト，細胞質間の分配のみでなく，これらの器官の間のリン濃度の調整にもかかわっている．

ⅱ）バイパス経路　リン欠乏に陥ると，植物体内のリン酸濃度は減少し，同時に糖リン酸化合物の減少も引き起こす．TheodorouとPlaxton（1993）によれば，リン酸制限下におかれたニチニチソウの培養細胞では，ATP, CTP, GTP, UTP濃度が70～80％減少する．これに対し，ピロホスフェイト（pyrophosphate : PPi）の濃度はリン酸欠乏条件でも維持される（Duff et al. 1989 ; Dancer et al. 1990）．植物の炭素代謝系に関与する多くの酵素は，無機リン酸やアデニル酸を補助基質として必要とする．細胞内の無機リン酸の濃度や，ATP, ADPプールの濃度がリン欠乏条件下で減少しても，代謝活動を維持するためのエネルギーや炭素骨格を生成しなければならない．そのため，植物はリン酸制限下では，通常の反応をリン酸を消費しないか，もしくはリン酸を生じるような反応に置き換えて（バイパス経路），Pの有効利用をはかっている．

d. 低リンストレス応答遺伝子系

低リンストレスに対して，炭素代謝や有機酸代謝はきわめて複雑で，植物種によってさまざまに変動する．ここでは，イネの根と葉での低リンストレスに対する遺伝子レベルでの変動を示す．

ⅰ）地上部と根部において共通して認められるリン欠乏への応答 　リン欠乏条件においたときに，根部においてもっとも発現量の増加した遺伝子は，*TPSI1/Mt4* ファミリーに属すると予想される機能未知の遺伝子 *OsPI1*（Wasaki *et al.* 2003）である．体内のリン酸の有効利用のために，ヌクレアーゼやホスファターゼ遺伝子の発現が高まる．

ⅱ）地上部におけるリン欠乏の応答 　デンプン合成経路の遺伝子の発現量が増加したことから，デンプンの蓄積が示唆される．デンプン合成経路においては，糖リン酸に含まれるリン酸を放出する（Nátr 1992）ため，体内でのリン酸濃度を維持する目的で機能していることが予想される．全般的に，地上部においてリン欠乏に応答して発現が変動する遺伝子の数は，根部と比較して少ない．

ⅲ）根部におけるリン欠乏の応答 　解糖系にかかわる酵素をコードする遺伝子の発現量が増加し，アンモニア同化系の酵素をコードする遺伝子の発現量が減少する．一般的に，有機酸は根から分泌されて根圏に存在する難溶性無機態リン酸を可溶化する（Gardner *et al.* 1983）が，この応答によって生産された炭素骨格は，分泌される有機酸の合成に用いられると考えられる．また，脂質代謝系の変化が認められる．特に，リン脂質を硫脂質に置き換えることによって，Pを有効利用する（Essigmann *et al.* 1998）応答に関与すると考えられる遺伝子が強く誘導される．リン酸は金属イオンと結合しやすいという性質から，Al，Fe，Znといった金属の代謝にかかわる遺伝子の発現応答も認められる．

e. リンとリグニン代謝の関係

　クロロプラストから放出されたトリオース（triose）-P が PEP まで代謝された後，再度クロロプラスト（色素体や白色体を含む）内に取り込まれ，シキミ酸代謝系（リグニン，芳香族化合物）や脂肪酸代謝系に供給される（Fischer *et al.* 1997）．いっぽう，低リンストレスで NAD-G3PDH，PEPC，PKc の発現が高まることから，クロロプラストから放出された triose-P が PEP まで代謝された後，再度クロロプラスト内に取り込まれていることが示唆される．この取り込まれたPEP は，ダイズのクロロプラスト型 PK（PKp）やシロイヌナズナのシキミ酸キナーゼ（SK）と相同性を持つ遺伝子クローンの発現が高まることなどから，リグニン，芳香族化合物や脂肪酸などの二次代謝に用いられる．低養分環境下では，葉の光合成能は低下し，これを補うために葉の寿命が長くなる傾向がある（Reich *et al.* 1995）が，そのためにはリグニン合成やフェノール化合物を合成し

て昆虫や微生物の攻撃をふせぐ必要があり，各種養分のなかでも低リンがその系の活性化に深くかかわっている．

4.6.3 カリウム栄養

Kは化合物を形成しないことから必須性の証明が難しく，窒素に比べるとその機能が不明なことが多い．

a. カリウムの機能

Kは，気孔の開閉に重要な役割を果たしている．気孔の孔辺細胞中のKの濃度は気孔開閉と密接な関係にあり，気孔が開いているときにはKの濃度が高い．孔辺細胞に限らず，Kは細胞の浸透圧調整やpH調整に関与することは，植物体中のKの大部分はK^+イオンとして存在し，また，細胞膜が濃度勾配に逆らってKを吸収する能力があることからも推定される．

Kは酵素活性の維持に貢献する．K^+によって活性化される酵素は50を越すが，それは酵素タンパクなどの高分子物質は，水中で一価のイオンが100〜150 mM共存すると水和しやすく安定となるためである．たとえば，K^+は膜結合性ATPaseを活性化し，K^+自身の膜透過性も増大する．また，K^+の存在によりいくつかの酵素で構造が変化し，酵素反応の最大速度が増して基質親和性が大きくなる．

Kは窒素代謝，特にタンパク合成に促進的に作用することが，多くの植物で確かめられている．カリウム欠乏によりアミノ酸やアマイドなどが集積するのも，タンパク質合成能の低下によるものである．また，K^+はリボソームへのtRNAの結合に関与するほかに，翻訳過程のいくつかの段階に関与し，結果としてタンパク質合成に影響する．

b. カリウムの輸送

根で吸収されたKは，篩管や導管を経て植物体内に転流される．細胞内外のKの膜輸送は，カリウムチャンネルとカリウムトランスポーターの二つの機構が介在する．土壌のさまざまなカリウム濃度に適応するため，Kの吸収は2相性の吸収機構からなり，土壌中の濃度がmMレベルでは低親和性トランスポーターが，μMレベルでは高親和性トランスポーターが機能する．

Kには陰イオン-陽イオンバランスをとる随伴イオンとしてのはたらきもある．たとえば，硝酸の代謝，液胞への硝酸や有機酸の蓄積においては，K^+は随

伴イオンとなる．硝酸が葉で還元されると余ったK^+は有機酸，特にリンゴ酸の生成によってバランスをとることになる．ここで生じたリンゴ酸カリウムは，篩管を通じて根に送られ，および硝酸の導管輸送の随伴イオンとして利用される．

c. カリウムと地下部の関係

根菜類は根が特に肥大する植物であるが，子実生産型植物に比べ葉のカリウム含有率が著しく高い．こういった事実から，カリウム含有率が高いと，光合成産物は地下部に転流しやすいと考えられる．そこで，光合成産物の器官間での転流法則を明らかにし，Kがいかに地下部（根部）の生育・肥大に関与するかについて述べる．

カリウムと光合成産物の転流との関係　子実形成型植物と地下部肥大型植物では，葉におけるカリウム含有率に大きな差異が認められる．前者では葉齢とともに葉のカリウム含有率が低下するのに対して，後者ではカリウム含有率が高く保たれる．これを，葉の窒素含有率との関係で見るとより明瞭で，子実形成型植物では窒素含有率の低下につれてカリウム含有率も低下（I型）し，地下部肥大型植物では窒素含有率の低下に関係なくカリウム含有率が高く維持（II型）される．

キク科のヒマワリは地下部肥大型植物とは考えられないが，$^{14}CO_2$トレーサー実験によると，各葉位葉から一定割合（5％程度）で，根部に光合成産物を供給する．したがって，ヒマワリは草型や群落条件にかかわらず，根の活性を高く維持することができ，このため生産力もきわめて高い．このヒマワリにおいても，窒素/カリウム（N/K）バランスはII型に属する．いっぽう，ヒマワリをカリウム欠乏土壌で生育させると，N/KバランスはI型に近づき，光合成産物の各葉位葉からの分配も子実形成型植物のパターンに（下位葉で同化した場合は主として根に，上位葉で同化した場合は主として近傍の節単位に）近づく．

以上のことから，Kが地上部と地下部の器官間での光合成産物の転流にかかわっているのは明らかであるが，その生理的機構についてはほとんど不明である．いずれにしても，地下部の成長・肥大や活性維持にKが深く関与していることから，植物の生態戦略を理解する上で重要な栄養素といえる．概して，子実肥大に際して，根からの養分吸収よりは，それまで茎葉に蓄えた無機栄養を子実に転流させて登熟する植物にN/KバランスでI型が多く，貯蔵部位（特に地下部）や子実の肥大に際して，根から旺盛に養分吸収して成熟する植物にN/Kバラン

スでII型が多い.

d. カリウムとホルモンの関係

オーキシンは頂端と葉で生産され，根に転流される（Phillips 1975）．オーキシンのもっとも顕著な生理作用は，植物，特に幼植物の細胞に対する伸長効果である．植物の屈性，頂芽優性の発現，発根促進作用に大きく影響する.

Claussen ら（1997）はトウモロコシの子葉鞘を用いて，オーキシンが引き起こす細胞伸長への K の影響を調べた．その結果，1～10 mM のカリウム存在下ではオーキシン誘導性の細胞伸長が見られたが，カリウム欠乏条件下では見られなかった．また，カリウムチャンネル阻害剤であるトリアセチルアンモニウムを加えたところ，オーキシン誘導性細胞伸長は抑制された．このことは，オーキシン誘導性細胞伸長が，細胞外の K と細胞膜におけるカリウムチャンネルによるカリウム吸収に依存することを示している.

Philippar ら（1999）は，同様にトウモロコシ子葉鞘を用いて，オーキシン誘導性細胞伸長のカリウム依存性について調べたところ，カリウムチャンネルをコードする ZMK1 遺伝子のオーキシン誘導性による発現と，子葉の伸長は時間的に一致した．子葉鞘のプロトプラストにおいてパッチクランプ（patch clamp）法を用いたところ，オーキシンはカリウムチャンネルの密度を増加させていた.

また，植物の頂端は内在性オーキシン生産における主な器官であるが，Fan ら（2001）は発芽 92 日目のタバコの頂端を除去し，代わりに外因性の合成オーキシンである 1-ナフチル酢酸（1-naphthylacetic acid）を切断面に処理して，8 日間のカリウム転流について調べた．その結果，カリウム吸収が増加し，上位の葉と茎へのカリウム転流が促進され，各葉におけるカリウム濃度が高まった．さらに根重も増加していたことから，根への光合成産物の転流も促進された.

4.7 この章のまとめ

多くの植物は，基本的に土壌から養水分を吸収し，空気中から酸素，二酸化炭素や微生物のはたらきの助けを得ながら窒素を吸収・同化している．吸収・同化された無機・有機養分は，きわめて複雑な代謝ネットワークにより，各種化合物に代謝されたり，代謝を触媒したり，各種器官に分配されたりする．各器官の要素含有率は，このようなきわめて複雑な代謝ネットワークを通して集積した状態

量を示しているが，この状態量が大きく変動しないように各種の調整がはかられている．

4.7.1 土壌の影響

地殻と植物葉の各種平均元素含有率を比較すると，多くの元素で地殻含有率に対応して植物葉に集積している（4.2節）．しかし，土壌により，元素組成や元素量はさまざまで，またそこに生える植物の元素吸収戦略も多様である．元素の葉での集積について，世界各地からデータを集めて元素含有率の変動を見ると，Si，Al，Naでその変動幅が著しく大きい．植物によっては，この3元素は，毒性が強く排除機構がはたらく場合（Al，Na）や，逆に生育を促進するような効果を持つために積極的に吸収する場合があり，両極端である（4.4.2項）．そのなかでも，Alは，Al集積植物では他の元素吸収が著しく少なく，逆にAl排除植物では他の元素吸収が著しく多いという傾向がはっきりしていて，その中間がないためにAlと他の元素との相関図を作成すると，多くの元素に対して明確なL字型相関を示す．したがって，元素吸収機構はAlに対応して大きく2群に分かれる可能性があるが，これらの機構については全く不明である（4.4.2項）．

熱帯と温帯の植物を目ごとに分類し，各種の多量元素含有率について熱帯と温帯の同一目どうしで相関を求めたところ，N，P，Kは温帯で集積が多く，土壌肥沃度との関係が強いと推定された．Ca，Mgは温帯，熱帯にかかわらず一定であり，地域の影響が小さく，目ごとに生理的集積能が強く作用していると考えられ，したがって適量のCa，Mgが供給されない土壌では，生育が困難な植物目が存在する（4.5節）．

4.7.2 元素集積の相互作用

元素集積は，元素によっては他の元素とバランスをとりながら集積するものがある．40元素相互の各種の相関関係表に基づき，集積傾向が同一のものをグループ化すると，グループ1：Na，K，Cs（アルカリ金属），Mg，Ca（アルカリ土類金属），Cl，Br，I（ハロゲン族），グループ2：La，Ce，Nd，Sm，Gd，Tb，Dy，Yb（ランタニドグループ）とLu，Ba，グループ3：Th，U（アクチノイドグループ），Sc，グループ4：Zn，Cd（IIb族）に区分された．なお，Lu，Baはランタニド，Scはアクチノイドグループではないが，周期律表では近傍に

あり，それぞれの系の元素と類似していると考えられる（4.4.3項）．

4.7.3 元素集積特性

シダ類はランタニド（La, Ce, Nd, Sm, Eu, Gd, Tb, Dy, Yb）の集積が顕著であるが，周期律表でランタニド類に隣接するBa, CsやLu, Scの集積も多く，さらに他の金属元素のAl, Cr, Fe, Ni, Cu, Au, Hgも集積した．植物の進化とともにこれら元素の集積は低下した（4.4.4項）．

ナデシコ目では他の植物目と比べると，アルカリ金属およびアルカリ土類金属のNa, K, Rb, Cs, Mg, VBおよびVIB族のAs, Se, Sb, 重金属のFe, Cu, Cr, Ag, Hgおよびハロゲン族のCl, Brを多く集積する顕著な傾向が認められる．ナデシコ目ではC_4植物も認められ，維管束系の発達が優れていると考えられるが，養分吸収との関係は今後の研究課題である（4.4.4項）．

マメ科植物では，他科植物と比較して，C/N比が小さく，単位窒素あたりの乾物生産能が著しく劣っていて，これは窒素固定の有無によらない．このことは，光合成あたりの呼吸割合が高く成長効率が悪いためで，単位窒素あたりの呼吸割合も高いことによる．進化的に進んだマメ科植物で，非マメ科植物と比べて同じ量の窒素を同化・代謝するための呼吸効率が低い（呼吸割合が高い）理由として，①窒素濃縮機能，②有機酸代謝機能，③養分のポンプアップ機能などの強化があげられ，貧栄養土壌下で発達した適応戦略と考えられる（4.6.1項）．

4.7.4 元素と代謝の関係

N, P, Kは3大栄養素で，その集積量も多く，特に炭素代謝に深くかかわっている．Mg, Fe, Mn, Zn, Cu, Mo, Ni, Coといった元素は光合成，呼吸，窒素代謝などの電子伝達系の構成成分であることが多い．Ca, Siでは細胞内含有率はむしろ低く抑えられ，細胞外の細胞壁などの成分として重要である（4.6.1項）．

［大崎　満］

5

繁殖過程と遺伝的構造

5.0 はじめに

　生物は，生まれてからさまざまな過程を経て死亡する．ある個体は成長し，成熟し，そして子孫を残して死亡する．また，なかには成長の途中で死亡するものもある．この生物個体が出生してから死亡するまでにたどる過程における，生活活動のことを生活史（life history）という．われわれが現在見る個々の種の生活史は，その種が生息する多様な生物的・非生物的環境へ適応しながら進化してきたものである．植物の種の生活史研究においては，生活史過程で引き起こされるさまざまな出来事に関連した形質が取り上げられ（表5.1），その形質は個体群構造に関連するものと，繁殖過程に関連するものの二つに大別される．

　たとえば，個体群構造に関連するものには，発芽してから開花までの期間の長さ，成長過程で死亡する個体の割合，生存曲線，1世代の長さなどがあり，いっぽう，繁殖様式，繁殖体の数や大きさ，発芽特性などは，繁殖過程にかかわる形質である．

　実際の生活史研究に際しては，われわれはこれらの形質を個別に取り上げるが，植物の生活史の進化やその機構，さらに生活史戦略の多様なパターンを明らかにするためには，それぞれの形質間の相互関係を十分に理解する必要がある．特に，われわれが評価しているさまざまな生活史形質は決して独立のものではなく，各生活史過程を通じて相互に密接に関連しているからである（図5.1）．

表 5.1 植物の生活史諸特性を特徴づける諸形質（河野 1984 を改変）

1. 1世代の長さと前繁殖期間の長さ（初産齢）
2. 繁殖回数と繁殖活動の期間
    (i) 1回繁殖型
    (ii) 多回繁殖型
3. 性発現と個体群内の性型分布（両全性，雌雄同株，雌雄異株など），送粉システム（風媒型，中媒型，水媒型など），交配システム（自殖性，他殖性）
4. 成長ならびに代謝活動，捕食者回避などへのエネルギー投資
5. 繁殖活動へのエネルギー投資率（reproductive allocation : RA）
    (i) 有性繁殖（a. 花被，苞，蜜腺など前駆段階におけるエネルギー投資率，b. 花茎，花序などの支持器官へのエネルギー投資率，c. 個体あたり総繁殖体へのエネルギー投資率，d. 繁殖体1個あたりのエネルギー投資率とその大きさ，e. 有性繁殖活動への総エネルギー投資率）
    (ii) 無性繁殖（娘鱗茎・娘塊茎，走出枝，腋生または頂生むかごなどへのエネルギー投資率とその大きさ）
6. 個体あたり生産繁殖体数（1腹産仔数）（clutch size または litter size）と繁殖体の大きさ
    (i) 有性繁殖体の数
    (ii) 無性繁殖体の数
7. 繁殖体の分散ならびに休眠の機構
8. 埋土繁殖体集団の大きさと死亡率
9. 生存曲線と死亡要因
10. 個体群構造（空間的分布パターン）

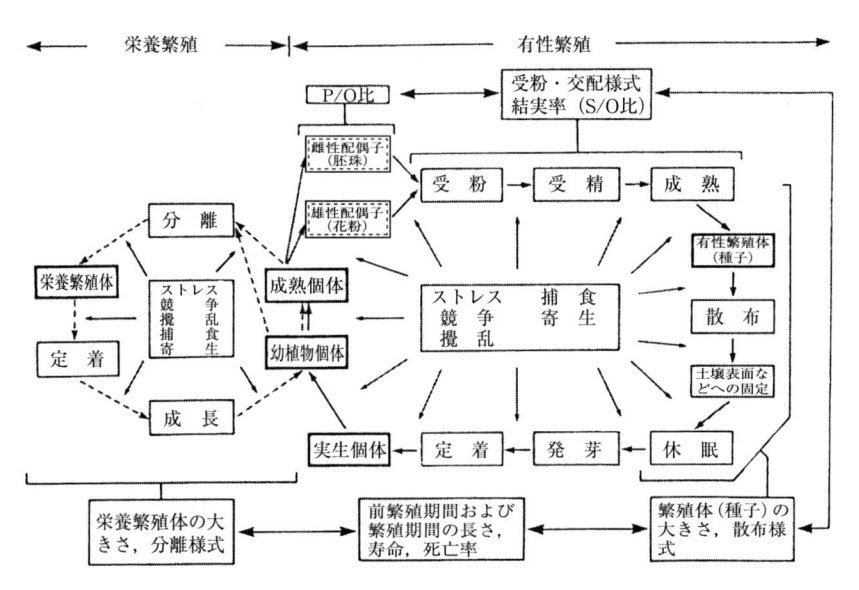

図 5.1 植物の主な生活史過程と関連する生活史形質（大原 1992）

植物は一度地中に根を出して定着すると，その後積極的に動くことができない．しかし，その植物の生活史過程のなかに，二度の「動く」チャンスがある．その一つが「花粉」による移動，すなわち繁殖のための受粉機構であり，もう一つが「果実や種子」の散布である．動けない植物がその自らの子孫を残すために，さまざまな形態や機能を進化させてきた．この章では，植物の生活史のなかの繁殖過程にかかわるこの二つの「動き」に焦点をあて，その多様性と適応的意義，さらにはその動きによってもたらされる遺伝的変異を紹介する．そして，第6章で紹介される個体群構造にかかわるさまざまな生活史形質と合わせて，各形質の相互関係ならびに植物の生活史の全体像を理解してもらいたい．

5.1 花の性と交配システム

現在，地球上には約26万種の陸上植物が生育している．地球は約46億年前に誕生したが，陸上植物の歴史は，はるか後のおよそ4億1000万〜5億年前にはじまった（図1.3参照）．そして，古生代の石炭紀にはヒカゲノカズラ類，トクサ類，シダ類などのいわゆる「花」を持たない植物群が繁栄していた．われわれが「花」と呼んでいる構造の登場は，およそ3億6000万年前の裸子植物の出現にはじまる．その後，中生代の三畳紀・ジュラ紀にソテツ類，イチョウ類のほか針葉樹などの裸子植物が数多く出現，そして絶滅し，そのなかの一部が現在まで生き残っている．そして，花びらを持つ被子植物は，中生代後半に出現し，その後新生代に入り爆発的多様化を遂げることになる．現在，被子植物だけで約23万5000種が存在し，実に，現在の陸上植物の約90％が被子植物なのである．

5.1.1 花の性の多様性

ここで，植物にみられる性表現を整理しよう．植物の性表現は，花，個体，集団の三つのレベルで違いがあり，動物に比べるとかなり複雑である（図5.2）．われわれ人間を含む多くの動物は，雄と雌が別個体であるにもかかわらず，「花の絵を描いてください」というと，ほとんどの人が，一つの花のなかに雄蕊と雌蕊がともにある姿を描くのではないだろうか（図5.3）．このように，一つの花のなかに雄蕊と雌蕊の両方を持つ花を，両性花という．被子植物は両性花を持つものが多く，上述したようにわれわれの身のまわりの多くは被子植物であることか

5.1 花の性と交配システム 159

ら，ほとんどの人が花といえば両性花を書いてしまうのも無理もないことなのである．

花レベルでは，この両性花のほか，ヘチマなどに見られる雄蕊だけの花（雄花）や雌蕊だけの花（雌花）のような一つの性からなる単性花がある．単性花は，雄蕊または雌蕊のどちらかいっぽうが退化したと考えられるが，見かけ上両性花の

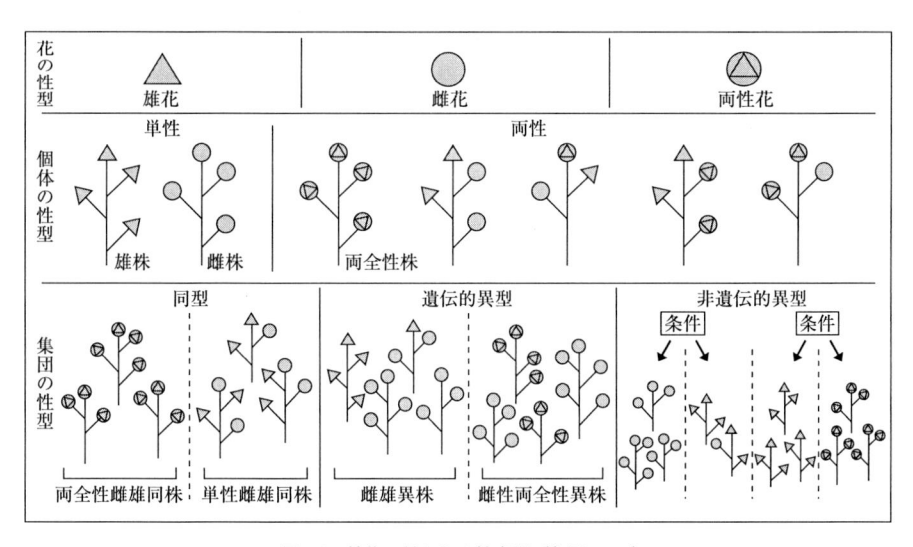

図 5.2　植物に見られる性表現（矢原 1988）

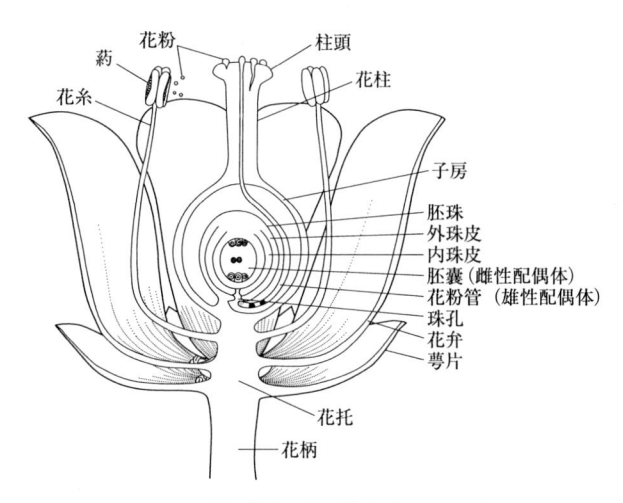

図 5.3　被子植物の花の構造（戸部 1994）

構造を持っていても，雄蕊の花粉の発芽能力がなく機能的には雌花だったり，逆に子房の受精能力がなく機能的には雄花であることもある．また，アジサイの装飾花は，雄蕊も雌蕊も退化しており，無性花に区分される．この飾り花は，直接繁殖の機能は持たず，昆虫をおびき寄せる役割を持っていると考えられている．

個体レベルを考えてみると，一つの個体の上には，理論上両性花，雌花，雄花をつける可能性がある．一般的に見られるのは両性花のみをつける雌雄両全性個体（両全性株）であるが，雌花または雄花のみをつける個体（単性個体）は，一般的な動物と同じように，それぞれ雌性個体（雌株）または雄性個体（雄株）と呼ばれる．このほか，それぞれの花は単性花であっても，雌雄同体，つまり雄花と雌花が同じ個体上にある場合（ブナ，トウモロコシ），一つの個体の別の場所に雄花と両性花（トチノキ，ツユクサ），さらにオオモミジのように雄花，雌花，両性花のすべての花を持つ場合も両性個体である．また，サトイモ科のテンナンショウ属植物は雌花，あるいは雄花からなる単性個体であるが，地下の球茎のサイズが小さいときは雄花を，球茎が大きくなると雌花をつけ，個体のサイズによって性転換するユニークな植物群である．

集団レベルでの性表現は，集団中のすべての個体が同じ両性の性表現を示す場合，広い意味で雌雄同株と呼ぶ．このなかには，すべての個体が両性花だけをつける両全性雌雄同株（被子植物でもっとも多く見られる）や，すべての個体が雄花と雌花をつける単性雌雄同株，また雄花と両性花をつける雄性両全性同株などがある．いっぽう，集団が雄性個体と雌性個体のみからなるのが雌雄異株で，このほか，ナデシコ科やユリ科シライトソウ属などでは，両全性個体と雌性個体の混在した雌性両全性異株集団も知られている．

5.1.2 交配システム

雌雄が別個体の動物では，個体間で遺伝子の交流が生じる有性生殖が一般的である．しかし，動けない植物は積極的に交配相手を捜し出したりすることができない．可能なのは，何か動くものに花粉を託して個体間で花粉のやりとり（他家受粉）を行うか，さもなければ自分の個体上の花粉で受粉（自家受粉）して子孫を残す．前者を他殖，後者を自殖と呼ぶ．

しかし，一口に自殖といっても，花序ならびに花の構造により受粉の様式にはいくつかの種類がある．同じ両性花内での受粉で，葯の花粉が機械的に雌蕊の柱

頭に直接触れたり，あるいは昆虫の訪花により葯の花粉がその柱頭に移動する場合，一般的な自殖である．このほか同じ個体のなかの一つの花から別の花へと花粉が移動する場合，これは隣花受粉と呼ばれ，同一クローン内の花間やたくさんの花をつける樹木などにおいて生じる．さらに，後述するが，花が開くことがなく，蕾のままで完全に自家受粉のみを行う閉鎖花も存在する．

このように，自殖はさまざまな両性個体で行われるが，それでは，自殖（両性個体）はどんな場合に有利なのであろうか．

1) 何度も繰り返すが，植物は動物のように交配相手を見つけるために動くことができない．したがって，他個体と交配するためには，花粉の移動を昆虫や風に任せなくてはいけないが，いつもうまく自分の仲間の柱頭に運ばれるわけではない．たとえば，スギの花粉症は，われわれにとってもたいへん面倒な出来事であるが，スギにとっても，本来は雌花に飛んでいって欲しい大切な花粉が，その移動をきまぐれな風にゆだねるため，われわれの目や鼻に到達してしまっているやっかいな現象なのである．しかし，自殖では他個体と花粉のやりとりをする必要がなく，同じ花のなかや，同じ花序内の近くの花間で受粉を行うために，より確実に種子をつくることができる．

2) 虫に花粉を運んでもらう虫媒花では，虫たちは植物のボランティアとして花粉を運んでくれているのではなく，蜜や花粉などを自分や子供のために集めるために訪れ，その行動を通じて植物は花粉を移動してもらっている．その昆虫たちへの目印になっているのが，花の大きさ，色，匂いなどである．したがって，雌雄が別々の個体であれば，その虫をひきつけるための器官を，雌花と雄花で，それぞれ別々に用意しなくてはいけないが，両生花ではその器官を共有し，そのための資源の投資（コスト）を下げることができている．

3) さらにコストという観点から見ると，雌雄異株の場合，雄個体は花粉が運び出され，花が散ってしまうと繁殖への資源投資は終了する．いっぽう，雌個体は受粉後，受精した胚珠を種子へと発達させることになる．また，植物が花粉を成熟させる時期と種子を成熟させる時期とは，季節的に異なっていることから，両者は別々の資源に依存していると考えられる．また，両性個体の場合，雄器官と雌器官（花と果実）への資源投資の時期が重複しないことで，そのコストをうまくやりくりしていると考えられる．

4) このほか，種子が散布され，新しい生育場所に侵入するような場合，雌雄

異株では，同時に少なくとも雄雌各1個体が近くに侵入する必要があるが，両性個体では1個体が侵入するだけで，自殖により種子を生産し，その後集団を形成することが可能である．したがって，火山島など遷移初期の状況などでは，自殖を行う種の侵入・定着が有利と考えられる．

さて，ここまで見てくると，動けない植物にとって自殖はいいことずくめのようであるが，自殖は生物学的に見るといわゆる近親交配である．一般的に近親交配によって生まれてくる子供は虚弱であったり，繁殖力に劣ることが多い．そのような現象は近交弱勢（inbreeding depression）と呼ばれる．突然変異などで生じる多くの有害遺伝子は通常，劣性遺伝子であるためその遺伝子をヘテロ接合で持つ個体では有害遺伝子の影響は現れない．したがって，任意交配が行われている大きな集団では，仮に有害遺伝子が存在しても個体はそれをヘテロ接合で持っており，発現する確率は低い．しかし，同じ遺伝子を共有している可能性が高い近親個体どうしの交配の場合は，弱有害遺伝子や致死遺伝子などがホモ接合になる確率が高くなる（図5.4）．

動物のように個体がどちらかいっぽうの性しか持たないような場合は，近親交配といっても親や子，あるいは兄姉との交配である．しかし，植物の自殖は，自己と自己の交配であるから，弱有害遺伝子や致死遺伝子がよりホモになりやすい非常に強い近親交配と考えられる．近交弱勢は適応度の低い子孫をつくったり，集団に劣性突然変異が生じた場合など，自殖により蓄積され適応度が低

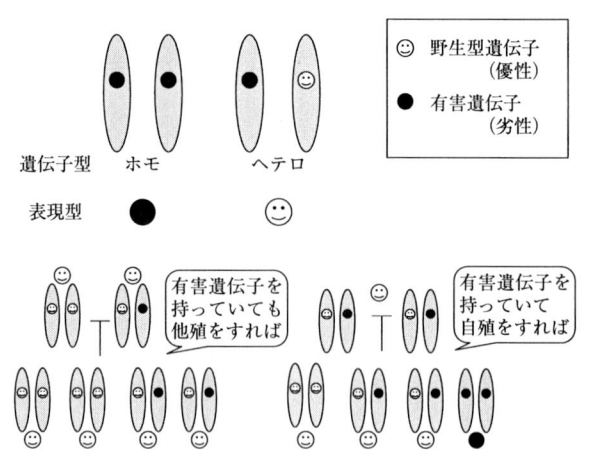

図5.4 自殖による有害遺伝子が発現するメカニズム（鷲谷 1998）

下することが想定される．自然選択による進化では，子孫の生存力や繁殖力を低下させるような特徴は排除されると考えられる．したがって，それを避けるための適応進化は起こりやすく，自殖を避け他殖を促進するために，植物はさまざまな性表現と花の多様性を進化させてきたと考えられる．

5.1.3 自殖を避けるためのメカニズム
a. 雌雄離熟と雌雄異熟

一つの個体に雄雌両方の機能を持つ両性個体は，基本的に自殖をする可能性を持つが，植物たちはさまざまな方法でそれを回避している．キュウリやトウモロコシのように，一つの個体のなかで雌雄の花がそれぞれ別々の部分に位置する場合や，両性花でも雄蕊と雌蕊が空間的に離れている場合には，自家受粉が妨げられる．この状態を雌雄離熟と呼ぶ．多くのラン科植物では，潜在的には自らの花粉で受精する自家和合性（self-compatibility）を持つが，特殊化した構造の花のなかで雄蕊と雌蕊が隔離され，自家受粉が起こらない．ただし，雌雄離熟でありながらもツユクサのように柱頭が花粉を受け取らなかった場合に，葯あるいは柱頭が曲がり，互いに接するようになる遅延自家受粉を行うものもある．

このほかに，雄蕊と雌蕊の熟する時期が時間的に隔離されているために，自家受粉が起こらない雌雄異熟も存在する．雌雄異熟の多くは，キク科，キキョウ科，リンドウ科などで見られるような雄蕊が先に熟し花粉を放出し，その後に雌蕊が熟して受粉が可能になる雄性先熟である．逆のパターンの雌性先熟は，セリ科やウコギ科などで見られる．

b. 自家不和合性

自家不和合性（self-incompatibility）は，仮に自家花粉が柱頭に付着しても，花粉の不発芽，花粉管の雌蕊への不侵入や花粉内での伸長阻害，受精の失敗など生理的に自殖を妨げる機構である．自家不和合性は，まず，花の形態的特徴から同形花型自家不和合性と異形花型自家不和合性（後述）に分けられる．そして，同形花型自家不和合性ではさらに，その自家不和合性制御遺伝子（S 遺伝子）の発現様式から，配偶体型自家不和合性と胞子体型自家不和合性の 2 タイプに分類される（図 5.5）．配偶体型はナス科，バラ科，ケシ科などで見られ，いっぽう，胞子体型はアブラナ科やヒルガオ科などの植物群でみられる．

配偶体型自家不和合性は，花粉 S 遺伝子の表現型が花粉（配偶体）自身の遺

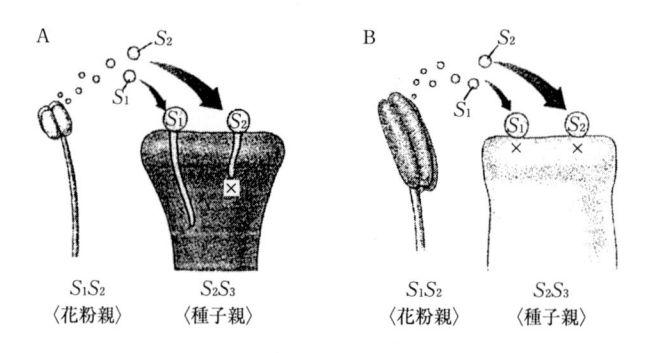

図 5.5 自家不和合性の仕組み
A，配偶体型：不和合反応は，個々の半数体の花粉の遺伝子型によって決まる；B，胞子体型：不和合反応は，花粉を生産した親の遺伝子型によって決まる．

伝子型によって決まる．雌蕊で発現する二つの S 対立遺伝子は共優性であり，両対立遺伝子の形質を示す．配偶体型の場合，不和合性反応はナス科，バラ科では，花粉管停止場所は花柱であるのに対し，ケシ科植物では柱頭部か花柱上部と，花粉管停止場所は植物種によって異なる．

　胞子体型自家不和合性は，花粉 S 遺伝子の表現型が花粉を生産した親個体（胞子体）の遺伝子型によって決定される．二倍体植物の場合，S 対立遺伝子は一対（二つ）存在するので，花粉の表現型にはその二つの対立遺伝子間で優劣が生じる．この優劣性は雌蕊側でも生じ，花粉と雌蕊の優劣性関係は必ずしも生じない．この胞子体型自家不和合性の場合，すべて不和合性反応は柱頭上で生じる．

　異形花型自家不和合性は，同じ種のなかで2種類，あるいは3種類の異なった花型を持つものである．そのなかで，異型花柱性は，雌雄離熟性と自家不和合性が結合したものといえる．もっとも一般的な異型花柱性は，サクラソウ属に代表されるような花柱の長さに長短の2タイプがある二型花柱性である．サクラソウの集団では，図 5.6 に示すような，長い花柱を持つ長花柱花（ピン型）と短い花柱を持つ短花柱花（スラム型）がほぼ同じ頻度で見られる．サクラソウでは，同じ花内で受精しない自家不和合性，さらには自分と同じ花型間では受精しない同型不和合性を持つため，ピン型およびスラム型のそれぞれの花は異なる型からの花粉でのみ受精する．

　このほかにも，長花柱花，中花柱花，短花柱花の三つの花柱タイプからなる三型花柱性がある．それぞれのタイプは他の2タイプと受精することが可能であ

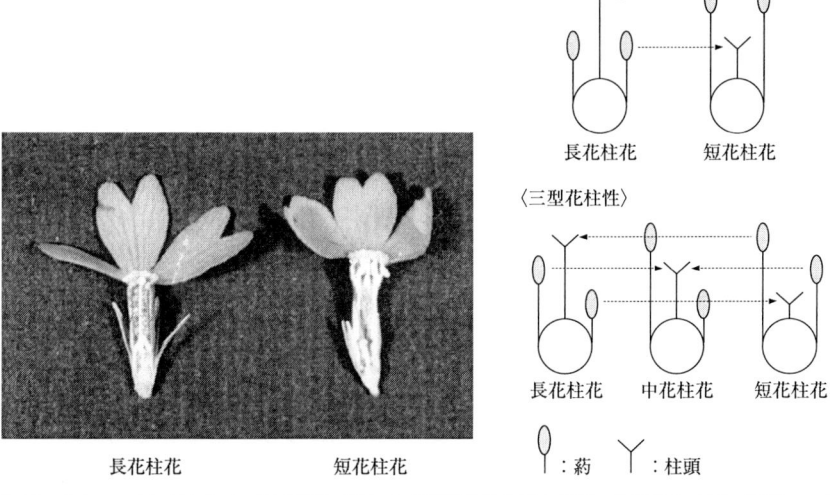

図 5.6 サクラソウに見られる二型花柱性（左）と異型花柱性を示す花間の受粉様式（右）（鷲谷 1998）

る．平衡状態にある集団では，この三つのタイプの頻度は同じになるはずであるが，北米に生育するクローン性のミソハギ科の *Decodon verticillatus* では氷河期後の移住に関連して，北米のニューイングランド地方や中部オンタリオ地方で中花柱花の頻度が低下したと考えられている（Eckert & Barrett 1994）．また，ホテイアオイの仲間 *Eichhornia paniculata* は，自生地であるブラジルでは三型花柱性を示すが，人為的に持ち込まれたカリブ諸島では，葯と柱頭が隣接した自家和合性を持つタイプが二次的に分化していることも知られている（Barrett 1996）．

5.1.4 閉鎖花と開放花

日常われわれが目にする植物の多くは，蕾をつけて開花する．しかし，スミレ属やツリフネソウ属植物のなかには閉鎖花（cleistogamous flower）と呼ばれる開花しない花を持つものがあり，蕾のなかで完全な自殖が行われる．したがって，閉鎖花では花粉が花の外に出ることはなく，確実に雌蕊に到達するため，スギの花粉症のような無駄になってしまう花粉は少なくてすむと考えられる．

Cruden (1977) は，さまざまな種の花あたりの花粉数（pollen）と胚珠数（ovule）の割合（P/O 比）をまとめ，交配様式との関係を調査した（表 5.2）．実際の受

表5.2 交配様式とP/O比との関係 (Cruden 1977)

交配様式	種 類	P/O比（平均±標準誤差）
閉鎖花	6	5±1
絶対的自殖	7	28±3
条件的自殖	20	168±22
条件的他殖	38	797±88
絶対的他殖	28	5858±936

精は，一つの胚珠に対して一つの花粉との間で行われる．したがって，このP/O比は，一つの胚珠を受精させるために用意されている花粉の量の指標ということができる．その結果，より確実に受粉を行う閉鎖花や自家受粉を行う種ではP/O比は低く，その反対に他殖により依存する種ではその値が高くなっている．つまり，他殖であるほど一つの胚珠に対して，より多くの花粉が用意されているということになる．

閉鎖花を持つ植物の多くは，同時に同じ個体の上に，通常の花が開く開放花 (chasmogamous flower) を持つ．したがって，個体レベルでは完全な自殖を行っているわけではなく，同じ個体上に開放花（花が開き，他殖を行うことができる）と閉鎖花（開花することなく蕾の状態で自家受粉のみを行う）の二つの機能の異なる花を持ち，その二つの花の割合を環境条件により使い分けている．たとえば，ツリフネソウ属植物では，明るい場所（訪花昆虫が期待できる）では開放花の割合が高く，より暗い場所では閉鎖花の割合が高い．このように，変動する環境下で，異なるタイプの子供を産む生物の適応戦略を両掛け戦略 (bet-hedging-strategy) と呼ぶ．

5.1.5 ポリネーション・シンドローム

自ら動くことができない植物が他殖を行うためには，花粉を何か動くものに託して移動させなければならない．それは，風や水のような物理的媒体であったり，あるいは昆虫などの生物的な媒体であることもある．花粉を運ぶ虫たちは，ボランティアで花粉を運んでくれているのではなく，植物たちは虫にきてもらい，そして花粉を運搬してもらうためのコストを支払っている．

a. 報 酬

花粉を運ぶ昆虫たちにとって，送粉のための植物からの具体的な見返り（報酬）は，蜜と花粉である．蜜は主に花冠の基部にある蜜腺より分泌され，花の奥の部

分(距など)に蓄えられる．そして，昆虫たちがその蜜を求めてやってきたときに，その手前にある雄蕊や雌蕊に触れて，花粉の授受がなされる．鳥，コウモリ，チョウなどは蜜を自分の養分として利用するが，ミツバチ，マルハナバチなどの社会性の昆虫は，幼虫の食料として利用する．したがって，効率よく蜜を体内に蓄えて巣に持ち帰るために，比較的濃い濃度(20〜50％)の蜜を集める傾向がある．そのいっぽうで，チョウ，ガ，ハチドリなどの細い口吻を持つ昆虫は，濃い濃度の蜜は吸うのが困難であるため，比較的薄い濃度(10〜20％)の蜜を集める．

いっぽう，花粉も昆虫にとって栄養価の高い食料であるが，蜜と大きく異なる点は，花粉は運んでもらいたい雄そのものであり，昆虫の餌としてだけ利用されては植物は本来の受粉の目的を果たせない．したがって，動物は花粉をいっぽう的に食料としてしか見ていないが，「花粉はできるだけ食べられずに運んでもらいたい」というのが植物側の本音である．

そういう花粉をめぐる互いの駆け引きのなかで，マタタビでユニークな現象が見られる．マタタビは外見上，雄花をつける雄株と両性花をつける両生株とからなる雄性両全性異株である．したがって，両方の花に雄蕊があり，花粉が存在す

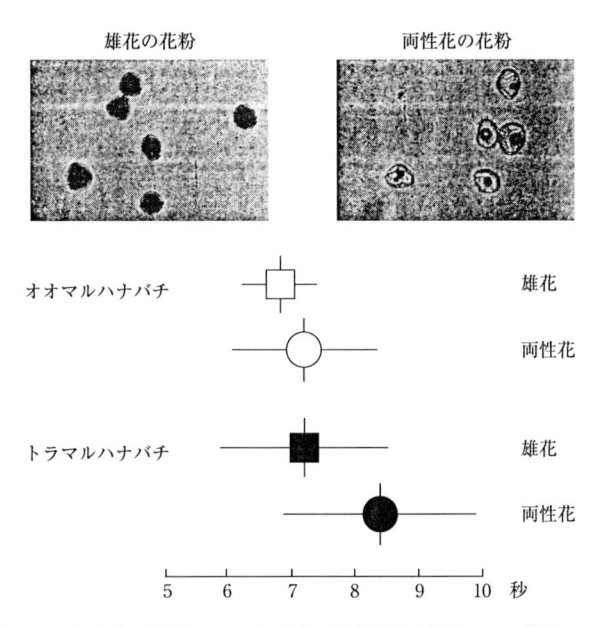

図5.7 マタタビの花粉とマルハナバチの滞在時間 (山口 1991; 菊沢 1995)

るが，それぞれの花粉を採取し染色してみると，雄花の花粉は色素で染まるが，両性花の花粉はなかが充実しておらず，機能的には雄の役割を果たしていない．いわゆる張りぼての花粉なのである．これを，偽花粉と呼ぶ．山口（1991）と菊沢（1995）は，このマタタビの二つの花を訪れるマルハナバチの訪花を観察し，両花への滞在時間に違いがないことを明らかにした（図5.7）．つまり，マルハナバチは2種類の花を区別しておらず，同じように花粉を集めていることから，両性花の花粉はマルハナバチへの安価な餌として機能しているのである．

　このような偽花粉の存在は，このほか，ムラサキシキブ（川窪 1991）などでも知られている．蜜と花粉は，花粉媒介者に対する直接的な報酬であるが，このほかにもイチジクとイチジクコバチの関係のように，花粉媒介の見返りとして，イチジクコバチに産卵・生育場所を提供している場合もある．

b. 広　告

　蜜や花粉は，花粉を運んでくれる昆虫たちへの直接的な報酬であるが，花の色や匂いは，昆虫たちにその蜜や花粉の在処を知らせる目印であり，それはいわゆる広告に相当する．昆虫たちがどの色の花を好んでいるかは非常に多様で，たとえば，同じチョウの仲間でもアゲハチョウの仲間は赤に敏感に反応する（図5.8）．いっぽう，ミツバチの仲間はこの赤に対しては色盲で，その反面，人間には見えない波長の短い紫外線領域を認識できる（図5.9）．いろいろな花の写真を紫外線だけで（レンズにUVフィルターをつけて）撮影してみると，人の目には見えない模様が見られる場合がある．したがって，ミツバチは花の色でなく，この昆虫にしかみえない紫外線の模様（ガイドマーク）を頼りに花を訪れているのである．このマークの形状は植物種によって異なっており，花の外部形態はよく似ているエゾカンゾウとニッコウキスゲという近縁種でも，ガイドマークの模様が異なっている（田中 1997）．

　このように，植物はより確実に，より効率よく花粉を花粉媒介者に運んでもらうために，さまざまな花の構造や受粉の仕組みを進化させてきた．しかし，植物側はできるだけ報酬のためのコストを減らして花粉を運んでもらいたい．いっぽう，動物側はできるだけコストがかからないように楽をして報酬を得たいという，相反する立場がある．そのため，せっかく植物が蜜を花の奥に用意し，雄蕊，雌蕊のある正面からの訪花を期待しているにもかかわらず，その意に反して，花の蜜のためられた部分に直接穴をあけ，受粉されることなく，蜜だけが盗まれる

5.1 花の性と交配システム

（盗蜜）現象も存在する．また，そのいっぽうで，植物側も花蜜を分泌する近縁種の花に似せる（擬態）ことで，自らは蜜を分泌することなく花粉を運んでもらっているランの仲間もいる．このように，花に昆虫が訪れている一見のどかな情景には，植物と動物が自らの利益を求め，手練手管ともいえるせめぎ合いが存在しているのである．

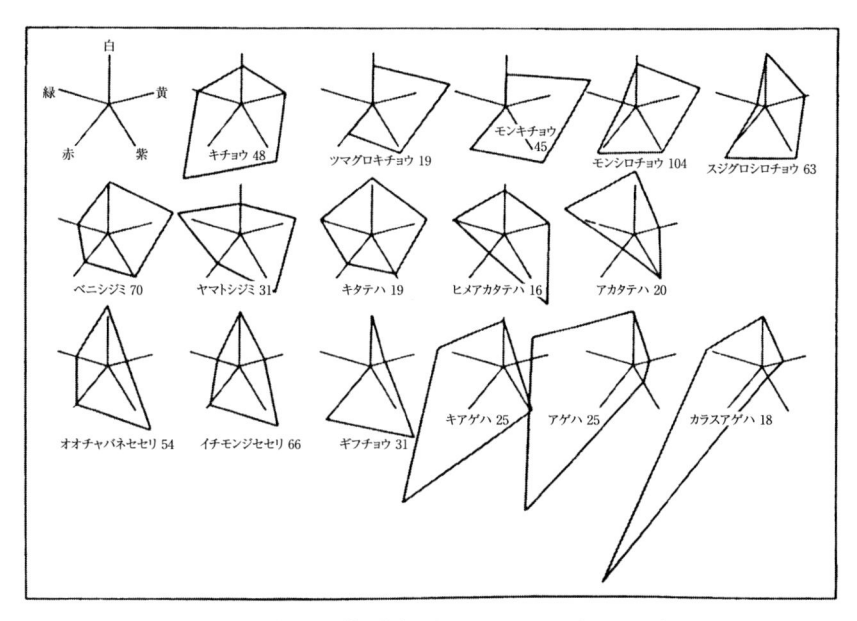

図 5.8 鱗翅目 10 種の花色選好ダイアグラム（田中 1991）

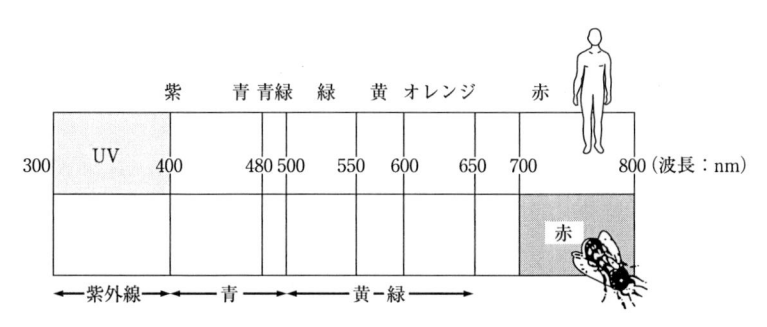

図 5.9 ヒトとハナバチの視覚のスペクトルの比較（Barth 1985）
ヒトは紫外線（UV）を見ることができないのに対し，ハナバチは赤を見ることができない．

5.1.6 結実のメカニズム

これまで見てきたように，植物はさまざまな手段で，子孫を確実に残そうとしている．しかし，仮に多くの花を咲かせたとしても，それらがすべて果実や種子をつくっていないのが現実である．ここで，植物の果実や種子のできかたを表現する二つの語句を整理しておこう．それが，結果率と結実率である．結果率は，植物の個体単位，または花序単位でつけた花数に対する実の数の割合（果実数/花数）である．いっぽう，結実率は，一つの花のなかにある胚珠数に対してできた種子の割合（種子数/胚珠数）である．特に結実率は，seed（種子）と ovule（胚珠）とから，S/O 比とも呼ばれる．それでは，なぜせっかくつけた花が実にならないのであろうか．その解釈には，いくつかの仮説が提唱されている．

i ）花粉制限（pollen limitation）　これは，植物が実をつけようと花ならびに胚珠を用意していたにもかかわらず，昆虫の訪花頻度が低かったなどの理由により，十分な花粉数が雌蕊の柱頭に運ばれなかったという考え方である．この仮説の検証はシンプルで，人間が最強の花粉媒介者となり，リンゴやナシの果樹園のように，和合性のある花粉を十分に柱頭に付着させ，その結果率，結実率が上昇すれば，花粉制限が原因であったことが示される．

ii ）資源制限（resource limitation）　植物は光合成を行い，獲得した限られた資源を生きるためのさまざまな用途に活用している．そのため花を果実へ，または胚珠を種子へ発達させるためには新たに資源が必要であり，仮に柱頭に花粉が十分について，受精が行われたとしても，それを果実や種子へ発達させるための資源が不足している場合が考えられる．この検証は，強制受粉をほどこしても結果率，結実率が上昇しないことから確かめられる．ただし，上述の花粉制限が生じている場合でも，資源の保証がない限り十分な結実は得られないことになる．

また，多年生植物で考えなくてはいけないのは，一生の長さである．一年生植物では繁殖の後，枯死するために，すべての資源を繁殖に投資すると考えられるが，多年生植物では，繁殖のみならず，その後の自らの生存にも資源を維持しなくてはいけない．したがって，多年生植物のなかには，一度の強制受粉で結実が増加したとしても，そのために当年の繁殖に大量に資源を投資したため，翌年の繁殖が低下することも知られている（Snow & Whigham 1989）．そのいっぽうで，Ohara ら（2001）は多年生の林床植物エンレイソウが，当年の結実を自ら制限することにより，翌年以降の生存のための資源を維持し，安定した毎年の開

花・結実を行っていることを明らかにしている．

iii）リザーブ仮説（reserve hypothesis）　これも資源が背景になっている仮説である．結果率，結実率は当年つくられた花の数，胚珠の数に基づいて算出されている．しかし，植物は受粉できる花の数や結実に投資できる資源の量を，花をつくる時点で知ることはできない．たとえば，春に開花する植物の場合，花芽は前年の秋には完成している．つまり，花形成の資源は前年度の資源に依存し，結実の資源を当年に依存しているような場合，仮にせっかく前年にたくさんの花芽を用意しても，当年の天候が不順だったり，訪花昆虫の活動が低い場合には，結果率，結実率は低くなってしまうのである．

iv）雄機能仮説（male function hypothesis）　結果率ならびに結実率は，果実生産，あるいは種子生産に着目した指標で，いわゆる雌側の繁殖成功を見ていることになる．しかし，両性花においてその花ならびに個体が，花粉提供者としての雄として貢献しているのであれば，必ずしも結実率などの雌の貢献は100％でなくてもよいのではないか，というのがこの仮説である．SutherlandとDelph（1984）は，文献資料に基づき，両性花316種と，単性花129種の結果率を比較した．つまり，雌と雄の両面から遺伝子を残すことができる両性花の結実率よりも，果実をつくる以外に自分の遺伝子を残すことができない単性花の雌花の結果率が高いであろうと予測したのである．結果は，両性花の結果率が42.1％であったのに対し，単性花の結実率は61.7％と，彼らの予想を指示するものであった．彼らは，実際に雄の貢献度は測定していないが，両性花の結果率の低下は雄の貢献によるものと考えたのである．

v）選択的中絶仮説（selective abortion hypothesis）　動物では，交尾の段階で雌側が交配相手を選ぶことができるが，植物では雌蕊の柱頭に花粉が付着する段階で花粉を選ぶことはできない．しかし，この仮説は植物にとっての選択的中絶，つまり，雌が雄（花粉）を選ぶという斬新なものである．ただし，雌蕊が現実には花粉親を選んで交配することはできないため，実際には，選択は受精した果実（あるいは胚珠）のうちで，その後の発芽率や成長率などの生存にとっての資質が高い量的・質的に優れているものを選んで成熟させ，劣るものを中絶させるというものである．植物は，花粉をもらう前には雄を選択できないので，劣るものをあえて果実や種子まで発達させないために，その結果・結実が100％にならないという考え方である．StephensonとWinsor（1986）は，マメ科のミヤ

コグサの一種 *Lotus cornieulates* を用いて，この植物における選択的中絶をみごとに明らかにしている．

5.2 果実・種子の散布

　前節で見てきた花粉の移動は，雄性配偶子の移動であるが，種子は個体の移動である．植物は，その花を花粉媒介様式と密接に関連させ進化させてきたが，同時に，種子の散布様式とも関連して，果実や種子の形態も多様化させてきた．それは，何はともあれ，せっかくつくった子孫（果実・種子）も親から離れた後，より確実に生き残ることができなければ，無駄になってしまうからである．固着性の植物にとって，次世代の直接的な担い手である種子を介しての分散は，もう一つの大切な移動の機会であり，その後の個体の生育場所と運命を決定する上で重要な役割を果たしている．

　果実・種子の散布とは，なんらかの形で親個体から離れ，少なからず親個体とは異なった環境への移動である．しかし，その移動は単純に親からの空間的な散布だけではなく，埋土種子や種子休眠を通じた時間的な散布の両方が存在する．

5.2.1 散布の適応的意義

　果実・種子散布にはさまざま適応的な意義が考えられるが，これまで大きく三つの仮説が提起されている（菊沢 1995）．一年生植物では，繁殖した後，親個体は死亡するが，多年生植物では果実・種子を生産した後も親個体は生き残る．したがって，多年生植物の親個体周辺には種特異的な食植者や菌類などの天敵が多いことなどから，親個体周辺の高い死亡率を避け，また子供どうしの高い密度や子間の競争を避けるため，と考える「空間的逃避説（escape theory）」がある．また，「移住仮説（escape theory）」は，遷移初期段階に出現するような撹乱に依存するような種は，小型の種子を大量に散布し，撹乱の生じた場所にすばやく侵入し，成長，繁殖するというものである．このほか，果実や種子が動物に散布される場合に，その後の定着・発芽に好都合な特定の方向性を持って散布が可能になるという「指向性仮説（directed dispersal theory）」がある．これらの仮説は相反するものではなく，いずれにしても果実・種子の散布は時間的・空間的に変化する生物的・非生物的環境のなかで，子孫のその後の生存率を高めるため

に，好ましい場所へ移動する役割を果たしている．

5.2.2　さまざまな様式 —— 植物と散布者の間の矛盾 ——

　実際の植物の果実・種子を見てみると，多様な形態ならびにそれにともなった散布様式が見られる（図5.10）．そのなかには，さやがねじれて，自ら種子をはじき飛ばすような仕組みを持つものもあるが，多くのものはさまざまな生物的要因，あるいは非生物的（物理的）要因に頼ることによって，果実や種子を散布（移動）させている．

　送粉の場合と同様に，非生物的な媒体による種子散布は，裸子植物において生じたと考えられている．おそらく水が祖先的な種子散布の手段の一つと考えられるが，ココヤシの実のようなコルク状の殻や，水を通さない外皮や大量の内胚乳などは，長期間海水にさらされるための特殊化した型と考えられる．

　同様に，翼のついた果実などは，モクレン科のような古い分類群やマメ科植物のようなより新しい分類群の両方において，二次的に分化したものと考えられている．そして，近年になって急速に進化したキク科植物に見られるような風散布は，タンポポのような高度に特殊化した種子とともに成し遂げられている．

　生物的媒体による散布については，オナモミやアメリカセンダングサのように，種子に針や棘などの付着器官を発達させたり，ノブキのように粘液を分泌して，動物の体などに付着して移動するものある．しかし，動物の摂食行動を通じて散布されるような場合には，果実・種子散布してもらう植物と，あくまでそれを食糧として利用する動物との間で相反する目的が存在する．つまり，花粉媒介において花粉を報酬として送粉者に与える場合と同様に，植物にとっては運んでもらいたい果実・種子そのものが報酬として利用されてしまっては困るのである．そのために，植物たちは多様な果実・種子の形態と機能を進化させてきた．

　ネズミ，リスなどの齧歯類あるいは鳥類は，種子が豊富である時期にその後の食糧として貯蔵する習性がある．しかし，貯蔵された種子は，動物によってすべて利用されてしまうわけではなく，地中に忘れられたり，埋めた主が死亡したりして残った種子が生き残り，うまくいけば発芽する．このように貯食されるような種子は，厚い種皮や丸いかたち以外に，散布のための目立った形態があまり見られない．北米に分布するマツの一種 *Pinus edulis* や，ヨーロッパに生育するオウシュウナラ *Quercus robur* の更新は，ともにカケスによって貯蔵された種

図 5.10 さまざまな果実・種子の形態と散布様式（堀田 1974）

翼散布：2, 3, 4, 8, 9, 10, 15, 16, 17, 18, 27, 34, 35；羽毛散布：1, 22, 23, 24, 25, 26；風散布（微小種子）：32, 33, 38, 45；水散布：28, 29；付着型動物散布：39, 40, 41, 42, 47, 49, 51（粘液による付着散布）；重力散布：5, 6, 7, 11, 12, 14；被食型動物散布：13, 19, 20, 21, 30, 31, 36, 37, 44, 52；機械的自力散布：43, 50；接地型（動物散布との複合型）：46, 48.

1. キササゲ, 2. ミネカエデ, 3. クロベ, 4. アカマツ, 5. ナラガシワ, 6. ツノハシバミ, 7. ブナ, 8. カラハナソウ, 9. ダケカンバ, 10. モクゲンジ, 11. ムクロジ, 12. センダン, 13. タムシバ, 14. ヤブツバキ, 15. スイバ, 16. アキニレ, 17. ササユリ, 18. タニウツギ, 19. ヤマアサクラザンショウ, 20. ケンポナシ, 21. コマユミ, 22. セイヨウタンポポ, 23. アキノノゲシ, 24. ノゲシ, 25. ススキ, 26. オキナグサ, 27. オニドコロ, 28. ハマダイコン, 29. ハマナタマメ, 30. ツルウメモドキ, 31. ヤマハゼ, 32. タヌキアヤメ, 33. シラン, 34. イヌショウマ, 35. タイツリオウギ, 36. ビナンカズラ, 37. ヤマゴボウ, 38. リンドウ, 39. アオチカラシバ, 40. ヒナタイノコズチ, 41. アメリカセンダングサ, 42. クズ, 43. ゲンノショウコ, 44. クチナシ, 45. ミヤコオトギリ, 46. スハマソウ, 47. オナモミ, 48. カラスビシャク, 49. オオダイコンソウ, 50. カタバミ, 51. オオバコ, 52. ミヤコイバラ.

子に依存している．北米西部では，アオカケスは生産されたドングリのおおよそ半分を運び，発芽可能な落葉層の下に貯蔵する．しかし，運ばれずに親個体近くに残った種子は，食べられてしまうか昆虫の幼虫に寄生されてしまう．

いっぽう，果実・種子全体が飲み込まれるようなもののなかには，果実を食べる散布者をひきつけるために，鮮やかな色のしょう果をつけるものがある．飲み込まれた果実は，消化管で果肉部は消化・吸収されるが，種子本体は厚い種皮によって守られており，消化されずに排泄され，散布される．したがって，消化できない種子は，動物にとっては異物であり，特に鳥などにとっては飛ぶ際に重りとなるので，できるだけ早く排出するほうがよいことになる．しかし，植物にとってはあまり早く排出されると，それほど親個体から離れられない．ここにも，植物と散布者との間に相反する矛盾が存在する．

花粉媒介と異なり，種子散布に昆虫を利用する場面はあまり多くないが，アリ散布種子を持つ植物は，種子本体に脂質あるいは糖分に富むエライオソーム（elaiosome）という付属体をつけ，社会性を持つアリが餌を巣に持ち帰る行動を利用して，種子を移動させる．巣に持ち込まれた種子は種子本体とエライオソームに分けられ，アリにとって不要な種子本体はアリの巣の外に捨てられて，その結果種子が散布されることになる．温帯の落葉広葉樹林林床に生育するエンレイソウ属植物も，アリ散布型の種子を持つ．日本の落葉広葉樹の林床に生育するエンレイソウ属植物は，糖型のエライオソームを持つ．エンレイソウ属植物は，種子の入った果実を地上に落下させる．うまくアリによって運ばれた種子は，長年月，開花・結実を繰り返す親個体近くでの親子個体間の競争を避けることによって，個体の生存率を高めることができる仕組みである（図5.11）．

しかし，実際にオオバナノエンレイソウやミヤマエンレイソウで調査してみると，アリによって運ばれる種子は全体の15%程度にしかすぎず，現実には地上に落下した果実は，夜間単独で行動する雑食性のオサムシやゴミムシなどの地表歩行性甲虫がすばやく訪れ，エライオソームを食べ，種子本体はその場に残される．エライオソームを食べられてしまった種子にはアリは興味を示さず，そのため多くの種子は運ばれることなく，落下したその場に残され，その後，そこで発芽することになる．結果として，エンレイソウ属植物の思いどおりにはいかず，開花個体の周縁部には，実生が固まって生育しているのをよく見かける．このように，現実の世界は必ずしも植物の思惑どおりにいっていない場合も少なくな

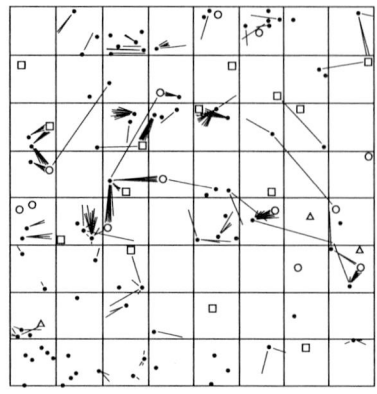

図5.11 アリによる種子散布
左，ミヤマエンレイソウの種子を運ぶヤマトアシナガアリ．アリのくわえている部分がエライオソーム；右，10 m^2 の調査区内におけるミヤマエンレイソウ種子の移動 (Higashi et al. 1998). ●，開花・結実個体．アリの巣：○，ヤマトアシナガアリ；□，シワクシケアリ，△，トビイロケアリ．

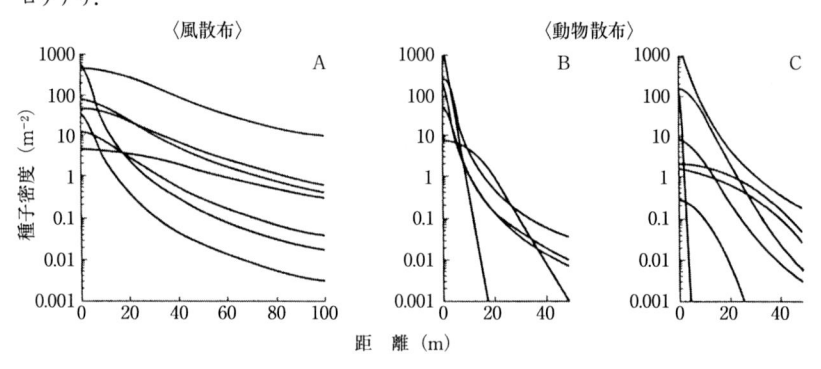

図5.12 さまざまな樹種で推定された種子散布曲線 (Clark et al. 1999)
A，風散布型落葉樹7種；B，動物散布型落葉樹5種；C，動物散布型低地熱帯林樹種7種．

い．

　このほか，一般的に種子散布というと，多くの種子が親個体から遠く離れて散布されるのをイメージする．風散布の種子は，動物による散布よりも遠くへ種子を運ぶが，どちらの場合においても，多くの場合，種子はその親の近くに集中しているのが実態のようである（図5.12）．この図からもわかるように，それぞれの種子の散布曲線の形状，特に末端部（右側）を定量化するのは難しい．なぜなら，種子がより遠くまで移動することによって，その供給源，すなわち親を特定するのがより難しくなるからである．しかし，後述するように，近年ではマイク

ロサテライトマーカーのような遺伝的指標を用いることにより，定着した実生からその親を特定することが可能になってきている．

5.3 繁殖と個体群の遺伝的構造

注）生態学ではいわゆる英語の population を「個体群」と訳すが，遺伝的な内容に関して「集団」のほうが慣例上理解しやすい場合には「集団」の語を用いた．

花粉の移動は，個体間での交配を通じて個体群中に遺伝的な変化を生み出す．そして，つくられた果実・種子は個体群中で移動して，新たな遺伝的変異を定着させたり，あるいは個体群外に移動することにより，新しい個体群を形成したりする．さらに，定着した個体は個体群中での新たな交配相手を生み出すことになる．したがって，動けない植物は，花粉と種子の移動を通じて，個体群の遺伝的動態も変化させている．これまでは，植物の繁殖にかかわる生態学的側面を見てきたが，この節では，それによってもたらされる遺伝学的側面を見てみよう．

5.3.1 Hardy-Weinberg の法則

まず，個体群の遺伝的組成ならびにその変化を明らかにするためには，ある世代における遺伝子頻度や遺伝子型頻度が，次の世代でどのようになるかを明らかにする必要がある．もしも，一つの遺伝子座上の一対の対立遺伝子 A と a が選択的に中立であり，また，各個体がランダムに互いに交配しているとしたら，われわれは，その両親の遺伝子型の頻度からその子供たちの間で期待される遺伝子型の頻度を算出することができる．たとえば，ある個体群で常染色体上の一つの遺伝子座に，一対の対立遺伝子 A と a の頻度がそれぞれ p と q の頻度で存在する場合（$p+q=1$），次の世代で期待される三つの遺伝子型 AA, Aa, aa の頻度は，表 5.3 のようにそれぞれ p^2, $2pq$, q^2 になる．このように，それぞれの遺伝子型が $(p+q)^2$ で表される頻度で存在する場合は，その集団（個体群）は Hardy-Weinberg 平衡にあるという．

さらに，次世代での A と a の頻度 p' と q' は，それぞれのホモ接合体頻度にヘテロ接合体の頻度を加えたもの，すなわち

$$p' = p^2 + 1/2(2pq) = p^2 + pq = p(p+q) = p$$
$$q' = q^2 + 1/2(2pq) = q^2 + pq = q(q+p) = q$$

表 5.3 ある遺伝子座上の二つの対立遺伝子 (A, a) に関して Hardy-Weinberg 平衡において期待される遺伝子型頻度

対立遺伝子（頻度）	$A\ (p)$	$a\ (q)$
$A\ (p)$	$AA\ (p^2)$	$Aa\ (pq)$
$a\ (q)$	$aA\ (pq)$	$aa\ (q^2)$

となり，前の世代の頻度 p, q と全く同じである．したがって，任意交配が行われている集団では毎世代，遺伝子頻度ならびに遺伝子型頻度とも不変であるということになる．

5.3.2 遺伝的多様性

遺伝子多様度（gene diversity）は集団間，集団内のパッチ間，個体間などのさまざまな段階で計測することができる．集団の遺伝的変異の程度を評価するための尺度として，遺伝子多様度（He）は以下の式で算出される．

$$He = 1 - \sum_{i=1}^{n} p_i^2$$

ここで，p_i は i 番目の対立遺伝子の頻度，n は対立遺伝子の総数である．したがって，p_i^2 は選んだ二つの対立遺伝子が両方とも同じタイプである確率を示し，それを1から引くことは，その逆にランダムに選んだ二つの対立遺伝子が異なっている確率を示す．そして，遺伝子多様度はすべての遺伝子座（変異のない遺伝子座も含めて）にわたる平均で与えられ，一つの集団内の遺伝子多様度（Hs）や一つの種のさまざまな集団に関する遺伝子多様度（Ht）を量的に比較するために用いることができる．さらに，一つの種の集団間の遺伝的分化の程度（Gst）は，$Gst = Ht - Hs/Ht$ により求めることができる．

ここで重要なのは，この指数は遺伝子型頻度に基づくものではなく，遺伝子頻度で算出することができるため，いかなる交配様式の集団に対しても用いることができるということである．Hamrick と Godt（1990）は，さまざまな研究者によって調べられた480種に関する酵素多型解析データを集約し，遺伝的多様性に影響を及ぼすと考えられる各種ならびに種群の生態的特徴と，生活史特性の関連性を示している．

5.3.3 Hardy-Weinberg 平衡を乱す要因

Hardy-Weinberg の法則では，集団の大きさは無限大でありかつ任意交配を

前提としている．しかし，遺伝子頻度や遺伝子型頻度が毎世代不変である状況が，つねにすべての遺伝子座で成り立つならば，いくら世代を重ねても，あるいは集団がいくつに分かれても，集団間に遺伝的構造の分化は生じず，したがって，生物の進化も考えにくくなってしまう．

自然界に存在する現実の生物集団では，Hardy-Weinbergの法則によって期待される遺伝子頻度，遺伝子型頻度の平衡を妨げるような要因がはたらいており，その結果として個々の遺伝子座での遺伝子頻度，ひいては集団全体の遺伝的構成の時間的・空間的変化が生じてくる．特に，現実の植物の交配は，集団の限られた近隣個体の間で行われている．したがって，任意交配は数学的な便宜上の仮定であり，空間的に限られた遺伝子の移動の重要性は，Wright (1952) やFalconer (1989) らの量的遺伝学者によって指摘されている．

以下にHardy-Weinberg平衡からのずれを生み出す，さまざまな要因を見てみよう．

a. 近親交配

被子植物の多くは両性個体で，現実には自家受粉し，自殖により繁殖している場合も少なくない．さらに，種子の移動が制限されていれば，同じ親から生まれた子供どうし間での交配も生じることになる．このような近親交配により，子供の遺伝子頻度にHardy-Weinberg平衡からのずれが生じ，結果としてホモ接合体の増加ならびにヘテロ接合体の減少が生じる．一対の対立遺伝子，Aとaについて見れば，

$$AA = p^2 + Fpq$$
$$Aa = 2pq - 2Fpq = 2pq(1-F)$$
$$aa = q^2 + Fpq$$

という値になる．Fは，Wrightによって定義された近交係数（inbreeding coefficient），すなわち，ある個体の持つ2個の相同遺伝子が，共通の祖先遺伝子に由来する確率である．

近親交配は，近交弱勢をもたらし，その結果，生活力の弱い子孫や繁殖能力のない子孫を生み出すことになる．そのため，多くの植物では他家受粉を促し，自家受粉をさまたげるような多様な形態学的および生理学的メカニズムを進化させている．しかし，集団の大きさが小さくなったり，また交配相手がいなくなるというような場合には，近親交配をさまたげるメカニズムがはたらかなくなる．

たとえば，ハチなどの昆虫に花粉媒介されている自家和合性の植物の場合，集団サイズがより小さくなることにより，花粉媒介者の訪花行動の変化が生じ，隣花受粉の頻度が高くなったり，花粉媒介者の減少により自殖がより生じやすい状況になることが予想される．これが，近年保全生物学で問題とされている小さな個体群が直面する「遺伝的変異の減少」である．

　現在，保全生物学者ならびに希少種や絶滅危惧種の保全に関連する研究者にとっての大きな問題は，小さく残った個体群の存続可能性 (viability)，つまり「個体群を維持するための最小個体群サイズ (minimum viable population: MVP)」である．小さな集団の存続可能性には「個体群統計学的変動 (demographic stochasticity)」「環境変動 (environmental stochasticity)」「遺伝的変異の減少 (loss of genetic variation)」の三つが重要な要素と考えられている．

　遺伝的変異の減少は，近親交配や次に紹介する遺伝子流動などの遺伝的な問題であるが，個体群統計学的変動は，出生率と死亡率のランダムな変化による人口学的な変動である．また，環境変動は，捕食，競争，病気の発生，不測に生じる火事，洪水，干ばつなどの自然の災害が含まれる．Shaffer (1981) は，MVPはいかなる種，またいかなる生息地においても，これからの1000年間，上記のいかなる変動が生じても，99％の確率で生存が可能な最小の個体数と定義している．

　現実の生物集団はもちろん有限であるが，ある程度以上の大きさがあれば，近似的に Hardy-Weinberg 平衡が成り立つ．しかし，集団が小さいときには，ある世代の遺伝子プールから次の世代を構成する配偶子が抽出されるときの誤差が，次世代の遺伝子頻度に大きな影響を与えるのである．

b. 遺伝子流動と有効集団サイズ

　集団中の対立遺伝子頻度が偶然性に基づきランダムに変動することを，遺伝的浮動 (genetic drift) という．小さな集団では低い頻度でしか生じない対立遺伝子は，世代を経るにしたがって，偶然により消失してしまう危険性が高い．さらに，いったん消失してしまった遺伝子は新しい突然変異による以外，ふたたび集団中に現れることはないため，遺伝的浮動の効果は世代とともに蓄積され，集団の変異性は失われていく．それでは，遺伝的変異を維持するためには，一つの集団中にどれくらいの個体が必要なのであろうか．

　Wright (1931) は，1世代あたりのヘテロ接合の減少率 (ΔF) と繁殖できる

成熟個体（Ne）との関係を

$$\Delta F = 1/2Ne$$

で表した．

通常，集団の大きさ（N）は，集団に含まれる実際の個体数であり，生態学的にはこれらが大切であるが，遺伝的浮動に影響を与えるのは，繁殖個体の数（Ne）である．この式によれば，繁殖できる成熟個体の数が50（$Ne=50$）の場合には，1世代あたり1％（1/100）のヘテロ個体が減少することになる（図5.13）．

このように，遺伝的変異は不規則に生じる遺伝的浮動によって，時間経過にともなって失われる．したがって，Ne は遺伝的多様度の大きさに寄与する集団中の個体の数で，集団の有効サイズ（effective size of population）と呼ばれる．これは遺伝的浮動の大きさを決める要因であり，特に隔離されている小さな集団などでは，保全生物学上も非常に重要な概念の一つである．

Ne の値は，植物個体の時間的変数や花の生産の分散のような生態学的なデータに基づいて推定できるほか，同じ集団における世代間の対立遺伝子頻度の変動を用いて推定することができる（Caballero 1994）．これまでいくつかの植物に関して推定された Ne は，実際の個体数（N）よりもはるかに小さい値を示している（表5.4）．

さらに，現実の生物集団の大きさは環境要因，あるいは集団内部のさまざまな

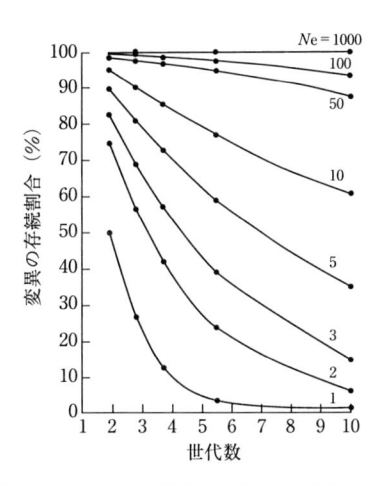

図5.13 個体群の大きさと遺伝的変異の存続の可能性（Primack 1995）
さまざまな大きさの個体群が10世代を経たときの遺伝的変異の存続率を示す．

表5.4 集団サイズ (N) と有効集団サイズ (Ne) の比

種	Ne/N	出典
草本		
Papaver dubium（ケシ科ケシ属）	0.07	Crawford (1984)
Eichhornia paniculata（ホテイアオイの仲間）	0.11	Husband & Barrett (1992)
さまざまな一年草	0.15〜0.68	Heywood (1986)
樹木		
Pinus sylvestris（ヨーロッパアカマツ）	0.12	Burczyk (1996)
Abies balsamea（バルサムモミ）	0.75〜0.81	Dodd & Silvertown (2000)
Astrocaryum mexicanum（ヤシ科ホシダネヤシ属）	0.18〜0.43	Eguiarte *et al.* (1993)

要因によって世代ごとに変動する．ある期間の世代を通して見た平均の Ne は，集団がもっとも縮小した世代の Ne に左右され，そして集団の遺伝子頻度変化は Ne が最小の世代に依存するところが大きい．したがって，その後個体数がもとの水準に回復しても，ヘテロ接合度は低い水準のままであることが一般的である．

このように，一時的な個体数の減少が永続的にヘテロ接合度の減少をもたらすことを，「びん首効果（bottle-neck effect）」という．これは，赤・白の球を入れたびんから球を取り出すとき，びんの首から出てくる球の色の比が，取り出す球の数が少ないほどばらつくのと同じことからのたとえである．

集団の有効な大きさが小さくなることによる遺伝子頻度の変化には，方向性がなく，また遺伝子の性質とも無関係に起こるので，自然選択によって減少するはずの有害な劣性遺伝子でも，小さな集団では遺伝的浮動により，頻度の増大が起こりうる．上述したように，有効集団サイズ（Ne）は見かけの個体数 N よりもはるかに小さいので，N が少なくなった場合には，遺伝的浮動により影響が無視できなくなる．さらに，このような小集団では近親交配も進み，劣性有害遺伝子のホモ接合体の出現頻度も増大することから，集団の存続が危うくなると考えられる．

c. 遺伝子流動

自然界では，一つの種が全体として一つの Mendel（メンデル）集団を構成していることはまれで，分布範囲の大きさや生育環境の違いに対応して内部分化を生じ，それぞれ固有の遺伝的組成を持ついくつかの集団，あるいは分集団を形成しているのが普通である．しかし，一つの種として存在している以上，これらの集団，もしくは分集団の間にある程度の遺伝子交流（gene flow）がある．特に，固着性の植物において，花粉および種子による遺伝子の移動は，個体群の動態な

らびにその遺伝的構造に大きな影響を与える．たとえ大きな連続した個体群であっても，二つの個体が交配する可能性は，その個体間の距離とともに減少する．さらに，親個体からの種子や果実の移動が限られていることを考え合わせると，近隣個体の遺伝的な相関はより高くなり，集団が遺伝的に細分化されるようになる．

遺伝的近隣個体の範囲（genetic neighborhood area, A）は，花粉と種子が両親の個体のまわりすべての方向に（同心円状に）均等に移動するとして，両親と子供間の散布距離の分散 σ^2 より，$A = 4\pi\sigma^2$ として求めることができる（Crawford 1984）．実際には，σ^2 は花粉による移動，種子による移動，また時にはクローン成長による移動などの一連の遺伝子流動により構成されており，それらは各種の生活史特性と密接に関連している．

i) 花粉の移動による遺伝子流動　植物においては，花粉の移動は遺伝子流動をもっとも左右する要因であるが，それは，植物の密度，風の方向，花粉媒介者の訪花行動などで敏感に変化する．花粉の移動距離は，昆虫などの動物によるよりも，風によるほうが大きいように思われるが，風による移動距離はほとんどの場合 10 km 以内である．トウモロコシのような風媒の作物においても，雌花に到達する花粉の 50% は 12 m 以内の雄花から供給されており（Paterniani & Short 1974），異なる品種の花粉の混入を防ぐための隔離の距離は 1 km 程度である．

動物の場合と異なり，植物個体群において，どの個体間で交配が行われたのかを知ることは難しい．それは，先にも述べたように，風の向きや虫の行動に左右される小さな花粉の移動を把握するのは非常に難しいからである．花粉の移動は，小さな個体群では花粉と同じ粒径の染色用の粉（dye）を用い，それを雄蕊の葯に擬似花粉としてつけ，実際に物理的に計測調査する方法がある．この方法を用いて，Nilsson ら（1992）は，ラン科の *Aerangis ellisii* の花粉の移動が 5 m 以内であることを明らかにしている．

このほか，遺伝的なマーカーを使うことにより，個体群内の実生やつくられた種子を用いて，花粉親を識別する父系解析が可能である．Broyles と Wyatt (1991) は，アロザイム遺伝子を用いて，北米に生育するガガイモ科の *Ascleipas exaltata* の個体群において，花粉媒介者の移動の多くは非常に短い距離であるにもかかわらず，実際の花粉散布距離の分布が植物個体間の距離の分布とほぼ等し

いことを示した（図5.14）．また，Meagher (1986) は同じくアロザイム遺伝子を用いて，ユリ科の *Chamaelirium luteum* の集団では，10 m 以内の個体間で互いに交配が行われていることを明らかにしている．

このような父系解析では，マーカーとなる遺伝子は，多くの異なる遺伝子座においてより多型であることが望ましい．そのため，近年，マイクロサテライト遺伝子が，花粉の移動の推定に急速に活用されるようになってきた．特に，親個体が長年生存する樹木では，この手法は非常に有効と考えられる．

Isagi ら (2000) は，このマイクロサテライトマーカーを用い，ホウノキの花粉散布距離を平均 130 m（最短で 3 m, 最長で 540 m）と推定している．彼らの調査区で，ある繁殖個体から見てもっとも近いところに位置する繁殖個体までの距離は平均 44 m であることから，ホウノキの受粉は，必ずしももっとも近い個体間で花粉が授受されているわけではないことがわかる．また，Streiff ら (1999) は，コナラ属の *Quercus robur* と *Q. petraea* で 240 m 四方の調査区内の実生の 60% は，100 m 以上離れた個体から花粉を受け取ってつくられたものであることを明らかにした．さらに，Dow と Ashley (1996; 1998) は，13～21 の対立遺伝子を持つ四つのマイクロサテライト遺伝子を用いて，*Q. macrocarpa* の遺伝子流動を調査し，この樹木において近隣個体の花粉よりも，より遠くの個体からの花粉を選択しているかのような受粉が行われていることを報告している．

動物による花粉媒介では，花粉媒介者の行動が花粉の移動を左右するが，逆に，

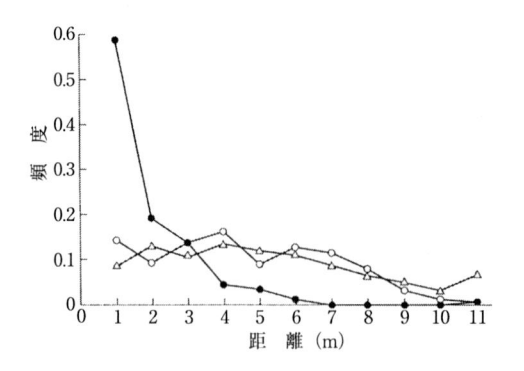

図 5.14 ガガイモ科 *Asclepias exaltata* における花粉媒介者の植物間の移動距離（●），実際の花粉散布距離（○）と植物個体間の距離（△）(Broyles & Wyatt 1991)

その行動は植物側の特性（開花様式，開花個体密度など）によっても影響を受けている．Crawford（1984）は，ハチによって花粉媒介されるアオイ科の草本植物 Malva moschata において，個体あたりの花の数と自殖率（selfing rate）の間に正の相関があることを見出した．これは，個体あたりに多くの花を持つことは，訪花昆虫をおびき寄せることには好都合であるが，そのいっぽうで，昆虫たちは多くの花を持つ個体により長く滞在してしまうため，隣花受粉を含む自殖が促進されてしまうということである．また，ハチにより花粉を媒介する多くの植物では，開花個体の密度が高くなるほどハチの飛行距離がより短くなることから，個体群密度と遺伝的近隣個体の範囲（A）の間には，逆相関の関係が見られる（Levin & Kerster 1974; Fenster 1991a; 1991b）．

一般に，花粉をコンスタントに長距離運ぶ花粉媒介者は，Ne と A を増大させるが，集団の分化の可能性を低下させる．Turner ら（1982）は，最近隣個体による受粉が，遺伝子型の空間分布にどのように影響を及ぼすかをシミュレーションした．他殖をする1万個体からなる一年草の個体群において，最初に AA, Aa, aa の三つの遺伝子型の個体をランダムに分布させた状態からはじめたところ，100世代以内に同じ遺伝子型の個体からなるパッチ状の構造が現れ，600世代までにはヘテロの遺伝子型のものはほとんど見られなくなり，個体群が AA，あるいは aa のホモの遺伝子型からなる個体のパッチで構成されることが示されている．

ii）種子の移動による遺伝子流動　植物の生活史過程におけるもう一つの移動手段である果実・種子の散布も，個体群の遺伝的構造に影響を及ぼす．遺伝的に見ると，一つの種子は一つの花粉（半数体）の2倍の対立遺伝子を持っていることになり，種子散布も植物個体群の遺伝的な空間構造に影響をもたらすと考えられる．しかし，図 5.12 でも紹介したように，多くの種子は限られた範囲に散布されている．実際に，風散布の植物では，ほとんどの種子は親個体からそれほど離れたところへは運ばれず，また，動物散布の植物でも，齧歯類は鳥の貯食のように，同じ個体や果実からとられた種子がまとまって運ばれ，蓄えられることがある．

Fesnter（1991a; 1991b）は，草原に生育するマメ科の一年生植物 Chamaecrista fasciculata を調査し，他殖率は 0.8 と高いものの，遺伝子の散布は限られており，遺伝的近隣個体の範囲（A）は100個体が含まれる 2.4 m の範囲程度であること

を示した．つまり，この植物の場合，遺伝子流動において，花粉の移動の貢献が高いが，種子散布による貢献はきわめて低いことになる．また，Beattie と Culver (1979) は，アリ散布型の種子を持つスミレ3種を対象に，花粉の移動，親から種子がはじけ飛ぶことによる移動，アリによる散布の三つの過程が，遺伝的近隣個体の範囲 (A) に，それぞれ74％，22％，4％の貢献をしていることを示した．

このほか，Lord (1981) の調査によると，閉鎖花を持つ植物では，開放花由来の種子のほうが，閉鎖花由来の種子よりもより遠くへ散布される．特に，地下に閉鎖花をつくるヤブマメのような植物では，閉鎖花由来の種子の移動は極端に制限され，遺伝的により親と近縁な子孫がより親に近い場所に残り，そのいっぽうで地上の開放花由来の種子が散布されることになる．このことは，親と遺伝的に類似している閉鎖花由来の子孫は，親が元来生育している環境に適応していることから，同じ環境に残り，いっぽう，遺伝的に異なる他殖の可能性の高い開放花由来の種子は，分散（移動）のために，使い分けが行われているようである．

いっぽう，Ohara と Higashi (1987)，Higashi ら (1989)，Hanzawa ら (1988) は，アリ散布型種子を持つエンレイソウ属植物やエンゴサクの仲間 *Corydalis aurea* で，アリに運ばれた種子のほうが，運ばれなかった種子よりも高い適応度を示すことを報告している．たとえ多くの種子がその親個体近くに散布されても，そのなかで時折り長距離運ばれる種子の運命が非常に重要である場合もある．特に，新しい個体群の形成には，いくつかの長距離散布される種子が重要な役割を果たす．もしも，新しい個体群が限られた数の種子により形成される場合，侵入した個体の遺伝子組成が，その集団のその後の遺伝的多様性に大きな影響を及ぼす．これを創始者効果（founder effect）と呼ぶ．基本的には，びん首効果と同じであるが，この新しい個体群はもとの個体群の遺伝子変異の一部しか受け継いでいないため，遺伝的変異が少ない．

Schwaegerle と Schaal (1979) は，食虫植物の *Sarracenia purpurea* において，北米オハイオ州のある大きな集団の遺伝的多様性が低いことから，それが過去に意図的に持ち込まれた1個体に由来するものであることを明らかにした．また，アイルランドに持ち込まれ小さな沼で生育するこの植物の遺伝的多様性も，本来の生育地である北米より低いことが明らかにされている（Taggert ら 1990）．

図5.12に示したように，これまで種子の長距離散布の実態を把握することはなかなか困難であった．しかし，さまざまな遺伝的マーカーを活用することによ

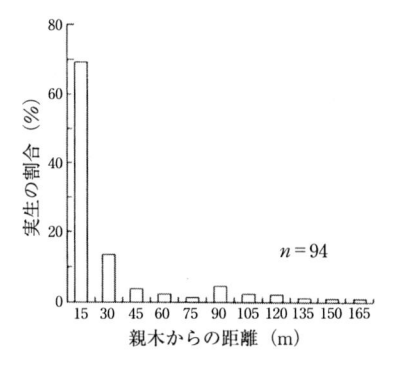

図 5.15 マイクロサテライトマーカーを用いて解析した *Quercus macrocarpa* の実生と親木との距離の関係 (Dow & Ashley 1996)

り，その散布距離の実態が徐々に明らかになってきている．図5.15は，マイクロサテライトマーカーを用いて，ヨーロッパに生育するコナラ属の *Quercus macrocarpa* の実生94本について，その親木の同定を行った結果である．実生のなかには165m移動しているものも見られるが，その多くは15mの近距離に親木が存在している．しかし，実際に定着している実生は，貯食を逃れ，種子発芽，成長などのさまざまな生活史のふるいをくぐり抜けているため，種子散布の本当の姿を明らかにするためには，このような最新の遺伝解析と平行して，基本的な生活史特性の理解も不可欠である．

5.4 この章のまとめ

この章では，植物の生活史のなかで，繁殖過程にかかわる二つの動き，「花粉の移動」と「種子・果実の散布」に着目し，その多様性と適応的意義を紹介してきた．この二つの生活史過程に見られる，同一生物群集の構成要素であるさまざまな生物群，特に栄養レベルが異なる動物・昆虫との著しい相互適応関係は，固着性であるがゆえに比較的静的に捉えられる植物においては，非常にダイナミックな側面である．また，分子マーカーを利用した近年の遺伝解析の著しい進展により，環境のヘテロ性や大きな遺伝的・生理的多様性が存在する野外の植物個体群に関しても，その複雑な遺伝子流動の実態がさらに明らかになると期待される．

しかし，重要なのは，個々の植物種において花粉媒介様式ならびに果実・種子

の散布様式が，その生活史のなかで個別に進化してきたのではなく，有性繁殖に関連した，受粉，結実，散布，定着，発芽，成長などの一連の生活史過程が何世代にもわたって維持されて，はじめて進化してきた形質ということである．したがって，個体の適応度の変化と個体のデモグラフィーとは密接に関連しており，特に，個体の空間的構造は，固着性の植物における花粉の移動に影響を及ぼし，それによってつくられる種子の移動は，個体群の空間的，さらには遺伝的構造に相互に影響を与える．各種の生活史の全体像を明らかにするためには，次章で紹介される植物個体群の時間的・空間的構造が重要な意味を持つ．　［大原　雅］

6

生活史の進化と個体群動態

6.0 はじめに

　生物の生きざまは，分子から生態系までさまざまなレベルで捉えることができる．生態学，特に植物生態学では，さまざまな空間的スケールで見られる生物種の分布パターン (distribution and abundance) という個体以上のレベルの現象を扱う．生物の分布パターンに関する問題は，「ある環境で種 A の個体群は存続するが種 B の個体群は存在せず，別の環境ではその逆になるのはなぜか」といった問題に帰着できる．この問題に対して，大きく 2 通りの理解の仕方がある．一つは，その現象の起こるメカニズム（至近要因）を追求するやり方である．もう一つは，その現象の進化・適応的な要因（究極要因）を追求するやり方である．生態学では，至近要因の理解とともに究極要因の理解が大切である．

　自然のなかで生きている生物は，その環境にうまく適応して生活しているように見える．たとえば，海岸の塩性湿地に生育するヨモギ属の植物であるフクド *Artemisia fukudo* は，海水の 1/5 の塩分濃度（100 mmol NaCl）でも真水と同じように発芽し，その後も標準的な液肥で育てた場合と変わらない成長を示す (Ishikawa & Kachi 2000)．フクドが示す発芽や成長に関する高い耐塩性は，この種が塩生湿地で生活する上で適応的な性質であろう．しかし，このようなフクドの性質は進化的に有利であるというためには，この説明は十分ではない．進化的な有利さを測るには，発芽率や成長速度など生活史のある段階での植物の振る

舞いを調べるだけでは不十分である．進化的な有利さを測る総合的な尺度が必要である．その尺度が適応度（fitness）である．こう説明すると，適応度とは抽象的な概念のように聞こえるが，実はその定義はきわめて具体的である．適応度の尺度は，「ある個体が将来に残す子孫の数」である．

ただし，種子生産数そのものが適応度の尺度というわけではない．ある植物が，100個種子を生産したとしても，そのうち芽生えて親になるまで生き延びるのが5個体であれば，この植物が実質的に残した子孫の数は5である．すなわち，植物の適応度は，種子生産数と種子が親になるまで生き延びる生存率の両方が関係する．また，将来に残す子孫の数は，種子生産数や種子が親になるまでの生存率だけでなく，世代期間によっても大きく異なる．毎年10個体の子孫を残す一年生植物と，2年に一度100個体の子孫を残す二年生植物を比べると，一年生の植物が毎世代残す子孫の数は1/10であるが両者が残す子孫の数は同等である．すなわち，植物の適応度は，新たにつくられた種子が発芽後どのように生き延び（生存のスケジュール），いつ親となってどれだけの種子（子）を生産するか（繁殖のスケジュール）によって決まるのである．この生存と繁殖のスケジュールを解析する手法が個体群統計である．この章では，固着して生活する植物を対象とした個体群生態学について，特に生活史の進化（究極要因）と関連づけて解説する．

6.1 植物の生活史の多様性

どのように生き延び，どのように繁殖するかという生存と繁殖のスケジュールを生活史という．同じ種の同じ時期に芽生えた個体群（コホート）であっても，生活史は個体ごとに異なる．しかし，ふつう個体群生態学では「カタクリの生活史」とか，「小笠原の東島のオオハマギキョウの個体群の生活史」というように，種や個体群レベルの平均的な生活史を問題にする．これは，生活史を特徴づけるパラメータが生存率や繁殖割合など確率変数であるためである．

生活史は生物の生きざまを反映したものであるから，多種多様であることが容易に想像できる．特に，植物は昆虫などの動物と比べて，きわめて多様な繁殖様式を示す（図5.1参照）．多年草に比べて単純な生活史を持つ一年草でさえ，その生存のスケジュールはさまざまである（図6.1）．イギリスのノースウェールズ

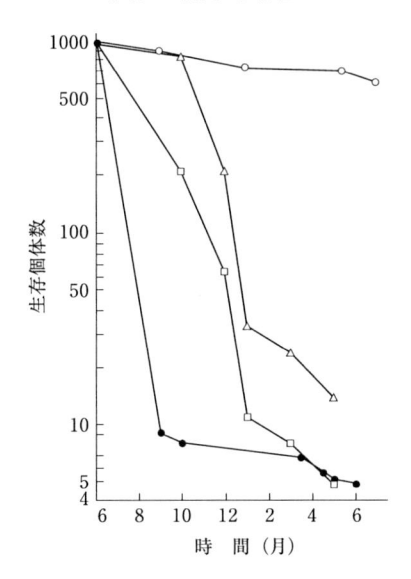

図 6.1 4種の一年草の自然個体群の生存曲線（Harper 1977, Fig. 18/6 を改変）
○, *Vulpia fasciculata*（Watkinson & Harper 1978）; □, *Minuartia uniflora*
（Sharitz & McCormick 1973）; △, *Sedum smallii*（Sharitz & McCormick 1973）;
●, *Spergula vernalis*（Symonides 1974）.

州の海岸の安定砂丘に生育するイネ科の越年草 *Vulpia fasciculata* では，種子成熟期から開花結実までの死亡率は一貫してきわめて低く，成熟種子の62%が繁殖した．いっぽう，北アメリカ南東部のジョージア州の花崗岩の採掘場の露頭にパッチ上に分布する越年草タカネツメクサ（*Minuartia uniflora*，ナデシコ科）とマンネングサ（*Sedum smallii*，ベンケイソウ科）の個体群は，ともに発芽時期の死亡率が高く，生産された種子のうち繁殖まで生き延びた個体の割合はそれぞれ0.14%と0.05%にすぎなかった．以下では，さまざまな生活型の植物の生活史を概説する．

6.1.1 一回繁殖型草本

一年草や二年草は典型的な一回繁殖型草本である．これらの植物は，種子のみによって繁殖するため，遺伝的な個体（ジェネット）と機能的な個体とは1対1に対応する．そのため，個体群動態を追うにはもっとも扱いやすい材料である．また，種子が成熟し発芽し繁殖（種子生産）するまでの期間が1世代となる．しかし，種子散布後何年も埋土種子として生存し続ける場合は，同じ年に成熟した

種子であっても，その後複数年にわたって発芽することになる．この場合は，種子成熟後の年齢が同じでもその運命は種子休眠期間の長さによって大きく異なる．

埋土種子を持たない一年草は，毎年必ず繁殖に成功しなければ個体群を維持できない．台風や干ばつなど生存や繁殖に不利な環境の年が続くと，このような個体群は大きく減少するため絶滅も起こりやすいであろう．もし，埋土種子を持てば，一年草であっても種子成熟から発芽までの期間を複数年にわたってばらつかせることができる．こうすれば，環境が大きく年変動しても個体群は絶滅しにくくなる．いっぽう，一回繁殖型の多年草の場合は，埋土種子を持たなくても栄養繁殖期間（すなわち繁殖齢）を個体間でばらつかせることによって，環境の年変動の影響をある程度吸収することができる（6.4.3項参照）．

なお，タケやササのように一回繁殖型であるが，世代期間が数十年以上にもなる植物に対してはたらいた選択圧は，世代期間が1年から数年程度の一回繁殖型草本にはたらいた選択圧とは異なると考えられる．前者に関しては種子捕食者の飽食仮説が有名であるが，ここでは深入りしない（Janzen 1976）．

6.1.2 多回繁殖型多年生草本

高等植物のなかでもっとも多彩な生活史を示すのが，多回繁殖型多年生草本である．これらの植物の多くは，種子繁殖に加え，塊茎や地下茎あるいはムカゴなどの栄養繁殖器官による繁殖も行う．ただし，栄養繁殖によってつくられる個体（広義のラメット）は，親とは遺伝的に同一である．いっぽう，一対の配偶子に由来する個体をジェネットという．ラメット由来の植物体とジェネット由来の植物体とが，形態的にも機能的にも区別できない場合であっても，両者の進化的な意味は本質的に異なる．

チゴユリ（*Dsiporum smilacium*）では，個々のラメットの寿命は1年で，親ラメットから延ばした地下茎の先の根茎から毎年娘ラメットをつくる．このように毎年植物体が生まれ変わるような多年草を疑似一年草（pseudo-annuals）と呼ぶ．春植物のカタクリ（*Erythronium japonicum*）も毎年地上部を入れ替える植物である．ヤマノイモ（*Dioscorea japonica*）も毎年植物体が入れ替わる多年生のツル植物であるが，イモ（担根体）だけでなくムカゴによっても栄養繁殖する．

亜高山帯針葉樹林の林床に生育するケシ科のオサバグサ（*Pteridophyllum*

racemosum）や温帯落葉樹林の林床に見られるイチヤクソウ（*Pyrola japonia*）は，一年を通じて地上部に緑葉（常緑葉）を展開している．ふつう常緑葉の寿命は数年である．こうした生活様式をとる多年草を常緑多年生草本という．常緑多年生草本は冬でも地上部が残るので標識が比較的容易である．しかし，個体群動態の研究は意外に少ない．

栄養繁殖も種子繁殖も行う植物では，ラメット個体の集まりはふつう複数のジェネットによって構成される．また，シロツメクサ（*Trifolium repens*）やカキドウシ（*Glechoma hederacea*）などでは，親ラメットがつくるストロン（走出枝）の先に娘ラメットが形成されるが，親ラメットは生き続けるため，一つのジェネットは複数世代のラメットから構成される．

6.1.3 木　本

木本，特に高木や亜高木の寿命は，研究者の研究寿命よりふつうはるかに長いので，出生（種子散布）以後すべての個体が死亡するまでコホートを追跡することは技術的にむずかしい．そこで，林木の生活史を研究するためには，各生活史段階での生存や繁殖過程を個別に調査し，その結果をつなぎ合わせて生活史全体を再構築する研究手法がとられてきた．しかし，台風にともなうギャップ形成など，まれに起こるイベントが個体群の維持や動態を理解する上で無視できないことも多い．そのため，生活史パラメータの年変動を定量的に解析した研究は少ない．

Kaneko らは，京都大学の芦生演習林内において，渓畔林の主要構成種であるトチノキ（*Aesculus turbinate*）とサワグルミ（*Pterocarya rhoifolia*）の個体群動態を 7 年間追跡した（Kaneko *et al* 1999; Kaneko & Kawano 2002）．彼女らは，斜面，段丘，氾濫原という渓流域の三つの特徴的な立地に成立する局所個体群の生活史パラメータを行列モデルにより解析した．三つの局所個体群をまとめると年増加率は，トチノキで 1.029，サワグルミで 1.052 と推定された．また，個体群の更新と維持にとって，トチノキでは斜面の局所個体群が，サワグルミでは氾濫原の局所個体群が重要であることが示された．

6.2　シードバンク

適応度を計算するためには，発芽から開花結実までの期間に加えて，種子成熟

から発芽までの期間における種子の運命（生きるか死ぬか，それとも発芽するか）に関する情報が不可欠である．種子は成熟後母個体から短期間のうちに散布されることもあるし，ある期間親植物についたままのこともある．成熟後親個体についた状態にある種子を，空中シードバンク（aerial seed bank）と呼ぶ（Lamont 1991）．いっぽう，親個体から離れ地表に散布された種子は土壌シードバンク（soil seed bank）を形成する．"bank"とは貯蔵（reserve）の意味で，種子が未発芽の状態で貯まっているさまを表現した語である．土壌シードバンクを埋土種子集団ということも多い．

シードバンクに留まる期間が1年を超える場合を永続的なシードバンク（persistent seed bank）と呼び，1年未満の場合を一時的シードバンク（transient seed bank）という（Tompson & Grime 1979）．一時的シードバンクの場合であっても，発芽シーズンが1年に2回以上ある（あるいは発芽期間が数カ月以上にわたる）ときは，ある年に成熟した種子集団の運命は大きくばらつく．たとえば，海岸砂丘に生育するオオマツヨイグサ（*Oenothera glazioviana*）は8月に結実するが，発芽はその年の秋と翌年の春の2回起こる（Kachi & Hirose 1990）．定量的なデータはないが，春の発芽は，冬の間空中シードバンクとして枯れた親個体のさく果のなかに留まっていた種子に由来するものが多く含まれていると考えられる．以下では，散布された後の種子の運命について，生活史戦略と関連づけて解説する．種子の生態学については，少し古いがFennerのモノグラフ（Fenner 1985）に簡潔にまとめられている．

6.2.1 埋土種子集団の動態

散布された種子のうち，昆虫などの捕食から免れたものはシードバンクを形成する．永続的なシードバンクを形成するには，少なくとも種子の一部は休眠種子でなければならない．休眠種子は，低温・高温，光質（赤色光/近赤外光の割合）などの刺激により非休眠種子となり，発芽可能な環境条件のもとで発芽する．また，非休眠種子の一部が，ふたたび休眠種子に戻ることもある（これを誘導休眠：induced dormancy という）（図6.2）．いっぽう，種子が成熟したときにすでに休眠状態である場合の休眠を生得的休眠（innate dormancy）という．種子休眠とその解除の機構については，これまで膨大な研究がある．生態学的な視点からのレビューについては，BaskinとBaskin（1998）の百科辞典的な本を参照

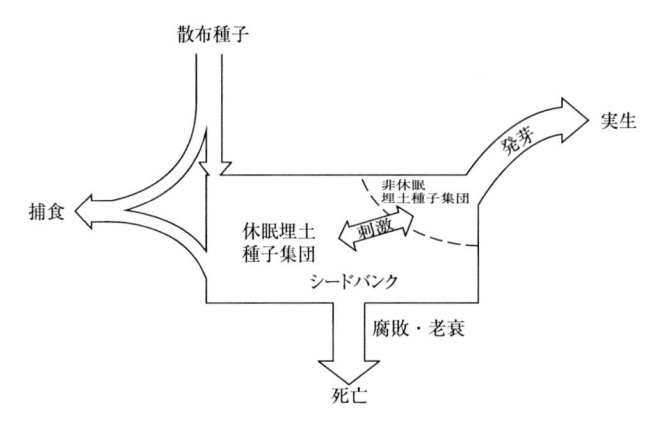

図 6.2 埋土種子集団の動態モデル（Harper 1977, Fig. 4/1 を一部改変）

されたい．

6.2.2 周年休眠サイクル

　種子散布後に，種子の休眠状態や発芽可能な環境の範囲が変化する例は多い．特に，永続的なシードバンクを持つ種では，休眠状態が季節的に変化しなければ，適切な時期に発芽できない．野外条件下におかれた越年草（冬緑一年草）のシロイヌナズナ（*Arabidopsis thaliana*）の種子は，散布直後の秋には休眠性を示さないが，冬に向かって休眠性を強め翌年の初夏までは発芽に最適な温度条件のもとにおかれてもほとんど発芽することはない．その後夏から冬にかけてふたたび休眠性が低くなり，最適温度条件で高い発芽率を示すようになる．さらに翌年初

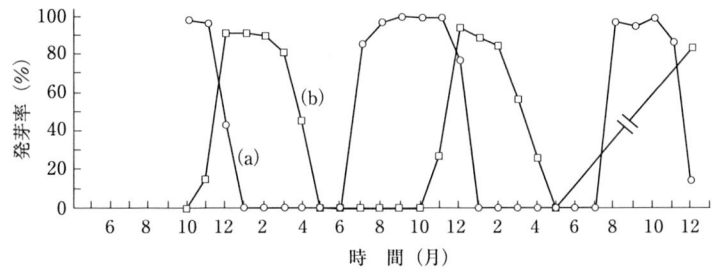

図 6.3 埋土種子が示す誘導休眠の季節変化（Baskin & Baskin 1980; 1983）
(a) 越年草（冬緑一年草）のシロイヌナズナ（*Arabidopsis thaliana*）の場合；(b) 一年草（夏緑一年草）のブタクサ（*Ambrosia artemissifolia*）の場合．種子を袋（シードバッグ）に入れ土壌中に埋め，定期的に掘り出して最適条件下で調べた発芽率を示す．

夏の期間では休眠性が強まる (Baskin & Baskin 1983)．いっぽう，一年草（夏緑一年草）のブタクサ (*Ambrosia artemissifolia*) は，シロイヌナズナとちょうど半年だけ周期がずれた周年休眠サイクルを示す (Baskin & Baskin 1980)（図6.3）．

6.2.3　発芽時期と適応度の関係

　発芽時期は，実生の生存やその後の成長に大きく影響すると考えられる．したがって，発芽時期を決めるさまざまな機構には強い選択圧がはたらいているはずである．しかし，発芽時期と適応度との関係を直接検証した研究は意外に少ない．KachiとHirose (1990) は，海岸砂丘のオオマツヨイグサの個体群統計に基づいて，発芽時期の異なるコホート個体の繁殖までの生存率と種子生産数の推定値から実生1個体あたりの生涯の種子生産の期待値を計算し，最適な発芽時期が秋と春の2回あることを示した（図6.4）．ただし，上記の計算では，種子生産から発芽までのシードバンクに留まっている期間の種子の死亡率は考慮されていない．埋土種子の生存率は，シードバンクに留まっている期間が長いほど低下する．埋土種子の生存率を考慮すると，春に発芽する個体は，種子散布直後の秋に発芽する個体に比べて適応度はその分だけ低下するはずである．すなわち，秋発芽のほうが春発芽に比べてより適応的であると予想される．

　しかし，野外では秋と春の2回，同程度の発芽のピークが観察された．これは次のように解釈できる．オオマツヨイグサの種子は成熟段階では休眠性を示さず，その後野外でも休眠が誘導されることはない．したがって，春発芽した種子の多

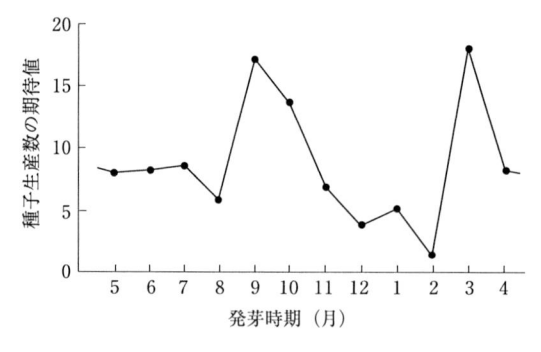

図6.4　*海岸砂丘に生育するオオマツヨイグサ (Oenothera glazioviana) における，発芽時期と実生1個体あたりに期待される種子生産数との関係 (Kachi & Hirose 1990)*

くは，枯れた親個体についたまま冬を越したと考えられる．種子にとっては，発芽するかしないかは二つに一つの選択である．したがって，より高い適応度が期待される秋に発芽するように選択圧がはたらくはずである．いっぽう，親個体にとっては，生産した種子集団をいつどれだけの割合発芽させるかに選択圧がはたらく．環境が年変動する場合，たとえ平均の適応度が高いのは秋発芽する個体であっても，秋と春の2回に発芽時期を分散させたほうが，結局適応度が高くなる可能性がある．これは，秋に発芽を集中させることは，親にとっては変動する環境をおおまかに（coarse-grained に）利用することになり，秋と春の2回に発芽時期を分散させると変動する環境を細かく（fine-grained に）利用できるためである．

6.3 生活史の進化

6.3.1 生活史進化の理論

個体の適応度（すなわち次世代に残しうる子孫の数）は，その個体が示す生存と繁殖のスケジュールによって決まる．一定の生存と繁殖のスケジュールのもとで増殖する個体群は，やがて一定の増殖率（λ）で指数的に増殖するようになる．生活史が異なれば，生存と繁殖のスケジュールも異なり，結果として異なる λ が期待される．この λ の大小によって，異なる生活史の進化的な優劣を論ずるのが生活史進化の理論である（Cole 1954 ; Gadgil & Bosseert 1970）．λ を適応度の尺度として使う場合は，それぞれの生活史から期待される λ を比較する．すなわち，生活史の進化の議論で重要なのは，λ の絶対値ではなく相対的な大小関係である．ある生活史をとる生物の λ が2であるというだけでは，その生活史が進化的に有利であるか不利であるかを論ずることはできない．それと比較する生活史の λ が1.9であればはじめて，もとの生活史のほうが進化的に有利であるといえるのである．

6.3.2 一年草，二年草，多年草の生活史の進化

植物の生活史は，一生の間の繁殖回数とはじめて繁殖する年齢（繁殖開始齢）および生まれてから死ぬ（より正確には最後の繁殖）までの年数（世代時間）に基づいて整理できる．繁殖回数が1回の一回繁殖型の植物の場合は，繁殖開始

齢＝世代時間となる．一回繁殖型の植物の代表は，一年草や二年草である．一年草は，芽生えてから開花結実して死ぬまでの期間が1年以内の植物である．二年草は，芽生えた年はふつうロゼットと呼ばれるかたちで栄養成長をし，冬を越した翌年（すなわち発芽後2年目）に開花結実して枯死する生活史をとる．ササやタケのように一回繁殖型でありながら，芽生えてから繁殖するまで数十年から100年近くかかる植物もある．これらは一回繁殖型多年生植物という．また，樹木のなかにも，中南米の熱帯林に生育するマメ科の高木 *Tachigalia versicolor* (Foster 1977) のように開花結実後に全落葉して枯死するものもある．いっぽう，ほとんどの多年生植物（芽生えてから死ぬまで3年以上かかる植物）は一生の間に何回も繁殖する多回繁殖型の生活史を示す．

　一年草，二年草，多回繁殖型の多年草の生活史の間の進化的な優劣関係について，理論的に考察してみよう．進化的な優劣の基準は適応度である．適応度の尺度としてもっとも一般的なものは，その生活史をとる生物個体群の年あたりの増殖率（λ）である．一年草，二年草，多年草の生活史をとる植物のλはどのようにして決まるだろうか．まず一年草について考えてみよう．一年草は世代期間が1年である（翌年以後まで生き延びる埋土種子はないものとする）．したがって，一年草のλは1個の親から翌年どれだけの親ができるかで決まる．1個体あたりの種子生産数をm_a個，1個の種子が芽生えて親になるとき（すなわち種子を生産するとき）までの生存確率をC_1としよう．このとき，この一年草のλをλ_aとすると（添え字のaは annual（一年草）の頭文字の a）

$$\lambda_a = C_1 \times m_a$$

となる．

　二年草のλはどうであろうか．二年草の1個体あたりの種子生産数をm_b個，1個の種子が芽生えて1年目を生き延びる確率を一年草と同じくC_1，1年目を生き延びた個体が翌年親になるまでの生存確率をC_2としよう．二年草は種子生産から次の種子生産まで2年かかる．すなわち，世代期間は一年草の倍の2年ということになる．二年草のλを計算するには，まず2年あたりの増加率を考えるとよい．2年あたりの増加率は，生産された種子数に，種子が1年目を生き延びさらに2年目に親になる確率をかけ算したものになるから，

$$2年あたりの増加率 = C_1 \times C_2 \times m_a$$

となる．ここで，二年草のλをλ_bとすると（添え字のbは biennial（二年草）

の頭文字の b)，λ_b を二乗したものが 2 年あたりの増加率になる．二年草は 2 年に一度しか繁殖しないが，あたかも毎年 λ_b 倍ずつ増えていくと考えて，λ_b を計算するからである．したがって，以下のようになる．

$$\lambda_b = \sqrt{C_1 \times C_2 \times m_b}$$

次に，多年草の λ を考えてみよう．多年草は一生の間に何回も繁殖する生活史をとる．したがって，繁殖開始齢や繁殖回数などはさまざまな場合が考えられる．ここでは，一年草と同じく 1 年目から繁殖を開始し，以後毎年繁殖し続けるような生活史をとる多年草を想定する．すなわち，一年草との違いは，繁殖後も親が生き残って種子を生産し続けることだけである．λ は，ある年から翌年までの 1 年間に親の数が何倍に増えるかを表すものと考えることができる．すなわち，λ とは，「ある年の 1 個の親が翌年に残す親の数」といえる．1 個体あたりの種子生産数を m_p 個とすると，1 個の親は一年草と同様に $C_1 \times m_p$ 個の親を新たに残し，さらに自分自身がある割合 C_p で生き残ることになる．すなわち，多年草の λ_p は（添え字の p は perennial（多年草）の頭文字の p），

$$\lambda_p = C_1 \times m_p + C_p$$

となる．C_p は，自分自身が翌年に生まれ変わる割合と考えてもよい．

生活史進化の考え方では，λ の大小によってその生活史の適応度を測る．もし，1 年目の生存率 C_1 と 2 年目の生存率 C_2 が等しければ，必ず

$$\lambda_p > \lambda_a > \lambda_b$$

となる．すなわち，ここで想定している多年草は，一年草や二年草の生活史に比べて進化的に有利である．いっぽう二年草は，一年草や多年草に比べて圧倒的に不利である．なぜなら，二年草の λ の計算では，種子生産数が 1/2 乗されてしまうからである．しかし，世の中に二年草は実在する．二年草の生活史が一年草や多年草の生活史に比べて有利になることがあるのだろうか．そこで，二年草の λ が一年草や多年草の λ より大きくなる条件を計算してみよう．

一年草に対しては，$\lambda_b > \lambda_a$ より，

$$m_b > (C_1/C_2) \times m_a^2$$

となる (Shaffer & Gadgil 1975)．すなわち，C_1 と C_2 が同程度であれば，二年草の種子生産数 m_b は一年草の種子生産数 m_a の 2 乗個以上でなければならない．種子生産数 100 個の一年草に二年草が対抗するためには，$100^2 = 10000$ 個の種子を生産しなければならないことになる (Harper 1967)．

いっぽう，多年草に対しては，$\lambda_b > \lambda_p$ より，

$$m_b > C_2/C_1 + 2m_p + (C_1/C_2) \times m_p^2$$

となる（Hart 1977）．すなわち，$C_1 \fallingdotseq C_2$ であれば，二年草が多年草に対抗するためには，多年草の種子生産数の2乗＋種子生産数の2倍以上の種子を生産しなければならない．$C_1 = C_2$ なら，多年草の種子生産数が100個であれば，二年草は $100^2 + 2 \times 100 + 1 = 10201$ 個以上の種子を生産してようやく多年草を上回る λ を実現できるのである．

アメリカの生態学者 Hart（1977）は，北アメリカの植物種14500種のうち，一年草が21.3％であるのに対して，二年草はわずかに1.4％であることを指摘した．二年草の種数がこれだけ少ないのは，二年草の生活史が進化的に有利になる条件が厳しいためであろうと彼女は主張した．さらに，イギリスの著名な個体群生態学者である Silvertown（1983）は，ヨーロッパの植物相のうち二年草の生活史をとる植物種の割合は，分類群ごとに大きく異なることを指摘した．二年草が多いのはセリ科（303種中25％），キク科（1796種中9％）であり，イネ科やカヤツリグサ科では少ない．二年草の生活史が一年草や多年草の生活史に比べて有利になるためには，繁殖する2年目までに大きなサイズにまで成長することによって（1年目に繁殖する場合と比べて）ずっと多くの種子を生産できることが条件である．そこで，彼は二年草の生活史をとる種類の頻度が分類群ごとに大きく異なるのは，分類群に特有な形態的な体制の違いが関係しているのではないかと考えた．セリ科やキク科では茎が立体的に分枝してその先に花序をつけるため，個体が大きくなるとともに分枝数を増やし，種子生産数を幾何級数的に高めることができる．いっぽう，カヤツリグサ科やイネ科では，個体は株の分けつによって二次元的にしか拡大できず，しかも分けつあたりの種子数は増えない．したがって，繁殖を2年目に遅らせて個体サイズを大きくしても，期待される種子生産数の増加がキク科やセリ科に比べて少ないと予想される．

6.3.3 遅延繁殖の進化

二年草の生活史は，種子生産数が大きく増えない限り，一年草や多年草の生活史に比べて進化的に不利である．ましてや，繁殖が3年目以後に遅れる場合はもっと不利なはずである．ところが，二年草といわれる多くの植物は，生理的には2年目（時には1年目）に繁殖できる能力があるにもかかわらず，野外では繁殖

6.3 生活史の進化

が3年目以後に遅れることがまれではない．これは進化的にどう解釈したらよいだろうか．Hirose (1983) はこの問題を簡単なグラフモデルにより考察した．

芽生えてから x 年目に繁殖する x 年草を想定しよう．また，年増殖速度を λ とすると，この植物個体群は1年で λ 倍に増える．この個体群の t 世代目の親の個体数を N_t，$t+1$ 世代目の親個体数を N_{t+1} とすれば，世代期間は x 年で，

$$N_{t+1} = \lambda^x N_t$$

となる．

いっぽう，t 世代目の親1個体が x 年目に生産する種子数を m_x，生産された種子が次世代の親になるまで（すなわち x 齢まで生き延びる）の生存率を l_x とすると，$t+1$ 世代目の親個体数 N_{t+1} は，t 世代目の親が生産する総種子数に l_x を掛けたものである．すなわち，

$$N_{t+1} = m_x N_t \times l_x = m_x l_x N_t$$

これら2式から

$$\lambda^x N_t = m_x l_x N_t$$

両辺を N_t で割って，自然対数をとると

$$x \log \lambda = \log m_x + \log l_x$$

となる．ここで，$\log \lambda = r$ と書き換えると

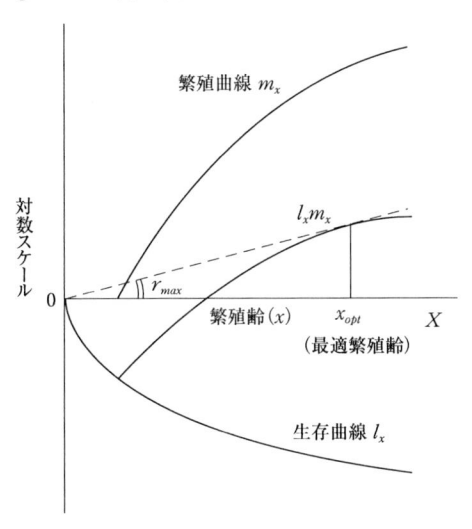

図6.5 x 年目に繁殖する x 年草の生存 (l_x) と繁殖 (m_x) のスケジュールと最適繁殖齢 (x_{opt}) を示すグラフモデル (Hirose 1983)．最大の内的自然増加率 (r_{max}) を実現する繁殖齢が，最適繁殖齢になる．

$$r = (\log m_x + \log l_x)/x$$

r は内的自然増殖率で，増加する個体群（$\lambda > 1$）では $r > 0$，減少する個体群（$\lambda < 1$）では $r < 0$，増えも減りもしない個体群（$\lambda = 1$）では $r = 0$ となる．

繁殖齢 x に対して m_x と l_x を対数軸でプロットすると，図6.5のようになるであろう．繁殖が遅れることは，x の値が大きくなることを意味する．まず，繁殖齢 x と種子生産数 m_x の関係を考えてみよう．x が大きくなるとともに個体サイズが大きくなり，その結果，種子生産数 m_x も増えていく．ただし，個体サイズには上限があるので，m_x の増えはしだいに頭打ちになる．また，種子を生産するためにはあるサイズ以上まで成長することが必要だとすると，m_x は x が0より大きいある値のところから立ち上がる．

次に，x と生存率 l_x の関係はどうなるであろうか．種子がつくられたとき（$x = 0$，すなわち出生時）の生存率は1.0である．その後，x の増加とともに生存率は0に向かって単調に減っていく．x が大きくなるとともに個体サイズも大

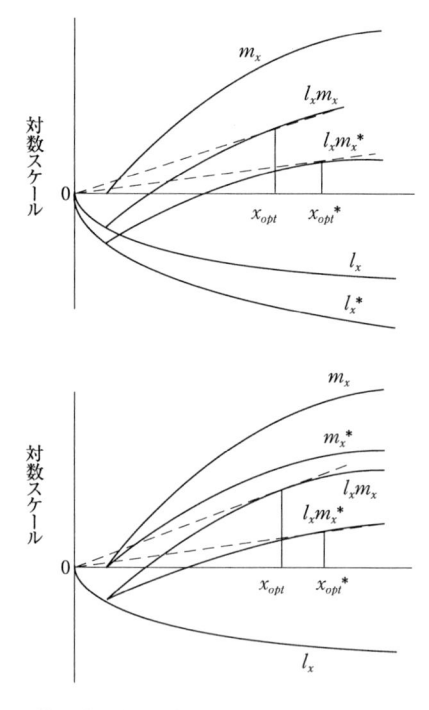

図6.6 生存率 l_x の低下（上図）や種子生産 m_x の低下（下図）が遅延繁殖の進化をもたらすことを示すグラフモデル（Hirose 1983）

きくなる．大きい個体ほど死ににくいとすると，xの増加とともに生存率l_xの低下の程度はしだいに緩やかになるであろう．このとき，xに対するl_xの関係を対数目盛のグラフ上で示すと，$x=0$のときの$\log l_x$は0となり，xの増加とともに下に凸の曲線になる．さらに，m_xとl_xの曲線を対数軸上で足し合わせた（すなわち$\log m_x l_x$）曲線は図6.5の実線で示した上に凸の曲線のようになる．

ここで，x齢で繁殖したときの内的自然増加率rは，図中の$m_x l_x$曲線上の点と原点を結ぶ線とx軸がつくる角で表すことができる．ある$m_x l_x$曲線が与えられたとき，最大のrは原点から$m_x l_x$曲線に引いた接線（図6.5の破線）の傾きとなる．このときのxが進化的に最適な繁殖齢x_{opt}というわけである．

それではどういう場合にx_{opt}は遅れるであろうか．まず，生存率l_xが低下して，l_x^*で示す曲線になった場合を考えよう（図6.6）．このとき，$m_x l_x$曲線はもとの曲線と比べて全体に低下して$m_x l_x^*$で示した曲線となる．$m_x l_x^*$上で最大のrを実現するx_{opt}^*は，もとの$m_x l_x$曲線でのx_{opt}に比べてより大きくなる．次に，種子生産m_xが低下して，m_x^*で示す曲線になった場合を考える．この場合も同様にして，x_{opt}^*は，もとの$m_x l_x$曲線でのx_{opt}に比べてより大きくなる．すなわち，繁殖齢xに対して生存率l_xや種子生産m_xが全体に低下すると，最適な繁殖齢は遅れると予想される（図6.6）．

6.4 サイズ依存的繁殖の進化

これまでの植物の個体群統計の研究により，多くの二年草は実は文字どおりの二年草の生活史をとらないことがわかっている．二年草と呼ばれている植物のほとんどは，野外では繁殖齢が1～5年（場合によってはそれ以上），生育環境によって可変的に変わる．このような二年草を，文字どおりの二年草（真性二年草：strict bienials）と区別して可変性二年草（facultative binennials）と呼ぶ．

可変性二年草の繁殖齢が生育環境によって変わるのは，繁殖のタイミングがサイズ依存的に決まっているためである．すなわち，一定以上の大きさのロゼット個体が年齢に関係なく抽だいして開花するため，遺伝的に同一な個体であってもロゼットの成長が早いものは若い齢で，成長の遅いものは何年か遅れて繁殖するのである．なぜ，多くの二年草は齢ではなく生育環境に応じて可変的に繁殖のタイミングを変化させるのであろうか．この疑問に答えるため，可変性二年草のオ

オマツヨイグサの研究を中心に紹介しよう．

6.4.1　サイズ依存的繁殖の至近要因

　まず，サイズ依存的繁殖の至近要因について説明する．ほとんどの二年草は，抽だいや開花を開始するために，長日日長と低温刺激（バーナリゼーション：vernalization）のいっぽうもしくは両方を必要とする．一定以上の大きさにまで成長したロゼットが低温刺激や長日の日長刺激を感じるとすれば，繁殖のタイミングはサイズ依存的になる．

　KachiとHirose（1983）は，抽だいするサイズにまで成長したロゼットであっても，ロゼットの中心部（直径5cm）の部分のみを長日条件に，それ以外の部分を短日条件にさらした場合は抽だいしないことを栽培実験によって示した．彼らは，この結果からオオマツヨイグサのロゼットが抽だいするためには，長日日長の刺激を感ずるためにある一定以上の葉面積が必要であると結論した．オオマツヨイグサのサイズ依存的な繁殖は，春の長日日長を感じるときのロゼットの地上部のサイズ（葉面積）と関係していたのである．オオマツヨイグサは，抽だいするために低温刺激も必要とするが，低温刺激はサイズによらず感じることができる．したがって，秋に芽生えた小さなロゼットでも，翌年の春先の成長がよければその年に抽だいして開花結実が可能である．そのため，オオマツヨイグサはロゼットの生育条件さえよければ越年草の生活史をとることもできる．

　また，抽だいするために低温刺激を必要とせず，長日日長刺激のみを必要とする二年草は，ロゼットの生育がよければ一年草にもなりうる．レタスの仲間である *Lactuca virosa* はその例である．この種は，温室内で春に発芽した個体がその年のうちに繁殖することがある（Boorman & Fuller 1984）．いっぽう，低温に対する感受性がサイズ依存的な二年草も知られている．オランダの海岸砂丘に生育するオオルリソウ（*Cynoglossum officinale*）はその例である（de Jong *et al.* 1986）．この場合は，繁殖する前年のロゼットの生育終了時のサイズがサイズ依存的な繁殖と関係する．栄養成長器官（特に地下部の直根）に貯えられる炭水化物や窒素などの量が，サイズ依存的繁殖の至近要因であるという仮説（Harper & Ogden 1970；Mooney & Chiariello 1984）は魅力的であるが，これまでのところその証拠はない．実際，オオマツヨイグサでは，直根の乾重や個体全体の大きさはサイズ依存的な繁殖とは直接関係しない．オオマツヨイグサのサ

イズ依存的繁殖に直接関係するのは，あくまで長日日長を感ずる地上部（ロゼット）の大きさである（Kachi & Hirose 1983）．

低温や長日日長によってロゼットの抽だいが誘導されるのは，植物ホルモンであるジベレリンの作用であると考えられている（Galston 1961; Rood *et al.* 1990）．ジベレリンには，化学構造が部分的に異なるさまざまな種類があり（これを同族体という），高等植物から 125 種類以上のジベレリンが同定されている．ジベレリンによって花芽の分化が誘導されるものも知られているが，抽だいを促進するものとは異なる種類のジベレリンであることがわかっている．野外では，抽だいと開花は連動しているように見えるが，生理的には独立に制御される発生過程である．たとえば，抽だいしたオオマツヨイグサに施肥すると，本来，花芽に分化するはずの側芽が葉芽になり，結果として花期が遅れる．

サイズ依存的な繁殖が，低温刺激と関係しているか長日日長刺激と関係しているかは，二年草の生活史の進化（究極要因）を考える上でも重要である．前者であれば，繁殖のタイミングを決定しているのは，前年の生育シーズン終了時のサイズである．後者であれば，春先のロゼットの成長の程度がその年繁殖するかどうかを決定することになる．野外条件下では，繁殖の引き金が引かれれば，抽だいから開花結実まで自動的に進む．したがって，繁殖の引き金が引かれる時期が，栄養成長期と繁殖期の区切り点となる．低温刺激感受性がサイズ依存的な二年草では，生育シーズンの終わりがその区切り点になる．この場合，繁殖の引き金が引かれた後の冬の間のロゼットの成長や生存率は，生活史の進化を論ずる上では繁殖の過程の一部として扱うのが適当である．いっぽう，春以後に繁殖の引き金が引かれる長日日長の感受性がサイズ依存的な二年草では，冬の間のロゼットの成長や生存は，栄養成長期のできごととして扱うべきである．

6.4.2　サイズ依存的繁殖の遺伝的背景

その詳細はいまだ明らかではないが，抽だいや開花を誘導するジベレリンや花成ホルモンの合成と転流は，遺伝子の発現調節と関連している．また，ジベレリンを過剰に生産したり，ジベレリンの感受性が異なるシロイヌナズナの突然変異体も見つかっている．これらの事実は，二年草に見られるサイズ依存的な繁殖特性の，少なくとも一部は遺伝的なものであることを示唆する．

異なる地域の個体群から採取した種子を同じ条件で栽培した場合，開花年が

種子親の個体群ごとに異なる例が報告されている．ビロードモウズイカ (*Verbascum thapsus*) では，北アメリカの高緯度の個体群由来のものは中緯度や低緯度の個体群由来のものに比べて繁殖齢が遅れる (Reinartz 1984)．Wesselingh と de Jong (1995) は，オランダの海岸砂丘に生育する可変性二年草のオオルリソウ (*Cynoglossum officinale*) を材料に，開花臨界サイズ (threshold size for flowering) に対する人為選択の実験を行った．その結果，開花臨界サイズの狭義の遺伝率は 0.32〜0.35 であった．植物の適応度に関連した多くの形質の遺伝率は 0.3 以下である (Platenkamp & Shaw 1992) ことと考え合わせると，開花臨界サイズはより高い適応度を実現する方向に比較的早く進化すると考えられる．すなわち，臨界サイズの個体間の遺伝的なばらつきの程度は，どんどん小さくなっていくはずである．ところが，実際の個体群では，同一個体群内で比較的大きな個体間変異が観察された．彼らはその理由の一つとして，適応度の山が最適臨界サイズ付近でなだらかであることをあげた．サイズ依存的繁殖の遺伝的な機構は今後，量的遺伝学の手法に加え，ゲノムの塩基配列がわかっているシロイヌナズナ (*Arabidopsis thaliana*) などを使った分子生物学的手法により明らかにされるであろう．

6.4.3　サイズ依存的繁殖の究極要因

　成長に個体差がなければ，個体サイズは個体齢と1対1に対応する．このとき，生存や繁殖のスケジュールが実際にはサイズ依存的に決まっている場合でも，便宜上エイジ依存的に決まっていると見なして扱っても結論は同じになる．たとえば，遅延繁殖の進化で扱う最適繁殖齢の問題は，サイズ依存的繁殖の進化で扱う最適繁殖サイズの問題と同等である．それでは，個体齢と個体サイズが1対1に対応しない場合，すなわちロゼットの成長に個体間でばらつきがある場合はどうであろうか．

　サイズ依存的に繁殖する可変性二年草では，同時に発芽した個体であっても成長の早いものほど早い齢で繁殖に入るため，繁殖齢に個体差が生ずる．いっぽう，一年草や真性二年草のようにエイジ依存的に繁殖する場合は，サイズの個体差とは無関係に，ある決まった齢で繁殖することになる．植物は，個体の大きさや成長速度に関して大きな可塑性を持っている (Bradshaw 1965 ; Gottlieb 1977)．そのため，植物の個体群動態や生活史を理解するには，個体群の齢構成とともに

6.4 サイズ依存的繁殖の進化

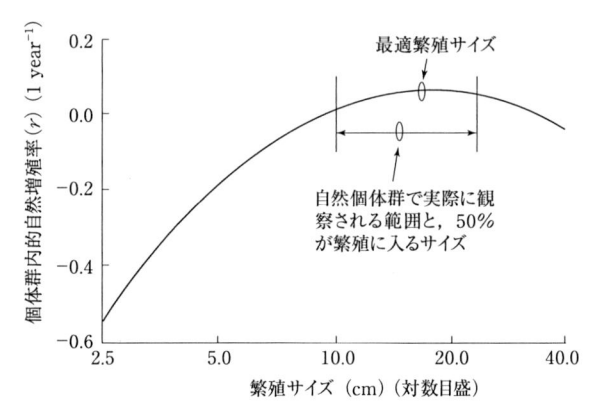

図 6.7 シミュレーションモデルによって推定した，オオマツヨイグサの繁殖臨界サイズと内的自然増加率との関係（Kachi & Hirose 1985）

サイズ構成の情報が不可欠になる．

　Kachi と Hirose（1985）は，生存率，繁殖のタイミング，および種子生産量がサイズ依存的に決まるとし，さらにロゼットの成長の個体差を考慮した二年草の個体群動態をシミュレートする個体ベースモデル（individual based model）をつくった．彼らは，そのモデルを海岸砂丘の開放地に成育するオオマツヨイグサ（*Oenothera glazioviana*）の個体群に適用した．その結果，貧栄養などのためロゼットの成長が抑えられている環境では，繁殖の臨界サイズを大きくして繁殖個体あたりの種子生産量を増やすほうが，繁殖齢が遅れるにもかかわらず個体群の増殖速度が高くなることが示された．また，実際の個体群がそのモデルから予想される，最適に近い繁殖臨界サイズを持っていた（図 6.7）．

　これまでになされた二年草の生活史に関する多くの理論的研究では，主に最適繁殖齢の問題を扱ってきた．しかし，可変性二年草は，繁殖に入る繁殖臨界サイ

表 6.1 サイズ依存的に繁殖に入る個体群と，エイジ依存的に繁殖に入る個体群の内的自然増加率の比較（Kachi & Hirose 1985）

芽生え出現率(%)	サイズ依存モデル		エイジ依存モデル	
	最適繁殖サイズ(cm)	増殖率 ($year^{-1}$)	最適繁殖齢 (year)	増殖率 ($year^{-1}$)
0.5	24.5	−0.179	6	−0.287
1.0	20.4	−0.074	6	−0.171
2.0	16.6	0.054	5	−0.035
4.0	14.5	0.209	4	0.125
8.0	11.0	0.384	3	0.306
16.0	8.9	0.593	3	0.537

ズの大小を通して，繁殖齢を間接的に制御しているにすぎない．なぜ，可変性二年草はエイジではなくサイズによって繁殖のタイミングを決定しているのであろうか．KachiとHirose（1985）は，前述のオオマツヨイグサの個体群動態のシミュレーションモデルによって，サイズ依存的に繁殖に入る個体群とエイジ依存的に繁殖に入る個体群とを比較して，前者がつねに高い内的自然増殖率（r）を実現することを示した（表6.1）．これは，ロゼットの成長に個体差があるためである．すなわち，エイジ依存的に繁殖する場合には，さまざまな大きさの個体が同時に繁殖に入ることになり，たとえ平均の大きさの個体にとっては最適の繁殖齢であっても，平均より小さい個体にとっては（ロゼットの段階に留まることによって，将来より高い種子生産が期待できるという意味で）繁殖齢が早すぎ，平均より大きな個体にとっては繁殖齢が遅すぎるためである．いっぽう，繁殖がサイズ依存的に決まっている場合には，平均より小さい個体は栄養成長を続けることによって，将来大きな種子生産をあげることが可能になる．また，サイズ依存的繁殖は同齢個体群（コホート）の繁殖齢を分散させるように作用するから，エイジ依存的に繁殖する場合に比べて，環境変動の影響を受けにくい（伊藤（1982）の付録として発表された巌佐の解説参照）．この意味でも，サイズ依存的繁殖は，エイジ依存的繁殖に比べて有利な繁殖戦略であるといえる（可知 1986；Kachi & Hirose 1985）．

　可変性二年草は，二次遷移途中相のように比較的富栄養で，かつ数年に一度攪乱を受けるような混み合った場所から，砂丘や採石場のように貧栄養で比較的安定した開放地までさまざまな環境に生育している．可変性二年草の繁殖はサイズ依存的なために，富栄養であれば越年草の生活史をとることができ，世代期間を短くして攪乱が頻繁に起こる環境に適応できる．いっぽう，繁殖を遅らせたほうが有利だと考えられる貧栄養な環境や他種との競争のために成育が抑えられる環境では，三〜五年草の生活史をとることもできる．また，変動する環境に対しても可変性二年草の生活史は適応的である（Hirose 1983）．そのため，多くの二年草が可変性二年草型の生活史をとっているのであろう．

6.5　植物の個体群統計

　個体群統計に対する英語の用語はdemography（デモグラフィー）である．

demographyの一般的な訳語が人口学とか人口統計学といわれるように，個体群統計は当初人間の齢別生存確率や余命などを推定するための学問として発達した．これは，生命保険会社が保険料を設定するという実利的な要求があったためである．固着性の植物は動き回る動物に比べて，個体を識別してその後の運命を追跡しやすいはずである．しかし，多くの植物生態学者が個体群統計学的な研究に注目するようになったは，1960年代後半以後である（Harper 1967 ; Harper 1977）．また，生命表解析と呼ばれる古典的な個体群統計の手法を植物個体群に適用した研究が最初に世に出たのは，1979年のことである（Leverich & Levin 1979）．さらに近年は，希少種の保全や移入植物の管理など，応用的な要請からも個体群統計の研究が注目されている（Akcakaya *et al.* 1999；邦訳アクチャカヤ他 2002）．

6.5.1 生命表解析：生存曲線と繁殖曲線

生存と繁殖のスケジュールを解析するための古典的な手法が生命表解析である．生命表解析は，人間をはじめ昆虫を含む多くの動物個体群の研究に適用されてきた（伊藤 1978）．しかし，植物個体群への適用例は意外に少ない．

生命表解析で基本となるデータは，出生からx齢まで生き延びる確率（l_x）である．植物個体群についてl_xを測定するには，ある年に生まれた（芽生えた）個体の集まりである同齢の個体群（同時出生群あるいはコホート：cohortという）の生存過程を継続して追跡すればよい．l_xは齢別生存率（age specific survivorship）と呼ばれ，生存のスケジュールそのものである．齢xに対してl_xを図示したものを生存曲線（survivorship curve）という．l_xがわかれば，各齢の平均余命が計算できる．生命保険会社にとってはこれで十分であるが，個体群の動態（世代を越えた個体数の変化）に興味を持つ生態学者は，これだけでは満足しない．x齢の1個体が産む平均の産子数を齢別出生率（age specific fertility）といい，ふつうm_xで表す．齢xに対してm_xを図示したものをここでは繁殖曲線（fertility curve）と呼ぶ（$l_x m_x$曲線を繁殖曲線という場合もある）．繁殖曲線は繁殖のスケジュールをもっとも端的に示したものである．

ここで，生まれたばかりの子が生涯にどれくらいの子を産むかを考えてみよう．x齢の個体が産む子の数がm_xであるから，$x=0$から最高寿命（あるいは最高繁殖齢）までm_xを足し合わせればよいかというと，これは一般的には正しくない．

なぜなら，生まれた子のすべてが x 齢まで生き延びるわけではないからである．すなわち，生まれた子（0 齢の子）が，その後 x 齢まで生き延びる確率（l_x）を考慮して，m_x を足し合わせればよい．0 齢の子が生涯に産む子の期待値を R_0 と書くと，

$$R_0 = l_0 m_0 + l_1 m_1 + \cdots\cdots = \sum l_x m_x$$

となる．R_0 は，ある世代に生まれた 1 個体が次の世代に残す子の数の平均（期待値）である．つまり，個体レベルで考えると，R_0 は生涯にわたっての繁殖成功度（lifetime reproductive success）を示している．いっぽう，個体群レベルで考えると，この個体群は 1 世代あたり R_0 倍ずつ増えていくことになる．そこで，R_0 を世代あたりの純増加率（net reproductive rate）という．

適応度や個体群の増殖速度に直接かかわる世代期間も，l_x と m_x から計算できる．世代期間は l_x を考慮した平均の繁殖齢と考えることができる．すなわち，世代期間を T_c と書くと，

$$T_c = \frac{\sum x l_x m_x}{\sum l_x m_x} = \frac{\sum x l_x m_x}{R_0}$$

となる．T_c は，x に対して $l_x m_x$ をプロットしたときの頻度分布の平均値（すな

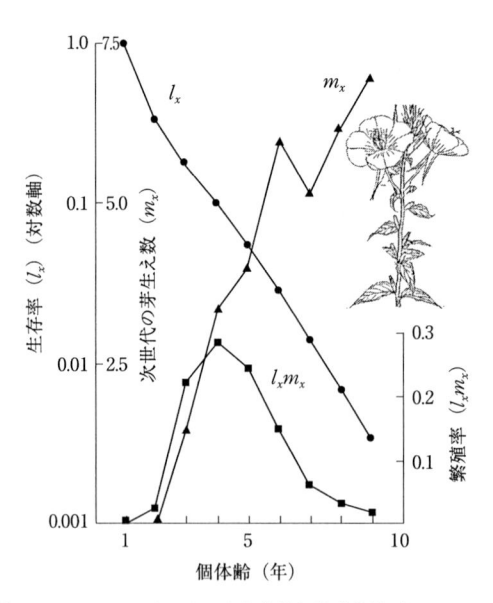

図 6.8 オオマツヨイグサの生存曲線と繁殖曲線（Kachi & Hirose 1985）

わち，頻度分布の総面積を1:1に分けるxの値）になる．T_cの添え字のcは，同時出生群（cohort）のl_xとm_xから計算した世代期間という意味である．

図6.8に，海岸砂丘に生育するオオマツヨイグサの生存曲線と繁殖曲線の例を示す．この図では，生存率を計算する出発点（生存率＝1）を前年に生産された種子から芽生えた当年5月の時点での実生としてある．したがって，m_xはx齢の親1個体あたりの種子生産数ではなく，種子生産数に発芽率と前年に発芽後当年5月までの期間の生存率の両者を掛け合わせた数である．また，生存曲線や繁殖曲線を$x=0$ではなく$x=1$齢からはじめている．これは，種子生産は1齢の実生を勘定する前年に起こるので，種子生産（繁殖）から実生定着までの期間を世代期間に含めるためである．

生存率は，ふつう対数目盛で表示する．こうすると，単位時間あたりの死亡率が一定のときの生存曲線は傾きが一定の直線となる．オオマツヨイグサの例では，2年目以後はほぼ死亡率が一定であることがわかる．いっぽう，繁殖曲線は齢とともにほぼ単調に増加している．これは齢とともに個体サイズが大きくなることと，同齢集団のなかで繁殖に入る個体の割合が高くなるためである．人間のようにある年齢を超えると加齢とともに繁殖力が低下する生物では，m_xはある年齢でピークに達した後0に向かって減少する．m_xが低下しないということは，加齢による繁殖力の低下（すなわち老化）が起こらないことを意味する．その場合でも，$l_x m_x$曲線はある齢で最大値を示し，その後低下する．これは，たとえ繁殖力（m_x）が加齢とともに低下しなくても，生存率（l_x）のほうは年齢とともに必ず0に向かって単調に減少するからである．

6.5.2 個体群増殖に関する基本定理

生存と繁殖のスケジュール（すなわちl_xとm_x）が世代ごとに変わらずにずっと一定のとき，10000個の芽生えであろうが，5000個の芽生えと5000個の3齢の個体であろうが，どのような齢構造の個体群から出発した場合でも，世代を重ねるにつれ，その個体群はやがて安定齢構造（stable age structure）を示すようになり，一定の増殖速度で増殖するようになる．

これは数学的にも証明できるが，ここでは理屈より仮想的な具体例で示そう．たとえば，0齢で生まれた後，3齢までは100％生存し，4齢ですべての個体が死亡するとする．また，個体あたりの平均産子数は1齢で2，2齢で1，0齢と3,

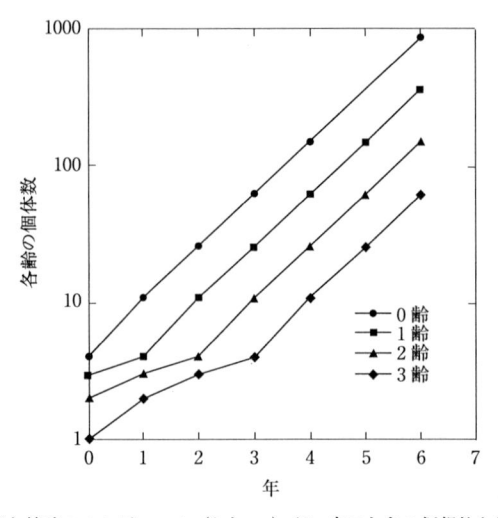

図 6.9 生存と繁殖のスケジュール（l_x と m_x）が一定のときの仮想的な個体群の各齢の個体数の経年変化
縦軸が対数スケールであることに注意（Krebs 1978, p.164 に紹介されている例を図化）．

4齢では0とする．任意の初期条件，たとえば0年目に，0齢が4個体，1齢が3個体，2齢が2個体，3齢が1個体，4齢が0個体から出発した場合，1年目以後の個体数は図6.9のように変化する（各自で計算してみてほしい）．縦軸が対数スケールであることに注意すれば，3年目以後，各齢の個体数は一定の率で指数的に増えていくことがわかる．このとき，各齢の個体数の増加を示す直線は平行になっている．これは各齢の個体数の割合が一定に保たれている（すなわち安定齢構造を示している）ことを意味する．

各齢の個体数が一定の率で増加すれば，個体群全体も同じ率で増加する．この増加率を期間増加率（finite rate of increase）と呼び，ふつう λ と書く．すなわち，一定の生存（l_x）と繁殖（m_x）のスケジュールのもとで安定齢構造に達した個体群は，毎年 λ 倍ずつ個体群のサイズ（＝個体数）が増加していく．このとき，ある基準となる年（$t=0$）のときの個体数を N_0 とすると，t 年後の個体数 N_t は以下の式で計算できる．

$$N_t = \lambda^t N_0$$

両辺の自然対数をとると

$$\log N_t = t \log \lambda + \log N_0$$

となる．$\log \lambda$ を，内的自然増殖率（intrinsic rate of natural increase）といい，ふつう r と表記する．期間増殖率 λ と内的自然増殖率 r は，以下の式で示されるように表裏一体の関係にある．

$$\lambda = e^r \quad (\text{e は自然対数の底})$$

$\lambda > 1$（$r > 0$）ならば個体群は増加し，$\lambda < 1$（$r < 0$）ならば個体群は減少する．$\lambda = 1$（$r = 0$）なら個体群サイズは見かけ上一定で変化しない．λ が1に近いとき（0.97～1.03程度），r の値はほぼ λ から1を引いたものになる．毎年2%ずつ成長する個体群の λ は1.02であるが，このときの r は0.02/年（より正確には0.0198/年）となる．

6.5.3 オイラー方程式

指数的に増殖している個体群の年増加率 λ は，世代期間（T）と世代あたりの純増加率（$R_0 = \sum l_x m_x$）を使って次のように表すことができる．

$$\lambda = \sqrt[T]{R_0}$$

T 年あたり R_0 倍ずつ増えるのであるから，1年あたりではその T 乗根になるという理屈である．$\lambda = e^r$ として，両辺の自然対数をとると

$$r = \frac{\log R_0}{T} = \frac{\log \sum l_x m_x}{T}$$

となる．

この式は，個体群の増殖が生存と繁殖のスケジュールによって決まることを如実に示す重要な式である．内的自然増殖率 r を大きくするには，純増加率 R_0 を高めるか世代期間 T を短くすればよい．ここで，R_0 は対数として r に影響するのに対して，T は真数の割り算として（逆比例して）影響することに注意してほしい．たとえば，R_0 が10，T が10年の個体群の r は 2.303/10 = 0.230/年である．もし R_0 が11になると r は 2.398/10 = 0.240/年に高まるのに対して，T が9年になると r は 2.303/9 = 0.256 となる．世代期間を短く（すなわち繁殖齢を若く）することによる r を高める効果のほうが，より顕著であることがわかる．

安定齢構造に達していない個体群の個体群統計から求めた l_x と m_x からでも，上式によって，かなり正確に r が推定できる．正確に r を求めるには，以下のオイラー方程式を用いる．

$$\sum \lambda^{-x} l_x m_x = 1$$

この式の意味は，次のように考えれば理解しやすい．安定齢分布では，ある時刻 t に生まれる子の数 $n_{o,t}$ は，それより x だけ前の時点 $(t-x)$ に生まれた子の数 $n_{o,t-x}$ の λ^x 倍である．したがって，

$$n_{o,t} = \lambda^x n_{o,t-x}$$

より

$$n_{o,t-x} = \lambda^{-x} n_{o,t}$$

ところで，時刻 t に生まれる子は，それ以前の時刻 $t-x$ $(x=0 \sim \infty)$ に生まれた子が時刻 t まで l_x の確率で生き延びて産んだ m_x 個の子の総数であるから

$$n_{o,t} = \sum n_{o,t-x}\, l_x m_x = n_{o,t} \sum \lambda^{-x}\, l_x m_x$$

両辺を $n_{o,t}$ で割れば，オイラーの方程式が得られる（ただし，多くの教科書ではオイラーの方程式として，λ の代わりに e^r を使った式を紹介している）．個体群統計のデータ l_x と m_x からオイラーの方程式を使って λ を求めるには，数値計算による試行錯誤による．

6.6　推移行列モデル

生存と繁殖を時間の関数として捉える l_x と m_x に基づく個体群統計の解析手法は，卵→幼虫→蛹→成虫というように時間軸に沿って生活史を一次元的に表現できる生物の個体群動態や生活史の進化的意義を研究する上できわめて有効である．しかし，多くの植物の生活史はずっと複雑である．埋土種子を持つ場合や生

図 6.10　行列モデルの大御所である Hal Caswel と日本における第一人者である北海道東海大学の高田壮則

存率や種子生産量が齢ではなく個体サイズに依存する場合など，同じ生活史段階でありながら，その齢は個体ごとにばらつくほうがむしろ普通である．また，種子だけでなく，地下茎やムカゴなどさまざまな方法を組み合わせて繁殖する植物も多い．このような複雑な生活史をとる生物の個体群統計を解析する強力な手段が行列モデルである．行列モデルを使った個体群統計の解析手法については，アメリカのウッズホール海洋研究所の Hal Caswell の教科書（2001）がバイブルであると言ってよい（図6.10）．また，行列モデルは近年保全生態学分野で多用されている（Akcakaya et al. 1999；邦訳アクチャカヤ他 2002）．

6.6.1 推移行列モデルによる個体群統計解析

個体群動態を記述する行列モデルを構築する手順は，あっけないほど単純である．まず，調査対象とする個体群のなかに調査区を設定し，そのなかの全個体を適当なラベルを使って標識する．次に，生活史をいくつかの段階（stage）に分ける．たとえば，個体サイズによって生活史段階を分ける場合は，植物高など個体サイズの指標となるものを測定する．一定期間の後（たとえば1年後），調査区内で生き残っている個体と繁殖によって新たに出現した個体について，同様の調査を行う．とりあえずこれだけの調査で行列モデルをつくることができる．個体群動態の年変動を知りたければ，この調査を数年間根気よく続ければよい．

これらのデータに基づいて，ある年に生育段階 j にあった個体が翌年生育段階 i に推移する確率 (a_{ij}) を計算する．この推移確率は，生活史段階が四つの場合，以下のように記述できる（生活史段階1は1年目の実生とする）．

$$\begin{bmatrix} 0 & - & - & - \\ a_{21} & a_{22} & a_{23} & a_{24} \\ a_{31} & a_{32} & a_{33} & a_{34} \\ a_{41} & a_{42} & a_{43} & a_{44} \end{bmatrix}$$

この行列によって，個体の生存過程と成長過程を同時に記述できる．行列の対角線に位置する推移確率 a_{ii} は，同じ生活史段階にとどまる確率である．生活史段階1が1年目の実生の場合は，翌年この段階にとどまることはありえない（今年1歳の子は来年必ず2歳になる）から，a_{11} は0である．対角線より左下に位置する推移確率は，より進んだ生活史段階に推移する確率である．いっぽう，対角線より右上に位置する推移確率は，生活史段階を後戻りして推移する確率である．

植物では,今年のサイズより来年のサイズが小さくなることはまれではない.また,行列の第1行2~4列(—)は,繁殖過程の推移を表すので数値は入らない.

さらに,ある年に生活史段階 j にあった個体が繁殖して翌年に残した子(1年目の実生)の数 (f_{1j}) を推定する.この推定では,調査区全体の種子生産数と1年目の実生の総数から平均の発芽定着率を計算し,生育段階ごとの種子生産数に応じて比例配分するのがふつうである.また,塊根や地下茎などによる栄養繁殖由来の個体は,芽生えよりさらに進んだ生活史段階の子が生まれたとして計算する.これらの計算から繁殖行列がつくれる.もし,子に対応する生活史段階が1年目の実生だけのとき(すなわち栄養繁殖をしないとき)は,行ベクトルになり,以下のように記述できる(1年目の実生がいきなり子を産むことはないとする).

$$[\ 0\ \ f_{12}\ \ f_{13}\ \ f_{14}\ ]$$

たとえば,f_{14} は生活史段階4にある個体が翌年に残す子(実生)の数になる.

個体群動態を記述する行列モデルで使われる行列は,個体の生存過程と成長過程を記述する行列と繁殖の過程を記述する行列を合わせたもので,以下のようになる.

$$\begin{bmatrix} 0 & f_{12} & f_{13} & f_{14} \\ a_{21} & a_{22} & a_{23} & a_{24} \\ a_{31} & a_{32} & a_{33} & a_{34} \\ a_{41} & a_{42} & a_{43} & a_{44} \end{bmatrix}$$

これがすべての解析の出発点となる.ここでは,この行列を推移行列と呼ぶことにする.繁殖過程は,自分が生まれ変わって(分裂して)推移する過程と考えるわけである.推移行列のなかで繁殖過程を記述する行列要素は1以上の値をとりうる.したがって,推移行列を推移確率行列と呼ぶのは適当でない.また,推移行列 A の各要素 a_{ij} を vital rates と呼ぶ.

推移行列により,複雑な生活史をとる植物の生存と繁殖のスケジュールを表現することができる.生存と繁殖のスケジュールが齢に依存して決まる場合(6.5.1項参照)も,推移行列モデルで表現できる.このとき,推移行列の要素のうち対角線から一つ下の行列要素 (a_{j+1j}) と繁殖にかかわる要素 (f_{ij}) 以外の要素は0となる.推移行列モデルは,生命表解析に比べてはるかに柔軟に複雑な生活史を記述できるのである.

推移行列モデルを使って,今年の状態から来年,再来年,さらにもっと将来の

状態を投影（project）することができる（ここではあえて「予測」という語は使わない．その理由は 6.6.5 項を参照のこと）．簡単な例で説明しよう．種子（seeds），ロゼット（rosettes），開花個体（flowering plants）という三つの生活史段階からなる植物を想定する．この植物個体群の推移行列 A は，以下のように書き下せる．

$$A = \begin{bmatrix} a_{11} & f_{12} & f_{13} \\ a_{21} & a_{22} & a_{23} \\ a_{31} & a_{32} & a_{33} \end{bmatrix}$$

ここで，a_{11} は，埋土種子として翌年まで生存する確率である．種子が芽生えた後いきなり翌年開花することがなければ，$a_{31} = 0$ である．また，繁殖後枯死する一回繁殖型の植物であれば，a_{33} と a_{23} も 0 となる．

ここで，ある年の各段階の個体数を，N_s, N_r, N_f とする．翌年，各段階の個体数はいくつとして投影されるだろうか．翌年の種子数は，生き残った埋土種子数（$a_{11}N_s$）に新たに生産された種子数（$f_{12}N_r + f_{13}N_f$）を加えたものである（ただし，開花しなければ種子は生産されないので $f_{12} = 0$ である）．来年のロゼットの数は，今年の種子由来の新しいロゼット（$a_{21}N_s$）に，今年のロゼットの生き残り（$a_{22}N_r$）と今年の開花個体からの出戻り（$a_{23}N_f$）を加えたものになる．来年の開花個体数は，種子からいきなり開花個体になる数（$a_{21}N_s$）に，ロゼットから開花個体になる数（$a_{32}N_r$）と，今年，来年と続けて開花する数（$a_{33}N_f$）を加えたものになる．

実は，これらの一連の計算は簡単な行列の掛け算として以下のようにまとめてできるのである．

$$\begin{bmatrix} a_{11} & f_{12} & f_{13} \\ a_{21} & a_{22} & a_{23} \\ a_{31} & a_{32} & a_{33} \end{bmatrix} \times \begin{bmatrix} N_s \\ N_r \\ N_f \end{bmatrix} = \begin{bmatrix} a_{11}N_s + f_{12}N_r + f_{13}N_f \\ a_{21}N_s + a_{22}N_r + a_{23}N_f \\ a_{31}N_s + a_{32}N_r + a_{33}N_f \end{bmatrix}$$

2 年目以後の各生活史段階の個体数の変化（投影）を知りたければ，この計算を続けていけばよい．ただし，この計算では，推移行列の要素の値が年によって変わらないとしている．したがって，生存率や種子生産が年によって大きく変動する場合には，将来の個体群サイズを予測するためにこの方法を使うのは適当ではない．行列モデルのありがたみは，将来予測よりもむしろこれから説明する感受性分析や繁殖価の分析などで発揮される．

6.6.2　期間増加率 λ と固有値

6.5.2項で述べたように，個体群が一定の生存と繁殖のスケジュール，すなわち一定の生活史スケジュールで成長していくと，やがて一定の増殖速度で増殖するようになる．これを行列モデルで表すと次のようになる．生活史段階が $1 \sim n$ に分かれた個体群を想定しよう．この個体群の増殖率が期間増加率 λ で一定になったとき，ある時刻 t での生活史段階 i の個体数を u_{it}，推移行列を A とすると，時刻 $t+1$ での個体数 u_{it+1} は，どの生活史段階の個体も単位時間あたり λ 倍ずつ増えるから，

$$\begin{bmatrix} u_{1t+1} \\ \vdots \\ u_{it+1} \\ \vdots \\ u_{nt+1} \end{bmatrix} = \lambda \begin{bmatrix} u_{1t} \\ \vdots \\ u_{it} \\ \vdots \\ u_{n+1} \end{bmatrix}$$

となる．

いっぽう，行列モデルによれば，

$$\begin{bmatrix} u_{1t+1} \\ \vdots \\ u_{it+1} \\ \vdots \\ u_{nt+1} \end{bmatrix} = A \begin{bmatrix} u_{1t} \\ \vdots \\ u_{it} \\ \vdots \\ u_{n+1} \end{bmatrix}$$

である．

上記では，各生活史段階の個体数 u_{it} を縦に並べて列ベクトルの形で示している．この列ベクトルを $\mathbf{u}_t$ と書き直すと，上の両式の左辺は同じであるから

$$A\mathbf{u}_t = \lambda \mathbf{u}_{t+1}$$

となる．ここで，A は n 行 n 列の正方行列，$\mathbf{u}_t$ と $\mathbf{u}_{t+1}$ は要素数 n の列ベクトル，λ はふつうの数（スカラーという）である．

行列の計算を扱う線形代数では，ベクトルに行列を掛けて得られる行列が元の行列のスカラー倍になるようなベクトルが得られるとき，そのスカラーを行列の固有値，そのベクトルを行列の固有ベクトルと呼ぶ．すなわち，個体群統計学で期間増加率 λ と呼んでいたものは，行列モデルでは，推移行列の固有値そのものである．また，固有ベクトル（とそれに対応する固有値）は行列の右から掛け

る場合と左から掛ける場合で異なる．右から掛けた場合を，右固有ベクトルという．すなわち，推移行列から計算できる期間増加率 λ は，右固有ベクトルに対応する固有値ということになる．

　実は，行列モデルで扱う行列の固有値は n 次の行列なら n 個存在するのがふつうである．期間増加率 λ は，これら n 個の固有値のうち最大のものである（数学的な証明は省略する）．そこで，最大固有値を1番目の固有値として，λ_1 と書く場合もある．2番目，3番目に大きい固有値は，生活史段階の個体数の割合が一定になる以前（すなわち一定の増加率 λ で増殖する以前）の途中段階での個体群の挙動に影響するが，ここではこの問題には深入りしない．

6.6.3　感受性分析と弾性分析

　推移行列は，生存と繁殖のスケジュールを示した生物の人生の設計図といえる．生活史の進化を考える上で，人生設計のできばえ（進化的な有利さ）を評価する指標が推移行列の固有値 λ である．より大きな λ を実現する生活史ほど，より多くの子孫を残すことになると考えられるからである．生活史のある過程（すなわち，推移行列の要素のどれか）が少し変化すると，それにともない λ も変化するはずである．そこで，推移行列の要素の一つが単位量だけ変化することによって λ がどれだけ変化するかに興味が持たれる．これを数値化したものが感受性（sensitivity）である．推移行列のある要素 a_{ij} に対する λ の感受性を s_{ij} と書くと，

$$s_{ij} = \frac{\partial \lambda}{\partial a_{ij}}$$

ということである．ここで，∂ は注目している変数だけを単位量だけ変化させ，他の変数の値は変えないということを示す偏微分記号である．s_{ij} は，推移行列 A から次の式によって簡単に計算できる．

$$s_{ij} = v_i u_j$$

ここで，u_j は安定ステージ分布での生活史段階 j の頻度，v_i は推移行列 A の左固有ベクトルの j 番目の要素である．すなわち，${}^t\boldsymbol{v} = (v_1 \cdots v_i \cdots v_n)$ とすると

$$ {}^t\boldsymbol{v} A = \lambda {}^t\boldsymbol{v}$$

ということである．ちなみに，$\boldsymbol{v}$ の添え字 t は t をつけない元の行列の行と列を入れ替えた行列（transporsed matrix）を意味する．ここでは $\boldsymbol{v}$ は列ベクトル，

$'v$ は行ベクトルとなる．

　実は，v_j は生活史段階 j の個体の繁殖価（reproductive value）そのものであることが数学的に証明できる．すなわち，推移行列 A の最大固有値が期間増加率 λ を，右固有ベクトルが安定ステージ分布を，左固有ベクトルが繁殖価を表すのである．なんと美しい関係であろうか．繁殖価については，繁殖のコストと関連づけて 6.7 節で解説する．

　感受性は，推移行列の要素 a_{ij} が 0 であっても，その要素が 0 から単位量変化したときの λ の変化として計算できる．したがって，高い感受性を示す要素が必ずしも生物学的に重要ということにはならない．たとえば，種子が 3 階級特進でいきなり親になる確率が 0 から少し大きくなるだけで λ は大きく高まるかもしれないが，生物学的には起こりえないという場合である．

　感受性は，推移行列の要素が単位量変化したときの λ の変化量として測られるのに対して，要素が単位割合（たとえば 1%）変化したときの λ の変化量を測る尺度が，弾力性（elasticity）である．推移行列の要素 a_{ij} に対する λ の弾力性を e_{ij} と書くと，

$$e_{ij} = \frac{a_{ij}}{\lambda} \frac{\partial \lambda}{\partial a_{ij}} = \frac{\partial \log \lambda}{\partial \log a_{ij}}$$

となる．すなわち，要素 a_{ij} に対する弾力性は，a_{ij}（x 軸）を変化させたときの λ の変化（y 軸）を両対数グラフで表した曲線の $x = a_{ij}$ での接線の傾きになる．また，弾力性を表す最初の式からわかるように，要素 a_{ij} に対する弾力性は，a_{ij} に対する感受性に a_{ij}/λ を掛け算したものとして計算できる．したがって，推移行列の要素 a_{ij} が 0 の弾力性は（たとえその感受性がどんなに大きくても）0 となる．

6.6.4 Life Table Response Experiment（生命表反応テスト）

　感受性分析にしろ弾性分析にしろ，行列要素の変化量や変化割合を一定にして，それがどれだけ λ に影響するかを見ていることになる．しかし，実際の生物では生活史パラメータ（推移行列の要素）の変化の程度は，パラメータごとに大きく異なる．たとえば，種子生産は環境条件により 10 倍以上も変化するいっぽう，あるサイズクラスの個体が繁殖する確率はたかだか数割程度しか変化しないかもしれない．このようなとき，推移行列の各要素が単位量（あるいは単位割合）変

6.6 推移行列モデル

化することを想定した感受性分析（あるいは弾力性分析）は適当な解析方法ではない．また，生活史パラメータは互いに関連し合っていることも多い．早い年齢で繁殖することは，将来の生存率や繁殖率を低下させるというトレードオフの関係などはその例である（6.7.2項参照）．生活史の進化の研究では，このようなトレードオフの関係の解析こそが重要であろう．しかし，感受性分析や弾性分析では，推移行列の要素間の相互作用はないと仮定している．これらの問題を克服するための推移行列モデルの手法の一つが，Life Table Response Experiment (LTRE) である．

LTRE で想定する Life Table とは，単に生命表で表される生存のスケジュールだけでなく，繁殖過程を含む推移行列の要素で表されるすべての生活史パラメータを意味する．また，LTRE の Experiment は，異なる条件での複数の推移行列を平均的な推移行列（実験のコントロールにあたる）と比較するという解析法を意味し，いわゆる操作実験だけを意味しない．

たとえば，明るい環境と暗い環境のそれぞれで推移行列がとられていて（A と B とする），行列要素 a_{ij} が A の値から B の値に変化したとき，それがどれくらいの λ の変化としてはね返ってくるかを考える．これが LTRE の基本的な考え方である．これを式で表すと，

$$LTRE_{ij} = (a_{ij}{}^A - a_{ij}{}^B) \cdot \delta\lambda/\delta a_{ij}|_{(A+B)/2}$$

ここで，$LTRE_{ij}$ は行列要素 a_{ij} に対する LTRE の値，$a_{ij}{}^A$ と $a_{ij}{}^B$ はそれぞれ推移行列 A と B の a_{ij}，$\delta\lambda/\delta a_{ij}|_{(A+B)/2}$ は A と B を平均した比較の基準となる推移行列 $(A+B)/2$ の要素 a_{ij} の感受性である．つまり LTRE では，平均的な推移行列のもとでの感受性を要素 a_{ij}（生活史パラメータ）の実際の変動幅で重み付けして，その生活史段階の推移が λ にどの程度影響するかを測っていることになる．

LTRE は，複数の環境要因が λ に与える影響を評価するときにも使える．たとえば森林タイプ（要因 α）と光環境（要因 β）が個体群の増殖速度 λ にどう影響するかを考えてみよう．森林タイプ i，光環境 j の環境での λ を $\lambda^{(ij)}$ とする．

分散分析に似た考え方で，$\lambda^{(ij)}$ に対する森林タイプの主効果を $\alpha^{(i)}$，光環境の主効果を $\beta^{(j)}$，森林タイプと光環境の相互作用の効果を $(\alpha\beta)^{(ij)}$ と書くと，$\lambda^{(ij)}$ は次のように表現できる（これを factorial designs と呼ぶ）．

$$\lambda^{(ij)} = \lambda^{(\cdot\cdot)} + \alpha^{(i)} + \beta^{(j)} + \alpha\beta^{(ij)}$$

ここで，$\lambda^{(\cdot\cdot)}$ は，比較の基準となる推移行列の λ である．基準の推移行列としては，平均の推移行列を用いる場合もあるし，それ以外の任意の α_i と β_j のときの推移行列を用いる場合もある．

それぞれの要因の主効果と相互作用の効果の推定値は，以下のように書ける．

$$\hat{\alpha}^{(i)} = \lambda^{(i\cdot)} - \lambda^{(\cdot\cdot)}$$
$$\hat{\beta}^{(j)} = \lambda^{(\cdot j)} - \lambda^{(\cdot\cdot)}$$
$$(\alpha\beta)^{(ij)} = \lambda^{(ij)} - \alpha^{(i)} - \beta^{(j)} - \lambda^{(\cdot\cdot)}$$

上記はさらに，推移行列の要素の効果を積算したものとして，以下のように書き下せる．

$$\tilde{\alpha}^{(i)} = \sum_{k,l} (a_{kl}^{(i\cdot)} - a_{kl}^{(\cdot\cdot)}) \left. \frac{\partial \lambda}{\partial a_{kl}} \right|_{\frac{1}{2}(A^{(i\cdot)} + A^{(\cdot\cdot)})}$$

$$\tilde{\beta}^{(j)} = \sum_{k,l} (a_{kl}^{(\cdot j)} - a_{kl}^{(\cdot\cdot)}) \left. \frac{\partial \lambda}{\partial a_{kl}} \right|_{\frac{1}{2}(A^{(\cdot j)} + A^{(\cdot\cdot)})}$$

$$\widetilde{\alpha\beta}^{(ij)} = \sum_{k,l} (a_{kl}^{(ij)} - a_{kl}^{(\cdot\cdot)}) \left. \frac{\partial \lambda}{\partial a_{kl}} \right|_{\frac{1}{2}(A^{(ij)} + A^{(\cdot\cdot)})} - \tilde{\alpha}^{(i)} - \tilde{\beta}^{(j)}$$

Life Table Response Experiment の解析法としては，ここで紹介した factorial designs のほか，たとえば推移行列のランダムな年変動を解析するやり方 (random designs) や，光や栄養条件など量的な環境要因の変化に対する推移行列の応答を解析するやり方 (regression designs) なども開発されている．植物個体群ではまだ適用例は少ないが，推移行列モデルによる個体群動態解析の強力な手法として期待される．

6.6.5 推移行列モデルに対する批判

推移行列モデルの基本は，個体群の挙動を推移行列の各要素（個体群パラメータ）の線形結合（足し算）として表すことである．また，各要素はふつう時間によらず一定であることを前提にしている．そうでないと，推移行列の固有値や固有ベクトルも一つに定まらない．いっぽう，実際の生物個体群では，個体群パラメータは年変動する．さらに，個体群パラメータ間に相互作用（トレードオフなど）があったり，個体群パラメータが個体群の挙動に非線形に影響することも多いであろう．個体群を構成する個体どうしの相互作用も，明示的にはモデルに組み込まれていない．

そこで，推移行列モデルによるアプローチは，実際の生物個体群の挙動を解析するには非現実的であるという批判がある．たしかに，たとえば個体群の挙動に個体間の競争がどう影響するかに興味がある場合は，推移行列モデル以外のアプローチがより有効であろう．しかし，種内競争や個体群パラメータ間のトレードオフの関係を推移行列モデルに組み込むことは可能である．また，確率的な変動を考慮したモデルもつくれる．推移行列モデルの特徴を生かせるかどうかを見極めて，具体的な問題に挑戦していくことが肝要である．

また，個体群が安定構造になったときの増加率 λ は，推移行列で表現される生活史の進化的な有利さや個体群の潜在的な増殖力や絶滅のしやすさなど，いわばその生物の人生設計の「できばえ」を測る尺度である．λ が 2/年であることは，5年後にその個体群が $2^5 = 32$ 倍に増えると予測することを意味するわけではない．λ は，異なる生活史を相互に比較するときの相対的な指標として価値がある．

推移行列モデルを具体的な植物個体群に適用する上で実際に問題になるのは，むしろ個体群パラメータ（行列の要素）の値の推定方法である．すべての行列要素をそこそこの精度で推定するためには，それなりの数の各生活史段階の個体数がそろわなければならない．ある生活史段階の個体数が少ないなど，個体群統計の実測値から推移行列を直接作製するのが困難な場合は，まず個体ベースモデルに基づくシミュレーションにより個体群の挙動を正直に再現し，それに基づいて推移行列モデルを構築し，その解析結果と実際の個体群の挙動とを比較するというアプローチも有効であろう．

6.7 植物の繁殖戦略

繁殖戦略（reproductive strategy）の考え方の基礎は，一生の間にいつどのようにして子を産むのが適応的かという問題である．ここでは，植物が「繁殖のためにどれだけの同化産物を使うか」という繁殖投資の問題と「いつ繁殖すべきか」という繁殖時期（齢）の問題について，繁殖戦略の面から考えてみよう．

6.7.1 繁殖価

何度も確認するが，ある個体の適応度は，その個体が将来に残す子（子孫）の

数によって測られる．これを素直に表現したものが繁殖価（reproductive value）である（Fisher 1930）．その意味で，繁殖価は，適当度の尺度としてもっとも適当と思われる．実は，繁殖価を最大にすることと，内的自然増殖率 r（すなわち期間増加率 λ）を最大にすることは同等であることが数学的に証明できる．したがって，前節で述べた r を最大にする最適な生活史は，適応度を最大にする生活史ともいえる．

　x 齢の個体の繁殖価とは，その個体から出発したとき将来どれだけの子孫を残すかという繁殖の成果を示したものである．この繁殖の成果は，生存と繁殖のスケジュール（m_x と l_x）に基づき，次のようにして計算できる．

　x 齢の個体が x 齢以後死ぬまでの間に産む子の総数の期待値は，x 齢で産む子の数＋[(x 齢から $x+1$ 齢まで生き延びる確率)×($x+1$ 齢で産む子の数)]＋[(x 齢から $x+2$ 齢まで生き延びる確率)×($x+2$ 齢で産む子の数)]＋…となる．

$$\sum_{a \geq x} m_a (l_a / l_x)$$

ここで，m_a は a 齢で産む子の数，l_a/l_x は x 齢から a 齢まで生き延びる確率である．この式が繁殖価を表す式になりそうであるが，個体群が増殖しているときには，その増加率を考慮する必要がある．親が若いときに生まれた子は，それだけ早く成熟して自ら繁殖をはじめるので，親が年をとってから生まれた子に比べて将来の子孫の数により大きく寄与する．この状況は，年200％のインフレ（$\lambda=2$ に相当）のもとでは，ある年に200円でハンバーガーが2個買えたのに，翌年には1個しか買えないことにたとえられる．この個体群が期間増加率 λ で増殖しているとすると，1年遅く生まれることによる割引の効果は $1/\lambda$ となり，$(a-x)$ 年遅く生まれたことによる割引の効果は $1/\lambda^{a-x}$ となる．ここでは，0齢の子をカウントするのは親が x 齢になった時点としている．もし，x 齢の個体がこれから1年間に産む子のうち，1年先となる翌年の調査時に m_x 個の0齢の子としてカウントする場合は，λ の指数に1が足される（巌佐 1990）．

　親が x 齢のときに産んだ子の繁殖上の価値を v_0 とすると，親が a 齢（$a \geq x$）で産んだ子の繁殖上の価値は，$v_0 \times 1/\lambda^{a-x}$ になる．そこで，x 齢の個体の繁殖価を v_x とすると，

$$v_x = \sum_{a \geq x} [m_a (l_a / l_x) \times (v_0 / \lambda^{a-x})] = v_0 \sum_{a \geq x} m_a (l_a / l_x) / \lambda^{a-x}$$

となる．ふつう，v_x は v_0 に対する相対値として（すなわち，$v_0 = 1$ として）表すので，繁殖価を表す式としては以下の式が一般的である．

6.7 植物の繁殖戦略

$$v_x = \sum_{a \geq x} m_a (l_a/l_x)/\lambda^{a-x}$$

この式は，生存と繁殖のスケジュールが齢 x によって記述できる場合を想定している．それでは，可変性二年草のようにサイズ依存的に繁殖する生活史をとる植物の各生活史段階の繁殖価は，どのようにして計算できるであろうか．

各生活史段階（ステージ）の個体数割合が安定した状態で，期間増加率 λ で増殖している個体群を想定しよう．この生活史スケジュールは推移行列 $\boldsymbol{A}$ で記述できるとすると，ステージ j の個体の繁殖価は次のように計算できる．行列の要素 a_{ij} は，ある年にステージ j に属する個体が，翌年他のステージ i の個体数にどれだけ寄与するかを表している．しかし，今年から翌年の1年間の間に個体群が λ 倍増えていることを考慮すると，それによって割り引かれた寄与率は a_{ij}/λ となる．ステージ i の繁殖価を v_i とする．今年ステージ j の1個体に由来し，各ステージに推移していく個体の繁殖価のすべてのステージ i についての合計は，

$$\sum_i a_{ij} v_i / \lambda$$

となる．この値は，もともとステージ j の1個体の繁殖価 v_j と等しいはずであるから，

$$\sum_i a_{ij} v_i / \lambda = v_j$$

λ を移項すると

$$\sum_i a_{ij} v_i = v_j \lambda$$

ここで，1齢の繁殖価を v_1，2齢の繁殖価を v_2，…として，${}^t\boldsymbol{v} = (v_1 \cdots v_i \cdots v_n)$ とすると，

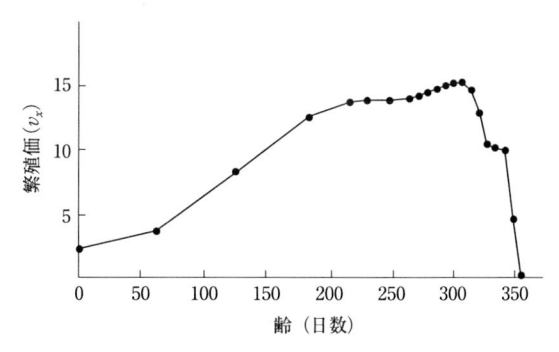

図 **6.11** 一年草のキキョウナデシコ（*Phlox drummondii*）の実験個体群で得られた齢別繁殖価（Leverich & Levin 1979）

$$^tvA = \lambda{}^tv$$

となる．v の添え字 t は t をつけない元の行列の行と列を入れ替えた行列を意味する．ここでは，v は列ベクトル，^tv は行ベクトルとなる．この式は，繁殖価を表すベクトル ^tv が，行列 A の左固有ベクトルであることを示している．実は，この式は，6.6.3 項で紹介した感受性分析の説明のなかで出てきた式と同じである．このようにして，齢に依存しない生活史をとる植物の各ステージの繁殖価は，推移行列の計算によって簡単に求めることができる．

図 6.11 は，一年草のキキョウナデシコ（*Phlox drummondii*）の実験個体群で得られた齢別繁殖価のグラフである（Leverich & Levin 1979）．ここでは，播種時を 0 齢としている．繁殖価は種子から繁殖期に向かって増加し，繁殖期の初期（日齢 300 日付近）で最大値を示す．その後急激に繁殖価が低下しているのは，期間増加率 λ による割引きの効果が大きいと思われる．実は，もとの繁殖表を見ると，生存率を考慮した種子生産量（$l_x m_x$）は，299 日目から 348 日目まではむしろ増加傾向を示している．

繁殖期に入った直後の段階で繁殖価が最大になる例が，動物個体群を中心に多く報告されている．これが植物にもあてはまるとすれば，稀少植物を保全するには，すでに開花している個体よりむしろ開花直前の個体を保護するほうが，効果が期待できる．また，雑草の害を減らそうとするときには，すでに結実している個体を駆除するより繁殖に入る直前の個体を駆除するほうが，駆除効果が大きいはずである．しかし，繁殖開始前後の個体の繁殖価が最大になるという傾向は，植物では一般的でないかもしれない．イギリスの個体群生態学者 Silvertown らは，これまでに報告されている 65 種の多回繁殖型の多年生植物の個体群統計のデータをもとに，年齢とともに繁殖価がどう変化するかを検討した（Silvertown *et al.* 2001）．その結果，繁殖開始後に繁殖価の低下が見られたのは，65 種中 9 種にすぎなかった．彼らはこの結果から，多回繁殖型の多年生植物の多くは，繁殖価で見る限り生理的な老化は起こっていないと主張した．

6.7.2 繁殖のコストと残存繁殖価

どれだけの資源（炭水化物量，エネルギー量，栄養塩類など）を繁殖に使う（投資する）かは，植物の生活史のパターンを決める重要なパラメータである．繁殖への資源投資量は，種子などの繁殖子の質と量に直接かかわるだけでなく，

繁殖後の親の生存や繁殖のスケジュールにも影響するであろう．なぜなら，繁殖に投資すればするだけ，成長や生存のために使える資源の量が減るというトレードオフの関係が予想されるからである．ある年に繁殖に投資することが，将来の成長・生存や繁殖にとってマイナスに作用するとき，これを当座の繁殖のコスト（cost of current reproduction）という．

繁殖のコストは繁殖価の式を変形することによって，次のように表すことができる．すなわち，繁殖価を a 齢での当座の繁殖 m_a とそれ以外の部分（将来の繁殖の価値）の二つの部分に分解するのである．

$$v_x = \sum_{a \geq x} m_a(l_a/l_x)/\lambda^{a-x}$$
$$= m_a + m_{a+1}(l_{x+1}/l_x)/\lambda + m_{a+2}(l_{x+2}/l_x)/\lambda^2 + m_{a+3}(l_{x+3}/l_x)/\lambda^3 + \cdots$$
$$= m_a + (l_{x+1}/l_x)/\lambda[m_{a+1} + m_{a+2}(l_{x+2}/l_{a+1})/\lambda + m_{a+3}(l_{x+3}/l_{x+1})/\lambda^2 + \cdots]$$
$$= m_a + [(l_{x+1}/l_x)/\lambda]v_{x+1}$$

上式右辺の第2項（将来の繁殖の価値）は，x 齢の個体が $x+1$ 齢まで生き延びる確率とその間の個体群の増加率 λ で割り引いた $x+1$ 齢の個体の実質繁殖価である．この $x+1$ 齢の個体の実質繁殖価を残存繁殖価（residual reproductive value）という．残存繁殖価を v_x^* と書けば，

$$v_x(x \text{齢の繁殖価}) = m_a(\text{当座の繁殖}) + v_x^*(\text{残存繁殖価})$$

となる．

6.7.3 繁殖分配

植物がどれだけの子（種子）を生産するかは，繁殖に投資された同化産物量によって規定される．繁殖投資量には，種子以外にも花茎や花弁などを含む繁殖器官に投資される量を含む．したがって，生産された種子のなかに含まれる同化産物量の合計が，繁殖に投資された同化産物量を上回ることは定義上ありえない．ある個体が年間に獲得する同化産物量のうち，繁殖に投資される割合を繁殖分配（reproductive allocation）という．繁殖努力（reproductive effort）という語は，繁殖分配と同義である．同化産物量は乾物重として測定されることが多い．このとき，年間（あるいは一生育期間）に獲得する同化産物量は，純光合成生産量（総光合成生産量から呼吸量を差し引いた量）になる．また，結実期における個体重に対する繁殖器官重の割合を，便宜的に繁殖分配の指標として使うこともある．

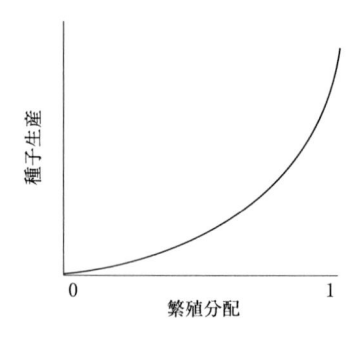

図6.12 繁殖分配が多くなるほど種子生産の効率がよくなる場合の両者の関係

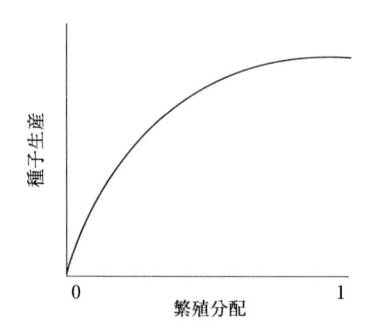

図6.13 繁殖分配が多くなるほど種子生産の効率が悪くなる場合の両者の関係

　同化産物量が同じなら，繁殖分配が大きいほど種子生産量（あるいは当年に生き残る実生の数）も多くなると期待される．ただし，繁殖分配に比例して直線的に種子生産量や生存実生数が増えるとは限らない．たとえば，花数の多少にかかわらず繁殖のための付属器官（花茎など）を繁殖のための土台としてつくらざるを得ない場合は，繁殖分配が増えるほど繁殖への単位投資量に対する種子生産の増加量は大きくなるであろう．このとき，ある年の繁殖分配に対してその年の種子生産量（m_x）の関係をプロットすると，下に凸の曲線になる（図6.12）．いっぽう，繁殖分配の増加に対して種子生産が直線的に増えるとしても，実生の生存率が密度依存的に低下する場合，生存実生数を m_x とすれば，繁殖分配に対する m_x の関係は，上に凸の曲線になるであろう（図6.13）．

　次に，残存繁殖価と繁殖分配との間にどのような関係が期待できるかを考えてみよう．繁殖分配が1.0，すなわちすべての同化産物を当座の繁殖に使う場合，親は繁殖後に使える資源が残っていないため死ぬことになり，残存繁殖価は0と

なる．繁殖分配が 1.0 から減るにしたがって，残存繁殖価は 0 からしだいに増加するであろう．繁殖に使わない同化産物が増えれば，それだけ植物個体の成長速度や生存率も高まると考えられるからである．光合成生産によって自分のからだを拡大再生産できる植物では，親個体の成長のために同化産物を使う結果，最初に投資した同化産物量以上の見返りが期待できる．たとえば，種子 10 個を生産するだけの同化産物を，当座は種子生産をしないで親の成長のために使えば，翌年までには 15 個の種子を生産できるだけの同化産物を獲得できるかもしれない．もし，親の生存率が高ければ，当座の繁殖分配をある程度減らすことによって，期待される将来の繁殖への寄与（残存繁殖価）の増加分は，当座の繁殖分配が 0 に近づくほど大きくなるであろう．このとき，当座の繁殖分配を x 軸に，残存繁殖価を y 軸にとったグラフは，下に凸の減少曲線を描くと予想される（図 6.14）．

　繁殖分配は，生育期間をとおして積分した同化産物量と繁殖器官の総量に基づいた概念である．いっぽう，生育期間のある時点での同化産物量のうち，どれだけを繁殖器官に分配するかという微分的な分配比も考えられる．横井（1981）はこの微分的な分配比を個体再生産指数（reproductive index）と名づけた．彼は，植物の物質生産過程をモデル化することによって，生育期間終了時までにつくられる繁殖器官の積算量がどのように決まるかを定量的に解析した（Yokoi 1976）．彼のモデル計算によると，繁殖器官の積算量を最大にする最適な個体再生産指数は，生育期間が長いほど小さくなると予想された．植物の成長過程は，光合成による物質の再生産過程により大きく規定される．そのため，同化産物の分配様式と当年の繁殖量や残存繁殖価との関係の理解を深めるには，物質生産過程を基礎にしたモデル化が有効である．具体的なモデル化の方法やその応用については，野本と横井の教科書（1981）を参照してほしい．モデルの構造が複雑でにわかに理解しにくいと思うが，納得するまで読み込む価値のある本である．

6.7.4　一回繁殖型か多回繁殖型か

　植物は，毎年どれくらい繁殖に分配すれば適応度を最大にできるであろうか．まず，各齢 x での繁殖価を最大にする繁殖分配を考えよう．この問題は，グラフを使うと理解しやすい（Schaffer 1974）．繁殖分配を x 軸に，当座の繁殖（m_a）と残存繁殖価（v_x^*）を y 軸としてプロットすると，図 6.14 のようになる．ここで，x 齢での繁殖価は，$m_a + v_x^*$ であるから，m_a 曲線と v_x^* 曲線を足し合わせた

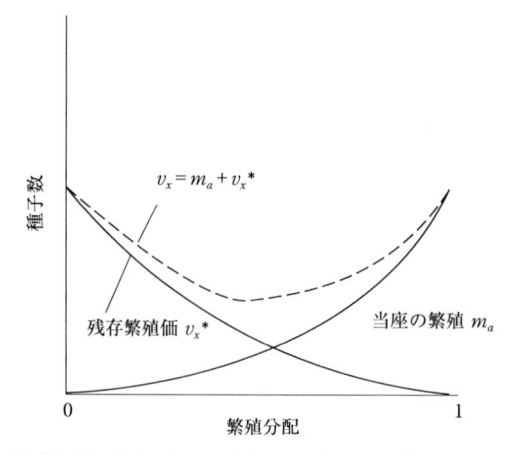

図 6.14 一回繁殖が多回繁殖に比べて有利になるときの，繁殖分配に対する当座の繁殖（m_a）と残存繁殖価（v_x^*）の関係（Schaffer 1974）
m_a と v_x^* を足し合わせた生涯の繁殖成功度 v_x（破線）は，m_a が 0 か 1 のときに最大になる．

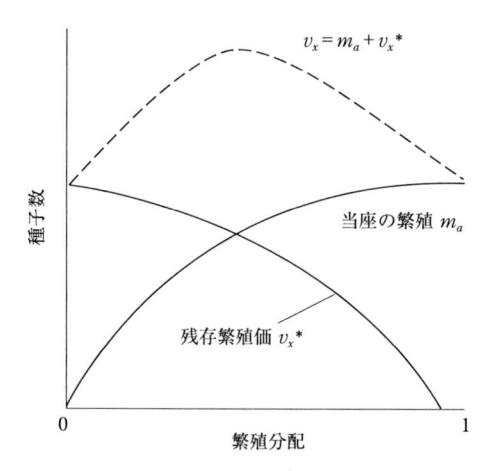

図 6.15 多回繁殖が一回繁殖に比べて有利になるときの，繁殖分配に対する当座の繁殖（m_a）と残存繁殖価（v_x^*）の関係（Schaffer 1974）
m_a と v_x^* を足し合わせた生涯の繁殖成功度 v_x（破線）は，m_a が 0 と 1 の中間の値のときに最大になる．

v_x 曲線で表現できる．この v_x 曲線の最大値をとる x 軸の値が最適な繁殖分配になる．残存繁殖価の曲線が下に凸の減少関数で表現できるとすると，最適な繁殖分配は，当座の繁殖量を示す曲線の形によって決まる．図 6.14 の場合，最適な繁殖分配は 0（全く繁殖に投資しない）または 1.0（100％繁殖に投資）のどちらかになる．繁殖齢以前は，繁殖分配 0 のときの繁殖価が最大となり，繁殖齢の年

には繁殖分配1.0のときに繁殖価が最大となる．このような繁殖分配は，一回繁殖型の繁殖様式に対応する．いっぽう，図6.15のような場合，最適な繁殖分配は0と1の中間の値をとる．すなわち，毎年同化産物のある割合だけを繁殖に投資し，残りを翌年以後の繁殖の元手として親の成長と生存のために使う多回繁殖が最適な繁殖様式になる．

このような理論的な予測を定量的に検証した研究は，実はあまり多くはない．アメリカの生態学者Youngは，アフリカのケニヤ山に生育する大型のロゼットをつくる一回繁殖型の植物 *Lobelia telekii* について，繁殖分配（花序の高さを指標とした）と種子生産量との関係が下に凸の曲線になることを示した．また同じ属であるが，多回繁殖型の植物である *Lobelia keniensis* では，繁殖分配と種子生産量はほぼ比例していた（Young & Augspurger 1991）．

当座の繁殖（m_a）と残存繁殖価（v_x^*）との間で想定されるトレードオフの関係からも，一回繁殖と多回繁殖のどちらの繁殖様式が進化的に有利であるかを論ずることができる（Pianka 1978）．このとき，m_a に対して v_x^* をプロットすると，右下がりの曲線が描かれるはずである（図6.16）．x 齢における繁殖価 v_x（$= m_a + v_x^*$）が最大になる m_a と v_x^* の組み合わせは，この曲線上のどの点にくるであろうか．この曲線が上に凸のとき（図6.16左），最適点はこの曲線に右下がり45°の直線（$y = -x + k$）が接する点になる．すなわち，m_a が0と1.0の中間のときに繁殖価が最大となる．この最大値は右下がり45°の直線の y 切片（= x 切片）の値になる．これは，同化産物のある割合は，翌年以後の繁殖のために残しておく多回繁殖型の繁殖が有利であることを示している．

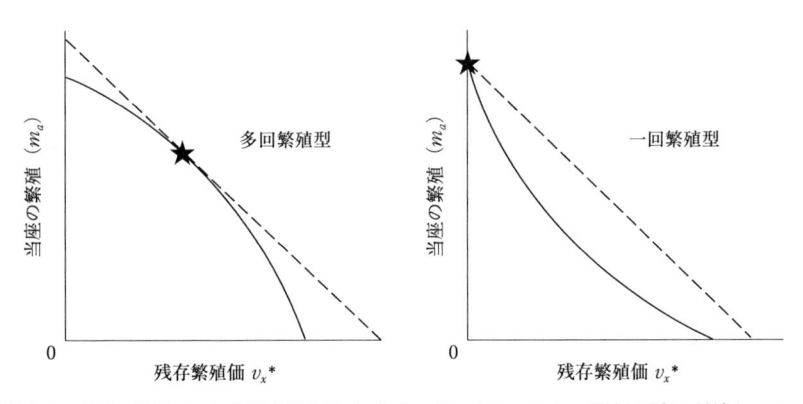

図 6.16 当座の繁殖（m_a）と残存繁殖価（v_x^*）との間のトレードオフ関係と両者の最適なバランス

いっぽう，m_a と v_x^* の関係を示す曲線が下に凸のとき（図 6.16 右），m_a が 0 （y 軸上）または 1.0（x 軸上）の点で，$m_a + v_x^*$ が最大となる．すなわち，すべての同化産物を翌年以後の繁殖にまわすか，今年の繁殖にまわすかのどちらかという，一回繁殖型の繁殖が繁殖価を最大にする繁殖様式になる．m_a と v_x^* の関係を示す曲線のかたちが一回繁殖と多回繁殖の進化的有利さを決めるという考えは，概念的には理解しやすいが，実際の植物でこの関係を直接検証することはむずかしい．

6.8 この章のまとめ

　生活史とは，生存と繁殖のスケジュールのことである．個体群生態学は，生存と繁殖のスケジュールを解析する学問分野である．ある一定の生存と繁殖のスケジュールのもとでは，個体群はやがて一定の安定個体群構造をとり，一定の増殖速度（λ）で増殖するようになる．この λ の大小によって生活史の適応的な優劣を論ずるのが，生活史の進化の考え方である．植物はきわめて多様な生活史を示す．一回繁殖型の生活史を示す植物では，繁殖に入るタイミングが年齢ではなく個体サイズと関連して決まる場合が多い．エイジ依存的な繁殖に比べてサイズ依存的な繁殖が進化的に有利であることを，個体群統計モデルによって示した．

　複雑な生活史を持つ生物の個体群統計を解析する手法として，推移行列モデルは強力な武器となる．単純な推移行列モデルは，個体群の空間構造に影響される局所密度の効果や環境変動の効果を明示的に取り込みにくいが，LTRE（生命表反応テスト）などこうした欠点を克服する手法が開発されている．

　繁殖価とは，将来どれだけの子孫を残すかという繁殖の成果の指標であり，生存と繁殖のスケジュールから計算できる．繁殖価を最大にすることと適応度を最大にすることとは同等である．どれだけの資源（炭水化物量，エネルギー量，栄養塩類など）を繁殖に使う（投資する）かは，植物の生活史のパターンを決める重要なパラメータである．繁殖に投資すればするだけ，成長や生存のために使える資源の量が減るというトレードオフの関係が予想される．このトレードオフの量的な関係により，一回繁殖と多回繁殖のどちらが進化的に有利になるかが理論的に予想できる．

　この章では，植物個体群が示す生存と繁殖のスケジュールについて，生活史の

進化に関連づけて解説した．環境変動や個体間の相互作用が個体群動態にどう影響するかなど，生々しい個体群動態の解析手法や研究成果については言及していない．前者については，昆虫などの動物の個体群生態学の教科書を参照されたい．後者については次の第 7 章で扱う． ［可知直毅］

7

密度効果と個体間相互作用

7.0 はじめに

　植物の生活にとって，限られた資源をとり合う植物個体の間の競争のプロセスは重要である．固着して生活する陸上植物は，占有している空間・面積に応じて，光合成に必要な光資源は太陽放射から，水分や栄養塩は土壌から受け取って生活している．植物個体が密生すれば，一個体一個体が占有できる面積や空間，そして資源量が少なくなる．資源をめぐる個体間の相互作用が，集団レベルでのさまざまなパターンを生んでいることを，この章で解説しよう．ここでいう「集団」とは，一種だけの個体の集まりからなる場合には個体群を指す．ただし，同じ資源をめぐる個体間の関係は，多種個体の混交した場合にも成り立つので，この章で整理する現象は，必ずしも同種個体群レベルの現象ではない．そのために，個体群でなく，あえて「集団」という語を用いる．

　資源競争は，植物個体が密生するほど，すなわち，個体密度が高いほど厳しい．そこで，密度を変えて育てた植物集団の間でパターンを比較すれば，競争によってもたらされる変化がわかるであろう．まず，7.1 節では，密度を変えて育てた植物集団がたどる，成長と死亡の特徴について整理する．続いて 7.2 節では，集団内の個体の分布のパターン（個体のサイズの分布，個体の位置の空間分布）の時間変化が，どのように個体密度に影響されるかを見ていく．最後の 7.3 節では，こうした集団レベルでのパターンが，近接個体間の資源をめぐる競争を仮定する

ことによって再現できることを，シミュレーション実験の結果から解き明かしてみよう．

7.1 植物集団の発達と密度効果

　混み合い具合はどのように植物集団の発達に影響するのであろうか．植物個体の密度を変化させて調べた成長や死亡の密度依存性（density dependence）の研究は，同一種同齢の実験個体群あるいは数種の混成集団について進められてきた．とりわけ，農作物や植林樹種を対象に，どのような密度で植えればどのくらいの収穫が期待できるか，という農林業的な要請から，多くの知見が積み重ねられてきた．こうした研究で明らかにされてきた，同齢の植物集団の発達の時間変化に及ぼす密度効果の規則性について紹介する．こうした規則性は，かならずしも個体群レベルにとどまらず，多種からなる野外の植物集団一般に適用できる規則性であることにも注目する．

7.1.1 成長速度への密度効果

　植物個体密度をさまざまに変化させて育てた同齢個体群の成長過程から，密度と平均個体重の間に次のような逆数式関係が成り立つことが知られている（Kira et al. 1953; Shinozaki & Kira 1956）．植物個体の単位面積あたりの密度を p，植物の平均個体重を w とすると，同時に育てた，密度を変えた集団の間には，

$$1/w = ap + b \tag{7.1}$$

という関係が各時間断面で成立する（図 7.1）．だたし，a と b は，各時点（齢）ごとに定まる定数である．この関係は，超高密度に由来する死亡（自己間引き）の生じないような場合に，普遍的に認められる．単位面積あたりの植物体の現存量（すなわち，積算個体重）y に注目すると，$y = wp$ であるから，(7.1)式は

$$1/y = a + b/p$$

とも表現できる．密度 p が小さく，個体が互いに遠く離れているときには，各個体は十分に資源を利用できるので，平均個体重 w は密度に関係なくほぼ一定（$1/b$）であり，当然，現存量 y は密度 p に比例する．高密度になってくると，現存量は資源制約を反映して一定の上限値 $1/a$ に収束していき，平均個体重が密度にほぼ反比例して減少する．このように，資源制約によって個体の成長が抑

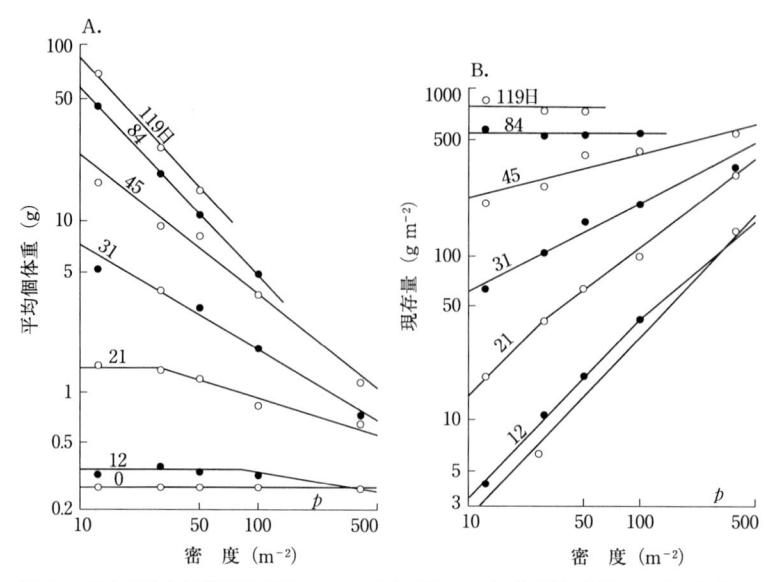

図 7.1 さまざまな初期個体密度でスタートさせた，ダイズ同齢個体群の，時間経過にともなう密度と平均個体重（A），および密度と現存量の関係の推移（B）(Shinozaki & Kira 1956)
縦軸，横軸とも対数目盛．

制されるのは，第3章で述べたような積み上げ型成長をする植物の可塑性（plasticity）の好例であり，小さな鉢で育てることによって，本来大きく育つ樹木種の盆栽が形成されるのと通じる現象である．

(7.1)式の二つの係数 a と b は時間経過にともない変化するが，a はある最小値 a^* に，b はゼロに近づいていく．これは，時間（＝齢）とともに個体サイズ w が増加するので，同じ密度でも個体間の資源競争が厳しくなっていくことを意味している．時間が経過し，個体の成長が終了して個体重が最大になった状態では，よほど個体密度が低くない限り，密度に関係なく，現存量が $y = 1/a^*$ となるような一定値に収束する．この関係は最終収量一定則と呼ばれる（Shinozaki & Kira 1956）.

平均個体重の成長がロジスティック式（第3章）

$$(1/w)\,dw/dt = r(1 - w/K)$$

で表され，最終収量一定則が平衡平均個体重 K について成り立つ（Kp が一定）とき，密度効果の逆数式(7.1)を導くことができる（Shinozaki & Kira 1956）.

同齢集団の発達過程の密度依存性については，(7.1)式を一般化した

$$w = w_0(ap+1)^{-\beta}$$

が用いられることもある (Watkinson 1980). $\beta=1$ のとき(7.1)式となる ($w_0 = 1/b$, $a=a/b$). w_0 は孤立個体の平均個体サイズを, 係数 β は個体の使用可能な空間からの資源の吸収効率を表す. 実験的には β が時間とともに増加し1に近づく現象が認められている.

Oikawa (1985) は, 葉群光合成モデル (第2章) に基づく熱帯多雨林のシミュレーションから, 初期現存量密度を変化させて, (7.1)式と最終収量一定則を満足する結果を導いた. このことは, これらの密度依存性が, 光資源をめぐる競争という物質生産的な視点だけから説明できることを示唆している.

7.1.2 死亡率に及ぼす密度効果

きわめて高密度の集団では, しだいに劣勢な個体が死亡して密度が減少していく現象が見られる. これを自己間引き (self-thinning) と呼ぶ. 自己間引きという密度依存的な個体の死亡は, 密度依存的な個体の成長抑制と同調して起こる. 7.1.1項では, 自己間引きが生じない程度の密度範囲で見た, 各時間断面での密

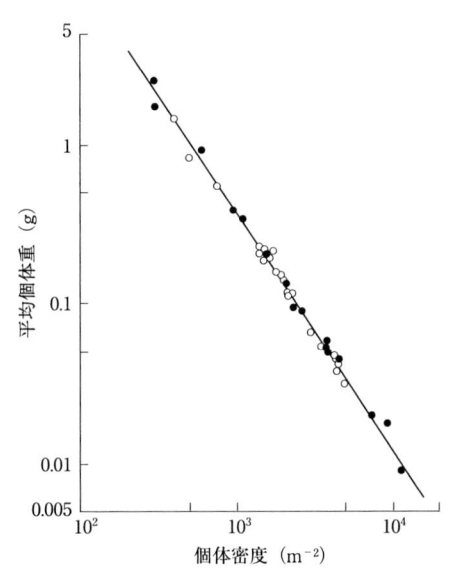

図7.2 密生状態にあるオオバコ個体群の, 個体密度と平均個体重の関係 (Yoda *et al.* 1963)
縦軸, 横軸とも対数目盛で, 傾き $-3/2$ の直線に乗る. ●:大阪市, ○:京都市.

度と現存量（平均個体重）の関係を整理したが，この 7.1.2 項では，自己間引きにともなう同齢植物集団の密度の時間変化が，現存量（平均個体重）の時間変化とどう関係しているか，すなわち密度－現存量関係の時間軌跡を追っていくことにする．

Yodaら（1963）は，自己間引きを起こすような高密度集団では，時間とともに個体数密度 p と平均個体重 w が描く軌跡が，以下のようなべき乗式で近似できることを報告した（図7.2）．

$$w = cp^{-k} \quad \text{あるいは} \quad y = cp^{-(k-1)} \tag{7.2}$$

ここで，c と k は自己間引き関係を規定する定数である．両対数グラフ上で横軸に p，縦軸に w をとると傾きが $-k$ の直線になり，現存量 y を縦軸にとると傾きは $1-k$ になる．集団の発達にともなって (p, w) 軌跡は自己間引き線上を p が減少し w が増加する方向に移動していく．(7.2)式の $-k$ は，経験的にほぼ $-3/2$ の値をとることから，$-3/2$ 乗則の名で呼ばれる．密度効果の逆数式(7.1)との関係は，図7.3のように示すことができる．自己間引きの生じない範囲では，(7.1)式が成り立つが，極端に過密な集団では，(7.2)式で表される上限軌跡に沿って，

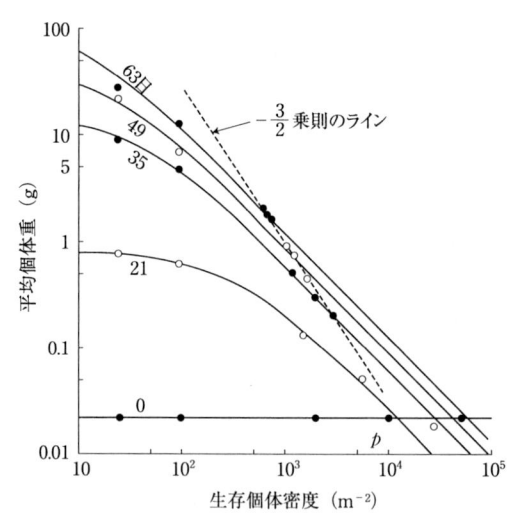

図 7.3 さまざまな初期個体密度からスタートさせた，ソバ同齢個体群の時間経過にともなう個体密度と平均個体重の関係（Yoda *et al.* 1963）
両対数目盛．過密による自己間引きがはたらくまでは，(7.1)式の逆数式関係が成り立ち，過密になると，(7.2)式の自己間引きの $-3/2$ 乗則軌跡に沿って密度を減少させながら平均個体重が増加していく．

密度が減少するとともに個体重が増加することになり，(7.2)式の軌跡の右側（高密・大個体重）に位置する(7.1)式関係は，自己間引きのために実現しない．

$-3/2$ 乗則は，植物集団の基本法則として注目され続けている（White 1980; Westoby 1984; Enquist *et al.* 1998）．$-3/2$ 乗則のもう一つの係数 c が，植物の生活型にかかわらず，ほぼ1桁の幅のなかにおさまる点は注目に値する．

同様の資源要求を持つ植物個体の集団の挙動は，単一種の個体群でも，複数の個体群の混交した多種系でも，資源制限のもとで似たような挙動を示す．高密度からスタートさせた，同齢の2種混交集団の発達を追跡すると，$-3/2$ 乗則の関係は，2種を込みにした全体としては成立するが，個別の種ごとにみるとあてはまらない（Bazzaz & Harper 1976）．個体サイズが大きくなる種では，個体サイズの増加のわりには密度が減少せず，それほど大きくならない種では密度減少の度合いが大きい．競争に対する応答の種間差が，集団のなかに階層的な分化をもたらしながら，集団全体としては，資源制約のもとで予測可能な発達経過をたどるわけである．

なぜ自己間引きをしている集団では $-3/2$ 乗則が成り立つのであろうか．Yoda らは，以下のような単純な説明を紹介している．自己間引きは単位面積あたり一定の資源をフルに利用しながら，個体が成長していくときに起こる．フルに利用している状態では，一個体の平均占有面積 s は密度に反比例する（$s \propto 1/p$）．植物個体の三次元形態は成長にともない相似形的に大きくなるとしよう．そうすると，個体の占有面積は個体重 w の $2/3$ 乗に比例するから，$w^{2/3} \propto 1/p$ となり，(7.2)式で k が $3/2$ となる．完全な相似形として個体が成長する，というのは非現実的な仮定であるが，個体が立体的に大きくなるのに対して，資源量は平面によって規定されているという違いがポイントである．

自己間引きの指数 k が $3/2$ であるかどうかについては，さまざまな議論がされている．Weller（1987）は多くのデータから $k=3/2$ について疑義を提出したが，Osawa と Sugita（1989）は，樹木の植林（同齢個体群）のデータから，最大葉量に達した林分では，Weller の条件を満たした上で $-3/2$ 乗則が一般的に成立することを示した．同齢の個体群では，単位面積あたりの葉量をほぼ一定に保ったまま，個体が成長して現存量も増加していく．Osawa（1995）は，葉量一定の前提が成り立ち，個体の葉量 F と樹冠の体積 V の間に相対成長関係，
$$F \propto V^{D/3}$$

（D は葉の充填具合を表す係数でフラクタル次元と呼ばれる）が成立するとき，自己間引き式(7.2)の係数 k が $3/D$ となる（すなわち，D が 2 の場合に $-3/2$ 乗則が成り立つ）ことを導き，観測データで検証した．$D=2$ という条件は，三次元構造をとる樹冠の表面を葉群が覆うような場合に対応する．樹冠を葉群が充填する場合には $D=3$ となる．高さ成長が停止しているような発達した集団で，最大現存量を変化させないまま自己間引きが進むとすると，個体は太るだけで，$F \propto V$ となり，(7.2)式の k は $3/2$ でなく 1 になるであろう．White と Harper (1970) は広葉樹林の収穫表のデータから，また Nakashizuka (1984) はブナ自然林のデータから，樹高成長が見られなくなる発達した林分では，自己間引きの軌跡の傾き $-k$ が $-3/2$ から -1 に移行することを指摘している．現実には -1 の傾きがほとんど観測されていないのは，おそらく現存量が上限に達する前に集団が崩壊するからであろう．

個体の葉量充填構造と集団の葉量一定に基づく説明に対して，Enquist ら (1998) は，木部蒸散流の輸送速度が個体重の $3/4$ に比例するという関係から，水資源量が単位面積あたり一定であるとすると，個体の水輸送速度と個体密度の積一定から，やはり間引きのべき乗関係が導けるが，自己間引き係数 $-k$ は $-3/2$ でなく $-4/3$ になることを指摘した．彼らは生活形の異なる 250 種ほどのデータから，$-4/3$ 乗関係が成立する，としている．

(7.2)式のべき数が $-3/2$ であるかどうかにかかわらず，自己間引きにべき乗式で表せる上限密度と現存量の関係が同種個体群内でも，また種間，生活形間にも存在することは事実であり，また，この制約関係が，単位面積あたりの資源供給量に上限があるもとで，集団が個体サイズを増大させていくことによる制約であることは確かである．

(7.2)式は，時間経過にともなう軌跡を示す法則性であり，式を時間微分して得られる［現存量相対成長速度$(1/y)\,dy/dt$］ $= (k-1)$［個体死亡率$(1/p)\,dp/dt$］という関係以外に，死亡や平均個体成長の時間経過については何も意味していない．(7.2)式を満たす条件下では，死亡率は時間に関してほぼ一定であるとされてきたが，亜高山帯のシラビソ縞枯れ林（BOX 9）では，林齢とともに死亡率，したがって現存量成長速度が減少している（Kohyama & Fujita 1981）．

Box 9　亜高山帯シラビソ・オオシラビソ林の縞枯れ現象

　本州山岳の亜高山帯のシラビソ・オオシラビソ林（単一種純林あるいは2種混交林）には，しばしば縞枯れと呼ばれる集団枯死・一斉更新現象が観察される．一般的に縞枯れ現象は山頂近くの西-南斜面に見られ，集団枯死する林分が100 m以上の帯状の分布をする．枯死帯の下には密生する同じ種の年齢の揃った後継個体群が形成され，この帯のふつう斜面下側方向に徐々に林分の齢が増加していき，ふたたび成熟林分では同様の枯死帯に終わることも多い．集団枯死は将棋倒し式に斜面上方に移行していき，森林全体としては定常的に同齢林のモザイクが維持されることになる．八ヶ岳の縞枯れ山ではこの枯死帯が100 m間隔で4から5回も繰り返し現れる（図7.4）．同様の現象は，北米東北部のバルサムモミ林でも観察され，波状更新（wave regeneration）と呼ばれている．

　縞枯れ現象の集団枯死は，方向的に作用する環境ストレスと関係している．風による物理的ストレスや生理的乾燥が指摘されている．一斉枯死は，ある程度発達し，密生して下枝が枯れ上がり，間引きによる死亡が生じているような林分にしか及ばない．KohyamaとFujita（1981）は，密生状態で生じる自己間引きの結果，サイズが揃い，上方にだけ樹冠をひろげる個体が規則的に分布するようになり，こうした均質性が外的ストレスに脆弱な林分構造をつくることが，一斉枯死の条件として重要であると指摘した．外的ストレスは，方向的なパターンを形成する最終的な因子として作用していると解釈できる．SatoとIwasa（1993）は，縞枯れ現象を，空間格子モデルを用いて解析し，縞状の景観をつくり出すのは，植物の潜在的寿命とは無関係で，風上側の木が死んだら死ぬという空間的な関係であることを示している．

図7.4　長野県北八ヶ岳，縞枯れ山の南西斜面（南側の茶臼山頂上より望む）（1978年甲山撮影）
亜高山帯性のシラビソ・オオシラビソ林に覆われているが，数条の枯死木の帯が斜面に平行に走っている．

7.2 集団構造の密度依存性

たとえ同じ時期に芽生えた同齢の個体群（コホート：cohort）であっても，植物が成長するとともに個体サイズに大きなばらつきが生じることが多い．第6章の可変性二年草で見たように，多くの植物の生存と繁殖のスケジュールは，個体齢ではなく個体サイズと関係する．同齢であっても，サイズが大きいほうが生存率も高く，種子生産量も多くなるであろう．したがって，個体群を構成する個体のサイズ分布は，個体群動態を解析する上できわめて重要な情報である．また，植物は固着性であるため，近隣個体との位置関係が，光をめぐる競争など個体間の相互作用の程度に大きく影響する．したがって，同じサイズ構造を持つ個体群であっても，各個体がパッチ状に集中分布している場合と，互いに排斥的に分布している場合とでは，それらの生存や成長の様子は異なるであろう．したがって，相互作用の及ぶ範囲での局所的な密度に注目する必要がある．

局所密度が植物に及ぼす影響は，資源をめぐる個体間の相互作用の結果として把握できる．光をめぐる相互作用では，より高い位置に葉層（樹冠）を持つ個体が光をさえぎるため，ある個体よりサイズの大きい個体の密度（そのサイズ以上の個体についての上層現存量，あるいは上層葉量）がその作用の尺度となる．こうしたより大きい個体による先取り的な資源競争は一方向競争（one-sided com-

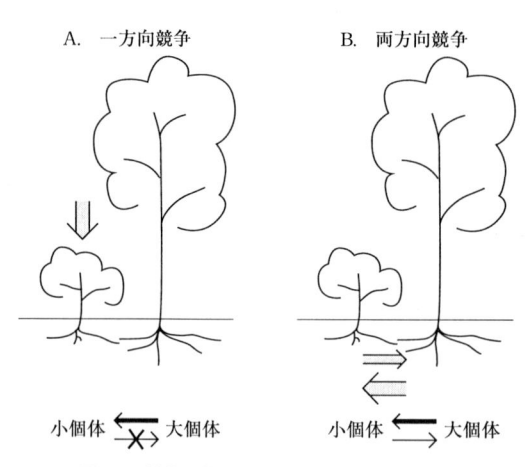

図 7.5 植物個体間の一方向競争と両方向競争

petition）または非対称的競争（asymmetric competition）と呼ばれる．いっぽう，土壌資源の利用の場合には，先取り的な作用は考えにくい．この場合，全植物の密度（あるいはサイズで重み付けした現存量）が競争作用の強さを表現する量となる．この場合，競争は両方向競争（two-sided competition）または対称的競争（symmetric competition）と呼ばれる（図7.5）．この2通りの相互作用の区別は，特にサイズ分布や空間分布に及ぼす密度の影響を分析するときに重要である．

7.2.1 サイズ分布の記述法

　個体間の資源競争を考えるとき，どのくらい混み合っているか，だけでなく，ある個体にとって自分より大きい個体が多いか，小さい個体が多いかも重要であるから，個体サイズの分布は集団の重要な特性である．サイズ分布の特性は，平均値や標準偏差などの統計的なパラメータ（統計量）を使って要約できる．標準偏差は，各個体のサイズが平均値からのばらつきの程度を絶対値で示したものである．ばらつきの程度そのものの意味を議論する場合は，平均値に対する相対的なばらつきの程度を考えるとよい．この相対的なばらつきの程度の指標として，標準偏差を平均値で割った変動係数（coefficient of variation）が一般に用いられる（個体数が少ない場合などには，標準偏差による変動係数でなく，Giniの指数と呼ばれる，個体間総あたりのサイズ差を平均サイズで規格化した変動係数を用いることもある）．さらに，サイズ分布のかたちの特徴，たとえば歪度（正のゆがみ＝まれな大サイズ方向に尾を引く分布；負のゆがみ＝小サイズ方向に尾を引く分布）を表す統計量もあるが，より視覚的に，サイズの頻度分布のヒストグラムをつくってみるほうがよい．観察された最小値の間を個体数に応じて適当なクラスに区切り，基準化したヒストグラムが得られる（Koyama & Kira 1956）．ヒストグラムで見れば分布の二山化など，統計量では表しにくい現象が把握できる．

　あるときに一斉に芽生えた同齢の植物個体群のサイズ分布が，植物の成長とともにどのように変化するかを考えてみよう．一般に，種子のサイズはよく揃っていて，変動係数も小さい一山型の分布を示す．この一山型の分布は，一般に正規分布に近い．種子や芽生えのサイズ分布を対数正規分布するとして表現する場合も多い．これは，変動係数が小さいときは，実際の頻度分布は対数正規分布，正

規分布のどちらでもよくあてはまるからである．

　植物が成長するとともに，変動係数は大きくなる．これは個体の成長速度にばらつきが生じるためである（さしあたり個体の死亡はないものとする）．成長速度がばらつかなければ，平均値は成長とともに大きくなるが，サイズ分布の形そのものは一定のままである．いっぽう，個体の相対成長速度（relative growth rate）にばらつきがあると，成長にともないサイズ分布は正にゆがんだ分布に変化する．特に，相対成長速度が正規分布し，かつ個体の初期サイズと相対成長速度の組み合わせがランダムに決まる場合（すなわちサイズと相対成長速度との間に関係がない場合）は，成長にともないサイズ分布は対数正規分布に近づき，変動係数も大きくなる（Koyama & Kira 1956；Koch 1966）．

　サイズ分布は，個体の生存と成長過程によって決まるので，サイズ分布の時間変化から，サイズと成長速度や死亡率との関係を類推することができる．しかし，サイズ分布の情報は，成長や生存をめぐる個体間の相互作用を示唆する強い証拠を示すわけではない．個体間の相互作用を解析するためには，より直接的に相互作用の実体を評価できる研究法を取り入れるべきである．

　植物個体群のサイズ分布を統計学的な分布密度関数（各サイズにおける頻度を表す関数）で近似できれば，分布特性の定量的な表現が容易になる．いままでに，いろいろな統計理論分布（正規・指数・ガンマ・ワイブルなど）が用いられてきた．最大個体からの順位 n，n 番個体までの平均サイズ，そして n 番個体までの累積サイズの間の回帰関係から分布密度関数を導く穂積の MNY 法（Hozumi et al. 1968；Hozumi & Shinozaki 1970；Hozumi 1971）と，最大個体からの順位 n とそのサイズ $w(n)$ の間の関係を差分方程式で表現して分布密度関数を導く山倉の差分法（Yamakura & Shinozaki 1980；後述，図7.15）は，ともにユニークな方法である．ただし，この二つの方法で導かれた関数は，経験的に得られた累積・差分統計量間の関係を変換する過程で積分定数や係数間の制限がでてきてしまうため，かならずしも単純なかたちにはなっていない．どのような個体群のサイズ分布も近似できるようなモデルは見出されておらず，集団のサイズ分布になんらかの理論分布をあてはめるアプローチにも限界がある．植物個体群のサイズ頻度分布分析の目的に応じて，なんらかの経験モデルにあてはめるか，特定のモデルを仮定せずに統計量やヒストグラムで表現するかを選択する必要がある．

7.2.2 サイズ分布に及ぼす個体間相互作用の効果

同齢集団の発達にともなって，しだいに小サイズ個体の頻度が高くなって，個体重の頻度分布は負にゆがんでいくことが見出されてきた（Koyama & Kira 1956；Ford 1975；Mohler *et al.* 1978）．7.2.1 項で述べたように，個体の初期重あるいは相対成長速度が個体間でばらついているだけで，個体間相互作用がなくてもサイズ分布は時間とともに正にゆがんでくる．したがって，正のゆがみ自体が集団の個体間の競争の結果であるとはいえず，競争はこのゆがみの生じる現象を加速するといえる．

ある時点において，サイズ構造 $f(w)$ を持つ集団を考えよう．同じ時点のサイズ成長速度 $g(w)$ は，サイズ w によって異なるであろう．サイズ分布 $f(w)$ の変化に及ぼす影響は，図 7.6 のように整理することができる（Westoby 1982；Hara 1984a）．サイズが大きいほど，その成長速度（サイズで割った相対成長速度ではない）は大きくなるのが一般的な傾向である．この増加曲線が直線であると，分

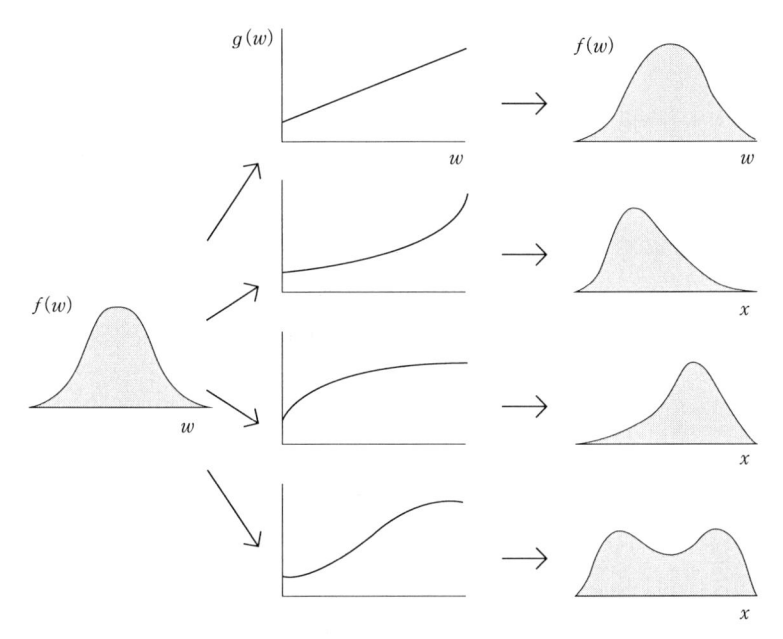

図 7.6 個体重 w と，個体重の成長速度 $g(w)$ の関係が，個体重の頻度分布 $f(w)$ に及ぼす影響
左側のように正規分布する個体重分布が，さまざまな w-$g(w)$ カーブの特性によって，右側のようにいろいろな分布に変化していく．

布のかたちは変化しないが，下に凸の場合，大きい個体で特に成長が著しくなるわけであるから，サイズ分布の正のゆがみが増していく．逆に，上に凸の場合には，小さい個体でだけサイズの差がひろげられるために，負のゆがみが増すことになる．さらに，シグモイド型のときには，中間サイズクラスでサイズ差がひろがるために，成長遅滞の小個体と，成長の促進される大個体の二つのグループに分化が進んで，二山型の分布になるであろう．集団内の個体の成長を物質生産の葉群光合成モデル（第2章参照）を適用して計算した Hara（1986）は，集団の葉群密度が増して光競争が厳しくなるほど，$w-g(w)$ 関係が下に凸の曲線になることを導いている．分布の二山化については，後述しよう．

　競争の結果個体サイズのばらつきを示す変動係数は，時間とともに増加していく傾向がある．Weiner と Thomas（1986）はそれまでの報告を検討して，高密度の集団ほど変動係数が高くなることを指摘し，これは競争が一方向的に劣勢個体の成長を抑制するかたちで効いていることを反映していると結論した．

　ここまで，サイズ分布として，個体重分布を考えてきた．いっぽう，幹直径や植物高といった別の個体サイズのディメンションの分布は，また別の性質を示すことが知られている．地上高分布は幹直径分布や個体重分布に比べてより負にゆがみ，小さい変動係数を示す（Koyama & Kira 1956；Hara 1984b）．こうした違いは，ディメンション間の相対成長関係と対応している．図 7.7 は亜高山帯シ

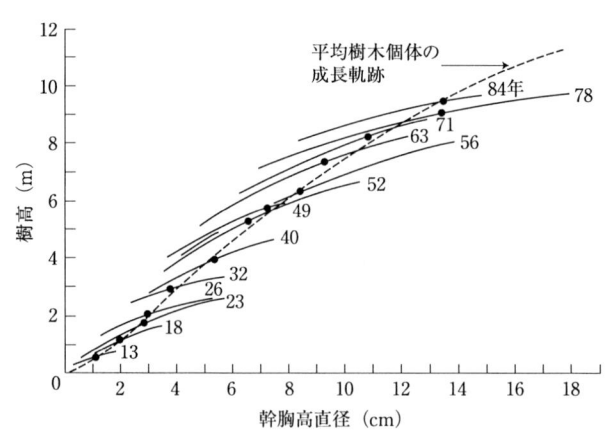

図 7.7　縞枯山のほぼ同齢のシラビソ・オオシラビソ集団の，幹直径-樹高関係の推移（Kohyama *et al.* 1990）
図中の数字は林齢（年）を示す．

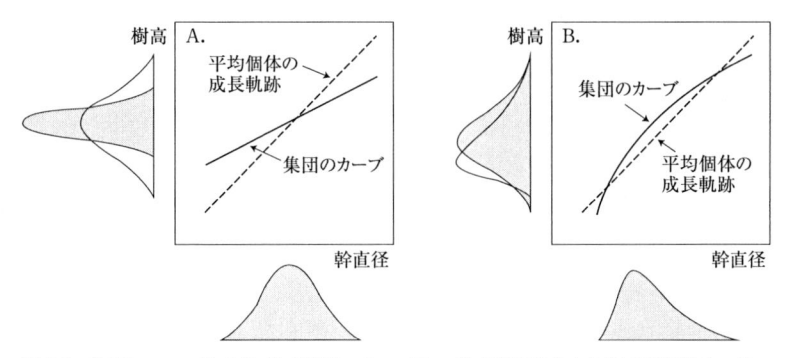

図7.8 集団レベルの幹直径-樹高関係のカーブと，幹直径頻度分布と樹高頻度分布の違いの間の関係（Kohyama *et al.* 1990）．
A，カーブが寝ると樹高分布の変動が小さくなる；B，カーブが上に凸であると，樹高分布がより負にゆがむ．

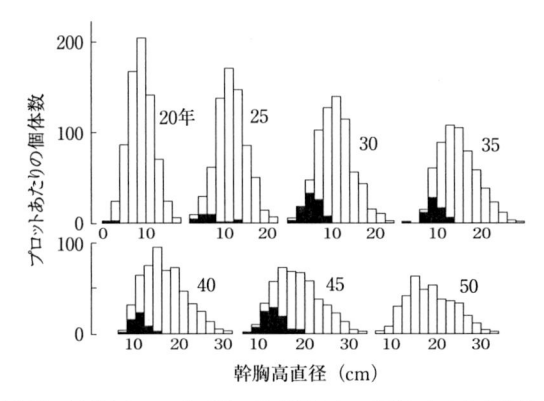

図7.9 北海道の同齢トドマツ人工林の幹直径分布の林齢にともなう推移（清和・菊沢 1987）
数字は林齢（年）を示す．黒く塗りつぶした部分が，次の5年間に死亡した個体．

ラビソ縞枯れ林（BOX 9）の各同齢林分における，林冠構成木集団の幹直径と樹高の関係の推移を示したものであるが，この幹直径-樹高曲線のかたちから上記の樹高分布の特徴が説明できる（図7.8）．また，この幹直径-樹高曲線の推移は，密生集団では大個体も小個体もほぼ同じ高さまで下枝が枯れ上がることから説明できる（Kohyama *et al.* 1990）．このように，ディメンションによるサイズ分布の違いも個体間競争と密接な関係にある．

自己間引きを行っている集団では，密度依存の死亡過程が見られる．この間，サイズ分布は正の歪度が減少することが指摘されてきた（Mohler *et al.* 1978；

Kohyama & Fujita 1981). またこの間, 変動係数も減少する (Kohyama & Fujita 1981 ; Weiner & Thomas 1986). これらの現象は, 死亡がサイズ依存的に生じていることを反映している. 図7.9は, 北海道のトドマツ同齢集団の自己間引きを調べた結果である (清和・菊沢 1987). このように, 小径木クラスで特異的に死亡率が高いのが, 劣勢個体を間引く自己間引き期の死亡の特徴である.

7.2.3 空間分布の記述法

固着性の植物では, 資源量は平面あたりで決まっている. ある個体にとっては, 平均的な密度でなく, 自分の周囲にどのくらい多くの競争相手がいるかが問題になる. したがって, 植物個体の形作る空間分布パターンは, 集団の持つ重要な属性の一つである.

調査対象の空間を同一サイズの区画に分割したとき, 個体の空間分布は区画あたりの個体数密度の頻度分布によって特徴づけることができる. 空間に個体がランダムに分布しているとき, 区画あたりの個体数の理論分布はポアソン分布になる. したがって, ランダム分布からの乖離は, 観察された分布のポアソン分布からのずれを χ^2 検定することによって判定できる. ポアソン分布よりばらつきが小さい場合には集中分布, 大きい場合には一様分布をしている. 区画の大きさが変われば当然結果が違ってくる. したがって, 枠の大きさを変化させて, 集中斑のサイズなどを検出する.

近年では, 空間を区画に分割するのでなく, 個体の平面分布パターンを個体間の距離に基づいて解析する方法が, 一般的になってきた. 固着性の植物の生存や成長に対する密度効果は, 相互作用し合う距離にある近場の個体の間ではたらく. したがって, 平均的な個体密度よりむしろ, 自分のまわりに自分と相互作用する個体がどれくらいいるか, すなわち局所密度のほうが, 植物個体群にはたらく密度効果を評価する上で重要である. たとえば, 注目する個体から, 距離 x の半径の円のなかに存在する他個体の数 $N(x)$ は, その個体にとっての局所密度の尺度として適当であろう. $N(x)$ を平均個体数密度で除した指数 $K(x)=N(x)/p$ を考えよう. もし, 個体がランダムに分布していれば, 半径 x の円内に存在する他個体の数の期待値 (平均の $N(x)$) は, 平均密度 p に円の面積 πx^2 を掛けた値なので, $K(x)=\pi x^2$ となる. そこで,

$$L(x)=\sqrt{K(x)/\pi}-x \tag{7.3}$$

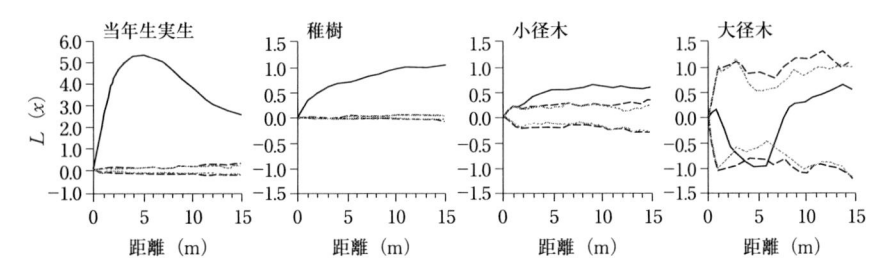

図7.10 樹木個体の空間分布パターンの変化を，L 関数 $L(x)$ の距離 x にともなう変化によって解析した例（Nanami et al. 1999）
奈良市の三笠山のナギ個体群の各生育段階ごとの分布を示す．実線が観察された分布．点線と破線はランダム分布の場合の95％および99％の信頼限界を示し，観察分布がその内側ではランダム分布，上側では集中分布，下側では規則分布と考えられる．当年の実生から小径木までは集中分布をしているが，大径木はほぼランダム分布で，特に5m半径では規則分布をしている．

という指数を考えると，x にかかわらず，個体がランダムに分布しているときには $L(x)=0$ になる．空間分布が集中分布のときには $L(x)$ は正の，規則分布のときには負の値をとる．この指数を L 関数と呼び，個体の空間部分パターンの特徴を示すために，x-$L(x)$ 関係を図示して表す（Ripley 1981）．実際に $L(x)$ を計算するときには，調査区の境界近くで半径 x の円が調査区からはみ出すことを考慮した補正をする．ランダム分布からの統計的なずれを検定するためには，同じ個体数密度を持ちランダム分布をする仮想個体群を多数繰り返して生成させ，それらから推定した $L(x)$ の信頼区間から観測分布の $L(x)$ が逸脱していれば，ランダム分布からはずれている，と考えればいい（図7.10）．具体的な計算方法については，島谷（2001）を参照されたい．

平面上の個体分布を，近接個体間を結ぶ線の垂直二等分線がつくる個体ごとの多角形モザイク（Dirichletモザイクと呼ばれ，多角形は三角形から最大で六角形となる）の面積の頻度分布として表すこともできる（Ripley 1981）．この面積分布は，個体のサイズ分布と同じように解析できる点が魅力的である．多角形の面積が個体の利用できる資源量と対応すると考えて，後述するようにサイズや成長速度との間の関係の分析にも使われている．

個体の位置情報は，種子散布や親子関係，種間の競争関係など，固着性の植物の個体群動態や群集動態を研究する上で，解析のしがいのあるデータセットである．

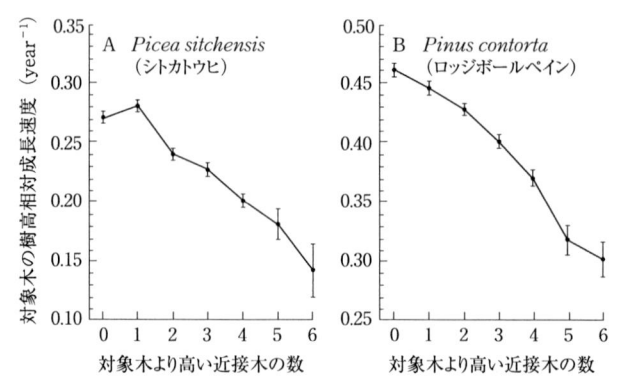

図7.11 樹木の成長速度と，混み合い度の関係（Cannell et al. 1984）
周囲を，自身より高い個体により多く囲まれるほど，樹高成長は低下する．

7.2.4 空間分布の時間変化

　密度による成長抑制や死亡促進が，集団の平均個体重や個体重分布に及ぼす影響を見てきたが，こうした密度依存的な過程は，実際には，個体の空間分布パターンによって規定された，個体間の競争の過程である．そして，その競争の結果として，空間分布パターンに変化が生じることになる．同種のコホートでも優勢個体が規則的な分布をしているのに対して，劣勢個体は集中的に分布する傾向がある（清和・菊沢 1987）．

　こうした空間パターンの分析では，個体間の関係を反映するような観察が必要である．Cannellら（1984）は個体の成長速度と，地上高のより大きい近接個体数の間に明瞭な負の相関を認めた（図7.11）．彼らは，近接個体の成長抑制がより大きい個体によってだけ影響を受けていたことから，近接個体間の相互作用が一方向的であると結論している．

　劣勢個体に選択的にはたらく，間引き型の死亡の空間分布も，局所的に過密な部分で生じる．その結果として，時間とともに空間パターンがしだいに集中分布から規則分布に近づいていくことになる（Kohyama & Fujita 1981，図7.10）．この変化は，自己間引きにともなう個体重頻度分布の変化と並行する現象である．

7.2.5 二山化と階層分化

　Ford（1975）は，同齢集団の個体間の階級分化の結果，サイズ分布が二つのモードを持つ二山分布を示すようになることを指摘した．図7.6のようにシグモ

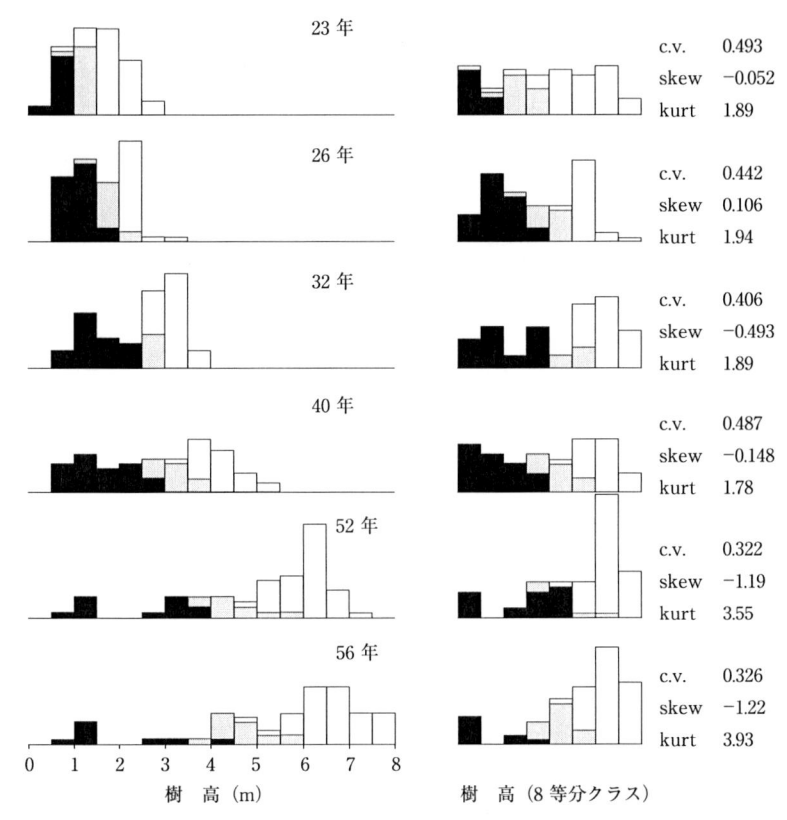

図 7.12 縞枯山のシラビソ・オオシラビソ集団の，林齢にともなう樹高分布の変化（甲山原図）50 cm 刻みの頻度分布，8 等分クラス，そして分布統計量（c.v. 標準偏差，skew 歪度，kurt 尖度）を示す．白抜きが上層の優勢木，網が中勢木，黒塗りが林冠下の被圧木を示す．

イド型の w-$g(w)$ 曲線は二山化を招く要因となる．この二山化は，耐陰性のある種のコホートではかなりよく観察できる現象である．図 7.12 は縞枯林（Box 9）のシラビソ・オオシラビソ集団の樹高分布を 50 cm クラス，最小と最大の間の 8 等分クラスおよび分布統計量で表現した例である．各集団は成熟林分の一斉枯死に対応して形成されるほぼ同齢のコホートであるが，加齢にともなって分布が二つないし三つのモードを持つようになり，それぞれが観察された樹冠クラス（優勢木，中勢木，被圧木）とよく対応している．一年生草本のシロザの個体密度を変えて植えた Nagashima ら（1995）の実験では，低密度ではすべての個体が優勢の成長を示して高さは一山型になるが，密度が増加すると，被圧された下層集団が出現して二山型になり，さらに高密度になると被圧下層だけが増加すること

が報告されている（図 7.13）．シラビソ・オオシラビソと，シロザの高さ成長過程はきわめて類似しており，取り残されて高さ成長をしない被圧個体が，下層のピークを形成していることがよくわかる（図 7.14）．

　Yamakura（1987）は森林の樹木集団の樹高分布を，個体順位の差分幅 n をいろいろ変化させた対称型二階差分図で表して，階層分化を検出した．対称型二階差分図とは，最大個体からの順位を n，そのときの個体サイズを $w(n)$ としたとき，$w(n)$ に対して $w(n-i) + w(n+i)$ をプロットした図である（ただし $i = 1, 2,$

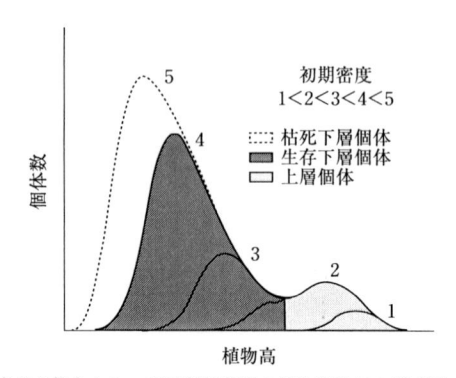

図 7.13 高さ成長を終えたシロザ同齢個体群の植物高分布の模式図（Nagashima *et al.* 1995）
初期個体密度が高くなるにともなって，一山型から二山型になり，さらに低い個体のモードが増加していく．

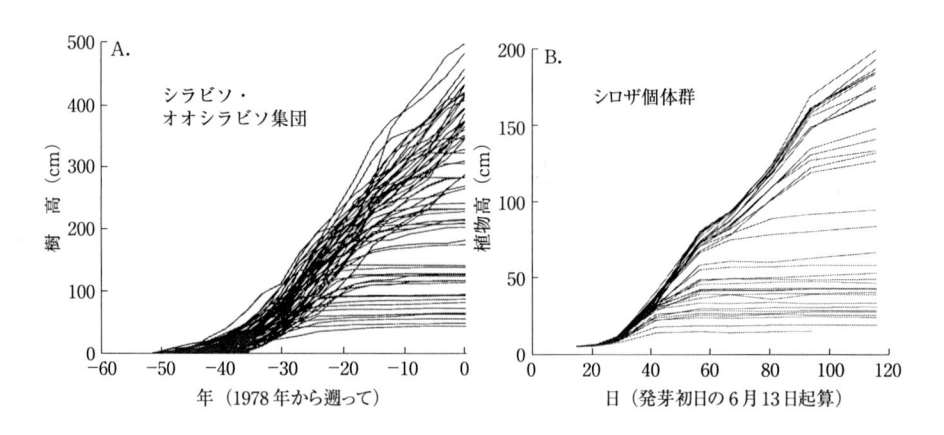

図 7.14 同齢集団の各個体の植物高の成長経過
被圧個体では高さ成長が止まり，二山化がもたらされる．A，縞枯れ山のシラビソ・オオシラビソ集団（甲山原図）；B，シロザ同齢個体群（初期密度 400 m^{-2}）（Nagashima *et al.* 1995）．

7.2 集団構造の密度依存性

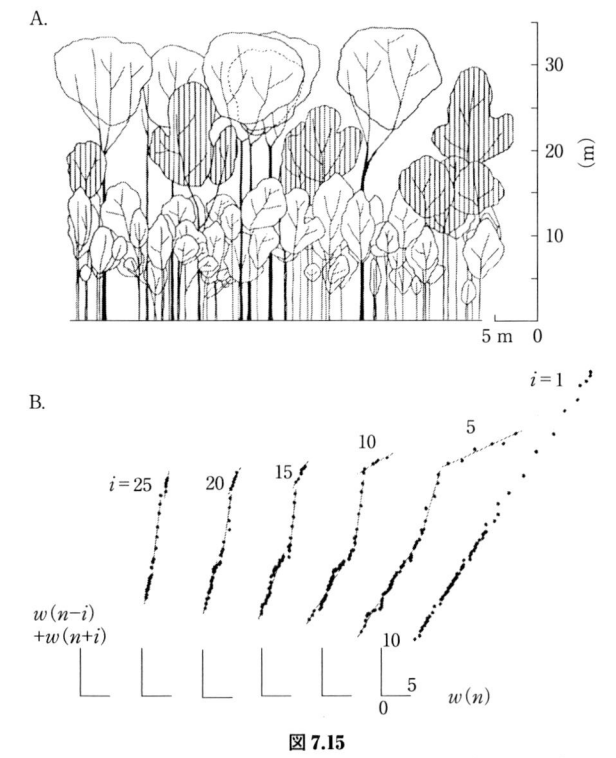

図 7.15
A，タイ・サケラートの乾燥常緑林の森林断面図（50×10 m）．3層分布の中間層の個体を縦線で示す；B，樹高分布の対照型二階差分図（本文参照）で，さまざまな個体順位の差分幅をとった場合．3本の折れ線が，三つの不連続分布を示す（Yamakura 1987）．

$3, \cdots \ll n$）．この図上で，階層構造は，各層に対応する数の不連続な線分として現れる．いろいろなタイプの森林の樹木集団にこの方法を適用した結果，発達した自然林の集団はブナ林やミズナラ林の1層から最多は熱帯多雨林の3層までの分構造を持っていた（図 7.15）．熱帯多雨林では階層分化が著しく発達しているとされてきたが，定量的には3層が上限値であるという点は興味深い．

温帯林では階層数が必ず少ない，というわけではない．森林の発達の由来によっては，複数の階層が認められる．Ishizuka (1984) が，北海道のトドマツ・エゾマツ・シナノキ・イタヤカエデなどの混交林の樹木集団について Yamakura 法を用いたところ，3層の階層分化があった．階層ごとの空間分布を解析したところ，上層集団の樹冠が規則分布をするのに対し，下層個体の樹冠は上層個体樹

冠の隙間を埋めるように集中的な分布をしていた．そして，階層間には負の分布相関があった．彼はこうした空間的パターンが，資源としての林分内のギャップをめぐる樹冠間の競争によって説明できるであろうと考えた．Yamakura (1988) は，差分図法で分けた階層ごとの平均樹高と個体密度の関係をいろいろな成熟した自然林分のデータについて整理し，個体重の$-3/2$乗則（(7.2)式）に対応するような平均樹高と密度の間の$-1/2$の傾きを持つべき乗式関係が，階層や森林タイプに関係なくほぼ同じ回帰線として認められることを見出した．これは，階層ごとに密度依存的に分集団の構造が規定されている可能性を指摘する，興味深い発見である．

7.3 サイズ分布動態のシミュレーション

以上，述べてきた野外集団や実験集団に見られる定量的な規則性を生じるメカニズムを明らかにするためには，それを再現できるような定量的な集団動態モデルにより検討することが有効であろう．いままでに報告されてきた動態モデルは，①個体の空間配置を考え，隣接個体どうしの競争を個体間距離の関数として計算する場合，②空間配置は考えずに，集団の各個体の成長・枯死から集団動態を再現する場合，③個体ごとに計算をせずに，各サイズへの密度効果をモデル化して，個体のサイズ頻度分布動態を再現する場合，に分けることができる．

①の例では，Firbank と Watkinson (1985) が個体の成長に利用できる資源を同心円空間で表して，隣接個体間では互いの空間が重複して成長が抑制されると仮定したモデルがある．彼らのモデルでは，相互作用のない場合の個体の占有面積がロジスティック成長をし，個体重は占有面積と地上高（個体重と相対成長関係を満たすと仮定する）の積と定義する．隣接個体間の相互作用の結果を差し引いたある個体に有効な面積を算出し，個体サイズの成長は潜在的占有面積に対する有効面積の割合だけ抑制される．占有面積が隣接する個体間で重複するとき，重複部分は大きい個体から順に一定の割合で占められるとして計算しているので，一方向競争を仮定していることになる．個体の死亡は一定の期間，負の成長をした個体に起こるとしている．シミュレーションの結果，彼らは密度依存の諸法則を満たすような集団を再現している．

Aikman と Watkinson (1980) は，空間配置を考えない②のタイプのシミュレ

7.3 サイズ分布動態のシミュレーション

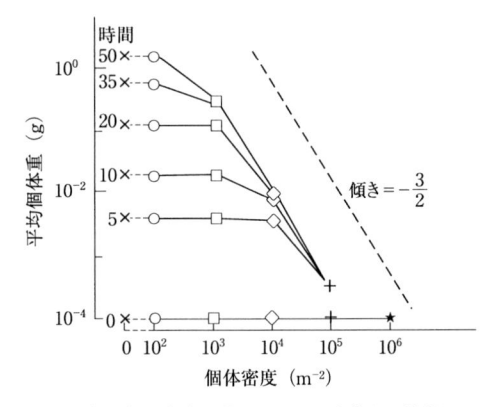

図7.16 一個体成長が各個体の占有面積に応じて一方向的に抑制されると仮定した,植物集団の分布動態シミュレーションの結果（Aikman & Watkinson 1980）．密度効果の逆数式(7.1)と自己間引きの$-3/2$乗則(7.2)式が再現されている．

ーションを行っている．個体の占有面積が個体重の$2/3$に比例するとして，ロジスティック的に成長する個体の指数関数成長の項に，個体の占有面積に応じた成長抑制項がかかる関係を仮定している．競争効果はその個体の相対的な占有面積と個体数密度の関数として一方向競争的に与え，死亡は成長速度がゼロになった個体で生じると仮定している．このシミュレーションの結果，密度効果の逆数式(7.1)と間引きの$-3/2$乗則(7.2)式が再現された（図7.16）．さらに，個体重分布が正にゆがんでから，ふたたび（死亡により）ゆがみが減少し，樹高分布が二山化する過程も再現された．

③のタイプでは，Box 10 にまとめたように，成長・枯死・繁殖加入によってもたらされるサイズ分布の変化を，移流方程式を用いてシミュレートする方法が用いられてきた．以下に，移流方程式近似による，サイズ分布動態の研究例を紹介しよう．

Takada と Iwasa（1986）は，競争のない場合には個体サイズがロジスティック成長をし，個体間競争は，集団内のその個体よりサイズの大きい個体の密度がロジスティック式の K を抑制する，という前提のもとに，一方向的な競争効果がある場合の集団動態を解析した．特に死亡がない場合については，時間が十分に経過した後の定常分布として正にゆがんだサイズ分布を導いている．

現実の野外データからサイズ分布動態の再現を試みた例に，Nagano（1978）の南九州の照葉樹二次林の林分動態のシミュレーションがある．彼は，調査のた

めに伐採した各林木個体の年輪解析から,各時点で個体の幹直径 x の相対成長速度 $g(x)/x$ が直径の逆数式で近似できるとし,林分の齢にともなう逆数式の係数の変化も推定して,サイズ分布動態をシミュレートした(図7.17).その後30年間の森林の追跡から,このシミュレーションの予想が精度の高いものであったことが検証されている.

Nagano のモデルで時間依存的に変化する $g(x)$ は,それぞれの時点での集団構造を反映していると考えることができる.そこで,Kohyama (1989) は南九州の伐採後の経過年数の異なる林分での幹直径の追跡調査のデータから,幹直径 x の個体の成長速度 $g(x)$ や死亡率 $m(x)$ に見られる時間依存的あるいは林分齢依存

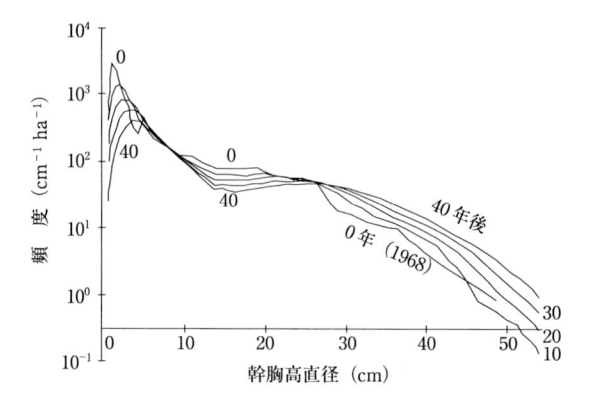

図 7.17 熊本県水俣市の照葉樹二次林の幹直径分布の時間経過の予想シミュレーション (Nagano 1978)

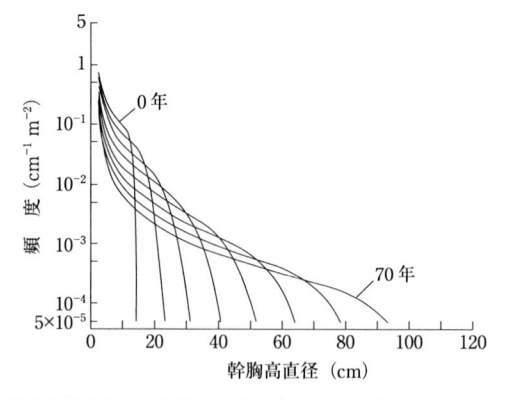

図 7.18 鹿児島県屋久島の照葉樹二次林の直径分布の時間経過の,一方向競争を仮定したモデルによるシミュレーション (Kohyama 1989)

的な変化が一方向的な個体間競争の結果であるとの前提から，$g(x)$ と $m(x)$ を林分構造の関数として経験的に導いた．幹直径 x より大きい個体の幹断面積合計値（upper basal area）を，一方向競争の効果の係数として用いた．パイプモデル（第3章）によれば，個体の幹断面積は葉量に比例する．したがって，ある対象個体に対して，より大きい個体の累積幹断面積密度は，その対象個体を覆う集団の葉量密度に比例すると期待できる．観察値から $g(x)$ と $m(x)$ の一方向競争依存関数を求め，二次林分の幹直径分布の推移をシミュレートした（図7.18）．Nagano も Kohyama も多種の混交した，小個体ほど多いサイズ分布を示す集団の動態をシミュレートしているが，結果として自己間引きの $-3/2$ 乗則関係を認めているのが興味深い．同じ生活形の多種からなる集団の動態も，基本的には同

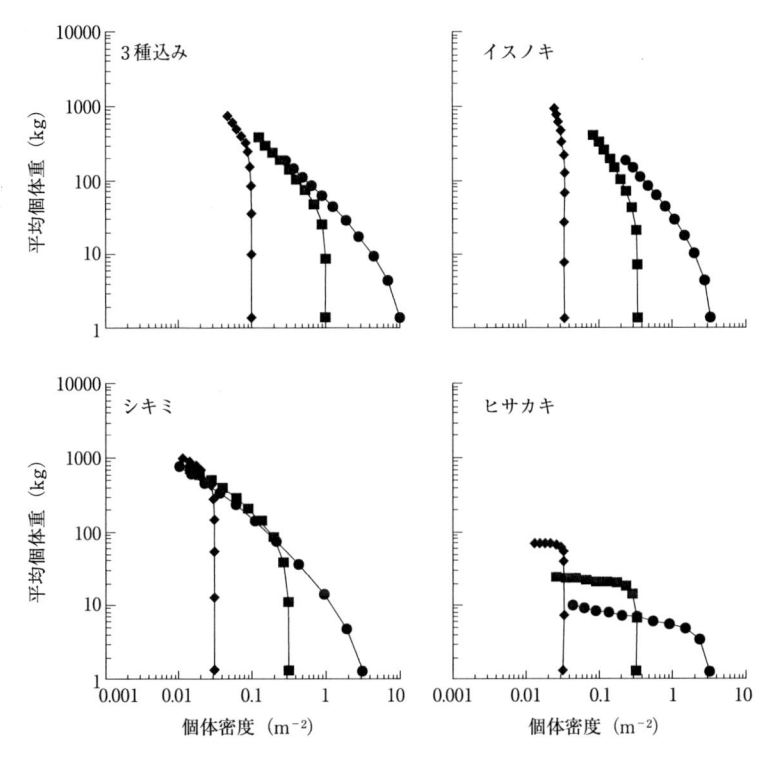

図7.19 初期密度を変えた3種系（イスノキ・シキミ・ヒサカキを同密度混交）同齢集団の発達過程のシミュレーション結果（Kohyama 1992）
成長と死亡が一方向競争により抑制される．3種込みでは，密度効果の法則性（(7.1)，(7.2)式）が再現され，同じ自己間引きラインに収束していく．種ごとに見ると，抑制が下層木のヒサカキに際立って作用するため，密度効果の法則性は認められない．

齢単一種集団の動態と同様の要因でコントロールされていることを示唆する結果とみることができる．

　Kohyama（1989）のモデルに基づいて，同じ個体成長抑制の式と新規加入個体の移入速度が林分の幹断面積合計値にともなって指数関数的に抑制される関係式を照葉樹林と熱帯多雨林のデータから求め，シミュレーションを行ったところ，樹木サイズ分布が観察値によく合う定常分布に収束した（Kohyama 1991）．個体の成長を，両方向競争（林分の全幹断面積合計値）によって制御されると仮定したら，加入速度の増減が林冠構造に大きく影響するのに対し，一方向競争によって制御されると仮定したら，加入速度の変化は林冠構造にほとんど影響を与えないこともわかった．さまざまな初期密度からスタートさせて同齢集団の発達過程を同じモデルでシミュレートすると，密度効果の逆数式の関係や，自己間引き線への収束が再現できた．樹木3種からなる多種系で同様のモデル実験をすると，全種込みではこうした密度効果の規則性が成立するが，成長の速い上層種に比べて，遅い下層種が選択的に一方向競争の影響を受けやすいために，種ごとに見る

図 7.20 シラビソ集団の発達過程を，各枝先ベースの光合成過程からシミュレートしたモデル PipeTree の，林齢 44 年の様子（Kubo & Kohyama 2005）
縞枯山のシラビソ・オオシラビソ集団で観測された発達過程（下枝の枯上り，自己間引きなど）が再現されている．

Box 10　サイズ分布動態の移流方程式モデル

　サイズ依存的な挙動に注目した集団動態のモデリングには，第6章で紹介した推移行列モデルのような，サイズクラスや発達段階区分間の推移を表す離散モデルとともに，サイズを連続量として扱う連続モデルも用いられる．個体重のような連続的なサイズに注目する解析では，サイズをクラス分けしてデータ整理すると，サイズ成長の測定結果など，情報量を捨ててしまうことになる．いっぽう，死亡率を求めるにはかなりの個体数を母数にしなければならないので，ひろめのサイズクラス幅が必要となる．こうした場合，任意に設定するサイズクラスにとらわれずに，成長速度や死亡速度のデータをサイズの連続関数として推定して，集団動態をモデル化する方法をとるほうがいいことがある．

　$f(t,x)$ を，時刻 t にサイズ x である個体の密度を表す連続関数としよう．総個体数 N は $f(t,x)$ の全サイズ幅での積分として与えられる．短い時間 Δt の間に起こる，x から $x+\Delta x$ の小区間にある個体密度の変化を考えよう．$g(t,x)$ を時間 t サイズ x におけるサイズの瞬間成長速度，$m(t,x)$ を瞬間死亡率とする．サイズ x の個体数密度の Δt の間の変化は，x より小さいサイズからサイズ x に成長する個体密度から，サイズ $x+\Delta x$ より大きいサイズに成長する個体密度と，この小区間において死亡した個体密度を差し引いた値であるから

$$f(t+\Delta t, x)\Delta x - f(t,x)\Delta x = g(t,x)f(t,x)\Delta t - g(t, x+\Delta x)f(t, x+\Delta x)\Delta t$$
$$- m(t,x)f(t,x)\Delta x \Delta t \qquad (7.4)$$

[Δt あたりの密度変化]＝[成長による加入]−[成長による移出]−[死亡による減少]となる．一般に，x と y の連続関数 $f(x,y)$ について，Δx が小さいとき，$f(x,y)$ を x についてテーラー展開した二階微分以上の項を省略すると $f(x+\Delta x, y) = f(x,y) + [\partial f(x,y)/\partial x]\Delta x$ が成り立つので，(7.4)式の時間極限をとると，

$$\partial f(t,x)/\partial t = -\partial \{g(t,x)f(t,x)\}/\partial x - m(t,x)f(t,x) \qquad (7.5)$$

が得られる．これが，サイズ分布動態の移流方程式である．この式は，流体力学の基本方程式である流体運動の連続の式（continuity equation）に，消失過程の項を入れたかたちに相当する．

　(7.5)式は，個体が成長し，死亡する過程だけを表現している．もう一つの，繁殖による加入の過程は，加入サイズでの境界条件として，別に表す必要がある．サイズに依存する個体あたりの瞬間出生率を $b(t,x)$ としよう．出生する個体のサイズを x_0 とすると，短い時間 Δt の間の総出生個体数は

$$f(t, x_0)\Delta x = g(t, x_0)f(t, x_0)\Delta t$$

だから

$$g(t, x_0)f(t, x_0) = \int_0^\infty b(t,x)\,dx \qquad (7.6)$$

が，繁殖に関する(7.5)式の境界条件を与える．詳しくは寺本（1997）を参照のこと．

と，密度効果の規則性が成り立たないことがわかった（図7.19）．これは，7.1.2項で述べた2種系の実験を再現した結果である．

　植物の個体間相互作用から，集団レベルの密度効果の規則性を再現するためには，こうした個体ベースのシミュレーションは有効な手法であるが，さらに機能的な解明に向けた意欲的なアプローチは，植物個体自体の三次元構造（樹冠とそのなかの葉の分布，茎枝系の分布など）を再現するシミュレーションであろう．葉群の垂直構造に基づいた葉群光合成モデル（第2章）は，水平方向の個体分布を無視することで，生態系（単位面積）あたりの生産過程と現存量動態を記述できるベースを提供している．いっぽうで個体ベースあるいは個体サイズ分布ベースのモデルは，個体のなかの垂直構造を簡略化してしまっている．両者を表現できる統合モデルによって，個体の生理過程から，個体群レベルの密度依存性，そして生態系レベルの生産過程が，明示的に光や水・栄養塩資源の制約と関連づけてシミュレートできることになる．KuboとKohyama (2005) は，こうした研究の一例として，PipeTreeという当年枝レベルの光合成から積み上げるモデルを開発して，縞枯れ林のシラビソ個体群の発達過程を再現している（図7.20）．このモデルの解析から，どのように各枝先の光合成産物を個体内の各部分の三次元的な成長に振り分けるか，という分配規則が，集団発達過程の再現にはきわめて重要であるにもかかわらず，現実のデータが欠けているという問題点が明らかにされた．このように，シミュレーション研究は，ただ単にすでにわかっている諸機構を組み入れて現象を再現する，という目的だけでなく，まだ明かされていない諸機構を推測し，さらなる実測研究を促す手段としても有用である．

7.4　この章のまとめ

　資源制約があるとき，固着生活をする植物個体間には，特に隣接する個体間で強い相互作用がはたらく．同齢集団では，過密による集団の成長抑制や死亡を反映して，密度と現存量（平均個体重）の間に定量的な規則性が認められる．集団の個体サイズ分布や個体の空間分布が，個体の成長と死亡に影響を及ぼし，その結果としてこれらの分布が変化していくパターンにも，一般的な傾向が見出せる．近接個体間の相互作用には，競合する資源や個体の形態特性を反映し

て，より大きい個体が小さい個体をもっぱら抑制する一方向的な競争と，小さい個体でも大きい個体を抑制する両方向な競争が識別できる．個体をベースにしたシミュレーションで，成長と死亡にはたらく一方向競争を仮定することによって，観測されてきた規則性が再現されている．植物集団の密度効果と個体間相互作用は，同種同齢個体群を対象に研究されてきたが，その機構は，同様の生活形の多種からなる，異齢集団（群集）でも同じようにはたらいている．

[甲山隆司・可知直毅]

8

種の共存と種多様性

8.0 はじめに

　自然の植生は，1種の植物だけからなることはなく，多くの植物種が混在している．一定の空間のなかにともに出現する多種の集まりを，群集（community）と呼ぶ．植物群集では，同じ生活形をとる種，たとえば，自然林の林冠を形成する高木種が，光や水分，土壌の栄養塩といった共通の資源を利用しながら共存している．したがって，同じ資源を利用する種間関係の理解が必要である．この章では，同じ資源を利用する種は共存できない，という競争排除則を説明し，多種が共存する現象を説明する要因を整理していく．また，植物群集全体の持つ生態系機能と，群集を構成する種数との関係についても見ていこう．

　われわれが実際に植生の変化を観察できるのは，多年生植物ではたかだか1,2世代にすぎず，多世代にわたる群集の動態を追跡することはできない．東南アジアの発達した熱帯低地多雨林では，1 ha に数百種の樹木が出現する．これに対して，種間の競争モデルを用いた理論研究で説明できているのは，せいぜい数種の安定共存である．このように，植物群集の形成・維持機構を完全に理解するまでにはまだ大きな隔たりがあるのだが，その隔たりゆえに，多種共存機構の解明は植物生態学のもっとも魅力的な研究課題の一つであり，活発な研究と論争が展開されている．

　植物の多種間関係の研究アプローチも，こうした制約を反映して，扱う種数と

時間範囲で異なってくる．数世代程度を対象とするならば実験的なアプローチが可能であるが，長期的な群集動態を記述するには，数理モデルによる解析やシミュレーション実験が不可欠になる．また，熱帯多雨林のように数百種からなる系では，それを再現するようなモデル化に必要なパラメータ推定は困難なので，現実の多種系のパターン解析も重要なアプローチである．こうした多面的なアプローチが明かしてきたさまざまな断片を綴り合わせて，植物群集の形成と維持について全体像を概観してみよう．

8.1　1世代内での多種系

8.1.1　種数を制御した実験

　多種からなる系は，1種だけの系と比べて，どのような機能面の違いがあるだろうか．この問いに答えるべく，植物群集を構成する種の数と，群集の持つ，一次生産速度や栄養塩吸収速度，そして生物現存量といった生態系としての機能量との間の関係を調べる，大規模実験が実施されている．多年生植物を対象としたこれらの実験は，ほぼ世代内の時間スケールの現象を追跡していることになる．その一つは，北米ミネソタ中部のステップ草原での種数制御実験である．そこでの第二期実験である Biodiversity II の概要と結果を紹介しよう．施肥実験の結果

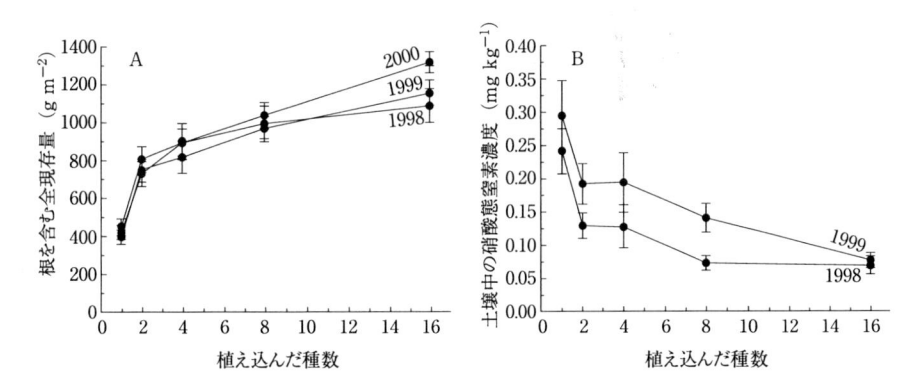

図 8.1　北米ミネソタ州のシーダークリーク自然史地区のステップで実施された Biodiversity II 実験（1998～2000 年）の結果（Tilman *et al.* 2002）
植生や土壌中の種子を取り除き，自生する多年性植物の種子を，異なる組み合わせと種数で 1994 年に植えた．土壌中の硝酸態窒素は，表層 20 cm までの土壌乾燥重量あたり．

から，この調査地では，窒素が制限要因になっていることが確認されている．ステップに自生する多年生草本16種と木本2種を対象種とし，そこから1～16種を機械的に選んで，植生と表土層（埋土種子層）を除去した区画に播種して経過を追跡した．種数の増加に伴い，現存量は増加し（図8.1A），土壌中の硝酸塩の濃度は減少した（同図B）．同一の土壌条件での実験なので，土壌硝酸塩の減少は，植生への取り込みの増加を示している．同じ多種系でも，イネ科C_4草本や，共生根粒細菌によって窒素固定できるマメ科草本が混在しているほうが，C_3植物だけの系よりも現存量は大きく，また土壌中に残留する硝酸塩も少なかった．

ヨーロッパの牧草地に広く分布する多年生草本種を対象に，ヨーロッパ全域にまたがる8カ所で，同じ実験計画を適用した比較実験BIODEPTHが実施されている．それぞれの地域で観察される種数を最大として，種数を制御した植え込み実験である．この実験でも，種数の増加にともなって対数関数的に，現存量は増加する傾向を示した．種数増加に伴う増加の傾きには，地域間で有意な差がなかったが，切片には地域差があり，任意の種数のときの現存量期待値に地域間で違いがあった（図8.2A）．また，種数の代わりに機能タイプの数（C_3, C_4, マメ科）で見ても同様の結果であった（同図B）．地域間での気象環境などによって，植生の発達経過が異なるものの，種数や機能タイプの多様性の影響は同様であることがうかがえる．

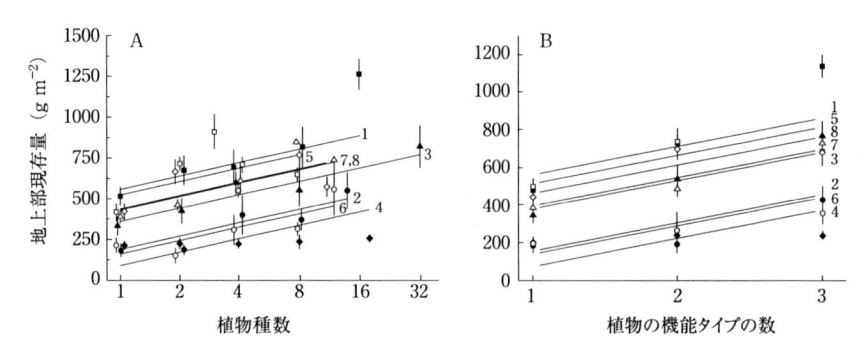

図 8.2 ヨーロッパ各地で平行して行われた BIODEPTH 実験の結果（Hector *et al.* 2002）植生のない状態の調査区に，ヨーロッパに広域分布する草本種の種子をさまざまな組み合わせで播種し，2年後の植生の現存量を調べた．A，横軸に種数を対数目盛で示す；B，機能タイプ（C_3植物, C_4植物, マメ科窒素固定植物）の数．1(■)，ドイツ；2(●)，ポルトガル；3(▲)，スイス；4(◆)，ギリシャ；5(□)，アイルランド；6(○)，スウェーデン；7(△)，シェフィールド，イングランド；8(◇)，シルウッドパーク，イングランド．

こうした大規模実験の結果に対して，それが単に実験計画そのものに由来する，非生物的なバイアスにすぎないのではないか，という疑義が出され，活発な論争を巻き起こした．実験に用いられた種のプールのなかには，単一種で生育させたときの生産性が高い種も低い種も存在するであろう．もっとも種数の多い系には，生産性の高い種が含まれやすいが，1種系や種数の少ない系では，生産性の低い種だけが選ばれてしまう確率が高い．そして，生産性の高い種は混交系でも優占しやすいであろう．したがって，種数が増えるほど平均的な生産性が増すのは，単に生産性の高い種が選ばれやすくなることを示しているにすぎない，というのが疑義の骨子である．実際に，上記の二つの実験や，類似した実験の結果では，種数の少ない系ほど，選ばれた種の違いによる生産性の変動が大きい傾向があった．

このような，選ばれた種の特性の違いに起因する効果（選択効果）とは別に，多種系では，種間で相補的に役割分化をするために，1種ずつの場合よりも生産性が増加するという効果（相補効果）があるかどうかを判定する必要があるだろう．統計解析によって両効果を分離して評価すると，たしかに選択効果が実験の初期にはかなり強いが，時間の経過とともに，相補効果が強まってくることが，ミネソタの実験とヨーロッパの実験に共通して認められた．またミネソタの実験では，時間とともに，しだいに負の選択効果，すなわち同じ程度の多種系でも，1種系の場合に高い生産性を示す種を含まないほうがかえって生態系全体の生産性が高くなる，という結果が得られている．遷移の初期に侵入する種のように，単一種では生産性が高いが，多くの種との競争には弱い，という生態特性によって説明できる現象かもしれない．

8.1.2　1世代実験からの長期変化予測の問題点

短期の多種混植実験から，長期的な植物群集の種組成の変動が予測できるであろうか．それが困難であることを，簡単な例で紹介しよう．1世代のなかでの2種混交系についてよく行われるシンプルな実験は，一年生草本2種について，まく種子数（総播種密度）を一定にして，種子の混交比を変える置換デザインによるものである．播種した種子数と，生育期間中に実った種子数（収量）から，混交比の影響を評価できる．

ある種の播種頻度が増えればその種子収量も増加するであろうが，さまざまな

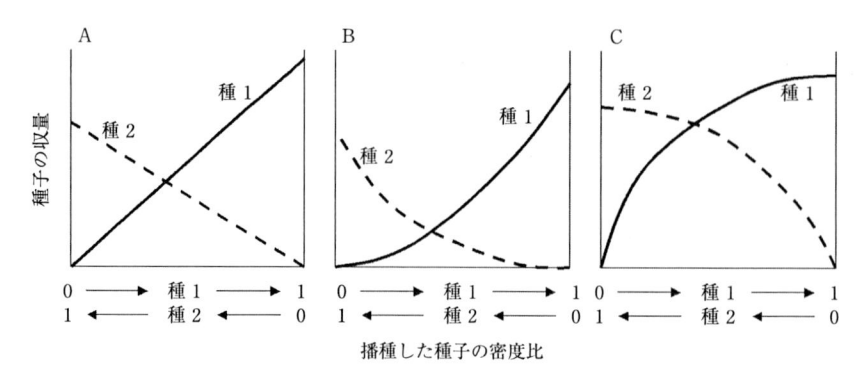

図 8.3 2種の一年生草本の総播種密度を一定にして，混交比を変化させたときの種子収量　横軸に混交比を，縦軸に生育期間が終了したときの種子の収量をプロットした．二つの種の描くカーブのさまざまな組み合わせが可能である．

増加パターンが考えられる（図 8.3）．たとえば，図 8.3A のように種子収量が播種頻度に比例している場合には，1 世代の相対収量が高い種（図では種 1）が，世代を重ねるにつれて，しだいに低い種を駆逐していくであろう．また，同図 B のように，混交した場合の種子収量が播種頻度に対して，下に凸の曲線を描く場合には，播種混交率の相対的に高い種のほうがさらに種子収量率を増加させるので，世代を経るにしたがって最初の混交比の偏りが助長され，どちらかの種がもういっぽうを排除することになるであろう（どちらが勝つかは，初期混交比の偏りに依存して決まる）．これらに対して，同図 C のように，どちらの種でも，混交した場合の種子収量が播種頻度に対して，飽和型の曲線を描く場合を考えてみよう．この場合には，混交比がどちらの種に偏っていても，頻度の低い種が高い種よりも高い種子収量率の増加を示す．このために，世代とともに，2 種の混交比にあまり偏りのない状態が維持されていくであろう．同様に，前項の，種数が多い系では少ない系よりも現存量が増加するという大規模実験の結果は，図 8.3C のような傾向であるから，世代を越えた多種の維持を促進しそうである[注]．

注）図 8.3C の例が，二つの種でなく同種内の遺伝子頻度の場合には，集団遺伝学でいう頻度依存的選択による多型変異の維持機構に相当する．

　こうした予測は，植物密度変化の効果を考慮せずに，1 世代のある総播種密度での結果を延長して推測している点が問題である．播種種子数に対する種子収量の比が 1 でない限り，次の世代では総播種密度が変化してしまうので，種子数（植物個体密度）は指数関数的（ねずみ算的）に増加，あるいは減少するからで

ある．7.1節で述べたように，資源をめぐる競争の結果，密度に依存して個体の成長，そして最終的な種子収量に変化が生じる．こうした密度依存的な変化は，種や混交比にも依存するであろう．したがって，この問題点を補うためには，さまざまな総播種密度と混交比の実験を行わなければならない．それでは，世代をまたがった，密度依存性を考慮した多種系の動態を理論的に整理してみよう．

8.2 多世代にわたる共存と排除の関係

8.2.1 2種の空間競争モデルと競争排除則

ある世代で種間に優劣が生じると，各種の繁殖を介して世代とともにその差が増幅されていくので，多世代にわたる種間の共存は実現しにくそうである．世代時間の短いプランクトンでもない限り，そうした現象を実験的に検証するのは困難である．そこで，数理モデルによる理論的な検討が重要になってくる．

多種間の競争は，同種内の競争と同様，なんらかの資源制約があるときに生じる．植物は固着性生活を営み，光・水・栄養塩といった資源の量が占有している空間に比例することを前提として，空間をめぐる競争関係を単純化したモデルを考える．格子状に分割された空間をイメージしてほしい．1植物個体は一つの区画を占めると仮定しよう．ある種の植物個体の占有する空間の比率をX，占有されていないギャップ空間の比率をGとする．植物個体は，死亡率eで，新たな個体が侵入可能なギャップを形成する．いっぽう，ギャップには個体の空間占有率（すなわち，種子を生産する親個体の密度）に比例する速度mXで新たな個体が再生する．系全体の動態は$G=1-X$から

$$dX/dt = mXG - eX = mX(1-X) - eX = mX(1-e/m-X) \tag{8.1}$$

と表される．e/mが1より小さければ，すなわち死亡速度が個体あたりの再生速度よりも小さければ，Xが0でなくても$dX/dt=0$になるような平衡状態が存在し，そのときのXの平衡密度X^*は，$X^*=1-e/m$である．XがX^*より大きい状態では$dX/dt<0$となるので，Xは時間の経過とともに減少し，XがX^*より小さい状態では$dX/dt>0$であるから増加する．したがって，Xは時間tの経過とともに安定平衡密度X^*に収束することになる．この式は，第3章で紹介した，環境収容力Kに収束する生物増殖のロジスティック式$dX/dt=rX(1-X/K)$と同じ式である（すなわち，$r=m-e$, $K=1-e/m$）．

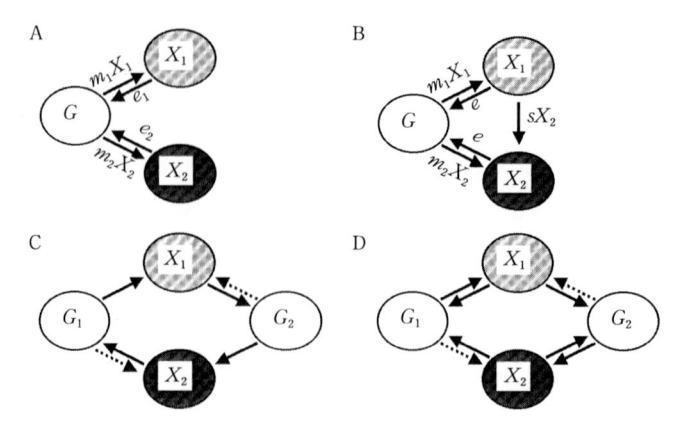

図8.4 2種間の空間競争モデル
A, ギャップ G と, 種1と種2の占有する空間 X_1 と X_2 の間の死亡再生推移, (8.2)式；B, 種1から種2への遷移があるケース, (8.9)式；C, 種1が死亡してできるギャップには種2が, 種2が死亡してできるギャップには種1が再生しやすい, サイクリックな推移モデル；D, 2種が同じように二つのギャップタイプを形成するが, 再生しやすいギャップタイプを分ける場合のモデル.

　この空間分割モデルを, 競争する2種系に拡張してみよう. 2種の個体は, それぞれ一定の確率で死亡し, どちらの種も新たな個体が侵入できるギャップを形成する. ギャップはそれぞれの種の個体の空間占有率に比例する確率で個体を再生する（図8.4A）. 全空間に占める種1の個体の比率を X_1, 種2のそれを X_2, ギャップを G とすると, $G = 1 - X_1 - X_2$ であるから, 系全体の動態は以下のようになる.

$$dX_1/dt = m_1 X_1 (1 - X_1 - X_2) - e_1 X_1$$
$$dX_2/dt = m_2 X_2 (1 - X_1 - X_2) - e_2 X_2 \tag{8.2}$$

ここで, $m_1 X_1$ と $m_2 X_2$ はギャップ単位空間あたりの種1と種2の再生速度, e_1 と e_2 は単位個体占有率あたりの死亡速度を示す. この式で時間の経過とともに2種の密度がどのように推移するであろうか. 2種が共存するような平衡状態は, 左辺がともに0で, かつ $X_1 > 0$, $X_2 > 0$ となる場合である. X_1 と X_2 の平衡密度を X_1^*, X_2^* と表すと,

$$dX_1/dt = 0 \quad \text{から}, \quad X_1^* + X_2^* = 1 - e_1/m_1$$
$$dX_2/dt = 0 \quad \text{から}, \quad X_1^* + X_2^* = 1 - e_2/m_2$$

を満たさなければならない. すなわち, $e_1/m_1 = e_2/m_2$ である. 等しくならない場合にはどうなるであろうか. 種1の死亡/再生比率が種2のそれよりも高い場

合（$e_1/m_1 > e_2/m_2$）について考えてみよう．2種を合わせた空間占有率 X_1+X_2 が $1-e_2/m_2$ より大きければ両種とも減少し，$1-e_1/m_1$ より小さければ両種とも増加するが，その間（$1-e_1/m_1 < X_1+X_2 < 1-e_2/m_2$）では，種2は増加するが種1は減少する．結局，種1は種2との競争に負けて，$X_1^* = 0$, $X_2^* = 1-e_2/m_2$ が収束する平衡状態となる．すなわち，個体あたりの再生速度に対する死亡速度のより低い種が競争に勝って，他種を排除する．

この簡単なモデルの解析から，同じ空間資源を利用する種間では，より空間占有効率（資源利用効率）が高い種（1種での平衡占有率 $1-e_i/m_i$ がもっとも高くなる種 i）が他種を排除する，という競争排除則（competitive exclusion principle）が導かれる．

競争の最終的な帰趨は，死亡/再生比率（e_i/m_i）で判定できるわけであるが，同じ比率でも高死亡速度と高再生速度で速く個体群を回転させている種と，低死亡速度と低再生速度でゆっくり世代交代をしている種とでは，さまざまな局面で

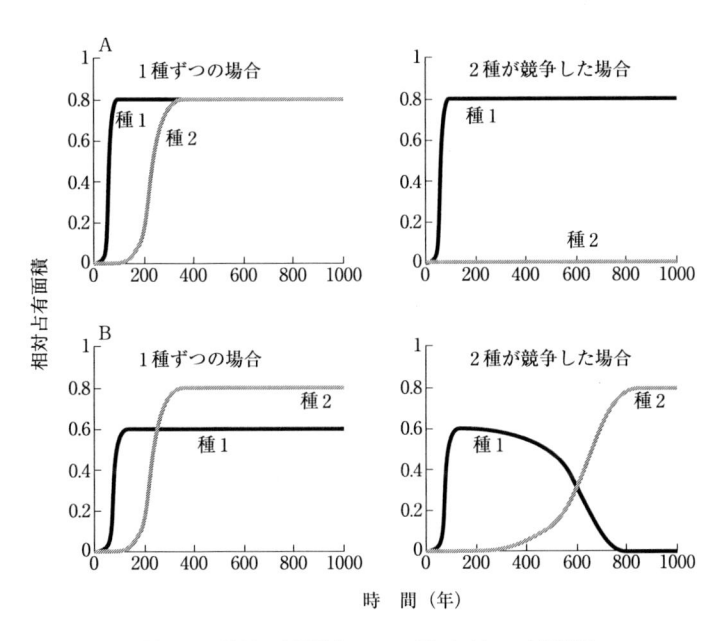

図8.5 2種間の空間競争モデル（(8.2)式）の時間経過
A，e_1 と m_1 が e_2 と m_2 の4倍の場合で，$e_1/m_1 = e_2/m_2$ なので理論的には勝敗が決まらないケース；B，m_1 が m_2 の4倍，e_1 が e_2 の8倍の場合で，したがって，$e_1/m_1 = 2 e_2/m_2$ で，種2が最終的に勝つケース．いずれも，時間0で，相対面積 0.0001 からスタートさせている．

競争関係が違ってくる．図 8.5A のように，回転速度に 4 倍の違いがある場合，同じ初期条件からスタートすると，回転の速い種が優占してしまう．回転の遅い種は，出足の遅れが響いて，絶滅するわけではないが，低い密度のまま維持されることになる．また，死亡/再生比率が高いために平衡状態では排除される種でも，回転速度で勝っていれば，しばらくは優占できる．図 8.5B に示した例では，e_1/m_1 が e_2/m_2 の 2 倍であり競争的には排除される種 2 が，回転速度では種 1 よりも高い（$m_1=4m_2$）ために，速やかに優占し，500 年ほどその優位を保っている（1000 年後には排除されてしまう）．

8.2.2 資源量と生物密度を考えた 2 種系モデル

前項では，空間という資源制約を考えたモデルに基づいて考察してきた．植物は複数の資源を競合しているので，具体的に資源レベルを考慮したモデルを用いたほうが適当な場合もある．ここでは，Tilman (1982) の資源競争モデルと，モデルから導かれる資源比共存仮説を解説する．

まず，1 資源タイプをめぐる 2 種の競争モデルを考えてみよう．ふたたび，X_1 と X_2 を，それぞれ種 1 と種 2 の密度とする．R を植物密度によって変化する資源量として，以下のように仮定する．

$$dX_1/dt = u_1(R)X_1 - e_1 X_1$$
$$dX_2/dt = u_2(R)X_2 - e_2 X_2$$
$$dR/dt = b(Q-R) - c_1 X_1 - c_2 X_2 \tag{8.3}$$

すなわち，種 i ($i=1,2$) は，資源量 R に応じた関数 $u_i(R)$ で増殖し，一定の死亡率 e_i で死亡する．Q は，資源の上限供給量である．資源量 R は，植物が生育していない場合には Q で示される上限供給量で維持される．R が Q より減少すると，その差 ($Q-R$) に比例した速度で資源が系外から流入する（b はその比例定数）．各種 i は，単位密度あたり c_i の速度で資源を取り込むので，その分だけ利用可能な資源量は減少する．

(8.3) 式で植物密度と資源の動態を算出するためには，増殖関数 $u_i(R)$ が決まらないといけない．ここで，

$$u_i(R) = r_i R/(R+k_i)$$

という飽和型の増殖関数を仮定しよう．これは化学反応を表す，Michaelis-Menten 方程式である．資源が少ない（R が k_i に対して十分に小さい）とき，増

殖速度 $u_i(R)$ は資源量 R に比例し，資源が十分に供給される場合 ($R=\infty$) には，最大速度である r_i を示す．パラメータ k_i は増殖速度が $r_i/2$ となるときの資源量に相当する．

(8.3)式は，R を被食者とする捕食者2種と被食者1種の系に似ているが，ここで考える資源は生物でないので自己増殖，すなわち，自身の密度に依存して増殖しない点が異なる．

さて，このモデルで，ある種 i しかいない場合の平衡点 ($dX_i/dt = dR/dt = 0$) での平衡密度を $X_i{}^*$，そのときの平衡資源量を $R_i{}^*$ とすると，

$$R_i{}^* = e_i k_i / (r_i - e_i), \qquad X_i{}^* = b(Q - R_i{}^*)/c_i$$

となる．これは安定平衡点であり，初期状態に関係なく時間とともにこの平衡状態に収束する．また，Q が $R_i{}^*$ より小さいような貧栄養環境では，種 i は存在できない．

2種が競争している場合，この平衡資源量が少ない節約型の種のほうが，多い浪費型の種を排除する結果となる．より節約型の種を種1としよう．両種の増殖にともなって資源量 R が減少していき，種2の平衡資源量 $R_2{}^*$ 以下のレベルになると，浪費型の種2の増加率は負になってしまうが，これは種1はまだ正の増加率を保ち，その増加率が0となる種1の $R_1{}^*$ まで資源が利用され続けるからである．このことは，一つの資源をめぐる関係では安定共存がない，という(8.2)式の空間分割モデルの結論と一致している．

それでは，2種類の必須資源を競合する場合はどうなるであろうか．資源Aと資源Bの密度をそれぞれ R_A，R_B とすると，(8.3)式は，少々煩雑になるが以下のように記述できる．

$$dX_1/dt = u_1(R_A, R_B)X_1 - e_1 X_1$$
$$dX_2/dt = u_2(R_A, R_B)X_2 - e_2 X_2$$
$$dR_A/dt = b(Q_A - R_A) - c_{A1}X_1 - c_{A2}X_2$$
$$dR_B/dt = b(Q_B - R_B) - c_{B1}X_1 - c_{B2}X_2 \qquad (8.4)$$

ここで，種 i の増殖関数である $u_i(R_A, R_B)$ は，各時点で $r_i R_A/(R_A + k_{Ai})$ と $r_i R_B/(R_B + k_{Bi})$ の小さいほうの値であるとする．この増殖関数 u_i の定義は，必須資源AとBの間に代替性がなく，増殖は資源制約の大きいほうに律速される，という最小律（第1章参照）を前提としている．Q_A と Q_B は植物がない場合の資源A，Bおのおのの資源上限供給量で，c_{Ai} と c_{Bi} は，資源A，Bに対する種 i

の単位植物量あたりの資源利用速度である.

ふたたび，(8.4)式で一種だけの場合を考えよう．種iの平衡密度をX_i^*，そのときの二つの資源A，Bの平衡資源量をそれぞれR_{Ai}^*, R_{Bi}^*とすると，

$$X_i^* = \frac{b(Q_A - R_{Ai}^*)}{c_{Ai}} = \frac{b(Q_B - R_{Bi}^*)}{c_{Bi}}$$

が成り立つ．この平衡密度は，最小律の前提のために，どちらかの資源に制約されて決まるが，平衡状態が資源AとBのどちらに制約されるかは，資源利用速度の比$c_{Ai} : c_{Bi}$と，資源上限供給量の比$Q_A : Q_B$によって変わってくる.

1資源j，1種iだけの場合のR_{ji}^*がどちらの資源（j=A, B）でも他種よりも小さい節約型の種は，より浪費型の他種を排除してしまう．いっぽうの資源については他種よりもR_{ji}^*が小さいが，もういっぽうの資源では大きいような場合に，安定共存が可能になる．1種だけの場合の平衡資源量が資源Aについて$R_{A1}^* > R_{A2}^*$で，かつ資源Bについて$R_{B1}^* < R_{B2}^*$であるとき，2種が共存する平衡状態は，それぞれ他種より要求の大きいほうの平衡資源量のペア（R_{A1}^*, R_{B2}^*）で表される．種1は資源Aに制限され，種2は資源Bに制限されている状態である．この平衡状態の安定性は，資源利用速度の比によって決まってくる．自身の制限要因になっている資源のほうを，他種よりもより多く使う場合（$c_{A1}/c_{B1} > c_{A2}/c_{B2}$）には，平衡状態は安定であり，逆の場合（$c_{A1}/c_{B1} < c_{A2}/c_{B2}$）には不安定である.

二つの平衡資源量（R_{A1}^*, R_{B2}^*）が上の共存条件を満たし，かつ2種ともに0以上の平衡密度を持つとき，(8.4)式から

$$\frac{c_{A1}}{c_{B1}} > \frac{Q_A - R_{A1}^*}{Q_B - R_{B2}^*} > \frac{c_{A2}}{c_{B2}} \tag{8.5}$$

が成り立つ．したがって，系の資源上限供給量の比$Q_A : Q_B$がこの不等式を満足する範囲にあることが，安定共存のための必要十分な条件である．その場合，初期条件に依存せず時間とともに共存状態に収束していく.

この資源競争モデルを拡張していくと，n種が安定平衡する共存系には，最低nタイプの資源が存在し，さらに各種がある特定の資源について，他のどの種よりも小さい平衡資源量を持っていることが必要条件であることがわかっている．しかし，3種類以上の資源を競合する多種系では，初期条件（各種の侵入のタイミング）によって資源タイプ数より多くの種が周期的，あるいはカオス的な変動

を示しながら共存することも理論的に示されている（Huisman & Weissing 2001）．

Box 11　　　　　　　　　　　　　　　　　**力学系モデルと平衡状態の安定性**

　この章で紹介するような，時間とともに変化する種間（および資源）の相互作用系の方程式は，生態過程に力学的な動態モデルを適用したものであり，一般的に力学系（dynamical system）と呼ばれる．ここで，生物種（および資源）i の密度を X_i としよう．すべての i について $dX_i/dt=0$ となり，系が時間的に変化しない状態 X_i^* を平衡点（equilibrium point）と呼ぶ．平衡点の周辺での密度変化に対し，時間経過とともに平衡点に戻っていく場合に，平衡点は局所的に安定（locally stable）であるといい，平衡点から離れていく場合には，局所的に不安定（locally unstable）であるという．平衡点の安定性は，重力のもとでの，地形面に沿ったボールの動きにたとえられる．窪地の底は安定平衡点であり，丘の頂上は不安定な平衡点に相当する．尾根上の鞍部（峠）には，尾根に沿って落ちるボールは近づいていくが，鞍部からはどちらかの谷に落ちていく．このような不安定な平衡点は，鞍部点（saddle point）と呼ばれる．

　自己増殖し，密度依存する生物の密度変化は，線形モデルではなく，生物密度の掛け算の項を含む非線形モデルとなる．非線形モデルの平衡点の局所安定性は，平衡点のまわりで線形近似することによって判定できる．種 i の密度 X_i の時間変化が，S 個すべての種の関数 f_i になっているような非線形力学系

$$dX_i/dt = f_i(X_1, X_2, \cdots, X_S), \qquad i=1, 2, \cdots, S \tag{8.6}$$

の右辺を 0 とおいた連立方程式を解いて，注目する（すなわち，各 X_i が正か 0 になる）各ケースの平衡点 $(X_1^*, X_2^*, \cdots, X_S^*)$ を求める．次に，各平衡点の周辺で(8.6)式を線形化する．$X_i = X_i^* + y_i$ と変換して，(8.6)式の一次の項だけをとって，

$$dy_i/dt = \sum_j a_{ij} y_j \quad (a_{ij}\text{は定数}) \tag{8.7}$$

を得る．a_{ij} は，(8.6)式の各右辺をそれぞれ $X_1, X_2, \cdots, X_S$ で偏微分して，$a_{ij} = \partial f_i(X_1^*, X_2^*, \cdots, X_S^*)/\partial X_j$ として求められる．平衡点が安定になるには，時間 t とともにすべての y_i が 0 に収束しなければならない．これを満たす必要十分条件は，a_{ij} がつくる $S \times S$ の行列 A について，S 個の固有値すべての実数部分が負であることである．A の固有値 λ は，特性方程式と呼ばれる行列式

$$\det |A - \lambda I| = 0 \tag{8.8}$$

の S 個の解として求められる（I は S 次の単位行列）．各固有値を求めなくても，特性方程式(8.8)を展開して得られる λ の S 次方程式の係数が，一定の条件（Routh–Hurwitz 条件）を満たすかどうかを調べることによって，安定性の判定

ができる.詳しくは,寺本（1997）を参照のこと.
　どのような初期条件からでも時間とともに収束するような安定平衡点を,大域的に安定（globally stable）であると呼ぶ.この場合,一つしか安定平衡点がない.(8.2)式の競争排除関係や,(8.4)式と(8.9)式の共存関係は,大域安定である.多くの平衡点が存在し,いくつかが安定である場合,はじめの状態に依存して収束する平衡点が違ってくる.力学系は,時間とともに変化しない安定平衡点に収束するばかりでなく,密度変化速度が大きい場合などには,周期的に状態が変化したり,非周期的な予測できない変動を示す状態（カオス）になる.

8.3　共存をもたらすさまざまな要因

8.3.1　単純化したモデルの限界とメタ群集モデル

　8.2節で紹介したモデルには,空間的な構造を単純化していることによる限界がある.まず,各種の個体群は個体数密度だけで表されていて,植物個体の密度に比例して,空間占有面積や資源利用速度,そして繁殖能力が決まっている.これは,植物個体のサイズ成長の可塑性（第3章）や,可塑性を反映した植物個体群に特徴的な挙動（第6,7章）を無視した簡略化である.第7章や8.1節で見た現存量の動態は,個体成長とその可塑性によってもたらされる世代内の現象である.繁殖を介した,多世代にわたる種間の現存量と個体数の変動を見ていくためには,より現実的なアプローチが必要になってくる.

　単純化したモデルでは,想定している閉じた空間（すなわち,外部との間に植物の移出入がない）の内部において,資源と植物の均質な遍在状態を仮定しており,空間的な異質性を無視している.第7章で見たように,固着性の植物では,近接する個体の間ほど資源競争が強い,という局所性がある.さまざまなサイズの個体が空間に分布しているだけで,もともとの環境には異質性はなくても,植物のつくる異質性が生じることになる.また,完全に閉じた空間というのも,非現実的である.ただ,閉じていない空間を想定して,たとえばつねに外に種子供給源があると仮定すれば,共存するのは当然であるが,それでは共存のメカニズムの説明にはならない（さまざまな森林動態のシミュレーションで,多種の共存が示されているのは,ほとんど外部からの一定の種子供給を前提としているためである）.

ある程度隔離された生息地のパッチが散在しているような，より広域の空間パターンを考えよう．パッチには植物個体群が存在していたり，していなかったりする．各パッチの個体群の動態は，そのなかの状態だけでなく，パッチ間の行き来を考慮しないと説明できないような場合に，こうしたパッチレベルの構造を，メタ個体群（meta population）と呼ぶ．また，相互作用のある複数種の分布を同じ広域空間で考えるときは，メタ群集（meta community）と呼ぶ．メタ群集スケールで考えれば，一つの閉じた均質空間，という仮定よりもはるかに現実的である．

メタ個体群の基本モデルも，生息地パッチ間の距離や生息地パッチの面積の違いを考慮せず，パッチに植物個体群が存在するかしないかだけを考えれば，(8.1)式で表される．この場合，X は植物個体の密度でなく，植物個体群の存在するパッチの密度であり，m は空いたパッチへの局所個体群の移入速度，e はパッチから局所個体群が絶滅する速度である．(8.2)式は，同一パッチに 2 種の局所個体群が共存できない場合の，2 種からなるメタ群集の動態モデルである．もともとの，閉じた局所空間（パッチ）内での競争モデルとしての(8.2)式の結論は，安定的な 2 種の共存がない，というものであったから，このメタ群集レベルでも，広域スケールでの 2 種の安定共存がないことが結論できる．より現実的には，局所パッチ内での動態とパッチ間の動態の入れ子構造を考える必要があるだろう．

こうした入れ子構造のモデルを利用して提案された多種系維持機構の理論に，Hubbell (2001) の統合中立理論（unified neutral theory）がある．この理論では，構成種の移動分散能力の制約のために，パッチレベルでの群集構造がパッチ間の確率的な種の出入りで維持されていると前提している．平衡的な共存状態に向かって時間とともに収束していく，という 8.2 節で見たような理論とは対照的な理論である．平衡的に共存できない種どうし，あるいは全く同位的な種どうしからなる局所パッチが完全な閉鎖系であれば，時間とともに確率的に 1 種系に固定されてしまう．この局所的な絶滅確率に，（互いにある程度隔離された多くのパッチからなる）広域の種のプールからの移入確率がつり合えば，種組成を時間的に変化させながら多種系が維持されていく．

この Hubbell のモデルは，第 9 章で紹介する，島（一般的には，空間的に隔離された生息環境）の種数動態の確率モデルを拡張したものであり，現実の群集の種組成は，競争などの相互作用ではなく，確率的な移動分散現象によって制御さ

れていると仮定している．熱帯林を構成する樹種の空間分布パターンは，その種子散布特性と対応していると見られる現象が認められる．各種の散布制約の度合いと，群集組成の変動との対応を調べていくことで，ある程度の理論検証が可能であろう．

8.3.2 攪乱と時間的な変動

図 8.5B で見たように，平衡状態では排除されるような特性を持つ種でも，資源（空地）が十分にある状態では相手よりもすばやく個体群が増殖するような特性を持っていれば，長い期間，優占することができる．したがって種間競争では，最終的な平衡状態だけでなく，どのような時間スケールで平衡状態に収束していくか，ということも重要である．平衡状態に近づかずに，しばしば攪乱が加わって密度が低下するような状況のもとでは，増殖能力の高い種が持続的に有利になりやすい．こうした攪乱に依存した種間の共存の説明を，非平衡理論（non-equilibrium theory）と呼ぶ（Huston 1994）．これは，安定平衡解をもたらす条件を示すことで，多種の共存を説明しようとする平衡理論に対立する仮説となる．

このように，攪乱は，安定平衡状態へ系が収束することをさまたげる効果を持つと考えられるが，メタ群集モデル的な視点からは，そのような状況自体を平衡理論によって説明することもできる．植物の種間には，空いた空間への侵入能力に勝る遷移初期種が，種間競争に勝る遷移後期種によって置き換えられていく，といった遷移上のシリーズに位置づけられる序列関係がしばしば認められる．空間分割モデル（図 8.4A）を変更して，このようなシステムを表現してみよう（図 8.4B）．

$$dX_1/dt = m_1 X_1(1-X_1-X_2) - eX_1 - sX_1X_2$$
$$dX_2/dt = m_2 X_2(1-X_1-X_2) - eX_2 + sX_1X_2 \qquad (8.9)$$

(8.9)式のモデルは，遷移初期種である種1の個体の占める X_1 から，遷移後期種である種2の個体の占める X_2 への移行経路が入っている点が，(8.2)式と異なっている（sX_2 が X_1 の単位面積あたりの遷移速度を表す）．なお，空地をつくる攪乱速度 e は，(8.2)式より簡略化して，2種で同一であるとしている．このモデルは，種1が餌で種2が捕食者である捕食者-被食者モデルと同じ形になっている．2種の安定共存条件は，BOX 11 のように，平衡点のまわりの線形近似によって解析できる．安定共存の必要条件は

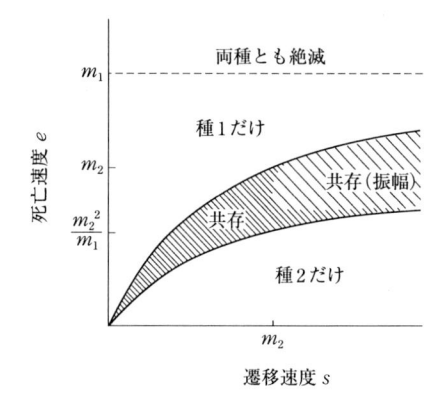

8.3 共存をもたらすさまざまな要因

図 8.6 遷移関係にある 2 種系の安定平衡状態（(8.9)式）（甲山 1998）
死亡率 e が遷移速度 s より大きいと種 1 が，小さいと種 2 が他種を排除するが，一定の範囲内で 2 種が安定共存する．

$$\frac{m_2 s}{m_1 - m_2 - s} < e < \frac{m_1 s}{m_1 - m_2 - s}$$

である．つまり，遷移初期種のほうが遷移後期種よりも空地への更新能力に勝っていなければならず（$m_1 > m_2$），他のパラメータに対する撹乱速度 e の比率が大きすぎると，どちらの種も存在できない．また，遷移速度を表すパラメータ s が大きいほど，共存する範囲は広がる．撹乱速度がある程度大きいと初期種が，小さいと後期種が，もういっぽうを系から排除してしまい，その中間で共存状態が出現する（図 8.6）．種の遷移的な順位関係が多くの種について定まっていて，より優位な（遷移後期の）種は，どの劣位の種の占有地にも侵入できるとしよう．こうして(8.9)式を多種系について一般化すると，やはり，より劣位種（遷移初期種）が空地への更新能力に勝っている場合に多種が共存することがわかる (Tilman 1994)．

非平衡理論とは異なるが，やはり時間的な変動が共存を促進するメカニズムとして，くじ引き仮説（lottery hypothesis）がある (Shmida & Ellner 1984)．(8.2)式の空間分割モデルでは，どの時点でもギャップへの定着はそのときの各種の密度に依存して生じると考えた．もし，種子の成り年の豊凶現象のような繁殖の経年変動があり，この変動が種間で同調しないと仮定すると，共存が可能になる．相対的な頻度が低い種は，自種の繁殖のタイミングに，優占する種が繁殖しないために，利用可能なギャップにうまく加入できる．いっぽう，優占種は，

その繁殖のタイミングに希少種が繁殖していなくても，たいしたメリットは受けない．したがって，相対頻度の低い種の繁殖成功を高くするような仕組みが作用することになる．

8.3.3 水平方向の非均質性

一見，多種がよく混じり合っているように見える群集でも，空間的にそれぞれの種が局所的な集中構造をしていて，また種間では排他的な分布傾向を示すことが多い．森林でも草原でも，平均的な構成種の組成と，ある種の個体に隣接する個体の種組成を比べてみると，有意に同種どうしが隣接しやすい傾向が一般的に認められる．これは，なんらかの集中性をもたらす要因が働いているためである．こうした集中性は，微地形のような，環境条件の違いを反映している要因と関係している場合と，植物の種子散布範囲が限られるとか，栄養繁殖をするといった，植物の生活特性自体が非均質性をもたらす場合とがある．局所的に同じ種が集中するならば，種間で生息場所や資源を分け合うことになるので，広い空間スケールで見れば共存が可能になるであろう．これをモデルによって検討してみよう．

空間分割モデルでは，どこで生産された種子も，散布の制約なしにギャップでの更新に平均的に加わる，と考えている．実際には，種子は親木の近くにより多く散布されるので，生物由来の空間的な異質性をもたらすことになる．(8.2)式のような空間分割モデルで，親木が枯死してできたギャップには，その親木の種子が散布されやすい，という同種の更新を促進する条件を与えると，種間の共存が可能になる (Shmida & Ellner 1984)．この場合，種子生産（広域散布種子と同所散布種子ともに）に勝る種が，寿命が短い場合に，繁殖には劣るが寿命の長い種と共存できる．これは，種子の散布制約のために群集組成が確率的に変動する，という統合中立理論に通じるメカニズムである．

多くの樹種が共存する熱帯雨林で，広い面積を詳細に調べた結果からは，微地形や地質タイプの多様性に対応した空間の分配の様子がうかがえる．図8.7は，ボルネオ島北西部のランビルヒル国立公園に設定された52 haの調査区の地図上に，巨大高木となる *Dryobalanops* 属（フタバガキ科）の2種と，亜高木性の *Scaphium* 属（アオギリ科）の3種の空間分布を見たものである．こうした近縁の種間では，共通の祖先から継承した，さまざまな生態特性を共有している度合いが高いため，とりわけ強い競争下にあるだろう．これら2属の例では，同属内

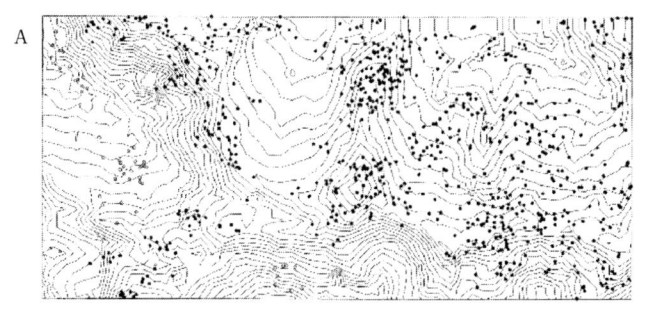

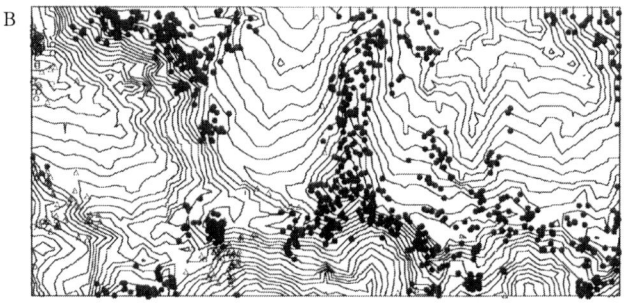

図 8.7 ボルネオ島西北部のランビルヒル国立公園の熱帯多雨林に設定された 52 ha 調査区における同属種内の排他的な分布
A, *Dryobalanops* 属の 2 種：●, *D. alomatica*；○, *D. lanceolata*（伊東 2000）．
B, *Scaphium* 属の 3 種：●, *S. borneense*；△, *S. longipetiolatum*；○, *S. macropodum*（Yamada *et al.* 2000）．等高線は 5 m 間隔．図の上方（緩斜面）と下方（急斜面）にそれぞれ下っている．

種間の空間的排除・棲み分け関係が明瞭である．この調査区では，砂質土壌が高い標高に，粘土質土壌が低い標高に分布しており，微地形と土壌で空間分布の分化が説明できる．それぞれの種は，他の同属種に勝って排除するような排他的な立地を持つが，広い面積スケールでは，多様な立地環境が出現するために，複数種が共存しているわけである．こうした微地形や地質に対応した空間分布の分化は，出現種数の少ない群集ではより観察しやすい現象である．

8.3.4 植物がつくる垂直方向の非均質性

陸上植物の個体は，地上部にも地下部にも，三次元的な空間構造を発達させる．そうした構造自体も空間的な異質性をもたらし，その結果，共存を促進する条件を提供することになる．

植生の地上部構造は，植物個体の形作る三次元構造の集合である．そこでは，

高い位置にある個体は光資源を十分に受け取ることができるが，低い位置にある個体は上層の個体に遮られて，わずかな光しか受け取れない．それに対応して，種間あるいは同種内でも葉レベル（第2章）や個体樹形レベル（第3章）で可塑的な適応を示す．森林のように，持続的にこうした光資源の垂直構造が維持される系では，次世代の更新個体はいきなり最上層を占有するわけにはいかないので，上層木の枯死によって形成されたギャップに依存するか，あるいはある程度暗い林床に適応していかざるを得ない．

　Kohyama（1992）は，7.3節で紹介した，樹木個体サイズ分布の動態をシミュレートする森林動態モデルを多種系に展開して，森林の垂直的な資源構造が多種の安定共存を可能にすることを見出している．ある樹木個体のサイズ成長と繁殖・定着による新規加入が，その個体より上層にある全個体の葉量密度によって抑制されると仮定して，その抑制関係を調査区の追跡データから定式化した．抑制の指数には，樹種にかかわりなく樹木個体の幹基部断面積の合計値を用いた．すなわち，成長と新規加入を抑制する競争効果は，どの種が競争相手であるかではなく，どのくらいの密度でより大きい個体が存在しているかで決まる．これは，もしもサイズ構造がない場合には，(8.2)式の空間分割モデルに対応する仮定であり，安定共存解がない仮定である．

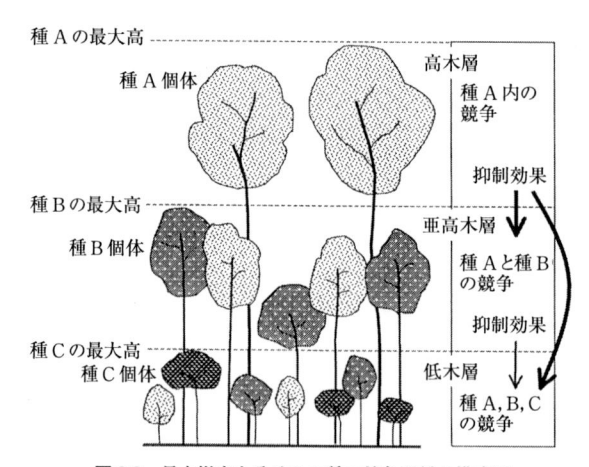

図8.8　最大樹高を分ける3種の競争関係の模式図
低木層では3種が競争するが，種Cが到達できない亜高木層では，種Aと種Bだけの競争だけになる．高木層では，種Aの種内競争だけになる．また，光資源をめぐる一方向競争によって，下層は上層から抑制を受ける．こうした競争の非対称性が，3種の安定共存を可能にしている．

屋久島の照葉樹林で観察された高木種のイスノキ，亜高木種のシキミ，低木種のヒサカキのデータに基づいたシミュレーションでは，この3種系が安定平衡状態に収束することがわかった．共存をもたらした原因は，3種がそれ以上は成長できない最大到達サイズを分けていることにあった．下層では3種の個体が出現するが，中層ではヒサカキが，上層ではさらにシキミの個体が抜け落ちる．したがって，最上層ではイスノキ個体どうしだけが競合することになり，部分的な垂直方向での種間の分化ができ上がる（図8.8）．

下層低木種のヒサカキは，つねに他種よりも強い光資源制約のもとで生活しなければならない．それを補うように，繁殖効率（個体群総葉量あたりの新規個体加入速度）が高くなることが必要である．高い繁殖効率は，個体のサイズ成長速度の低さとトレードオフの関係にあるので，高木種と低木種の間には期待できる関係である．実際に照葉樹林でも熱帯多雨林でも，こうした関係が認められている（Kohyama *et al.* 2003）．

実際の森林は，すでに注目しているように，林冠木の枯死・倒壊によって形成される林冠ギャップが散在するので，垂直的な階層構造に加えて，さらに林分の齢に依存した，光資源の異質性をもたらすことになる．ギャップが形成され，閉鎖していくまでの推移に対応した水平方向の異質性を分け合うように，ギャップに依存して明るいところでの成長に勝るが，林冠下の暗いところでは抑制される種と，逆に明るいところでの成長では劣るが，暗いところでの成長に勝る種が共存できることも，サイズ構造動態にギャップ動態を組み込んだモデルによって示されている（Kohyama 1993）．現実の安定した自然林では，暗い林床でも後継樹が生育する高耐陰性樹種に加えて，ギャップでしか定着・成長できずに発達した場所では，林冠木しか存在しないパイオニア性樹種が存在する．このように，植生の三次元構造とそれに対応した光資源の不均質性が種間の共存を促進するメカニズムは，森林構造仮説（forest architecture hypothesis）と呼ばれている（Kohyama 1993）．

林床で識別できるようなギャップでなくても，上層に林冠木個体が樹冠を発達させていれば，同じ高さでもその直下は暗いし，樹冠と樹冠の空隙は明るいといった，樹冠のまわりの異質性が生じる．屋久島の照葉樹林では，亜高木性樹種のなかでもサカキ，ツバキ，サザンカといったツバキ科の樹種は，重い材と横幅の広い樹冠を持ち，イスノキなど高木の樹冠下に出現しやすいが，いっぽうでミミ

ズバイ，オニクロキといったハイノキ科の樹種は，軽い材と幅の狭い樹冠が特徴的で，林冠木の樹冠間の空隙を埋めるような分布をしている（Aiba & Kohyama 1997）．

8.3.5　種間の相互交代と更新タイプの多様性

ある樹種の成熟木のまわりでは，散布される種子密度が高いが，定着した稚樹，幼木は，かえって成熟木から離れるほど密度が高くなることが，いろいろな森林タイプのさまざまな樹種で報告されている．そうした例の一つとして，インドネシア・スマトラ島の熱帯山麓林の巨大高木層優占種の *Swintonia schwenkii* 個体群（ウルシ科）の空間分布を図 8.9 に示す．種子は羽根つきの羽のような 5 枚の翼をもち，親木の近くに散布されるが，稚樹は親木の樹冠から離れたところに分布している．こうした親から離れて子が分布するようになる原因は，親のまわりのほうが，捕食性の昆虫や，感染性の病害菌によって死亡率が高くなることによっている（Janzen 1970）．

北海道のミズナラ個体群で，林床の稚樹が，親木の林冠から離れるほど生残し

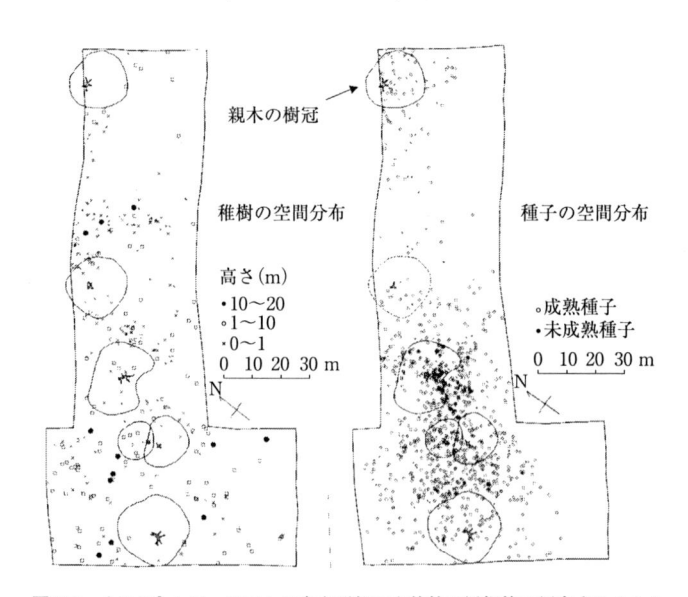

図 8.9　インドネシア・スマトラ島中西部の山麓林の尾根筋に優占するウルシ科の高木 *Swintonia schwenkii* の空間分布（Suzuki & Kohyama 1991） 種子は親木の周辺に分布しているが，稚樹はサイズが大きくなるにつれて親木の樹冠から離れた場所に分布するようになる．

やすくなる原因を調査したところ，ミズナラの葉を食べるガの幼虫が，ミズナラ林冠木の葉が堅くなり，防御物質濃度も高くなる初夏に，林冠から林床に落下して，薄い陰葉を持つ稚樹に食害を与えたためでることがわかった（Wada *et al.* 2000）．

こうした現象があると，ある樹種の個体の後継を担うのは違う樹種になる，という樹種交代が起こることになり，種間の共存が促進されることになる．2種系で，自分の跡には自種が更新しにくい，という状況をモデル化してみよう．それぞれの種が特異的なギャップを形成し，そこでは同じ種の更新が阻害されるとすると図8.4Cのようになるが，二つのギャップタイプが存在することによって2種の安定共存が可能になる．

上層を占めるある樹種の下にどの樹種が出現するかを調べていくと，種Aの下に種Bが，種Bの下には種Aが出現しやすい，といったパターンが認められることがある．図8.10は，北海道の知床半島の混交林で下層木個体の種と，そ

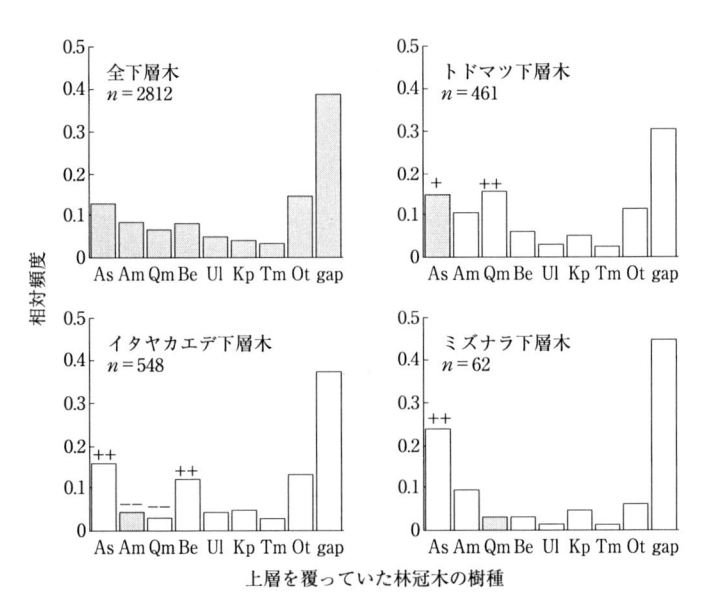

図 8.10 知床半島のトドマツ-落葉広葉樹混交林の，上層木種と下層木種の関係（Akashi *et al.* 2003 を改変）
ランダムな種間の組み合わせから有意に多いか少ない場合を，＋と－で示している（符号二つは1％，一つは5％水準で有意）．同種どうしの関係を網かけで示す．
As, トドマツ；Am, イタヤカエデ；Qm, ミズナラ；Be, ダケカンバ；Ul, オヒョウ；Kp, ハリギリ；Tm, オオバボダイジュ；Ot, その他；gap, 林冠ギャップ．

の上の林冠木個体の種の関係を見た結果である．トドマツの下層木は，同種とイタヤカエデとミズナラの下に出やすい傾向を示し，イタヤカエデはトドマツとダケカンバの下に出やすく，自種とミズナラの下には出にくい．また，ミズナラもトドマツの下に出やすい傾向を示す．針葉樹のトドマツと，落葉広葉樹のミズナラ・イタヤカエデの間に，相互交代的な関係の存在がうかがえる．

　空間分割モデルで，侵入可能なギャップが1タイプしかない場合には種間の共存はできなかったが，相互交代モデルのように2タイプあれば共存ができた（図8.4C）．実は，種ごとに固有のギャップをつくる，というのではない場合にも共存は可能である．

　本州中部山岳の亜高山帯針葉樹林には，シラビソとオオシラビソという，モミ属のよく似た2種が共存して優占する．この2種の間には，更新特性の違いがある．明るいところでの成長はシラビソが勝るが，暗い林床でもなかなか枯死せずに被圧稚樹として待機する能力ではオオシラビソが勝る．両種とも上に林冠があるものの，ある程度側方から光が入るような条件下で実生が定着する．この実生由来の集団から更新が繰り返されるだけであると，暗いところの成長抑制個体は次世代までには枯死してしまうから，シラビソが有利である．しかし，林内の成長抑制個体が，上層木の枯死の後に更新する場合もあり，こうした場合はオオシラビソのほうが有利になる．台風などにより森がいっせいに開けると，こうしたところでないと定着できない落葉広葉樹のダケカンバが侵入し，ダケカンバとシラビソ・オオシラビソの混交林分が形成される．着葉期間が夏に限られるダケカンバの混交する林分では，モミ属の純林より林床が比較的明るいものの，ダケカンバはもはや侵入できない．しかし，自己間引きによって林床に被圧されて残ったオオシラビソの稚樹にとっては，生き残りやすい環境である．上層のダケカンバなどの枯死に伴い，こうした稚樹の被圧が解かれて，次の林冠層に交代できるようになる．

　ダケカンバとモミ属の混交は，図8.4Bと(8.9)式のような遷移モデルによって説明できるが，モミ属2種の関係に着目すると，攪乱の程度や，それによってもたらされる上層のダケカンバの混交比によって，実生から更新していくようなギャップタイプと，被圧稚樹から更新できるようなタイプが生じ，それぞれシラビソとオオシラビソが有利になっている．これらギャップタイプの生成は，上層にシラビソとオオシラビソのどちらが多いかということとは無関係であるので，交

互交代モデル（図 8.4C）と違って，どちらの種も同じように両方のタイプのギャップを形成するとしよう（図 8.4D）．このモデルを BOX 11 の方法で平衡解の安定性を求めてみると，二つのギャップ形成速度が一定の割合の範囲のなかにあれば，2種の共存は可能になる（Kohyama 1984）．しかし，1種だけだと存在できても，他種がいる場合には競争的に排除されてしまうような環境条件の範囲が広いこともこのモデルによって示されるので，現実の両種の本州での分布のずれと対応しているのではないかと考察できる．

　同じモデル（図 8.4D）を用いて，北海道の亜高山帯のトドマツ（モミ属）とアカエゾマツ（トウヒ属）という2種の針葉樹の共存条件についても説明できる（Takahashi 1997）．アカエゾマツは，火山遷移の初期に他の針葉樹に先がけて侵入し純林を形成するが，土壌の発達にともなって，トドマツやエゾマツによって置き換えられる．同属のエゾマツとアカエゾマツは（図 8.7 の例に似て）排他的な分布傾向を示すが，アカエゾマツは土壌発達の中間的な段階ではしばしばトドマツと混交林を形成する．アカエゾマツ・エゾマツなどのトウヒ属には，倒木更新といって，倒木の上に散布された種子が選択的に定着するという更新特性がある．これは，倒木が実生・稚樹の生育に適した環境（菌根菌の発達，腐朽菌の減少，適度な保湿性）をもたらすためだと考えられている．いっぽうトドマツは，倒木上でもコケが覆った林床でも更新できる．ある程度土壌が発達すると，林床にササ類が侵入してくる．特にチシマザサのような高密で2mにもなる藪が形成されると，アカエゾマツだけでなく，トドマツも倒木上でないと定着・成長できない．林冠木の枯死倒壊によって形成されるギャップでは，枯死した樹種にかかわらず，倒木とそれ以外の立地の2型が提供されるので，やはり図 8.4D のモデルが適用できる．モデル解析の結果，林床にササがある程度繁茂し，林床更新と倒木更新がそこそこの比率で可能な場合に，2種の共存が可能であることが示せる．

8.3.6　種間のトレードオフは共存を促進するか？

　どのような競争モデルでも，一方的に優れた生態特性を持つ種は，劣った種を排除してしまう．実際に共存する種の間で生態特性を調べていくと，ある特性では劣るが，別の特性では勝る，といった種間相互のトレードオフ関係が認められることが多い．(8.4)式の資源競争モデルでも，互いに制約される資源が異な

ことが，共存の必要条件であった．

　注意しなければいけないのは，どのようなトレードオフ関係でも共存を促進するわけではなく，一方的な優劣関係を緩和しているだけでしかない場合が多いことである．たとえば，(8.2)式で表されるような2種系を想定したとき，安定共存解はないが，e_1/m_1とe_2/m_2が似たような値を持つときには，互いに勝敗がつきにくい．種1は，死亡率e_1が高く平均寿命が短いが，繁殖能力m_1も高いとすると，低死亡率で寿命が長い代わりに繁殖能力も低い種2と，同様の比率を持つであろう．こうした生活史パラメータのトレードオフ関係が認められても，それが共存条件にはなっておらず，生態的な同位性をもたらすだけのトレードオフ関係といえる．別の要因（たとえば，くじ引き仮説だと，種1と種2の繁殖に，同調しないような年変動がある）で共存しているときに，互いに生活史パラメータが似ている，ということは共存の前提条件となる．また，Hubbellの統合中立理論も，生態的な同位性が前提となっている．

8.4 種多様性と生態系としての機能

8.4.1 気候傾度に沿った種多様性のパターン

　森林を構成する樹木種の多様性は，熱帯の低地多雨林をピークとして，緯度や標高があがるにつれ減少する．

　東南アジア熱帯と日本で調べられた16調査区のデータから，樹木種の多様性と地上部現存量，そして地上部現存量の回転速度（生残個体の現存量増加速度）を緯度と標高の関数と仮定して見た結果が図8.11である．調査区は，ボルネオおよびジャワの熱帯低地林と熱帯山地林，南九州の照葉樹林，北海道の冷温帯針葉樹と落葉広葉樹の混交林である．ここでいう現存量回転速度とは，純一次生産速度からリター供給速度（生残個体からの部分脱落速度）を引いた値である．種多様性は，出現個体数が調査区ごとに違うため，出現個体数で基準化したFisherのα指数で示している（BOX 12参照）．

　種多様性は，緯度や標高の増加に対して指数関数的に減少しているが，現存量や現存量回転速度は，緯度と標高に対して一次関数的に減少する．種多様性の地理変化のほうが際立っているといえるであろう．緯度と標高の各回帰係数の比率を見ると，種多様性でも，生態系機能の指標である現存量および回転速度でも，

8.4 種多様性と生態系としての機能　　　287

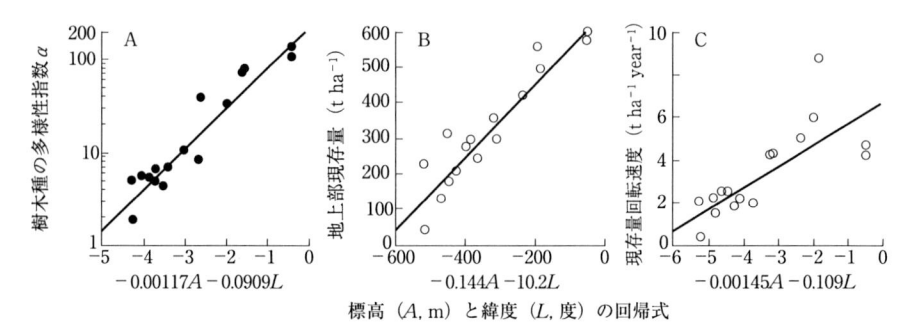

図 8.11　東南アジア熱帯と日本の 16 調査区の，樹木種多様性と地上部現存量，現存量回転速度を，調査地の標高と緯度で回帰した結果（Kohyama *et al.* 1999）．A，指数式；B, C，線形式による回帰．観測値の違いは，調査値の標高と緯度でかなりよく説明できることがわかる．

標高方向の 1000 m の増加は，緯度方向の 13〜14 度（1400〜1500 km）の増加に相当している．対象地域の気象データから，緯度 1 度にともなう年平均気温の減少率はおよそ 0.5 ℃ である．標高上昇にともなう気温の逓減率（第 1 章）をおよそ 0.6 ℃/100 m とすると，標高影響と緯度影響の換算比率は，同程度の気温減少に対応していることがわかる．したがって図 8.11 の地理的傾度は，いずれも温度の傾度によってもたらされている，と推測できる．

Box 12　　　　　　　　　　　**種多様性の指数と，種の相対頻度分布モデル**

　種多様性（species diversity）は，種の豊富さ（species richness），すなわち出現種数と各種の優占度の均等度（evenness）を合わせた概念であり，さまざまな指数が用いられている．同じ 10 種 100 個体からなる群集でも，1 種が寡占して 91 個体出現し，残る 9 種は 1 個体ずつしか出現しない群集と，すべての種が 10 個体ずつ出現する群集では，後者のほうが均質度が高く，そして種多様性も高いと定義される．

　Fisher の α 指数は，種多様性の指数の一つで，全個体数を N，種数を S としたときに

$$S = \alpha \ln(1 + N/\alpha) \qquad (8.10)$$

を満たす α の値である．(8.10) 式は α の陽関数としては表せないため，S と N から再帰的に求める．この α 指数は，種数と全個体数だけから計算でき，また調査区のサイズにあまり影響を受けないという特性があるため，便利な指数である．

ある群集で多くの個体の種が調べられているとき，1個体しか出現しない種の数がもっとも多く，2個体ある種の数が次いで多く，出現個体数が多くなるにつれて，種の数が減少していくパターンがよく観察される．こうした種の優占度の頻度分布は，対数級数モデル（log series model）で近似できる．個体数が n である種の数 $S(n)$ が，

$$S(n) = \alpha x^n/n \quad (0 < x < 1)$$

のような対数級数になるとき，全種数は $S = \sum_n S(n) = \alpha[-\ln(1-x)]$，種を込みにした全個体数は $N = \sum_n [nS(n)] = \alpha x/(1-x)$ となり，S と N の関係は (8.10) 式になる．対数級数モデルのもとで，個体数に対して種数が多い系では α が高くなる．このように，Fisher の α 指数は，種あたりの個体数の頻度分布について特定のモデルを前提しているため，たとえば先に述べた10種100個体からなる対照的な二つの頻度分布の違いを区別できない，という欠点がある．個々の種の頻度の観測値に基づく種多様性指数としては，Simpson の指数

$$D = 1/\sum_i p_i^2 \quad (8.11)$$

や，Shannon-Wiener の情報量指数

$$H' = -\sum_i p_i \log_2 p_i \quad (8.12)$$

が用いられる．ここで，p_i は種 i の相対頻度（$p_i = n_i/\sum n_i = n_i/N$）である（なお，1個体といっても芽生えと成熟木とでは資源要求も極端に違うし，また個体性が観察でははっきりしない多年性草本もあるので，相対頻度を，個体数でなく被度や累積幹断面積，現存量のような値で算出することも一般的である）．

　種個体数の頻度分布を表すモデルとして，多様性の低い場合にあてはまる等比級数モデル（geometric series model）や，多様性が高い場合に近似される対数正規モデル（lognormal model）が提唱されている．対数級数モデルはその中間的な系にあてはまる．等比級数モデルは，全体の資源の一定の比率がまずもっとも強い優占種に占有され，残った資源がまた同じ比率で第二位の種に占有され，という先取り関係から導かれる（某探検部では，無事下山し，それまで非常用に携行していた一棹の羊羹をメンバーで分け合うのにこのモデルを用い，先取り比率を50％として順位はジャンケンで決めている）．このような不均等な分配を想定する等比級数モデルは，現実に観測される群集のなかでもっとも均一性が低い場合に相当する．対数級数モデルは，前述（8.2.4項）の統合中立理論から導くことができるモデルである．全資源を機械的に分割して分け合う場合のモデルは，折れ棒モデル（broken stick model）と呼ばれる．このモデルは，現実に観測されるなかでももっとも種間の均等度が高い場合に相当する．これら以外にも，多種の共存をもたらすプロセスや，中立的な種の確率的なプロセスに基づいたモデル頻度分布が提出されており，実際のデータとの相互検証が進められている．詳しくは，Tokeshi (1999) を参照のこと．

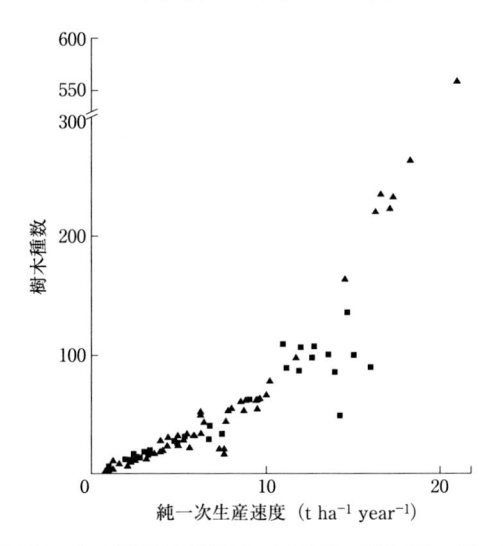

8.4 種多様性と生態系としての機能

図 8.12 広域スケール（平均面積 72000 km² の緯度・経度グリッド）での，純一次生産速度と樹木種数の関係（Adams & Woodward 1989）
純一次生産速度は，純放射量と放射乾燥度（図 1.18 参照）からの推定値，種数は地域植物誌からの算定．■，ヨーロッパ；▲，東アジア．

　北米大陸で，地域的に記載されている植物相を緯度経度のグリッドレベルに整理し直して，地域的な種数（種の豊富さ）と環境要因の間の関係を詳しく調べた例では，樹木種数は，年間の蒸発散速度ともっとも強い相関があることが報告されている（Currie & Paquin 1987）．蒸発散速度は植生の一次生産速度と明瞭な対応関係にある．図 8.12 は，ヨーロッパと東アジアの温帯林域で地域レベルの種数と純一次生産速度との関係を示したものである．ヨーロッパ大陸では，最終氷期以降の温暖化にともなう温帯植生回復が，アフリカの乾燥地域と，東西に延びる山脈によって阻害されて，同じ気候帯の東アジアと比べて種多様性が低い，という歴史性が指摘されるが，歴史性よりも，現在の気候条件から推定される一次生産特性のほうが重要な種の豊富さの決定要因であることがうかがえる．

　樹木以外の生活形に注目すると，現象はそれほど単純ではない．たとえば着生植物の種多様性は，熱帯の低地よりは雲霧帯を形成する山地林で高くなる．これは，着生に適した空中湿度や降雨条件が効いているためである．林床草本層は熱帯多雨林ではあまり発達しておらず，同じ面積で見た出現種数も温帯林よりも低い場合が一般的である（甲山 1998）．森林以外では，南アフリカや西オーストラリアのフィンボス（fymbos）と呼ばれる種多様性の高い乾燥低木植生が発達す

る．植物の種多様性の一般的な成因を理解するためには，単純に生産速度や現存量相関だけでは説明しきれない例についても，注目していく必要がある．

8.4.2 同一植生タイプ内での種多様性のパターン

ある地域の，同一植生タイプ内の種多様性の変異を調べた結果からは，単位面積あたりの現存量，一次生産速度，土壌栄養塩濃度，土壌保水量といった生態系機能量に対して，種多様性は中間で最大となる一山型のパターンになることが多い（Tilman 1982；Huston 1994）．その説明の一つに，非平衡理論に立ったConnell（1978）の中規模攪乱仮説（intermediate disturbance hypothesis）がある．高生産・高現存量の成熟した系は，競争的に強い種によって形成されており，競争排除によって相対的な劣位種は存在しにくい．いっぽう，強い攪乱にさらされる，あるいは環境制約の強い系では，侵入可能な種が限られるために種多様性も低い．そのために，中間的な系で多様性が高くなるという概念である．

先に紹介したTilmanの資源競争モデルでは，n種類の資源がn種の安定共存に必要な条件であったが，これはいかに多くの資源タイプをあげていっても，数百種が共存するようなシステムの説明としては現実的ではない．彼は，二つの重要な資源（光と土壌窒素といった）を考えたとき，局所的にはせいぜい2種しか共存できなくても，地域的な資源量比のばらつきが全体としては多くの種をサポートする，という可能性を指摘した．資源の上限供給量Q_AとQ_Bの絶対値が大きい富栄養環境では，Q_AとQ_Bに少々のばらつきがあっても，(8.5)式の安定共存条件の不等式は満足される．しかし，Q_AとQ_Bの絶対値が小さい貧栄養環境では，少しのQ_AとQ_Bのばらつきでも(8.5)式からはずれてしまう．こうした資源制約のある環境では，上限資源量のわずかな空間的な変異に対応して，いろいろな2種共存系がモザイク状に存在することにより，多くの種が出現可能になるであろう．したがって，資源上限供給量を横軸にとると，やはり一山型になるであろう（Tilman 1982）．

さまざまな生態系タイプで，現存量と種数との関係が一山型になる現象は，実は上述したような生態的なプロセスによるものではなく，植物個体サイズのスケールがもたらす，見かけの現象にすぎない可能性がある（Oksanen 1996；Stevens & Carson 1999）．一山型の種数ピークは，現存量や資源量が異なるサイト間で，同一面積に出現する種数（種の豊富さ）を比較して検出されている．ここで，①

混み合っていない集団では，現存量 B は面積あたりの個体数 N に依存する（$B \propto N$）が，混み合ってくると，自己間引きの結果，大きな個体からなる集団となり，現存量が大きくなるとともに個体数密度が減少する（$B \propto N^{-1/2}$；(7.2)式参照）．そして，②個体数が増えれば種数も単調に増加する（たとえば(8.10)式），と考えよう．その場合，単位調査面積あたりの現存量と種数の関係は，なんら両者に真の関係がないにもかかわらず，一山型になってしまう．「面積あたり」が，ゆがんだサンプリングをもたらしてしまうわけである（図8.13）．した

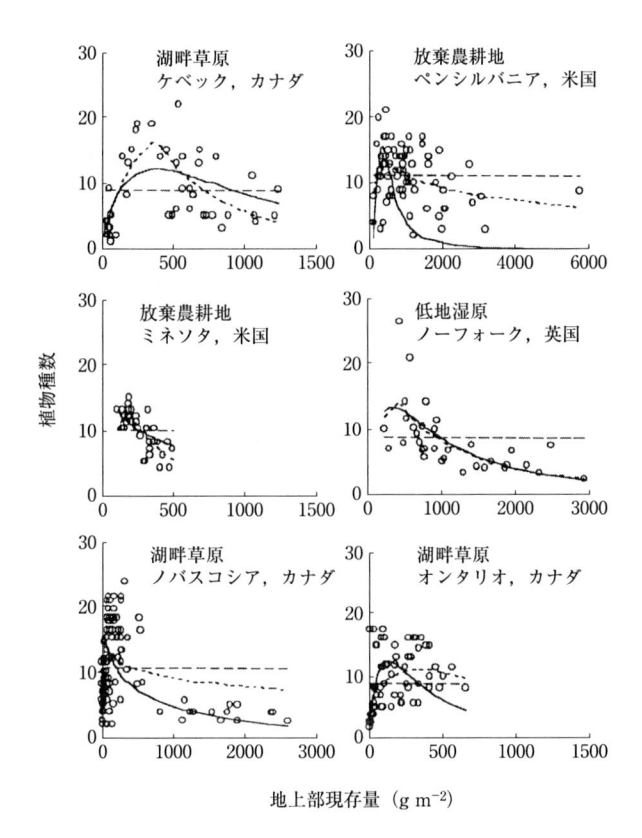

図 8.13 同一植生タイプ内の，現存量と植物種数の一山型の関係と，その自己間引きによる説明（Stevens & Carson 1999）
破線，平均種数；点線と実線，群集レベルでの自己間引きを仮定した理論カーブ．点線は最多密度状態での $N \propto B^{-2}$（(7.2)式）を，実線は経験的な $N \propto B/(k+10^{-8}\ B^3)$ を仮定し（B は現存量 g m^{-2}, N は個体数密度 m^{-2}, k は係数），個体数と種数の関係は点線，実線ともに(8.10)式の対数級数モデルを仮定している．

がって，調査地の面積の影響を排除した指標，たとえば同じ植物個体数あたりの種数などで種の豊富さを評価すべきである．

資源量と種数の関係でも，違う問題を考慮しなくてはならない．先に紹介した北米のステップの種数制御実験では，多種系ほど現存量蓄積が増し，根系が分布する土壌表層だけでなく，より深い層でも硝酸塩濃度が低下していた．多種系のほうがより効率的に植物体に吸収し，土壌下層に溶脱する窒素をも減少させたのである．したがって，土壌下層中の栄養塩濃度でも，（植生の状態とは独立の）環境の栄養塩資源の上限供給量の指標とはなっていない可能性がある．

8.4.3 なぜ熱帯林では樹木種多様性が高いのか？

熱帯多雨林の際立った樹木種多様性は，植物の群集生態学がもっとも注目する現象の一つである．これまでに熱帯多雨林の樹種多様性を説明するさまざまな仮説が提出されてきたが，まだその解決には至っていない．多様性の高さは，相対的な各種個体群の密度の低さと裏腹の関係にあるため，各種の生態的特性を明らかにすること自体が熱帯多雨林では容易ではない．熱帯林の種多様性維持機構について，いままで紹介した共存機構と関係させて整理してみよう．

樹木種の多様性は，生物生産に好適な太陽エネルギー放射と降水がある環境下で，一次生産速度や現存量が高い生態系ほど高くなることが，地域的なパターンから読み取れた．この相関を説明するのに，高い生態系機能自体が多種の共存を可能にする種間の機能分化を促進している，あるいは好適な環境が高い種分化速度をもたらす，という二つの可能性が指摘されている．平衡理論と非平衡理論それぞれに立った説明である．

すでに紹介した，親木のまわりに同種の実生・稚樹が出現しにくい現象は，熱帯多雨林の種多様性の説明として提示された（Janzen 1970）．どの森林でも，特に優占している樹種で，しばしばこの現象は認められている．しかし，同じ現象は温帯林でも認められるので，なぜ熱帯のほうが多様なのかという問いの答えにはなっていない．中規模攪乱仮説も，やはり熱帯林とサンゴ礁の種多様性を説明しようとして提唱された（Connell 1978）．固着生活をする樹木やサンゴからなる生態系では，攪乱によって新たな定着が促進される過程は重要であるが，攪乱に依存するようなパイオニア性の種が共存していることは，熱帯林でも温帯林でも同様であり，熱帯林でパイオニア性の樹種の比率が高くなる傾向はない．また，

攪乱頻度が熱帯のほうで高いという根拠もない（どちらでも林冠木の死亡率は年1.5〜2％程度である）．したがって，攪乱仮説によって熱帯の多様性を説明するのも無理である．

　Tilman の資源競争モデルに基づけば，資源供給量が低く，空間的な不均質性が高い環境では，多くの共存解が実現する．湿潤熱帯では降雨量が卓越するため，栄養塩が溶脱しやすいが，栄養欠乏が顕著な熱帯ヒース林のような生態系では，一次生産速度も樹木種多様性も低くなっているし，前述のように土壌の栄養塩組成を資源供給量の指標と見なすのも危険である．どれだけの資源利用効率の種差が存在し，それが種の分布を説明しているかどうかを調べていくことが必要であろう．すでに紹介した近縁種間での排他的な空間分布は，微細な生息環境を分けていることを示唆している．

　熱帯林は，高くて不均質な林冠層を持っている．50〜70 m になる巨大高木が散在するが閉じた層にはならず，20〜30 m の閉じた林冠層があり，その下に亜高木や低木が分布する．こうした発達した垂直構造に対応して，さまざまな最大サイズの樹種が出現する．図 8.14 のように，最大サイズは幹直径 20〜30 cm あたりがピークで，これはだいたい林冠層に相当する．最大サイズを分けるような種間の分化があるかどうかを調べてみると，同じ林床に生育する小径木と比べても，高木種のほうが低木種に比べて葉の光合成特性はより強光適応的であり，直径成長速度が大きく，同じ直径では樹高が高い．いっぽうで，低木種は材密度が

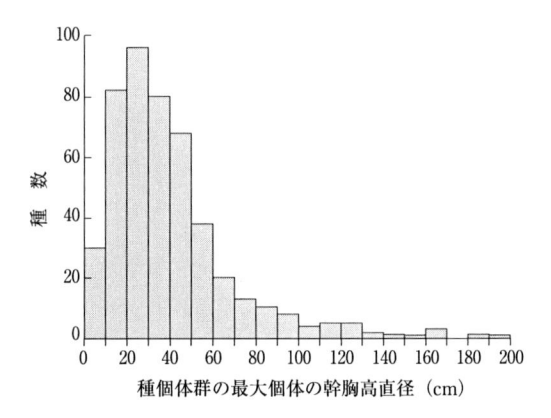

図 8.14 熱帯多雨林の構成樹種の最大サイズ分布
マレー半島のパソー保護区の熱帯多雨林に設定された 50 ha 調査区で，50 個体以上出現した 469 種について示す．

高く，同じ樹高でも発達した樹冠を持ち，また母樹葉量あたりの新規加入速度が大きい（Kohyama et al. 2003）．こうした対照的な生理，樹形，そして個体群動態特性の違いは，森林構造仮説による，最大到達サイズを分割した種の共存に対応した分化である．モデルシミュレーションでは，森林が高いだけでなく，生産性が高く，現存量が高い生態系ほど，種の共存が容易になる．したがって，熱帯林でより多様性が高くなることも，森林構造仮説からは説明しやすい．

このように，個別の共存理論の枠組みに対応した現象を，熱帯多雨林の樹木種群集でも確認できるのであるが，どれも単独では数百種の共存を説明できるとはいいがたい．温帯林と比べて，熱帯林は10倍の樹種が出現するが，現存量や一次生産速度はせいぜい3倍程度である．しかし，たとえば現存量と一次生産速度がそれぞれ独立に種間の機能分化に貢献するならば，熱帯の高生産環境が積算的に高い種多様性をもたらすことも可能であろう．

生態的に同一な樹種個体群が，ある地域への侵入と絶滅を繰り返すことによって，その地域の群集が確率的に変動しながら維持される，という種特性を考えない統合中立理論によっても，熱帯林の樹種の相対頻度パターンはよく説明できる（Hubbell 2001）．もちろん，微地形や垂直構造に対応した分化など，中立であると見なすことのできない共存を促進する種間差があることは明白な事実である．しかし，基本的に多種を安定的に支える要因がある熱帯林で，互いによく似た競争的に同位の個体群が，散布制約下で確率的に共存できるメカニズムは，競争制約下での種特性の分化による決定論的な共存のメカニズムと排他的ではなく，双方が相補的に作用している可能性がある．

8.5 この章のまとめ

同じ資源を共有する植物種どうしは，競争関係にある．実験的には，多種からなる生態系のほうが，1種系よりも現存量や土壌養分吸収といった機能に勝ることが明らかにされている．均質な空間で，同じ資源をめぐる競争関係にある種間の多世代にわたる動態は，単純な競争モデルによって記述できる．その結果，安定して共存するのは困難であることがわかる（競争排除則）．現実には，時間的な変動環境や，環境や生物のつくる空間構造がもたらす資源の不均質性によって，共存が可能になっている．

8.5 この章のまとめ

　樹木の種多様性は，気象環境に支配される蒸発散量や純一次生産速度，植物現存量の増加関数になっている．地域レベルの種多様性のピークは，かえって現存量が少なく，貧栄養な生態系にあると報告されてきたが，これは空間構造の違う群集を同一調査面積で比較することに由来する，見かけの現象にすぎない可能性がある．熱帯多雨林では，温帯林と比べて桁違いに多くの樹木種が出現するが，その完全な説明はまだできていない．水平的・垂直的な種間の分化は，しばしば認められ，熱帯林の発達した構造と速い回転速度に対応した資源分割が，安定的な種間の共存に一定の貢献をしていることは確かである．　　　[甲山隆司]

9

群集・景観のパターンと動態

9.0 はじめに

　群集（community）とは，「ある環境内で一定のまとまりを保つ生物集団」として認識できる範囲における生物すべてを指し，本来，動物や植物に分けて扱う言葉ではないため，生物群集と呼ぶこともある．しかし，植物群集（plant community），動物群集，菌類群集という使い方があるように，ある分類群の生物集団に限定して用いることもある．なお，植物群集に似た言葉に植生（vegetation）があるが，ここではさしつかえない限り同じ意味で用いる（後述）．生態系は，ある群集（生物的部分）とそれを取り巻く環境（物理的・化学的な非生物的部分）を含めたものを指す．

　一つの植物群集を示す指標には，優占種，階層構造と生育形，種組成などがあげられる．植物群集が同一環境条件下で同一時間を経過したときに，種組成は均一となると仮定できれば，生物面からの特徴のほかに，気候，地形，水分・土壌・光，人為などの環境要因との対応関係を加味し，群集単位を決めることもある．まとまった単位とは，森や草原などが1植物群集にあたるという程度の意味でとらえればよいことも，さらに厳密に群集区分によることもある．

　景観の定義もさまざまで，風景と同義に扱われることもあるが，景観生態学（landscape ecology）が対象とする景観（landscape）は，航空写真で捉えられる程度の空間規模における，いくつかの群集から構成されるまとまりのある単位

(Forman 1995)を指す.景観単位の具体例として,日本の里山があげられる.里山は,炭やキノコの生産などで持続的に利用された山林生態系と,隣接する田畑とその関連する生態系(畦,池,水路,防風林など)から成り立つ一つの景観単位と見なすことができる.景観を構成する個々の群集は,環境を含めた意味ではエコトープ(ecotope),地形改変が著しいところでは地表構成要素を単位として景観要素(landscape element),あるいはパッチ(patch)と呼ぶことがあるが,これらの用語の使い分けは厳密ではない.

植生科学(vegetation science)は,時間的・空間的に変化する植物群集の構造と機能を明らかにすることが目的の研究分野といえるが,生物的侵入・人間活動と植物群集の関係,生態系の保全と復元なども含まれている.

景観生態学は,生態学的過程を解明するにあたり,複数群集間の相互作用,すなわち,景観単位での構造と機能の変化が群集に与える影響を認識する必要性から注目されている.たとえば,流域全体を持続的に利用・保全するには,個々の群集内での生態的過程のみならず,生態系の分布パターン(配置・類似性)や,周辺生態系との関係など,群集間相互作用を知ることが必要である(図9.1).たとえば,同じ規模の河川でも,天然林内にある河川と人工林内にある河川では,

図9.1 河川生態系と森林生態系という2生態系間相互作用の例(Turner *et al.* 2001)
魚類(主としてサケ),クマ,ワシによる栄養分が移動し,次いで,より高地に運ばれ蓄積し,陸上の生物相により吸収される.サケは,海から回帰するときに主にクマ,ワシなどにとらえられるため,海洋生態系ともつながりがある.南アラスカのサケの遡上する河川では,クマが運んだ魚類によるリン(P)の陸上への蓄積は,大ざっぱに6.7 kg ha^{-1}と見積もられ,これは商業的に樹木に施肥する場合の量と等しい.いっぽう,森林中の栄養分の河川流入に関する研究は数多い.日本でも,北海道大学苫小牧研究林において,中野 繁(故人)らによって,河川-森林生態系の相互作用に関する研究が精力的になされている.

周囲生態系との機能的関係が異なる．現在の景観生態学の主な研究目的は，景観の不均一性が，物質・エネルギー・生物の循環に与える影響，景観の構造と機能が時系列的にどのように変化するかを明らかにすることである．さらには，持続可能な地域計画や生物多様性保全などの問題に対する，学問的基盤を与えるものとして注目される．景観生態学は，訳さずそのままランドスケープエコロジーといわれたり，また景域生態学や景相生態学と訳されたりするように，この分野が発展段階であることを物語っている．地生態学（geoecology）は，景観生態学に似た意味で用いられるが，主に山岳地域を対象として，環境要因と植物群集の対応分布様式を明らかにすることが重視される．

9.1 空間軸と時間軸

群集構造は，時間的・空間的にある規則に沿って配列されていると考えることができる（図9.2）．たとえば，北海道では，一〜二年生草本植物のノボロギクが優占する群集は，乾いた空間で攪乱直後によく出現し，ハルニレ林という群集は，湿った空間でより時間が経過したところで出現する．空間軸に沿った植物群集の変化は，環境勾配（environmental gradient）に沿った植物群集の変化と言い換

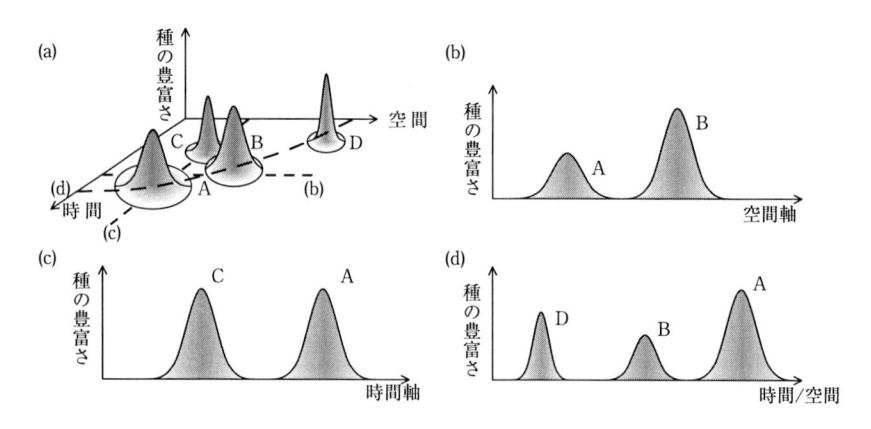

図 9.2 仮想的な群集の空間軸，時間軸に沿った変化
(a) 全体観．四つの群集（A，B，C，D）が異なる時間および空間において出現すると仮定する．(b) 時間を固定し，環境軸に沿った種の変化を観察，すなわち，空間軸と断面 (b) が平行な場合．(c) 空間軸を固定し，時間軸に沿った種の変化を観察，すなわち，時間軸と断面 (c) が平行な場合．(d) 時間の経過につれ空間軸上の位置（環境勾配）が変化していく場合の，種の豊富さの変化の一例．この場合，時間が経過するにつれ (a) 中の環境軸が右から左に変化する．

えることができる．ある同一時間断面で空間軸を切った場合，そこには一つの地形系列（トポシークエンス：toposequence）が得られる．いっぽう，ある同一空間断面で時間軸を切った場合，そこには時間系列（クロノシークエンス：chronosequence）が得られる．時間軸に沿った植物群集の変化を遷移（succession）と呼ぶが，時間の変化につれ空間軸上の位置が変わるのが普通である．時間が経過するにつれ，空間軸上の位置が図9.2(a)中の(d)のように変化したとする．すると，一般に群集変化の軌跡は図9.2(d)のようになる．たとえば，時間の経過につれ土壌湿度という環境勾配が低いところから高いところに向かって変化したとすれば，群集はD→B→Aと変化する．

Box 13　　　　　　　　　　　　　　　　　　　　　　　　　　　　　　**優占度**

優占度（dominance）とは，ある定められた面積内における各種の占める割合を指す．哺乳類など個体性の明瞭な生物種群では，通常個体数を用いるが，クローナル植物のように個体性が不明瞭な生物群では，個体数に変わる優占度として以下の変数が使われることが多かった．
［例］
被　度（coverage）：調査区内を各種が覆う面積をパーセント，あるいは，被度階級（Braun-Blanquet 1964）で表したもの．通常，厳密な幾何学的地上被覆面積ではなく，植物体の外縁を結んだ投影面積を用いる．
相対断面積（relative basal area）：各種の幹，あるいは茎の断面積を相対値で表したもの．樹木では胸高直径断面積，草本では基部（根元）直径を使うことが多い．
積算相対優占度（cumulative relative dominance）：被度，出現頻度，個体数などの測定された各変量を相対値化したものの合計値，またはその最大値を100に直したもの．被度，あるいは相対断面積と相対頻度を選択した場合には，重要度（importance value）と同義となる．
これらの変数は時として個体数と高い相関を示すため，同じ特性値として扱われることもあるが，実際に多様性などの計算（第8章）を個体数とそれ以外の変量で求めると大きく異なることもあり（Tsuyuzaki 1996），群集の持つ異なる特性を抽出したものである．

空間・時間軸に沿った群集の変化パターンを実証するために使われる手法として，地形系列と時間系列があげられる（図9.3）．時間系列とは，時間の変化に

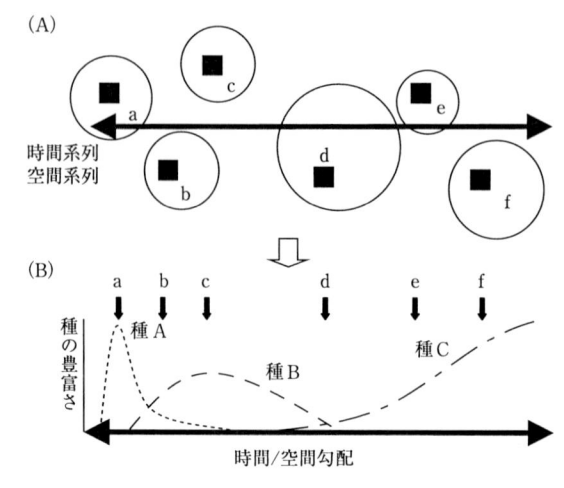

図 9.3
(A) 地形系列，あるいは時間系列に基づきデザインされた調査区配置．記号 a〜f で示されたものが，それぞれ異なる連続上の位置で調べられた調査区．たとえば，噴火からの経過年や，土壌の乾湿度勾配．理想的な連続性を得られる線上から，実際の調査区はそれるのが普通である．また，同一環境と見なされる範囲は，個々の系で異なることにも注意する．(B) 調査地 a〜f の結果から，得られた仮想的な 3 種（A，B，C）の勾配上の配置である．この，各種の分布位置を任意の軸で決める方法が序列化といえる．

表 9.1 ケルグエレン島アンペレ氷河後退地における氷河消失年（齢）をもとにしたクロノシークエンスに沿った定着種の被度の変化（%）（Frenot et al. 1998 を改変）

種	氷河消失からの経過年						
	1	15	30	70	115	180	>200
Azorella selago			0.01	0.14	1.25	1.96	4.12
Festuca contracta			0.12	0.49	0.43	0.29	0.01
Agrostis magellanica		<0.01	0.30	0.00	0.42	1.17	0.06
Poa kerguelensis	<0.01	0.04	0.12	0.00	0.01	0.00	0.01
Poa annua			0.04				
Colobanthus kerguelensis	<0.01	<0.01	0.10	<0.01	<0.01	0.01	<0.01
Cerastium fontanum			0.29			<0.01	
総被度（%）	<0.02	<0.06	0.98	0.63	2.11	3.42	4.20

各年で被度のもっとも高い種に網をつけてある．大まかには，図 9.3 に示された系列の存在が示される．

沿った植物群落変化の連続性ということができる．温暖化の影響とも考えられている氷河の後退は，その氷河が消失した年代が明確であれば，その氷河消失年を群集発達開始 0 年としたクロノシークエンスをつくることができる（表 9.1）（第 10 章）．この結果と，土壌の発達様式などを比較することにより，根系-土壌発達様式の対応関係の重要性が示された（図 9.4）．時間系列では，植物群落の時間

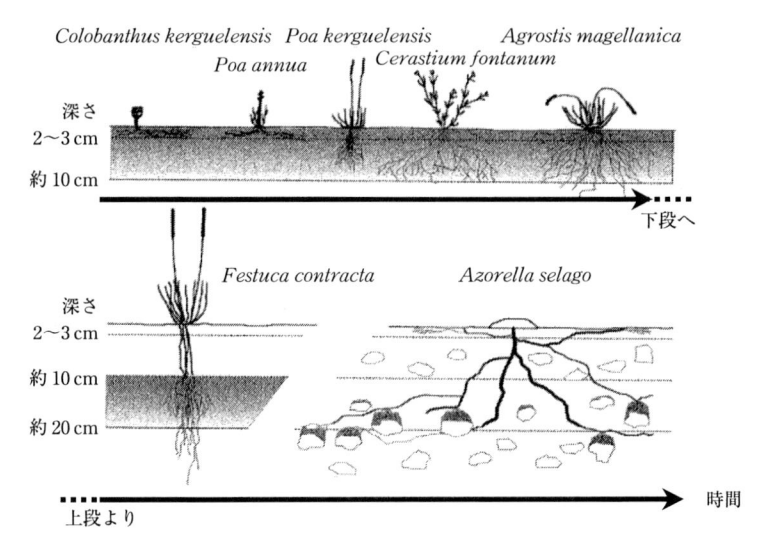

図 9.4 ケルグエレン島　アンペレ氷河後退地におけるクロノシークエンス上に出現した各種の根系構造（Frenot *et al.* 1998 を改変）
影を示した部分には，細粒の土壌が発達している．植物の地下部発達様式と土壌発達が，平行に進んでいることがわかる．

的変化推定には，環境軸は安定かつ一方向に変化するという仮定をおく必要があるが，大まかな群集変化を記載するには有益な方法であろう．しかし，より詳細な植物群集動態とその機構を解明するには予測性に乏しいため，解釈には注意が必要である（Foster & Tilman 2000）．

9.2　永久調査区と長期生態学研究

　空間的・時間的変化に沿った群集変化を実証する唯一の方法は，永久調査区法による継続調査しかありえない．生態現象中には，短期間の調査研究では解明できない現象があり，植物群集の変化を知るためには，永久調査区を設け，実際の変化について時間をかけて追跡測定した結果がもっとも実証的である．こうした現象に関する研究方法は，長期研究体制維持，調査者交代，データ管理，長期予算獲得などの問題点があり，研究として敬遠されがちである．このような問題に対応するため，長期生態学的研究データベース化が提案された．これを受け，世界的には（国際）長期生態学研究（(international) long-term ecological research：

(I)LTER）プロジェクトが開始された．永久調査区法による群集変化の追跡には長期間を要するのは必然であり，目的（仮説）に合うならば，短期間（最短1回）の調査ですむクロノシークエンスを使うべきである．

9.3　時間系列と遷移 ── 特に遷移初期について ──

時間系列および永久調査区による調査から，遷移にはいくつかのパターンがあることが示されている（図9.5）．特に，地表面から生物がいっさい消え去った状態からはじまる遷移を一次遷移，多少なりとも残った状態からはじまる遷移を二次遷移と分けて扱うことが多い（露崎 2001）．両者間のもっとも大きな相違は，植物供給源の質と量にあり，一次遷移での植物供給は種子および栄養体の外部か

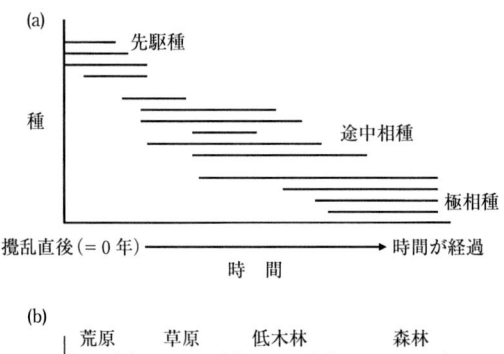

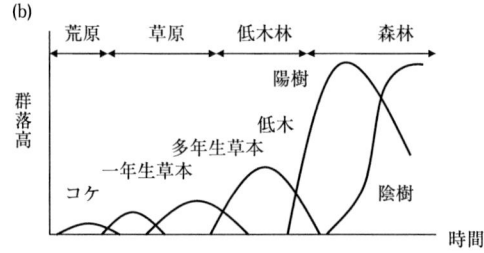

図 9.5　遷移模式
(a) 図中の横棒がそれぞれの種の出現時期を表す．たとえば，いちばん上の種は遷移初期にしか出現しない．いっぽう，いちばん下の種は極相でしか出現しない．(b) 乾性遷移の代表的な例とされるもの．群落高は，遷移が進むにつれ増加する．
　遷移の初期には，コケ・地衣や草本植物など高さの低い植物が優占する．この順序は，多くの群集で成立するが，各ステージをスキップすることは，よく見られる．1977〜1978年噴火後の有珠山では，コケ期・一年生草本期を欠き，多年生草本期から群集発達がはじまる．湿原の土壌的極相といわれるハンノキ林は，低木–幼樹期で停滞した群集と見なせばよい．

らの移入のみによるが，二次遷移はさらに埋土種子や地中で生存していた栄養繁殖体が加わる．そのため，遷移初期には一次遷移初期のほうが種多様性は低く，回復速度も遅い．

極相に近い群集などの高密度条件下では，種間，あるいは種内競争が，群集の構造と機能を決める上で大きく作用する（第8, 10章）．いっぽう，遷移初期や裸地など攪乱が強く作用し低密度下に発達する群集では，ある種が存在することにより他種の発芽，成長，生存，繁殖など，生活史上のいずれかの段階が促進される現象（促進効果：facilitation）が起こりうる．さらに，促進効果のある種を探し出し，それを応用した生態系復元に関する研究も見られる．

中規模攪乱仮説（第8章）は，遷移系列上でも成立し，攪乱直後には多様性は低く，時間が経過するにつれ攪乱の影響が弱くなれば多様性は増し，さらに攪乱がほとんどないまま安定した極相に達すれば多様性が減少する．攪乱地や遷移途上で出現する群集は多く存在し，単に安定した環境を供給するだけでは，そのような群集の保全はできない．

9.4 植物群集観 —— 単位説と連続説 ——

植物群集は，その群集を特徴づける種群（標徴種，識別種，高常在度種など）により特徴づけられる明確な境界を持ち，植生単位（群集：association（community と異なることに注意））は分類学における種に相当する，という群集観が単位説（unit theory）である．この考えを発展させたものが，植物社会学（plant sociology, phytosociology）といえる（Braun-Blanquet 1964）．

植生連続説（vegetational continuum theory）は，それぞれの種は環境に個々に反応し，どの種の分布パターンも同じとはならず，群集境界は決定不可能であり，空間的・時間的に群集は連続的に変化するという説である．植生連続説は，群集分類に重きをおくよりも，個々の種の分布パターンを明らかにすることで，群集の構造と機能は解明できると考えた．

エコトーン（移行帯：ecotone）とは，森林と草原との間の林縁など，異なった群集が隣接し，境界部に環境条件の連続的変化が観測される部分を指す．エコトーンの存在が両説の大きな見解の差となり，単位説はエコトーンの存在をほとんど認めないが，連続説はその存在を広く認める．

9.5 植物社会学

　単位説の立場から，植物群集を均質部分（単位）に区分することは，古くから行われた．その単位の認識方法には，階層（ヒエラルキー）分類体系と網目系の二つの流れがある．どちらにしても，植物社会学分野では，植物群集と植生は別概念として用いている．階層分類体系は，各調査区の種組成に基づき，組成表作業により各調査区の種組成を比較し，結びつきの強い種群を見出すことでグループ化を行い，区分されたものを群集（association）とする（図9.6）．この際，特

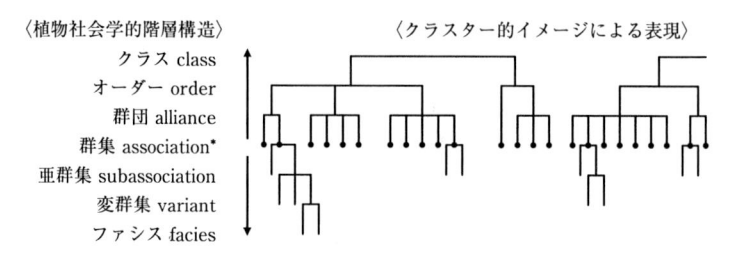

図9.6 植物社会学における群集分類群の階層構造と，それをクラスター構造で表現した場合の関係

群集（association）*は，群集認識上の基本単位で，古典的には種分類学でいう種（species）に相当すると考えた．

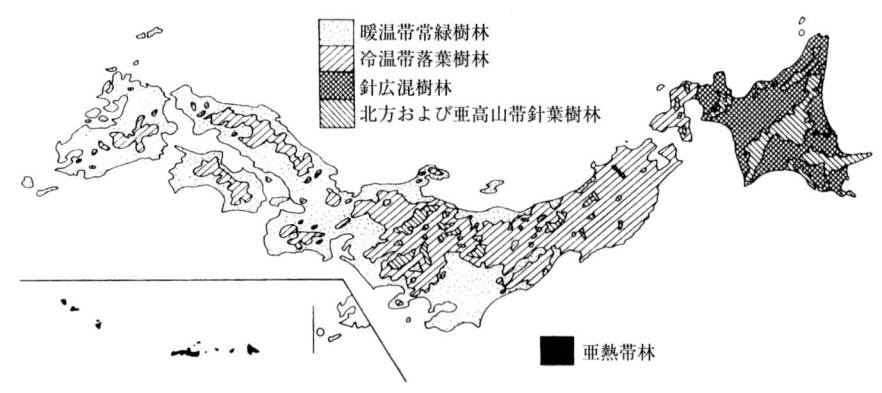

図9.7 日本列島の潜在自然植生図（推定極相図）（林 1990を改変）

各群集における代表種は，亜熱帯林ではイタジイが，暖温帯常緑樹林ではスダジイ，シラカシが，冷温帯落葉樹林ではブナ，ミズナラが，針広混交樹林ではトドマツ，ミズナラが，北方および亜高山帯針葉樹林の北方部ではエゾマツ，トドマツが，北方および亜高山帯針葉樹林の亜高山部ではシラビソ，オオシラビソ，コメツガがあげられる．

定種がどの程度その群集に結びつくかを適合度 (fidelity) として表すと, 環境条件をどの程度反映するかを度数的に表現し, 高適合度種ほど植物群集分類での重要性が高くなる. 生物群集の示す特徴を視覚的に捉えたものを相観と呼び, 網目系では相観に基づき区分されたものを群系 (formation) と定義する. チューリッヒ・モンペリエー学派 (Z-M学派) はヒエラルキー分類体系をとり, その代表に Braun-Blanquet (1964) があげられる. 植物社会学は, 同一データをもとにしても複数の分類体系が組まれることがあるように問題点は多いが, 植物社会学をもとに群集分布を表した植生図 (vegetation map) は, 景観配置などの基礎データとして現在でもよく活用される (図9.7).

9.6 群分析と序列化

群集の空間上, 時間上の位置を求めるために用いられる手法を総称して, 群集多変量解析と呼び, その手法は大きく二つの流れに分けられる. 一つは, 単位説に通じる部分があるもので, 群集単位をなんらかの規則で区分し, 得られた群集単位間の関係を探る群分類 (classification) である. もう一つは連続説に通じ, 群集配置は連続的環境勾配に対応し発達するから, その配列順序を決め群集の特性を探ろうとする序列化 (ordination) である. この2手法は, 実は, 基本的なアルゴリズム部分は共通であり, 考え方は Whittaker (1975) の環境勾配分析に根差し, 相互に連関したもので排他的な手法ではない.

データ収集から解析にかけて多くの場面でコンピュータを使用するが, 原理を知らずにコンピュータに依存することは危険であり, 基本的原理と各手法の長所と短所は少なくとも理解しておかなければ, 解析とは名ばかりの数値遊びとなりかねない.

9.7 群分析 (クラスター分析)

1970年代まで植物群集分類が研究の主体となった理由に, データ処理が手作業で行える範囲であったことがあげられる. コンピュータの普及で数値的解析が容易になり, アルゴリズム化された群分析を用いるなら, データ採取法上の問題と, どの類似度と群分析法を選ぶかという課題は残されるが, 主観的部分はかな

り削減される．また，適合度を組み入れたより植物社会学的な群分析プログラムの開発も試みられ，植物社会学からの主観的部分の除去も試みられている(Bruelheide & Chytrý 2000)．

群分析 (cluster analysis) は，多数の調査区を類似した種組成の群にまとめる一連の操作をいう．これには，大きく分けて，群集構造が類似したもの（あるいは類似していないもの）からつないでいく集約法 (divisive method) と，全体を序列化した後に不連続部分を探し，それを分岐点としていく分割法 (agglomerative method) とがある．集約法の代表に，群間平均連結法 (unweighted pair-group method using arithmetic average : UPGMA) が，分割法の代表に，TWINSPAN (two-way indicator species analysis) があげられる．これら2方法による多くの報告があり，それらの報告と比較しやすい利点もある．

平均連結法は，高い類似度の調査区から順に群にまとめ，つくられた群中の調査区と別群中の調査区との平均的な類似度をもとに調査区をつないでいく方法であり，完成された図はその形状からデンドログラム（樹形図）とも呼ばれる．

TWINSPAN は，序列化の一種である反復平均法を用い，調査区と種を群に分割する．反復平均法により調査区を展開し，第一軸の左右の調査区に特に出現する種のみを用い，軸と無関係の種を除きふたたび反復平均法を行う．これによりサンプルをさらに左右に分け，2分割しやすくする．このようにして調査区の分割が終了してから，その結果を用い種を分割する．優占度に重みづけ可能な擬似種 (pseudospecies) を加え，優占度の違いを評価に入れることもある．TWINSPAN に限らず，分割法では，中間的なサンプルやどこにでも出現する種は分断され両方の群に入ってしまう．また，サンプル分割は擬似種を用いるため，分割指標となった種が標徴種になるとは限らない．

Box 14

類似度指数

類似度指数 (similarity index) とは，ある群集や調査区の間で構成がどの程度似ているかを表す指数のことで，さまざまな指数が考案されているが，ここでは視覚的に理解しやすい Sørensen の類似度指数 (quotient of similarity) を示そう．この類似度指数は，二つの群集，あるいは調査区における全出現種数に対する共通に出現する種数の割合を表したものである．a を調査区 A でのみ出現した種数，b を調査区 B でのみ出現した種数，c を両調査区で出現した種数，

QS を Sørensen の類似度指数とすると，式では，
$$QS = 2c/(a+b+2c)$$
と表される．

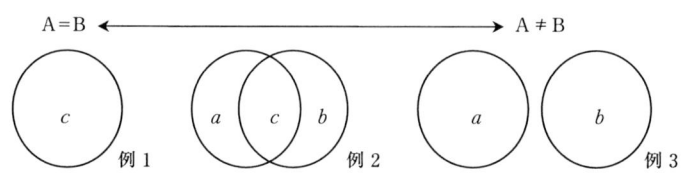

A=B ←――――――――――――→ A≠B

例1　　　　例2　　　　　　例3

例1：二つの群集の構成が全く同じ場合には $a=0$，$b=0$ なので，類似度指数は 1 となる．
例2：すべての類似度指数は，例1と例2の間，すなわち 0 から 1 の範囲となる．
例3：二つの群集の構成が全く異なる場合には $c=0$ となるので，類似度指数は 0 となる．

優占度を考慮した指数としては，類似度百分率（percentage similarity: PS）が QS と同じ考え方でつくられている．調査区 A，B において種 $1, 2, \cdots, n$ の優占度をそれぞれ a_i，b_i とおくと，式では，
$$PS = \frac{2\sum_{i=1}^{n}(a_i, b_i)}{\sum_{i=1}^{n}(a_i + b_i)}$$
と表される．

通常，群分類では，類似度の高い群集を近くに配置し，その配置の間で類似度の低い部分に境界を入れることにより分類を行い，序列化では，もっとも類似度の低い二つの群集を軸の両端に配置し，その間に他の群集を配置すると考えるとよい．

9.8 序　列　化

認識された植物群集と空間軸・時間軸の間に対応関係があれば，その軸を仮想することで各群集を軸上に配列できる．ある森林は湿地近くに成立し，またある草原は乾地によく成立する現象が認められれば，土壌湿度という軸上の異なる位置に森林と草原を配列できる．この仮定をもとに，群集−環境対応関係を示す方法として，環境勾配分析（gradient analysis）が発展した．環境勾配分析は，測定された環境要因との直接の対応関係に基づき序列化する直接環境勾配分析（direct gradient analysis）と，種の優占度のみをもとに序列化を行う間接環境勾配分析（indirect gradient analysis）の二つの手法に大別される．序列化

には，主成分分析（principal component analysis：PCA）や多次元尺度構成法（multidimensional scaling：MDS）などさまざまな種類があり，なかでも反復平均法，傾向化除去反復平均法，正準化反復平均法，群分割法であるがTWINSPANは，すべてが加重平均法を起源とする方法でCA（correspondence analysis）ファミリーと呼ばれ，広範に利用されている．

9.8.1　加重平均と反復平均法（対応分析）

加重平均（weighting average）は，それぞれの種に想定される空間軸上での任意の得点を与え，それをもとに調査区の得点を与える（図9.8）．当然，それぞれの種の得点は事前に判明しているものではなく，種への得点の与え方に問題は残る．そこで，種と調査区のデータのみから各種および各調査区の得点を得る方法として開発されたのが，反復平均法（reciprocal averaging：RA）である．なお，反復平均法は，対応分析（correspondence analysis：CA）とも呼ばれ，統計学でいう最適尺度法（optimal scaling）のことである．

手順は，まず，調査区の仮の加重平均を求める（最初に種の加重平均を求めても実は同じ）．次いで，この加重平均をもとに種の得点を計算し直す．そして，

調査区	1	2	3	4	計	(初期)種得点	反復平均法による得点	
種								クラスター化
A	0	0	1	10	11	3	1.972	
B	0	0	0	10	10	3	2.004	↓
C	0	3	40	10	53	2	1.481	
D	50	25	0	0	75	1	-2.810	ここで二つの群
E	5	25	0	0	30	1	-2.647	（種A, B, CとD, E）に分かれる
優占度の合計	55	53	41	30				
加重平均	1.000	1.057	2.024	2.667		←この部分の計算を繰り返す		
反復平均法による得点	-2.136	-1.853	1.843	2.146				

クラスター化　➡　ここで二つの群（調査区1, 2と3, 4）に分かれる
（TWINSPAN）

図9.8　反復平均法の計算例

各調査区における種の値は優占度．各調査区の加重平均は，((各種の優占度×初期種得点)の合計)/(優占度の合計)で与えられる．調査区2では，(0×3+0×3+3×2+25×1+25×1)/53=56/53≈1.057となる．この初期調査区得点をもとに，種得点を計算すると，種Aは，(0×1.000+0×1.057+1×2.024+10×2.667)/11≈2.609，種Bは，(0×1.000+0×1.057+0×2.024+10×2.667)/10≈2.667となる．この種得点をもとに，軸の尺度変換を行った後に，調査区得点を再計算する．通常，最小値を0，最大値を任意の100とし再配置するか，得点の平均値を各得点から引いた値を標準偏差で割って再配置する．ここでは，後者を使っている．この過程を繰り返し，種得点，調査区得点ともに大きな変動がなくなったときに計算を終了し，1軸の作成が終了する．さらに，これらをもとに概念的には図のようにしてTWINSPANは，群分類を行っている．

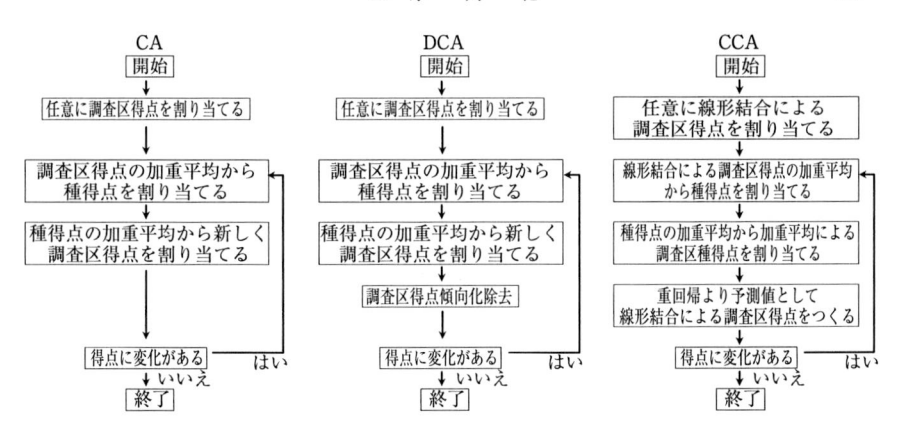

```
        CA                        DCA                         CCA
       開始                       開始                         開始
        ↓                          ↓                           ↓
┌─────────────────┐      ┌─────────────────┐       ┌─────────────────────┐
│任意に調査区得点を│      │任意に調査区得点を│       │任意に線形結合による │
│    割り当てる    │      │    割り当てる    │       │調査区得点を割り当てる│
└─────────────────┘      └─────────────────┘       └─────────────────────┘
        ↓                          ↓                           ↓
┌─────────────────┐      ┌─────────────────┐       ┌─────────────────────┐
│調査区得点の加重平│←┐    │調査区得点の加重平│←┐     │線形結合による調査区 │←┐
│均から種得点を割り│ │    │均から種得点を割り│ │     │得点の加重平均から種 │ │
│      当てる      │ │    │      当てる      │ │     │  得点を割り当てる   │ │
└─────────────────┘ │    └─────────────────┘ │     └─────────────────────┘ │
        ↓           │            ↓           │             ↓               │
┌─────────────────┐ │    ┌─────────────────┐ │     ┌─────────────────────┐ │
│種得点の加重平均か│ │    │種得点の加重平均か│ │     │種得点の加重平均によ │ │
│ら新しく調査区得点│ │    │ら新しく調査区得点│ │     │る加重平均による調査 │ │
│  を割り当てる    │ │    │  を割り当てる    │ │     │ 区種得点を割り当てる│ │
└─────────────────┘ │    └─────────────────┘ │     └─────────────────────┘ │
        ↓           │            ↓           │             ↓               │
                    │    ┌─────────────────┐ │     ┌─────────────────────┐ │
                    │    │調査区得点傾向化 │ │     │重回帰より予測値として│ │
                    │    │     除去        │ │     │線形結合による調査区 │ │
                    │    └─────────────────┘ │     │   得点をつくる      │ │
                    │            ↓           │     └─────────────────────┘ │
                    │                        │             ↓               │
┌─────────────────┐ │    ┌─────────────────┐ │     ┌─────────────────────┐ │
│得点に変化がある │─┘はい │得点に変化がある │─┘はい  │得点に変化がある    │─┘はい
└─────────────────┘      └─────────────────┘       └─────────────────────┘
    │いいえ                   │いいえ                      │いいえ
   終了                       終了                         終了
```

図 9.9 対応分析（反復平均法）(CA), 傾向化除去対応分析 (DCA), 正準対応分析 (CCA) の, それぞれのアルゴリズムを示すフローチャート（Palmer 1993 を改変）
これに TWINSPAN や, これらの変法を含めて CA ファミリーと呼ぶため, TWINSPAN は序列化の一種に, CCA は間接環境分析の一種にカテゴリー分けする人もいる.

新しくできた種の得点をもとに調査区得点を計算し直す. これを繰り返し, 調査区得点, 種得点ともに変動がなくなった段階の値を, 最終的な得点として序列化を行う. 2軸は, 1軸と無関係の序列となると仮定され, 1軸と直交か無相関となるように設け, 1軸作成と同様の操作から作成される. それ以降の軸も同様である.

9.8.2 傾向化除去対応分析

CA と PCA で得た2軸以降には, 弧を描くような歪み (hump) が生じる (CA の歪みを弓形：arch, PCA の歪みを馬蹄形：horseshoe と分けることもある) ため, 2軸以降の解釈はあまり意味のないことが多い. CA の歪みを軽減するために, 傾向化除去対応分析 (detrended correspondence analysis：DCA) が開発された (図 9.9). DCA は, 2軸が1軸に対して弧を描くのを避けるために1軸を適当な数の断片 (セグメント) に分け, 断片内の平均の2軸値が0になるよう断片ごとに平行移動する. ただし, かなり傾向性は除去されるが完全ではないことに注意したい.

9.8.3 正準分析

正準分析は, 測定された環境要因データを組み合わせ, CA (canonical CA：

CCA）あるいは DCA（detrended CCA：DCCA）を行い，種−環境の対応を分析する（図9.9）．また，これにより CA で見られる歪みはかなり除去される（Palmer 1993）．

環境要因を組み入れた分析のため，直接環境勾配分析のほうが間接環境勾配分析より優れるように感じるが，的はずれな環境要因のみを測定してしまえば，CCA からは明確な群集−環境関係が得られない．そのような際には，DCA などの間接環境勾配分析により，有力な環境要因を推定するほうが優れる場合がある．

9.9 人為と植生

人間活動の影響を受けていない植生は自然植生，受けている植生は代償植生（二次植生）に区分される．自然植生には，人間活動の影響を受ける以前に生育していた原（始）植生（original vegetation）と，人間の影響がなくなったときに極相となると考えられる潜在自然植生（potential natural vegetation）（図9.7）という二つの概念がある．代償植生には，人為的につくられた水田や里山群落のような人工群集や，伐採などにより遷移が停滞した群集，さらにはスキー場斜面の群集などが含まれる．現在ある植生（現存植生）の多くは，多かれ少なかれ人間活動の影響を受けた代償植生である．

Box 15
DCA による時間系列に沿った群集変化の解析
〈スキー場斜面における植物群集分布パターン〉

北海道低地の潜在自然植生はおおむね落葉広葉樹林であり，その範囲内でスキー場開設年代を攪乱発生年とすれば，一つの時間系列をつくることができる．特に，スキー場の造成および管理形態は，ほぼ均質なため攪乱の質・量ともに均質と考えられる．ここで，標高530 m 以下に位置する，開設より5〜28年経過したスキー場を選び，2 m×2 m の調査区を 155 個設定し調査した．得られた結果を TWINSPAN にかけ，6 群集に分類した（図9.10）．それを DCA 上の配列で見ると，スキー場斜面群集は，吹き付け牧草（群集 B, C, D）からはじまることは疑いないが，その後の変遷には2方向があることが示される（図9.11）．一つは，帰化植物の優占する群集（群集 E, F），もう一つは，ススキをはじめとする在来群集（群集 A）である．この場合，DCA の1軸は，遷移の方向性に関与する要因と考えられる．

9.9 人為と植生　　　　　　　　　　　　　　　　311

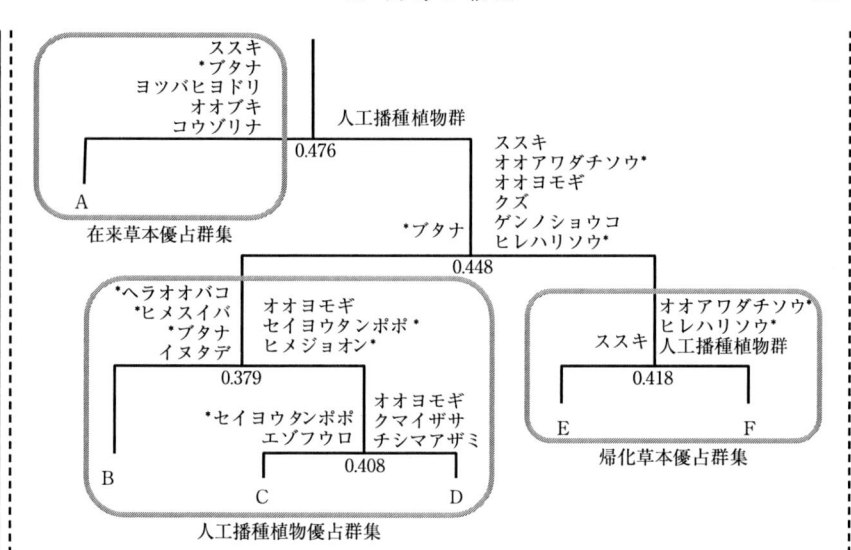

```
      ススキ
     *ブタナ
   ヨツバヒヨドリ                      人工播種植物群
     オオブキ
    コウゾリナ              0.476                ススキ
                                           オオアワダチソウ*
                                             オオヨモギ
         A                                       クズ
     在来草本優占群集            *ブタナ         ゲンノショウコ
                                           ヒレハリソウ*
                            0.448
                                                            オオアワダチソウ*
     *ヘラオオバコ    オオヨモギ                          ヒレハリソウ*
      *ヒメスイバ   セイヨウタンポポ*                ススキ   人工播種植物群
       *ブタナ      ヒメジョオン*
        イヌタデ                                   0.418
              0.379
                     *セイヨウタンポポ   オオヨモギ
                        エゾフウロ     クマイザサ        E         F
                                    チシマアザミ
         B                                        帰化草本優占群集
                      C          0.408   D
              人工播種植物優占群集
```

図 9.10　北海道低地スキー場において，TWINSPAN によって得られた群集クラスター（Tsuyuzaki 2002 を改変）
種は分割に使われた指標種，数字はアイゲンバーリュで，値が大きいほど分割の度合いが大きいことを示す．* 印は帰化植物を示す．各群中の各種の優占度などをもとに，各群に群集名をつけることがよく行われる．

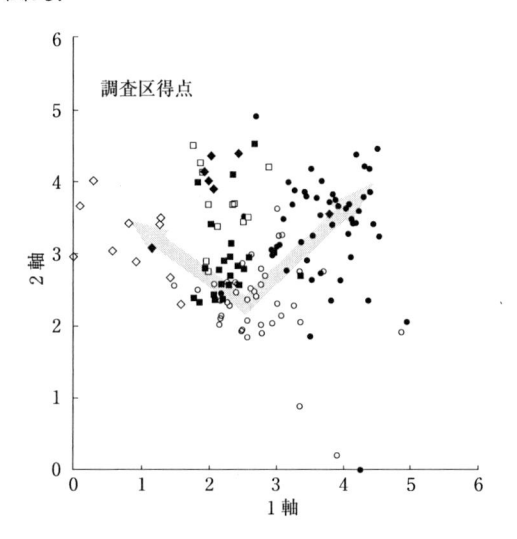

図 9.11　北海道低地スキー場で得られた調査区得点（Tsuyuzaki 2002）
記号は，●，A；○，B；■，C；□，D；◆，E；◇，F のクラスター群を表す．
矢印の中心に，人工播種植物の優占する群集（B=○，C=■，D=□）が位置し，そこから矢印で記した二つの方向に群集が変遷していると推定される（図 9.10 参照）．

9.10　空間規模と時間規模

　解明したい現象に関連する時間的・空間的規模（スケール）は相互依存的であり，時間・空間規模が異なれば，それにかかわる各環境要因の重要度も変化する（図9.12）．したがって群集や景観のパターンやプロセスを理解する上で，自分が対象とするものの時間的・空間的規模を意識しなければならない．

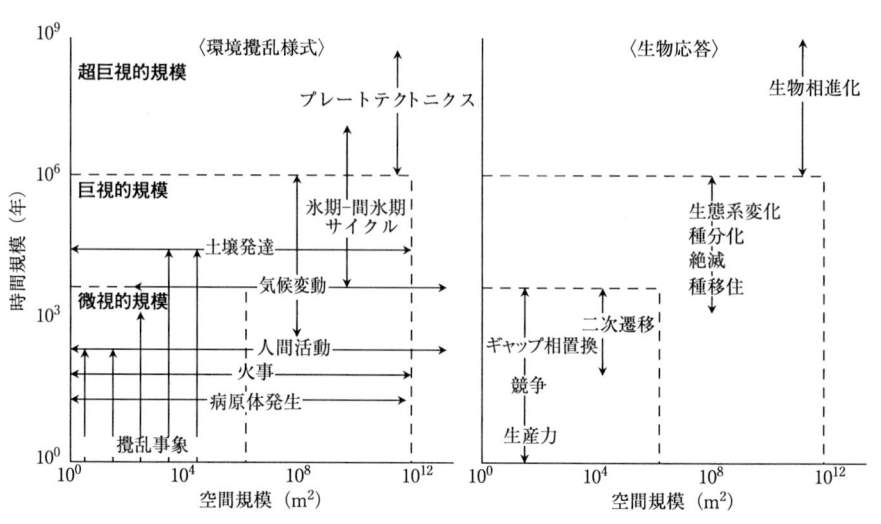

図 9.12　さまざまな生態現象における空間・時間規模の関係（Delcourt *et al.* 1983）
微視的規模では，種の定着と遷移に自然および人為攪乱が影響する．巨視的規模では，地域の気候変化が種の移動や生態系の置換のような過程に影響する．超巨視的規模では，プレートテクトニクス，主要分類群の進化，そして地球規模の植物群集パターンが顕著である．攪乱事象から引かれる5本の矢印は，自然火災，風害，皆伐，洪水，地震などを表している．

9.11　日本規模での植物群集

　植生図（vegetation map）は，空間的な植生の位置と広がりを地図上に示したものである．これまでの植生図は植物社会学に基づき作成されたものが多いが，最近ではリモートセンシング・地理情報システムを組み合わせて作成されることが増えている．

Box 16
CCA による規模依存的な環境要因の抽出

〈コリマ川河畔に発達したガリー内の植物群集〉

ロシア連邦サハ共和国，コリマ川には，氷楔（凍結融解の繰り返しにより形成された地形の一種）が発達し，河岸には氷楔の融解により形成された大小の浸食沢（ガリー：gully）が発達する．このガリー内においての調査結果を CCA 分析により見てみると（図9.13），測定された環境要因のなかでは，ガリー規模がガリー内に発達する種構成を規定し，さらにガリー内の土壌特性が群集構造を規定すると解釈できる．すなわち，まずガリー規模といった相対的に大規模な要因が，次いで調査区規模という相対的に小規模な要因が，個々の群集構造を決めているという，規模依存的な要因効果が認められる．

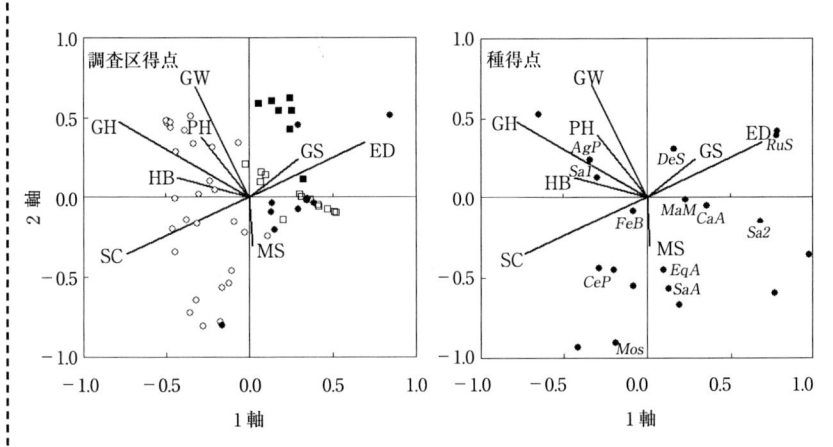

図 9.13 ロシア連邦サハ共和国，コリマ川沿いに発達したガリー内部の植物群集パターンを 72 の 50 cm×50 cm 調査区により調べ CCA 解析を行ったもの（Tsuyuzaki et al. 1999）調査区得点中，異なるシンボルは TWINSPAN によって得られた異なる群集．GH, ガリー高さ；GW, ガリー幅；GS, ガリー傾斜；HB, ガリー下部から調査区までの高さ；ED, 調査区内標高差；SC, 土壌硬度；PH, 土壌 pH；MS, 土壌湿度．種名：*MaM, Matricaria matricarioides*; *AgP, Agrostis purpurascens*; *CeP, Ceratodon purpureus*; *CaA, Chamaenerium angustifolium*; *FeB, Festuca brachyphylla*; *DeS, Descurainia sophia*; *Sa1, Salix* sp. 1；*SaA, Salix alaxensis*; *EqA, Equisetum arvense*; *Mos, moss unidentified*; *RuS, Rumex sibiricus*; *Sa2, Salix* sp. 2．GH, GW, GS をガリー規模での環境要因，それ以外を調査区規模での環境要因と見なすと，まず相対的に大規模なガリー規模により，次いで小規模な調査区規模により植物群集が規定されていると考えられる．また，種得点から，*A. purpurascens* は大きなガリーに定着するいっぽう，*Equisetum arvense* と *Salix alaxensis* は小さなガリーによく定着していることが読める．CA ファミリーは，このように調査区と種の重ね合わせができる利点がある．

日本は亜熱帯から亜寒帯までの範囲の気候帯に位置し（図1.16），自然植生は本来大部分が森林で，なんらかの原因で裸地ができても遷移の進行を経て最終的には森林となる．森林（潜在自然植生）は，水平的には南から北へ向かい温度低下と平行に，おおむね亜熱帯性林，暖温帯常緑樹林，冷温帯落葉広葉樹林，針広混交林，北方針葉樹林へと変化する（図9.7）．針広混交林は，針葉樹と広葉樹を交えた森林のことで，日本では主に北海道に見られる森林である．ただし，混交の仕方には2種類あり，一つの群集に針葉樹と広葉樹が混ざる場合と，針葉樹群集と広葉樹群集がモザイク状に混ざる場合がある．垂直分布も標高が増すにつれより低温になるため，ほぼ水平的な南から北への森林の変化とおおむね一致する．これらの森林の配置は帯状となるため，森林帯と呼ばれることもある．

9.12　リモートセンシング

　リモートセンシング（remote sensing）は，文字どおり訳せば「遠隔操作」で，広義には，手を触れずにデータを採取する方法全般を指す．植物群集生態学において，特に景観レベルでは，プラットフォームと呼ばれる人工衛星や航空機などに搭載されたセンサを用い，地表から反射または放射された電磁波を測定し，地表の物体や性状を把握する技術のことを指す．

　それぞれの物質は，観測条件が同一でノイズがなければ特有の反射・放射特性を示すため，それを測定して物体識別やその環境条件を把握するのがリモートセンシングの基本原理である．クロロフィルは，波長が450 nm（青）と670 nm（赤）付近の電磁波を強く吸収し，740〜1300 nmの近赤外線を特異的に反射する（第1章）．さらに，波長ごとの分光反射率は，植物種や光合成活性により異なり（第2章），この特性を用いることで樹種やバイオマスの推定ができる．しかし，光学センサでは，地上からの各波長の戻り値は，季節，気象，プラットフォーム位置，太陽位置などに左右され，さらに時系列分析ではセンサ間のずれなどのデータ補正が必要であり，またリモートセンシングによる結果と，地表付近での調査結果との間での整合性の確認が必要となることもある．

　人工衛星によるリモートセンシングは，広域データを瞬時に得られるため，リモートセンシングの中核の一つとなった．プラットフォームとしての人工衛星は，年々新しく，より高い空間分解能，さまざまな観測波長域，高い時間分解能を持

表9.2 衛星リモートセンシングにおける主な属性

特　性	意　味	例（LANDSAT 7号）
周期（回帰日数）	同一地点を測定する時間間隔	16日
地上分解能（ETM⁺センサ）	1グリッド（セル）の大きさ	15 m（パンクロマティック）
観測幅	1シーンにおさまっている範囲	185 km
バンド数（観測波長域数）	観測する波長域の数	8

これらの属性を考慮し，研究に適したデータを選ぶことが肝要である．

つ高機能センサを搭載したものが打ち上げられており，常時新しい情報を得る必要がある（表9.2）．いっぽう，古くから利用されている衛星データは，長期変化測定上不可欠である．地球観測衛星LANDSAT 1号は，1972年に打ち上げられ，1999年打ち上げの7号まで観測が継続されている．その間，搭載センサに変更があり，初期のセンサは7バンドのデータを取得し，可視光および近赤外，短波長赤外で30 m，熱赤外で120 mの空間分解能を持ったが，LANDSAT 7号搭載のETM⁺では，15 m（500〜900 nm）となっている（6号は打ち上げ当日落下）．NOAA（正式にはAdvanced TRIOS-N/NOAA）は，1976年に打ち上げられ（ただしこの衛星のみTIROSNと呼ばれる），空間分解能は1.1 kmであるが，植物群集や景観の解析に適した波長センサ（AVHRR）を有するため，現在もよく利用される．

　合成開口レーダ（synthetic aperture radar : SAR）は，衛星からマイクロ波を照射し対象物からの衛星移動後の位置で散乱波を受け取る装置で，多くの電波は雲や雨を貫き直接地上に到達でき，天候差にほとんど左右されずに観測可能という利点を持つ．また，数十〜数百の観測波長帯を持つハイパースペクトル・センサによる測定がはじまり，クロロフィルa吸収だけでなくキサントフィルなどの補助色素（波長531 nm）や，フィトクロム系の変化，乾燥や温度ストレスの効果など，植物の生理状態についての情報を得る試みがなされている．

9.13 植 生 指 数

リモートセンシングから得られる陸上生態系変数は，主に植生指数（vegetation index）とそれを応用した土地被覆度や群集解析，植物群集の活性度，バイオマス，葉面積指数（leaf area index : LAI），土壌有機物量，土壌水分量，地表面温度などであり，多方面の分野に利用される．

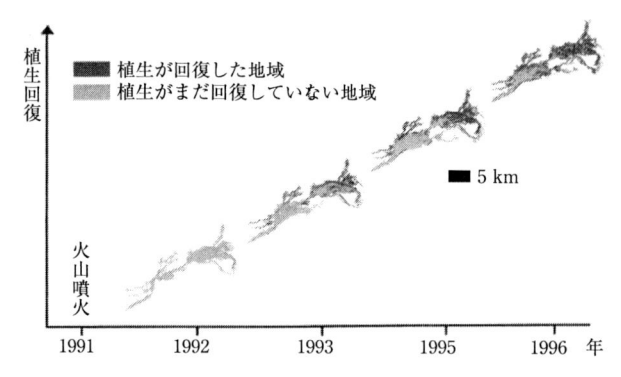

図9.14 1991年フィリピン，ピナツボ山噴火後のパンパン川ラハール（火山泥流）跡地の植物群集回復（吉田 2002 を改変）
LANDSAT/TM を使用し求めた NDVI をもとに，噴火直後に NDVI の低い部分を被害地の範囲とし，植生が回復した部分ほど NDVI が高いと仮定し作成されている（1994年は観測されていない）．泥流跡地の周辺部から回復が進んでいることがわかる．

なかでも植生指数は，植物群集のスペクトル反射特性から，その量や活性度を表す指数でよく使われる．そのなかでもっとも一般的なものが，正規化植生指数（normalized difference vegetation index：NDVI）である．単に植生指数といえば，通常は NDVI のことである．IR を植物体がほとんど反射する近赤外波長帯での反射率，R を植物体がよく吸収する可視光の赤の波長帯における反射率とすると，

$$\mathrm{NDVI} = (IR - R)/(IR + R)$$

で表される．実際には，それぞれの衛星搭載センサでおおむね IR および R に相当する波長を用い，NDVI を算出している．式にあるように NDVI は，IR と R の比率で決まり，IR と R の差が大きければ，すなわち，そこにある植物体が多ければ大きな値となる．また，NDVI は（-1, 1）の範囲の実数値をとるため扱いやすい（図9.14）．

NDVI と葉面積指数，光合成有効放射吸収量（absorbed photosynthetically active radiation：APAR）との間には強い相関があり，それをもとにグローバルな純生産量推定が行われている（第11章）．

9.14 地理情報システム

地理情報システム（geographic information system：GIS）は，空間的位置デ

表 9.3 生態系解析技術の発展と，生態系・景観モデル発展との時間的な対応関係（年代はおおよその目安）

年 代	解 析 技 術	コンピュータ	（生態学での）モデル
1960	航空写真	アナログコンピュータ	行列モデル メタ個体群モデル
1970	LANDSAT 1号打ち上げ	デジタルコンピュータ	森林ギャップモデル ランダム群集モデル 流域モデル
1980	地理情報システム (GIS)	パーソナルコンピュータ	パッチ動態モデル 空間明示モデル 大循環モデル 生態-経済-社会統合モデル
1990〜	合成開口レーダ 全地球測位システム (GPS)[a]	スーパーコンピュータ[b]	個体ベースモデル

[a] 1993年に，合州国国防総省が運輸省にあて正式運用開始宣言通達．
[b] 1997年に，人間のチェス世界チャンピオンに勝利したディープブルーが有名．スーパーコンピュータとは，その時点での最高性能コンピュータを指すので，近い将来に呼称は変わるであろう．

ータ情報をデータベース化し，検索，空間解析（spatial analysis），表示，解析を行うシステムを指し，コンピュータ技術の進歩に加え，全地球測位システム（global positioning system：GPS）精度が向上し位置情報取得が容易になったこと，高解像度リモートセンシングデータが入手可能になったこと，などから大きく普及した（表9.3）．

GIS は個々の位置要素（生態系，地形，河川，土地利用形態，行政界，道路網など）をコンピュータにデータ構造として格納し，データ層として扱い表示解析を行うため，対象物に関する空間位置や形状を示す位置（geometric）情報と性状を示す属性（attribute）情報とが論理的に結びつく．位置情報表現法には，ラスター形式（グリッド形式）（raster form）とベクトル形式（vector form）とがあり（図9.15），それぞれの長所・短所を以下に示す．

9.14.1 ラスター形式の特性

ラスター形式は，空間を規則的格子（グリッド）に分割し，各格子に属性情報をつけ表現する．したがって，ラスター形式データは，データ構造がピクセル画像データと同形式でデータ管理され，植生図などの地図化や，格子間比較が可能なため同一地点情報のオーバーレイ（重ね合わせ）などのツール機能に優れる．オーバーレイは，複数要素のレイヤを重ね合わせ相互関連性や時系列変化などを見ることを指す．たとえば，景観単位としてのエコトープは，無機的均質空間と

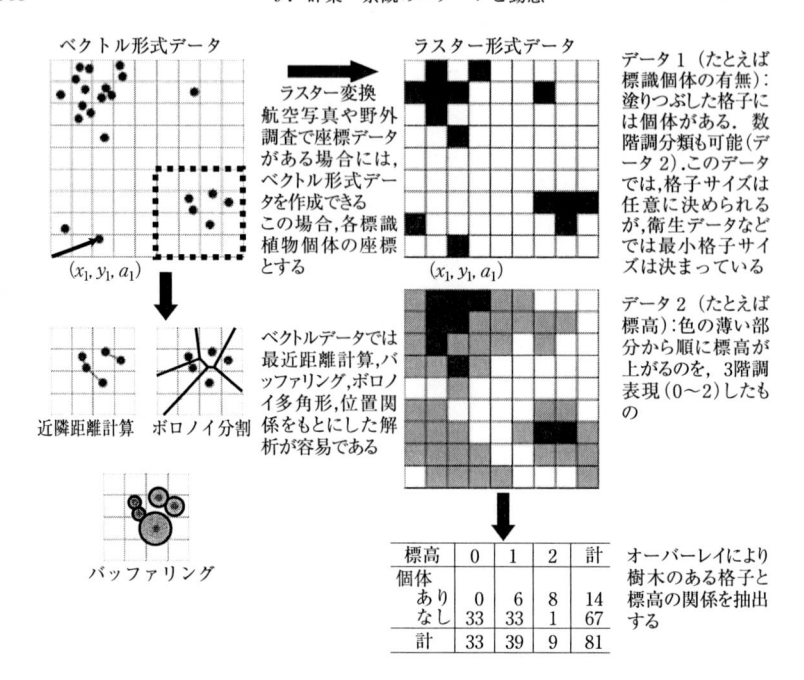

図 9.15 GIS を用いた生態学上の解析の基本例

ベクトル形式データは，1個体の座標データ (x_i, y_i) と，その個体の属性データ (a_i)（属性データはなくてもよい）からなる．ラスター形式データは，各格子の座標データ (x_i, y_i) と属性データ (a_i) からなる．ベクトルデータの属性には，樹高や胸高直径などが記録され，ラスターデータの属性には，各格子の樹木本数，平均胸高直径，最大胸高直径など解析に必要なデータが記録されている．ベクトルデータをラスターデータに変換することはできるが，その逆はできない．

生物的均質空間のオーバーレイによって抽出できる．また，斜面傾斜や方位・角度の抽出も行える．しかし，グリッドが大きければ，関心ある現象が抽出されなかったり，地図表現の正確さが確保できず，実質地域との整合性が保証されない．いっぽう，グリッドを細かくとれば，データ量が膨大になるという相反する面を持つ．プログラム作成もベクトル形式よりも容易な部分が多いが，位置関係を扱えないので，ネットワーク分析と領域サイズ評価はできない．

9.14.2 ベクトル形式の特性

ベクトル形式は，地物を点，点と点のつながりとしての線，線で囲まれた部分を面として扱い，それぞれに属性データを与え表現する．したがって，ベクトル形式データは，位置情報精度がグリッドデータのように制限されず，点－線－面

間の接続関係が正確に表現可能なため，ネットワーク解析，バッファリング，ボロノイ分割などのトポロジー的解析に向いている．ネットワーク解析は，複数経路がある場合，個々のルートにある評価基準で重みづけをし，目的関数を最大か最小とする経路を探索する．バッファリングは，ある点や線からある評価基準による一定幅を抜き出すことで，個体の影響圏推定などに応用される．空間分割（ボロノイ分割）は，平面を最寄りの点が同じである地点の集合に分割する．この応用として，パッチ形状・面積，景観多様度指数やフラクタル次元などが算出できる．しかし，ベクトル形式データは，オーバーレイ時の正確な重ね合わせが難しく，複数のポリゴン図面の比較などでは手法が限定されている．ベクトル形式データは，データがコンパクトなためデータ量が比較的小さくてすみ，図形データ・属性データの検索更新が容易であり，また，ラスターデータより見かけは美しい．

生態学の主要テーマの一つである，生物や環境要素の空間的分布パターンとその対応関係は，GISによりモデリングやシミュレーションと統合することが容易なため，利用も盛んである（表9.3）．群集分布と地形や環境要因との解析を通じ，潜在生息地推定などに利用され，保護区域策定におけるギャップ解析は代表的な利用法である．

9.15　島の地理生態学

島の生物地理学（island biogeography）をもとにした景観生態学も展開されつつある．ある島における種数は，その島へ入る種の移入確率と島での絶滅確率の差で説明される（MacArthur 1972）．島とは，現実の島ばかりでなく，点在する池，山，森林などを島に見立てることにより拡張可能で，分断化した景観中でのメタ個体群動態や環境保全の研究へ発展してきている．

この考え方の基本は，島の種数は，移入する種数と絶滅する種数とが釣り合い，平衡に達することにより決定される点にある．移入率は大陸からの距離が遠ければ減少し，絶滅率は島の面積が小さければ増加する．たとえば，大陸から等距離に大小二つの島があれば，大きな島のほうが種数は多い．島の面積が大きいほうが絶滅率は減少するため，種数の平衡値が増加する．自然保護区を島に見立てると，総面積が同じならば，単一の大きな保護区より，複数の小さな保護区のほう

が多くの種を含むことができる．この仮説にしたがえば，保護区の分断化は種数増加につながることになる．しかし，大面積を個体群維持に必要とする種の最小面積を考慮していないなどの批判が単一大保護区支持者から起こり，「単一大保護区」対「複数小保護区」は SLOSS (single *l*arge *o*r *s*everal *s*mall) と称され激しい論争となった．

9.16 景観の識別とその手法

　群分類の応用などにより，景観単位 (landscape unit) が抽出される．ドイツでは，景観を構成する地形，土壌，地質，水，動植物，気象などと人間の影響をもとにエコトープを区分し，これらを GIS により地図化した景観生態学図 (landscape ecological map) を作成し，地域の環境管理計画に用いている．オランダでは，景観の生態学的計画を基礎に国土生態系ネットワーク計画が立案，実行されている．このようにヨーロッパでは，景観生態学に基づく景観生態学図の作成が進み，実際の環境計画に応用されている．

　景観解析 (landscape analysis) は，景観要素 (群集) の分布パターンや，隣接する景観要素相互の関連性を解析する (図9.1)．すなわち，景観中にある個々の群集間の相互作用機構を知ることが，景観の持続性を知る手がかりとなる．景観構造の把握において，景観要素は，パッチ，細長いパッチである回廊 (コリドー：corridor)，さらに面積的に大きな部分を占める景観マトリックス (landscape matrix) とに類型化できる．これらをもとにしたパッチ-回廊行列モデル (patch-corridor matrix model) がつくられ，パッチの幾何学的性状や，パッチの周辺環境との関係，さらにパッチの連結性の問題などが，その成因とともに検討されている．

9.17 保全生態学への応用

　ビオトープ (biotope) とは，特定の生物群集が生存可能な環境条件を備えた，森林，湖沼などのまとまりのある空間を意味する．日本では，環境修復などにより創造された生物生息空間に限定して用いられることも多く，ビオトープ構築方法には，既存の生物生息地域保全 (保全型ビオトープ) と，新たな創造復元 (復

元型/創造型ビオトープ）がある．ともに，生態系の維持向上，環境教育の場の提供，身近な自然の復元，絶滅危惧種の系統維持など，生物多様性保全において重要な役割が期待される．しかし，他地域に生育する生物を持ち込んだり，シンボル的生物の保護・増殖に偏った，歪んだビオトープもあるのが実状である．回廊は，生息地としての役割を果たしつつ生態系間を線状につなぎ，生物移動を容易にし，生物の生息空間のネットワークをつくり出す．ビオトープは，分断化・孤立化したものよりもネットワーク化されるほうが，多様性維持により効果が得られるため（ビオトープネットワーク），回廊となりうる並木・河川や道路なども整備の対象となる．

9.18 この章のまとめ

　植生科学は，植物群集と環境との対応関係を明らかにすることを目的として発展してきた分野である．この研究の過程で，群集と環境が異なる時間・空間スケールのなかで異なる多次元的構造を持ち，それぞれに呼応した群集の成立様式が示されてきた．また，それらの時間・空間的な変化を包含的に示すために，群分析や序列化などの多変量解析手法が考案されてきた．リモートセンシングやGISの利用が飛躍的に容易となったように，今後もより優れた様々な解析手法が開発されることは疑いない．

　景観解析手法には，植生科学の手法が発展的に応用されている部分が多い．これらの手法を駆使することにより，個々の植物群集内の構造と機能，そして複数生態系間の依存関係を明らかにすることで，環境修復や環境保全への応用もなされることであろう．

［露崎史朗］

章末問題

【問1】　合州国西海岸に位置するセントヘレンズ山は，1980年に大規模噴火を起こした．その後の群集動態について幅広い研究がなされている（露崎 2001）が，「ここは1.5次遷移だ」と呼びたくなる部分がある．そのような状況はどのような場合に起こりうるか考察せよ．

【問2】　群集解析方法には，いずれも長所と短所があるといってよい．これらの点に注意しながら，各群集解析手法について整理せよ．特に，自分が研究する際には，どの方法を採用するのがふさわしいか根拠を述べられるようにせよ．

【問3】 遷移系列の推定方法について,スケールを考慮しつつ整理せよ.また,潜在自然植生区分(単位)は,扱うスケール(範囲)によって変わってくる.各スケールにおいて,いかなる環境条件をもとに潜在自然植生図が作成されるかを調べてみよ.

【問4】 インターネットを利用し,人工衛星および搭載センサの特性についての最新情報を常時入手するためにはどのような工夫が必要か.同様に,GISについても調べよ.

【問5】 里山における,景観単位間(あるいは生態系間)の相互作用には,弱い相互作用と強い相互作用が混在している.景観単位を抽出し,それら個々の景観単位間の相互作用の強さを定量化する手法について調べよ.

10

土壌・植生系の発達過程と栄養動態

10.0 はじめに

　有機物には炭素ばかりではなくミネラルも含まれ，多くの陸上植物では生体中の炭素/必須ミネラル比が一定幅に収束するという化学量論的な経験則が存在する．このような比の存在は，海洋生物学におけるレッドフィールド比（redfield ratio）に似ている．しかし，厳密に見ると，土壌栄養や光条件，あるいは植物自体の生活史戦略を反映して，植物の炭素/ミネラル比には種間や個体間の微妙な差が生じていることがわかる．遷移の中で，異なる生活史戦略を持つ植物の交代が起こると，土壌に加入する有機物の炭素/ミネラル比に変化が生じる．また，鉱物の風化を中心とした土壌の物理化学的な発達も起こるので，土壌中の必須ミネラルの比は長期的に大きく変化するといってよい．このようなミネラル比の変化に対して，植物群集は生体中の炭素/ミネラル比を一定幅に保つことができるのか否か，その結果として生態系の炭素動態にどのような影響が生じるのだろうか．この章では，この問題に焦点を絞り，炭素動態から見た土壌・植生系の発達過程を紹介する．環境問題としての炭素動態は次章に詳しい．

10.1 土壌──植生系──

10.1.1 生態系の鉛直構造

　地上植生の葉や非同化器官の垂直分布を地下部の土壌系まで延長すると，根や土壌有機物を含んだ土壌-植生系の有機物鉛直構造を認めることができる．植物体の約50％が炭素で占められ，また土壌有機物の主体も炭素であることから，炭素の分布が生態系の鉛直構造を表すといってよい．この章では，生態系を土壌-植生系として考え，生態系の構造を地上から地下への鉛直的な炭素分布パターンとして狭義に定義する．

　このように捉えた生態系は，地上と地下の二つの要素に大別され，地上は植物体上部（地上植生）から，地下は土壌有機物と植物体地下部（根系）から構成されている．図10.1は，熱帯林生態系における炭素の鉛直分布を簡略化し，地上と地下の二つの要素に分けて炭素の分配様式を見た例である．地上では主に有機物生産（同化過程）が行われ，地下では主に分解（異化過程）が行われている．生産と分解の酵素群は異なっており，このため資源や環境に対する生物の応答様式は，その基本となる生化学反応において，地上の有機物生産と地下の有機物分解の間で異なっている．たとえば，第2章で解説したように，個葉レベルでの光

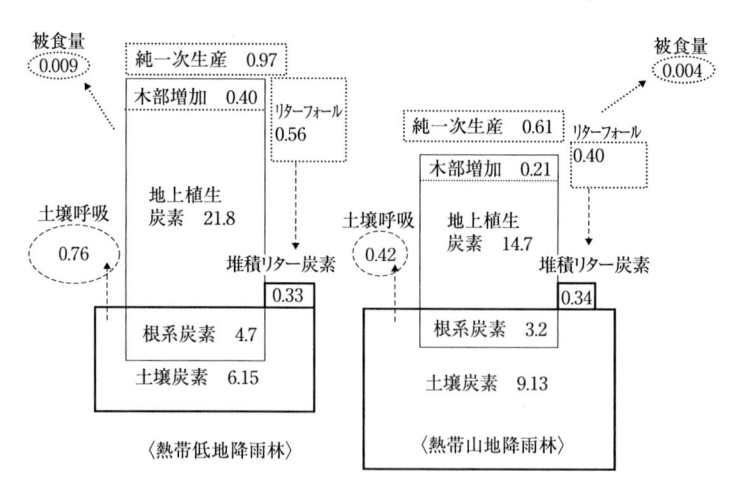

図10.1 二つの熱帯林生態系における地上と地下の炭素分布の例（北山　未発表）
点線内には木部増加，リター量や土壌からの総呼吸量など炭素のフラックス量も示した．炭素量を（kg m^{-2}），炭素フラックス量を（kg m^{-2} yr^{-1}）で表す．

合成と呼吸の温度依存性は互いに異なっている．これは生化学的反応の様式であるが，生態系レベルの応答を考える際にも，これらの異なる生化学的な反応が積み上がっていき，地上と地下の生態系素過程にも応答様式に差が生じる．

図 10.2 に，熱帯山岳の斜面を例に，森林の地上部純一次生産とリター分解の速度が標高によってどのように変化するのかを示した．ハワイのマウナ・ロア山の結果では，群集レベルの地上部純一次生産速度は温度上昇によって直線的に増

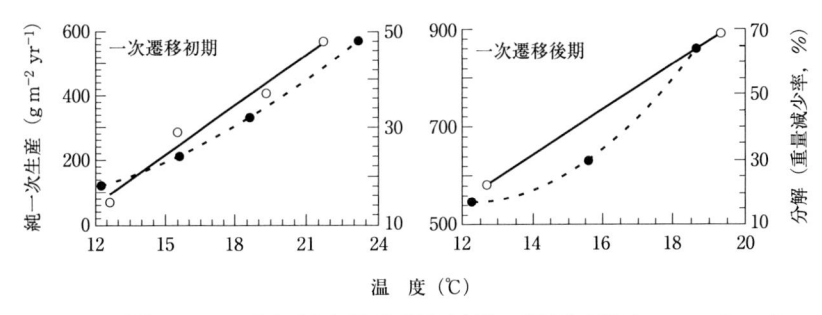

図 10.2 森林レベルでの生産（光合成）と分解（呼吸）の温度依存性（Raich *et al.* 1997）
生産は温度上昇に対して直線的，分解はやや指数関数的な傾向を示す．データは，ハワイ島マウナ・ロア山の斜面において計測された結果で，計測地の高度から平均気温を換算して温度依存性を求めたもの．実線，純一次生産；点線，分解．

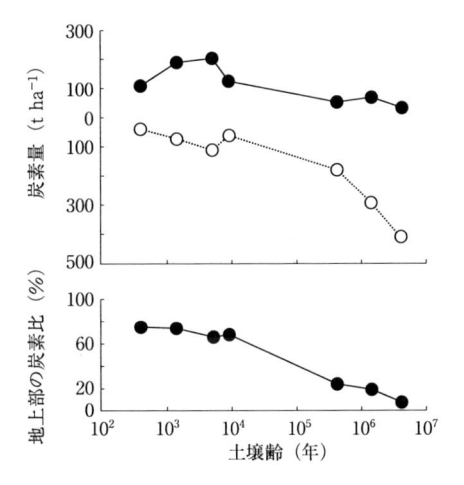

図 10.3 ハワイ山地林における地上部現存量に含まれる炭素（上図黒丸）と土壌に含まれる炭素（上図白丸）の量（Kityama *et al.* 1997）
7 カ所の山地林はすべて同じ標高（平均気温 17℃）にあり同じ年降水量（4000 mm）を持つが，土壌年齢が異なることにより，土壌の物理化学性が異なる．地上部現存量と土壌炭素は互いに関係を持ちながら変化し，地上部現存量に含まれる炭素量の生態系での相対値は，年齢とともに減少する．

加するが，リターの分解速度は指数関数的である．このような地上と土壌の反応性の違いが，生態系構造（つまり炭素の鉛直分布）の変化をもたらす一因になる．

こうして見ると，地上と地下の有機物は相互に連関を保ちながら，環境に応じてほぼ規則的な分布を示すことが予想される．図 10.3 には，そのような例として，ハワイ諸島の山地熱帯多雨林で調べられた，生態系長期発達における地上部現存量と土壌有機態炭素量の変化を示した．土壌が発達するにつれ土壌の物理化学性が変化し，これが栄養塩低下を引き起こし，森林の地上部現存量の低下につながる．これと並行して，土壌有機物の分解速度の低下も起こる．面積あたりの植物体乾物重量として表される現存量 (biomass) の低下と分解速度低下が，一方向的に生じていることが推測される．

ここまでの章では，主に植物個体や群集の光合成特性を中心に解説してきた．植生は，上述のように有機物の生産と分解を通して土壌圏と物質循環で結ばれ，動的な生態系を形成する．この章では，土壌と植生がどのようなメカニズムで動的に変化し，地上と地下の炭素量，あるいはその比が決定されるのかを解説する．

10.1.2 生産（地上）と分解（地下）の機能的な関係

光合成によって生産された茎や葉といった同化産物は，やがてリター（植物枯死遺体）として土壌に付加される．土壌に付加されたリターは分解者群集によって分解され，植物遺体としてのかたちがなくなる．分解 (decomposition) とは，有機物が低分子に変わる一般的な過程を指し，その最終産物は CO_2 と栄養塩などの無機物である．特に，最終段階の無機物に分解される過程を無機化と呼ぶ．分解初期にはさまざまな土壌動物が，無機化の過程には主に菌類や細菌類が介在している．

土壌表層や土壌中での有機物分解の速度は，分解される有機物基質自身の物理化学性（内的要因）と，気候環境や分解者群集などの外的要因によって影響を受ける．内的要因である有機物の分解性は，10.2.1 項で詳細を述べるように，有機物に含まれる炭素と窒素（あるいは他の栄養塩）の比を指標として示される．リターの栄養塩濃度は，有機物の分解速度や栄養塩自体が循環する速度にも，密接に関係しているのである．森林や草原群集では，同化器官としての葉がリターの大部分を占めるので，リターの質は主に葉の栄養塩濃度によって左右されること

になる．いっぽう，光合成を行う同化器官である葉の窒素やリンの濃度（葉の重量に対する重量比）は，第2章で述べたように最大光合成速度に密接に関係している．このため，生態系レベルでのリターの分解性と生産性は，栄養塩濃度を通して機能的につながっている．このように，生態系内部での炭素と栄養塩の循環を通して，地上植生と土壌系は互いに制限し合い，自律的に構造（炭素の鉛直的な分布様式）や機能（炭素固定量）が変化することになる．

10.1.3 土壌断面と有機物

　土壌を掘ってその断面を観察すると，図10.4に示すように，層状の構造（土壌層位）が見られる．これを土壌断面（soil profile）といい，土壌層位は色や鉱物と有機物の混じり具合によって分類される．地表は新鮮な落葉が堆積したリター層（L層）で覆われ，その下には分解が進んだ，鉱物を欠く有機物層が続く．この有機物層は，分解の進行した順に，腐葉層（F層）と腐植層（H層）に分けられる．分解が速く進む場合には，F, H層の境界は必ずしも明白ではない．L, F, H層を合わせて堆積有機物（腐植）層，あるいはO層と呼ぶ．堆積有機物層の下には，ミネラル層（鉱質土層）がある．ミネラル層のいちばん上には，有機物と鉱物が混じり合った黒っぽい色のA層がある．A層の下には，有機物の含量が少なく，土壌母材や風化の程度に応じて褐色から赤褐色，黄褐色，灰色など

熱帯山地林　　　　　　　　　　熱帯低地林
（ボルネオ島キナバル山 2350 m）　（ボルネオ島キナバル山 600 m）

図 10.4　さまざまな森林における土壌断面

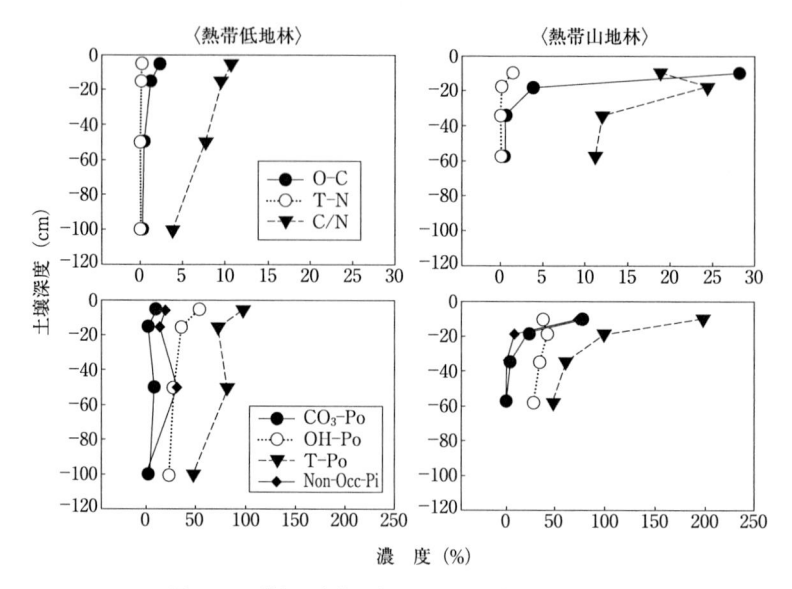

図10.5 2種類の森林土壌断面上での有機物の鉛直分布
上, 有機態炭素 (O-C) と全窒素 (T-N) の濃度と炭素/窒素比 (C/N); 下, さまざまな形態の有機態リンの濃度. CO_3-Po, 重炭酸ナトリウム液抽出の有機態リン; OH-Po, 水酸化ナトリウム液抽出の有機態リン; T-Po, 全有機態リン. Non-Occ-Pi は可給性のオルトリン酸.

のB層が存在する．その下には，土壌母材となる岩石の風化層であるC層，さらにその下には基岩がある．層位を示すこれらの記号にはそれぞれ固有の意味があり，上から機械的に付されるわけではない．気候，地形や土壌形成の時間によっては，いくつかの層位が欠けることもある．

土壌断面の層状構造は，地上植生からの有機物供給，分解の進行，鉱物との反応によって生じる．多くの土壌断面において，有機態炭素を使って有機物の分布を表すと，図10.5に見るように，有機物は下に向かってきれいに減少する．有機物にはリンや窒素も含まれるので，有機態リンや有機態窒素も炭素と同じような鉛直分布を示す．この図では全窒素を示しているが，そのほとんどが有機態窒素と考えられる．土壌有機物からは無機化によって無機態窒素・リンが供給されるので，これら栄養塩の効率的な回収のために，有機物の分布に応じて細根が表層に集中する（図10.6）．

土壌有機物や細根の鉛直分布は，ひいては土壌栄養塩の供給速度に深くかかわる土壌酵素の活性も支配する．表層には，根や従属栄養生物から分泌された分解酵素が集中しているが，土壌深度が増すにつれ急減する．図10.6には，熱帯林

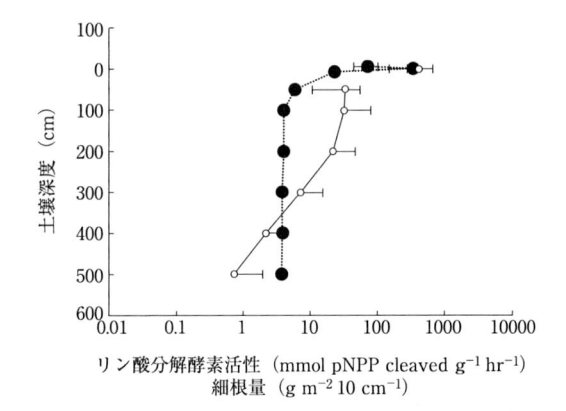

図10.6 土壌リン酸分解酵素（黒丸）と細根（白丸）の鉛直分布（北山 未発表）どちらにも深さによる急激な低下が見られる．リン酸分解酵素の活性は，リン酸を含む有機物基質 pNPP からリン酸が分解される速度で表した．

で調べられた酸性リン酸分解酵素の鉛直分布も示した．リン酸分解酵素は，リターや土壌有機物のリンをエステル結合の切断によって無機化する酵素で，その活性は土壌有機物の分布と対応している．

このように，生産と分解のバランスとしての土壌有機物の鉛直分布が，細根や土壌中での従属栄養生物の分布や活性にも影響を及ぼしている．有機物のミネラル層での分布の鉛直性は，主に可溶性有機物と微細な粒子状の有機物が，水とともに土壌の下方に向かって固相マトリックスを通して移動することによって決定される．したがって，実際の分布様式は浸透や，蒸発散など土壌水の移動を決定する気候や，有機物の分解速度を決定する生物的要因によって影響を受ける．

10.1.4　土壌圏における根の現存量とその鉛直分布

多くの生態系で，根の現存量は地上部現存量の過半に満たないが，土壌圏の現存量としては最大の要素であり，これもまた土壌炭素の分布に密接にかかわっている．支持根も含めた根の現存量の深度分布は，土壌表層に集中し，ある深度を変曲点として急激に減少する様式を示す．根の総現存量に対する，表層（0 cm）からある土壌深度（d cm）までの積算根現存量の割合を Y とすると，根の鉛直分布は以下のモデルで近似される．

$$Y = 1 - \beta^d \tag{10.1}$$

β は根現存量の土壌深度に対する減衰率を表す指数で，β が小さいほど根は表層

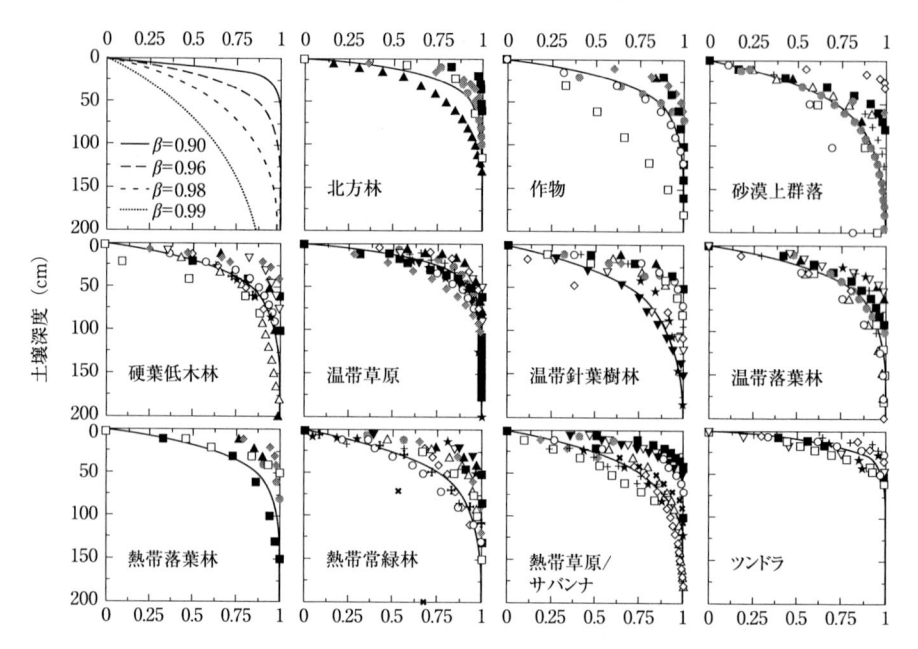

図 10.7 世界のさまざまなバイオームにおける根の鉛直分布パターン (Jackson *et al.* 1996) 合計の根バイオマスを 1 とし，表層から任意の深さまでの根バイオマスの積算値を，合計に対するフラクションで表した．

に集中する．図 10.7 に，さまざまな生態系で調べられた平均的な根現存量と，その深度分布を示した．ツンドラ，北方林，温帯草原などでは比較的小さな β を示し，浅根性の生態系である．いっぽう，砂漠や温帯針葉樹林では大きな β を示し，深根性である．平均的な根現存量は熱帯常緑樹林でもっとも大きく，50 t ha^{-1} を示す．地上部に対する根の現存量比（Root/Shoot 比）は，生態系ごとに大きな変異を示す．根はやがてリターとして土壌に入るので，このような根の鉛直分布は，土壌有機物の分布に大きな影響を及ぼす．

10.2 炭素と栄養塩の循環

10.2.1 土壌圏における炭素の分布と分解

光合成によって有機物として固定されたエネルギーは，やがて土壌にリターとして入り，従属栄養生物によって消費される．この過程が分解であり，従属栄養生物による呼吸の過程で CO_2 が生じる．また，有機物に含まれた栄養塩の一部

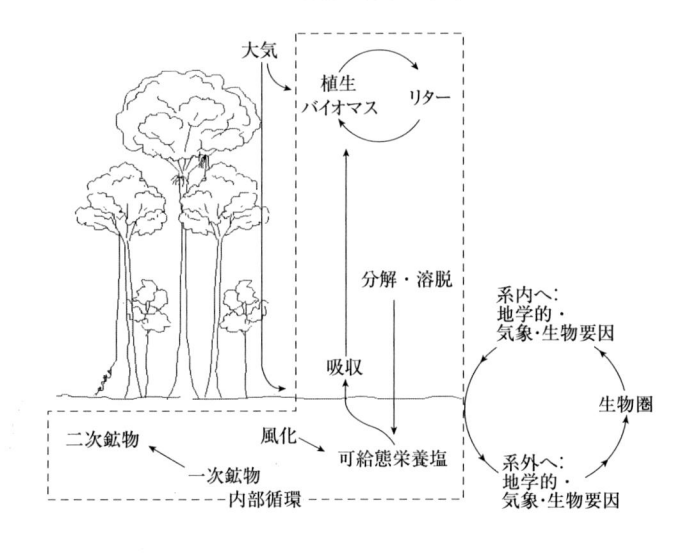

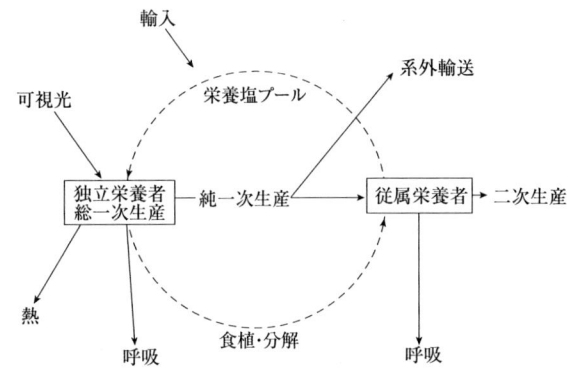

図 10.8 森林をモデルとした炭素とミネラルの循環（上）とそれを異なる栄養段階の相互作用として描き直したもの（下）（Schlesinger 1997 を改変）

が無機化され，無機物として土壌中に還元されて植物に再吸収される．図 10.8 には，森林における有機物の循環を示すが，炭素については大気に戻る開放的な循環経路を持ち，栄養塩は原則として大気に出ない閉鎖的な循環経路を持つ．

葉やリターなどの構造を持った有機物の分解過程は，リターバッグ法によって調べられることが多い．これは，乾燥させた一定量のリターを特定の（たとえば 1 mm）メッシュサイズを持った袋に詰め，土壌表層あるいは落葉層の下に置き，重量変化を一定期間ごとに調べていく方法である．袋のなかのリターは分解が進むにつれ，重量が減少していく．経過時間に対する重量の減り方は，次のように

単純指数関数モデルによって近似されることが多い.

$$\ln(X_0/X_t) = kt \qquad (10.2)$$

ここで, X_t は t 時における袋に残ったリターの乾燥重, X_0 は初期の乾燥重, k は常数で分解速度を表す. もし, 表層に集積しているリター (standing litter) の量に動的平衡が成り立っているとすると, 分解速度と加入してくるリターに均衡が成り立ち, 次のように分解速度が算出される.

$$\text{リターの加入量}/\text{リター集積量} = k \qquad (10.3)$$

もし, 動的平衡が成り立っていれば, (10.2), (10.3)式の k は一致するが, 多くの場合にはリターバッグ法では分解速度を過小評価することが多く, その k の値は小さい. その理由は, メッシュの存在により, 粉砕にかかわる大型の土壌動物を排除してしまうからである.

こうして推測されたリターの分解速度は, 世界の気候帯によって大きく異な

表10.1 世界の陸上生態系のリター生産速度とリターの分解率 (Barbour *et al.* 1998)

植 生	場 所	リター量 (g m^{-2} yr^{-1})	原 典
熱帯降雨林	タイ	2322	Kira *et al.* 1967
熱帯降雨林	複数サイトの平均	1600	Rodin & Basilevic 1968
亜熱帯林	複数サイトの平均	1200	Rodin & Basilevic 1968
乾性サバンナ	ロシア	290	Rodin & Basilevic 1968
カシ林	ロシア	350	Rodin & Basilevic 1968
タイガ (モミ)	ロシア	250〜300	Rodin & Basilevic 1968
カシ-マツ林	ニューヨーク	406	Whittaker & Woodwell 1969
マツ林	ヴァージニア	490	Mdgwick 1968
熱帯季節林	象牙海岸	440	Muller & Nielsen, cited in Kira *et al.* 1967
山地耕作放棄地	ミシガン	312	Wiegert & Evans 1964
多年生草本群集	日本	1484	Iwaki *et al.* 1966
プレーリー	ミズーリ	520	Kucera *et al.* 1967
中湿高山ツンドラ	ワイオミング	162	Scott & Billings 1964
植 生	場 所	分解速度 (% day^{-1})	原 典
熱帯降雨林	トリニダード	0.45	Cornforth 1970
熱帯草原	インド	0.30	Gupta & Singh 1977
温帯カシ林	ミネソタ	0.018	Reiners & Reiners 1970
温帯カシ林	ミズーリ	0.095	Rochow 1974
温帯マツ林	カリフォルニア	0.0027〜0.0082	Jenny *et al.* 1949
落葉樹林	米国東部	0.057	Shanks & Olson 1961
落葉樹林	イングランド	0.043〜0.06	Anderson 1973
温帯草原	ノース・ダコタ	0.082〜0.11	Redmann 1975
温帯草原	ユタ	0.082〜0.14	Bleak 1970

る．表10.1には，バイオーム・レベルでの世界の森林の代表的なリター分解速度を示した．温暖で湿度が高いほど，リター分解速度は速い．これは，そのような条件ほど分解者の活性が高いことに加えて，リター自身も分解されやすい性質を持っている可能性がある．いっぽう，同じ森林でも，樹種によってリターの分解速度には大きな差があり，それは樹種特性によるリターの質の差を反映している．リターの質は，その炭素と窒素の比（C/N比）で表される．しかし，有機物（C）のなかでも，多糖であるセルロースやヘミセルロースよりも，フェノールが複雑に結合したリグニンの濃度が分解性を支配しているといわれる．分解性の指標としてリターのリグニン/窒素比を使うことも多く，これにより分解速度の予測性が増す．また，植物体に多く含まれるタンニン（可溶性のフェノール高分子化合物）が機能的に分解の酵素活性阻害に強くかかわっており，リグニンではなく，葉のタンニン，あるいは総体的なフェノール高分子濃度のほうが分解性の指標として優れているともいわれる．

リターにはじまる土壌有機物の分解は，土壌が深くなるにつれて進行している．図10.9に有機態炭素の安定同位対比を示した．有機物が分解・無機化する過程において，同位体分別により^{12}C化合物のほうが速く分解される．ここには，土壌が深くなるにつれて炭素の安定同位対比が増加し，分解の進行とともに^{12}Cが^{13}Cに比べて減少していく過程が示されている．鉱物の混入していない同じ堆積有機物層においても，深いところほど炭素の安定同位対比は増加するため，深

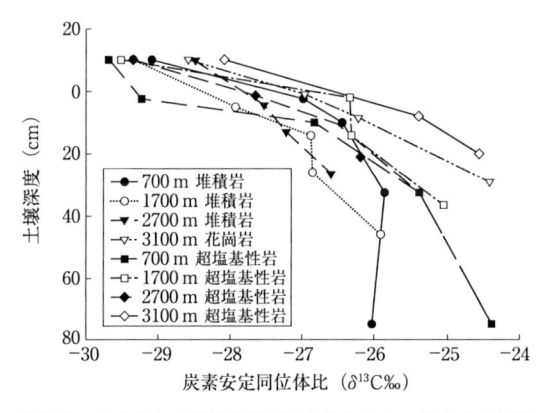

図10.9 さまざまな熱帯降雨林におけるリター層から土壌深部への有機物の炭素安定同位体比変化（ボルネオ島キナバル山での例．北山　未発表）

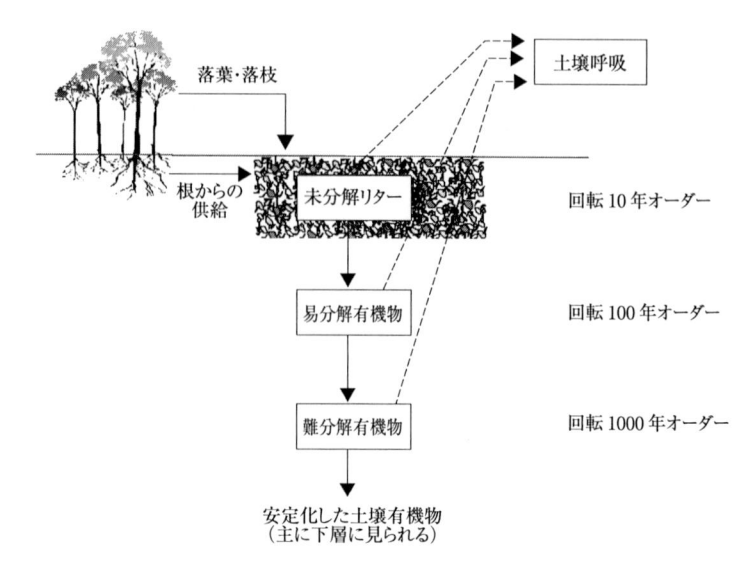

図 10.10 土壌有機物の鉛直分布とその分解性（Schlesinger 1997 を改変）

いところの有機物ほど分解過程が進んでいることがわかる.

　リターに含まれるすべての成分が一律に分解されるわけではないこと，さらには，分解が進むにつれて二次的に生成する物質が存在することの理由によって，表層（リター）と下層（土壌有機物）の分解基質の質に違いが生じる．分解性の高い有機物（易分解性有機物）は，分解途上に上層で無機化されてしまうので，難分解性有機物は下層に集積する．この二次的に生成する有機物は，土壌に加わったリターが土壌生物の作用によって長い時間をかけて分解や再合成を経て変性した，黒褐色の腐植と総称される物質である．腐植はフェノール高分子化合物とタンパク質の複合体が中心となった無定型物質であるが, 組成は明らかではない. この腐植が土壌水に溶けて土壌断面を下に移動し，粘土鉱物と反応することで難分解性の化合物（粘土腐植複合体）を形成するので，これも土壌有機物に分解性の違いをもたらす一因となっている．これらの理由によって，土壌炭素は濃度の鉛直構造を示すばかりではなく，その分解性にも鉛直的な分化が生じる（図10.10）.

10.2.2　窒素の循環（気体型循環）

　本項および10.2.3項では，気体型循環（gaseous cycle）と沈殿型循環（sedimentary cycle) の対比を説明することによって，多くの生態系では窒素とリンのアンバランスが動的に生じ，それが生態系構造の動態をも支配する要因となっていることを指摘する．

窒素は，その欠乏を通じてしばしば光合成を制限し（第2章参照），ひいては生態系の規定要因となることが知られている．窒素は大気中の70％を占め，陸上生態系には，(10.4)式のように主に植物と共生する窒素固定細菌による還元的な生物固定を通して加入する．

$$N_2 + 8H^+ + 8e^- + 16ATP \longrightarrow 2NH_3 + H_2 + 16ADP + 16Pi \qquad (10.4)$$

土壌-植生間での有機態と無機態の循環の途上では，一部の窒素は後述するようにガス態として大気に戻る．大気から加入し，一部がガス態として大気に戻るなかば開放的循環を持つことで，以下に述べるリンなどと対比され，気体型の循環と呼ばれる（図10.11）．

植物は，窒素を主に硝酸態で吸収した後，根系で硝酸還元酵素によりアミノ酸に変換し同化する．有機態となった窒素はリターとして土壌に還元され，従属栄養細菌によりタンパク質からアンモニウムに変換される．土壌微生物の菌体中の窒素濃度は分解されるリターよりも高いので，分解の過程で相対的に多くの炭素が脱炭酸反応によってCO_2として系外に放出され，逆に窒素やリンは菌体中に取り込まれる．このような菌体への取り込みを不動化（immobilization）という．

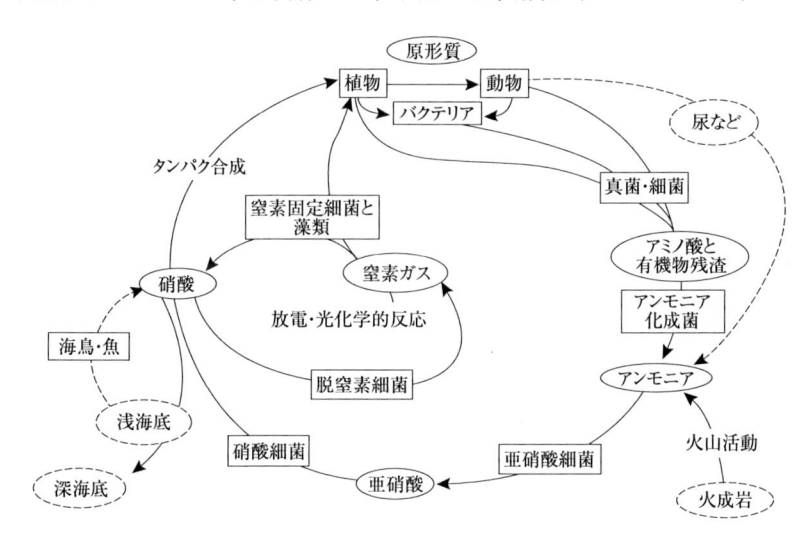

図10.11 窒素（気体型）サイクルの模式図

この過程で，分解基質のリターでは窒素の濃縮が起こり，そのC/N比が低下するとされる．しかし，リター残渣の窒素濃度がしだいに高まり，やがてC/N比が30以下になると，余剰の窒素がアンモニウム（NH_4^+）として土壌に出てくる．この過程では以下のように，還元が起こっている．

$$\text{タンパク質} + \text{水} \longrightarrow \text{アミノ酸} \longrightarrow NH_4^+ \qquad (\text{脱アミノ作用}) \qquad (10.5)$$

植物や土壌微生物に吸収されなかったアンモニウムは，亜硝酸細菌 *Nitrosomonas* 属や硝化細菌 *Nitrobacter* 属などの独立栄養細菌群により酸化され，硝酸態に変わる．

$$2NH_4^+ + 3O_2 \longrightarrow 2NO_2^- + 2H_2O + 4H^+ \qquad (10.6)$$

および

$$2NO_2^- + O_2 \longrightarrow 2NO_3^-$$

土壌中では，通常，粘土や腐植が負に荷電しているので，これに陽イオン栄養塩がイオン交換的に保持される．しかし，硝酸イオン NO_3^- は陰イオンなので，イオン交換的に土壌に保持されずに溶脱（土壌から土壌水に移行すること）し，生態系外に流出する．しかし，熱帯土壌などではpH依存的な正の荷電により，イオン交換的に土壌に保持されることもある．

滞水などの理由で土壌中に酸素が少なくなり，土壌が還元的になると硝酸イオンが呼吸の際の電子受容体として使われ，窒素ガスに還元されて，大気にガスとして放出される．これを脱窒という．このように，窒素は生態系内で循環するとともに，系外からの加入や流失も多い．

野外で土壌窒素の無機化速度を調べるために多くの方法が考案されているが，埋設バッグ法（buried-bag法）が一般的である．この方法は，ポリエチレンの袋のなかに一定量の土壌を入れ，短期間野外条件下で培養し，無機化されて土壌中に付加される，アンモニウム態と硝酸態窒素の量を調べるものである．実際には，アンモニウム化および硝化された窒素の総量から，培養中にポリエチレンの袋のなかで土壌微生物によって不動化された量を差し引いた，正味の無機化量を指すので，純無機化速度（net mineralization rate）という．純無機化速度は，土壌中の植物への窒素供給速度の目安として用いられる．

植物による窒素の吸収は無機態で行われるが，最近ではアミノ酸として有機態のまま吸収される事例も報告されている．これがどのくらい広く起こっているのかはよくわかっていない．

10.2.3 リンの循環 (沈殿型循環)

　リンの循環は窒素と大きく異なり，陸上生態系への加入は岩石の風化からはじまる（図10.12）．このため，沈殿型という．風化 (weathering) とは，岩石が物理的な作用によって細かな粒子に変化する物理的風化と，鉱物中の元素が化学的に水素などに置換されていく化学的風化を指す（Box 17参照）．風化と土壌生成の過程で，二次鉱物 (secondary mineral) と呼ばれる新しく微細な鉱物が生じるが，これら二次鉱物の粘土はリンとの吸着性が高く，風化にともなってリンは複雑な挙動を示す．また，リンはガス態として失われることもほとんどないので，窒素とは異なる循環様式を持つ．

　一次鉱物のリン灰石 (calcium phosphate) は，根の呼吸などに起因する炭酸の作用により，母岩から風化されて可溶性のリン酸（オルトリン酸 PO_4^{3-}）になり，これが植物や土壌微生物によって直接吸収される．吸収されないものは，鉄やアルミニウムと難溶性のリン酸塩 (iron and aluminum phosphate mineral) を形成する．鉄・アルミニウムリン酸塩の一部は溶解し，生物に取り込まれて生態系を循環する．しかし，生物によって取り込まれないリン酸は，土壌の風化が進むにつれて，鉄やアルミニウム酸化物の結晶に物理的に包み込まれた吸蔵態

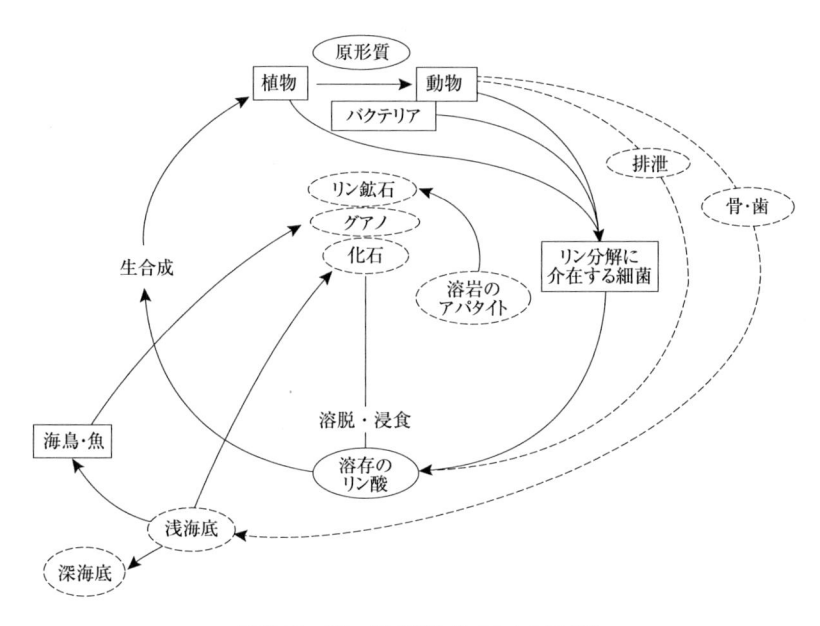

図10.12 リン（沈殿型）サイクルの模式図

（occluded fraction）に移行し，化学的にもっとも不溶性の形態（画分）に変化する．この吸蔵態のリンは，そのほとんどが生物に利用されない．生物によって取り込まれ，有機態に変わったリンは，無機態としてふたたび生物に回帰するか，難分解性の有機態画分として生物に利用されないまま土壌に残る．このような溶解-脱着のプロセスは，地球化学的なプロセスで，二次粘土鉱物のタイプや量に関係している．

　このようなリンの形態変化は時間的に進行するばかりではなく，一つの場所でも地形にともない空間的に変化することが知られている．たとえば，アマゾンの熱帯林では，①地形により土壌の粘土鉱物が異なり，その粘土鉱物の違いにより土壌中のリン画分も異なること，②尾根上にあるよく酸化された土壌では，豊富に含まれる鉄酸化物が無機態リンを吸蔵し，可溶性リン酸の濃度が低いが，逆に斜面の下部では土壌が還元的になり，鉄酸化物が少なく可溶性リン酸濃度も高いことが，Tiessenら（1994）により明らかになっている．

　いっぽう，有機態から無機態リンへの変換は，生物を介在した過程で，リン酸分解酵素によって，有機物とエステル結合したリン酸が開放される過程である．土壌が十分に風化し遷移が進んだ生態系では，土壌リンの大部分が有機態リンの画分として存在するといわれており，ここでは，可溶性リン酸はリン酸分解酵素によって無機化される．もし，分解される有機物のリン濃度が低ければ，窒素と同様に土壌微生物による不動化が起こる．リンの場合，正味の無機化は，有機物のC/P比が200以下になると生じるとされている．

　陸上生態系の土壌風化過程におけるリンの循環と画分変化に関しては，興味深いモデルが提出されており，図10.13に示したものがそれである．このモデルを提出したWalkerとSyers（1976）によれば，一次遷移にともない，一次鉱物のリンが可溶となり，生態系内を循環し，風化とともに増加する粘土鉱物との反応で，しだいにすぐには植物に利用されにくい（遅効性の）吸蔵態リンが増加する．やがて，生態系発達の終末期に吸蔵態と有機態リンの二つの画分だけになる．土壌風化が著しく進んだ陸上生態系では，リンは鉄・アルミニウム酸化物に吸蔵され，やがては植物の生産を制限するに至る．特に，高温と多雨のために土壌風化が進んでいる湿潤熱帯では，熱帯降雨林の生産や分解がリンで制限されていることも示唆されている．地球化学的な作用によるリンの不溶性画分への固定のほかに，土壌浸食による土壌粒子としてのリンの系外への流失もある．しかし，一般

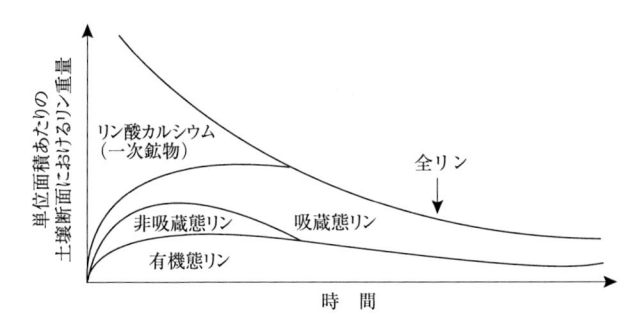

図10.13 WalkerとSyers（1976）による土壌リンの形態変化
地質年代レベルでの長期生態系動態におけるモデル．

に渓流水中でのリン酸濃度はきわめて低く，水文的な過程での系外への流出は少ないとされている．

　以上のように，窒素と異なり，リンの循環はあまり開放的ではなく，リン自体は土壌のもととなる岩石に由来する．噴火による火山灰の供給，ダストや水文的に雨水として加入してくるリンを除けば，局地的な生態系の土壌風化は，長期的には生物に利用されにくいリンが増加していく過程といえる．また，時間の経過とともに，土壌中の全リンは減少している．長い時間で見ると，土壌粒子の移動にともなうリンや渓流水に溶け込んだ有機態リンの移動が無視できず，これらが全リンの減少に寄与している可能性が高い．大きな空間や時間のスケールでは，系外循環の影響は無視できない．

Box 17　　　　　　　　　　　　　　　**風化と二次鉱物（粘土）の形成**

　火成岩に含まれる一次鉱物は，かんらん石（olivine）や斜長石（plagioclase）のようなケイ酸鉱物からなっている．一次鉱物は酸と反応し，一次鉱物のなかのNa, Ca, Mg, Kなどの陽イオンやケイ酸塩などの結合が壊れる．この過程を化学的風化と呼び，産物として二次鉱物が形成される．化学的な風化に先立ち，機械的な風化により岩石が粉砕されると表面積が増え，化学的な風化の進行が速まる．土壌中では，植物根や微生物の呼吸から以下の反応により炭酸が形成される．

$$H_2O + CO_2 \longleftrightarrow H + HCO_3^- \longleftrightarrow H_2CO_3$$

　炭酸が形成されると，炭酸の作用により風化が生じる．たとえば一次鉱物の曹長石（Na feldspar）の場合，

$$2NaAlSi_3O_8 + 2H_2CO_3 + 9H_2O$$
$$\longrightarrow 2Na^+ + 2HCO_3^- + 4H_4SiO_4 + Al_2Si_2O_5(OH)_4$$

の反応により，Naやケイ酸が溶け出し，Al$_2$Si$_2$O$_5$(OH)$_4$が残る．Al$_2$Si$_2$O$_5$(OH)$_4$は，カオリナイトと呼ばれる二次鉱物で，ケイ素四面体とアルミニウム八面体の層が向き合った，1：1型層状ケイ酸塩と呼ばれる二層構造を持っている．カオリナイトはさらに風化が進み，

$$Al_2Si_2O_5(OH)_4 + 5H_2O \longrightarrow 2H_4SiO_4 + Al_2O_3 \cdot 3H_2O$$

の反応によって，ケイ酸が離脱し，アルミニウムの和水酸化物Al$_2$O$_3$·3H$_2$Oが形成される．これらの風化過程を通して，一次鉱物はしだいにケイ素を失っていく．カオリナイトへの風化の途上では，2層のケイ酸四面体シートと1層のアルミニウム八面体シートを単位とする，3層からなる2：1型層状ケイ酸塩が形成される．モンモリロナイトやイライトがその2：1型鉱物の例である．二次鉱物は粒径2μm以下の微細粒子で，層状に重なる単位層間の間隙や荷電が，粘土鉱物として土壌の有機物，水分や栄養塩保持能力を決定する．ケイ素が流失するととも

図10.14 粘土鉱物の走査型電子顕微鏡写真（Molloy 1988）
(a)マイカ；(b)カオリナイト；(c)ハロイサイト；(d)アロフェン；(e)鉄酸化物(フェリハイドライト)；(f)鉄酸化物(針鉄鉱)．(a)～(c)は結晶性の粘土鉱物；(e)と(f)は風化が進行した鉄酸化物；(d)は火山灰土に多く含まれる非晶質のケイ酸塩で，この中空の形状が土壌有機物の保持に効いている．図中のスケールは5μm.

に，土壌には Al や Fe が残留集積する．Fe の場合には，風化の過程で非晶質のフェリハイドライト（ferrihydrite）を形成し，時間とともに脱水し，結晶質の鉄の三二酸化物（Fe_2O_3）が形成される．非晶質の粘土鉱物としては，火山灰土に広く大量に含まれるアロフェンが有名で，中空状の不定形の構造が高い有機物固定能と関係している．

10.3 炭素と栄養塩の内部循環を駆動する生物要因

窒素やリンで見たように，栄養塩は有機物の生産と分解などを通して土壌-植生系を一つの局地的な単位として循環するが，これは内部循環（intrasystem cycling）と呼ばれる．局地的な生態系は，さらに水文的な過程や大気循環を通じて地域，あるいは全球的なサイクルにつながれている．内部循環を駆動する要因として，非生物的要因と生物的要因がある．

非生物的要因でもっとも大事なのは，水文学的な影響である．雨水や土壌水を通して，植物や土壌から栄養塩が溶脱し，渓流水あるいは地下水を通じて系外に流れる．いっぽう，内部循環の生物要因は，栄養塩濃度の制御を通して生産や分解にかかわる内在的なもので，それ自体が内部循環とのフィードバックを通して変化していく．以下では生物要因について見ていく．

10.3.1 リ タ ー

栄養塩の内部循環を駆動する上で，生物は，植食，捕食，リター供給といった有機物の移動を通じて大きなはたらきをする．特に土壌に供給される年間の合計リター量は多量で（表 10.1 参照），多くの生態系で純一次生産量の過半を占める．

森林生態系のなかでは，雨水が樹木の幹を伝って流下（樹幹流），あるいは林冠を通過（林内雨）する際に多くの栄養塩が溶け込む．しかし，リターに含まれる栄養塩量は，ほとんどの要素で，樹幹流や林内雨（throughfall）も加えた土壌への合計加入量の過半を占める．カリフォルニア州のチャパレル低木林で栄養塩循環を調べた例では，N 91.1%，P 97.0%，Ca 84.0%，Mg 79.7% に達する．K の場合 51.7% と少し低く，これは植物からの K の溶脱が多く，相対的に樹幹流や林内雨を通しての加入が多くなるためである（表 10.2）．

表 10.2 土壌への栄養塩総還流量（g m^{-2} yr^{-1}）に占めるリターに含まれる栄養塩量の割合

	N	P	K	Ca	Mg
カリフォルニアのチャパレル					
リターの栄養塩	6.65	0.32	2.10	8.01	1.41
落枝の栄養塩	0.22	0.01	0.15	0.44	0.02
林内雨	0.19	0	0.94	0.31	0.09
樹幹流	0.24	0	0.87	0.78	0.25
土壌への総還流量	7.30	0.33	4.06	9.54	1.77
総還流量に占めるリターの栄養塩(%)	91.1	97.0	51.7	84.0	79.7
京都北部の温帯落葉広葉樹林					
リターの栄養塩	8.22	0.69	2.89	15.9	1.81
林外雨	0.97	0.034	0.432	0.42	0.31
林内雨	0.63	0.091	3.93	2.33	0.89
樹幹流を除く土壌への総還流量	9.82	0.82	7.25	18.65	3.01
総還流量に占めるリターの栄養塩(%)	83.7	84.1	39.9	85.3	60.1

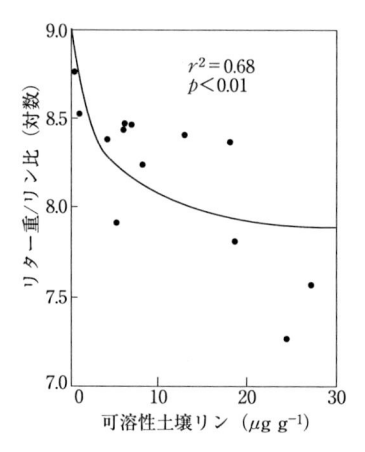

図 10.15 可給性の土壌栄養塩と植物による栄養塩利用効率の関係（データは Schlesinger 1997 より）
森林樹木におけるリンを例にとり，可溶性土壌リンに対してリターのリン濃度の逆数をプロットしたもの．

　植物が吸収できる形態（可給態）の土壌栄養塩の濃度が低い場所では，そこに生育する植物葉のリター栄養塩濃度は一般に低いとされる．リター中の窒素やリン濃度の逆数を，それぞれ土壌中の可給態窒素とリン濃度に対してプロットすると，逆相関が得られる（図 10.15）．また，一般に生葉の栄養塩濃度も土壌栄養の状態を反映しているといわれる．葉が老化（senescence）すると，脱落する前に栄養塩の回収が行われる．リンは主に核酸やリン脂質脂肪酸の加水分解により，無機態リン酸として師管を通じてシンクに輸送される．窒素は主にタンパク質の

表10.3 一つの試験地での地上リターと地下リターの生産量の比較 (Vogt et al. 1996)

バイオーム	地上リター ($g\ m^{-2}\ yr^{-1}$)	地下リター ($g\ m^{-2}\ yr^{-1}$)	合計生産量に占める根の生産量 (%)
冷温帯落葉広葉樹	420	326	44
	436	439	50
	628	371	37
冷温帯常緑針葉樹	276	534	66
	185	823	82
	406	520	57
	255	685	73
	657	310	32
	290	315	52
暖温帯落葉広葉樹	658	249	27
	453	673	60
暖温帯針葉樹	509	110	18
	757	211	22
	526	692	57
亜熱帯常緑広葉樹	649	250	28

バイオームごとにまとめた.

加水分解によって,アミノ酸として回収される.カルシウムは植物体中では主にペクチンの形で細胞壁に含まれ,回収されない.したがって,リターとして土壌に還元される栄養塩総量は,カルシウム以外では生葉中の総量よりもシンクに回収された分だけ少なくなる.

地下部のリター生産量も,重量換算の純一次生産で見ると,地上部のリター量と同等かそれ以下である.測定例が少ないために,気候帯との相関は知られていない.しかし,冷温帯常緑針葉樹林では,地上と地下を合わせたリター合計生産量に占める地下リターの割合は70〜80％に達するところもある (表10.3).

10.3.2 土壌微生物と土壌動物

土壌微生物には,光合成を行う藻類や,細菌類,放線菌類と菌類が含まれる.このうち,後者3グループは分解を担い,その菌体量と有機物分解速度には相関があるとされる.土壌中での総菌体量は,炭素換算で土壌有機態炭素の3％以下とされる.しかし,微生物は土壌有機物よりも高い栄養塩濃度を持っているので,微生物に含まれる栄養塩総量の土壌栄養塩に対する比は相対的に高く,菌体が栄養塩の貯留機能も果たしている.目安として,植物のC:N:P比はおよそ500:10:0.6であり,分解者微生物の菌体中のC:N:P比はおよそ50:10:1である.

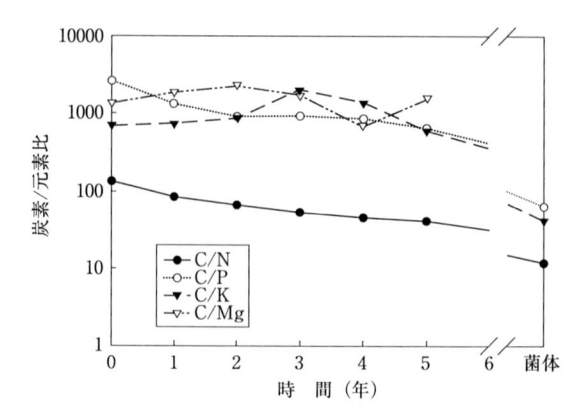

図 10.16 ヨーロッパアカマツ（*Pinus sylvestris*）のリター長期分解過程における炭素/元素比の変化（データは Sinsabaugh *et al.* 1993 より）

　分解の途上にある土壌有機物の平均的な C：N：P 比は 100：10：1 で，植物と菌体の中間である．

　リターなどの分解基質に含まれる窒素やリンは，炭素と比べて濃度がきわめて低いので，分解の過程で微生物は炭素を CO_2 として排出するいっぽうで，無機化された窒素やリンを体内に取り込む．このため，微生物とリターが一体となった分解残渣の C：N：P 比は，時間とともに微生物のそれに近づいていく．図 10.16 に，ヨーロッパアカマツ（*Pinus sylvestris*）のリター分解の途上で，時間とともにどのようにその C：N：P 比が変化するのかを示した．また，リターバッグを用いた実験では，CO_2 排出にともなう窒素とリンの相対的な濃縮ばかりではなく，バッグ中の窒素とリンの総量が分解初期に増加する傾向も確かめられており，このことから，栄養塩の集積が示唆されている（たとえば，Osono と Takeda（2001）による，日本のブナ林におけるリター分解の研究）．植物にとって可給の無機態窒素やリン酸が土壌に供給される純無機化の現象は，分解が進行して基質の C：N：P 比が微生物に近づいていくときに起こる．同位体をトレーサーとした実験では，無機化された窒素は直接土壌有機物から出てくるのではなく，一度微生物に不動化（固定）された後に分解されて出てくることが確かめられている．

　植物の枯死遺体（ネクロマス）や微生物に含まれる有機物は，その大部分が細胞としての有機物である．しかし，土壌有機物は分解を経るにしたがい，しだい

に非細胞性の有機物に変わる．これが腐植（humus）である．基本構造は，多くの芳香環に水酸基やカルボキシル基がついた，繰り返し単位のない不定形の高分子とされる．腐植は分解酵素との反応性が高いことや，土壌鉱物と結合しているため，難分解といわれる．放線菌や菌類（腐生菌と菌根菌の一部の菌類）は，腐植の分解能を持っているとされる．付加実験では，菌根菌のうちでも外生菌根菌よりツツジ科に共生するエリカ型菌根菌のほうが，難分解生有機物を分解する能力が高い．

いっぽう，土壌動物は有機物の粉砕や土壌の攪拌を通して栄養塩の循環とかかわっている．土壌動物は，サイズに基づいて以下のような3グループに分けられる．
・微小（あるいは小型）土壌動物（micro-fauna）：原生動物など
・中型土壌動物（meso-fauna）：トビムシ，ダニなど
・大型土壌動物（macro-fauna）：ミミズ，シロアリなど

それぞれの機能としては，微小動物は微生物との相互作用，中型動物は微生物との相互作用，腐植食や落葉食の作用，大型動物は落葉食や土壌の攪拌などを通した土壌食者（ecosystem-engineer）としての作用があげられる．大型土壌動物のなかでも，シロアリやミミズはリターを分解するばかりではなく，土壌を採食し土壌粒子の攪拌や団粒状構造の生成にかかわっている．また，ミミズの腸内では，土壌有機物が粘液と攪拌され，細菌による無機化を受け，分解が促進される．タイ東北部の例では，ミミズによる土壌耕転量が年間132～225 t ha^{-1}とされ，均すと表層土のほとんどを耕転していることになる．局所的には，ミミズは糞塊形成を通して深部から鉱物を表層に運び上げ，図10.5に示した土壌有機物の鉛直構造を壊している可能性もある．土壌微生物や土壌動物生態の詳細については，成書を参考にされたい（二井・肘井 2000）．

10.4 リターの質を変化させる要因

これまで見たように，リターは栄養塩の内部循環の主要な経路をなす．また，リター中の栄養塩濃度をはじめとするリターの質が，分解性とかかわっている．それでは，リターの質はどのようにして変化するのであろうか．

10.4.1 栄養塩の回収効率

　生葉の栄養塩現存量に対する，老化により回収された栄養塩量の比を回収効率（resorption efficiency）といい，樹冠あるいは個葉単位で表される．生葉濃度について世界の多年生植物のデータを解析したAerts（1996）によれば，平均回収効率は窒素，リンともに50％である．絶対量で見ると，土壌栄養濃度の高い場所では多くの栄養塩が，濃度が低い場所では少ない栄養塩が回収される．しかし，相対値を使った効率として表すと，回収効率と土壌栄養は無相関といわれる．また，展葉の季節性に大きな違いがある常緑樹と落葉樹では，回収効率に大きな差がないとされる．いっぽう，針葉樹は広葉樹よりも回収効率がよく，これが針葉樹の貧栄養土壌への適応の一つとされている．

　このように，異なる植生タイプを含めて比較すると，土壌栄養塩と栄養塩回収効率の関係には一般性は見られない．しかし，土壌栄養が貧弱であれば，生葉の栄養塩濃度が低いので，回収効率は一定であっても，リターの絶対的な栄養塩濃度は低くなる．これは，リターのC/N比やC/P比を高めることにほかならず，土壌栄養が貧弱なほどリターの元素濃度が低くなり，ひいてはリター自体の分解速度も低下する．このため，双方には正のフィードバックがかかり，リター栄養塩濃度の低下が分解速度をさらに低下させるとの仮説が出されている．しかし，このような正のフィードバックが，実際に生態系の発達速度を変化させているとする実証的な研究はない．

　いっぽう，同じ生活型に属する熱帯常緑広葉樹を調べたKitayamaとAiba（2002）によれば，土壌栄養条件が場所ごとに大きく異なっても，林分レベルで比較すると，生葉の窒素とリン濃度（重量比）には場所間の差がほとんどなかった．しかし，リターの窒素とリン濃度（重量比）は土壌栄養塩を反映しており，正の相関が見られた．このため，回収効率は土壌栄養が低くなるほど高い傾向を示した．同様に，アカマツを対象に地形による土壌栄養と栄養塩回収効率を調べた例でも，両者には負の相関が認められ，栄養塩の供給が悪いほど回収効率は上昇していた（Enoki & Kawaguchi 1999）．このように，生葉とリターの栄養塩濃度の関係には，異なる二つの見解が出されている．おそらく，一つのフロラを共有し近接する生態系を比較すると，土壌栄養と植物の栄養塩回収効率には負の相関があるのだろう．

10.4.2 防御物質

生葉には多くの二次代謝産物が含まれており，このうちフェノール化合物の重合体（ポリフェノール）である縮合型タンニンや可溶性タンニンは，植食者への

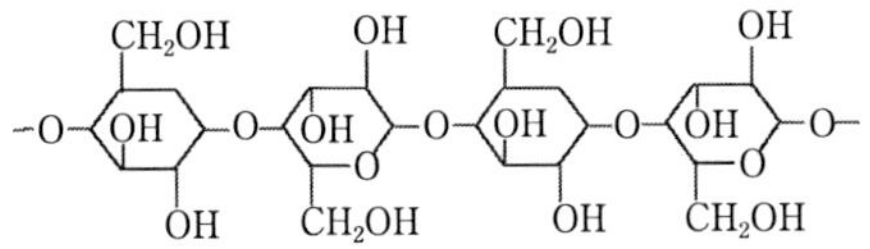

〈セルロース〉

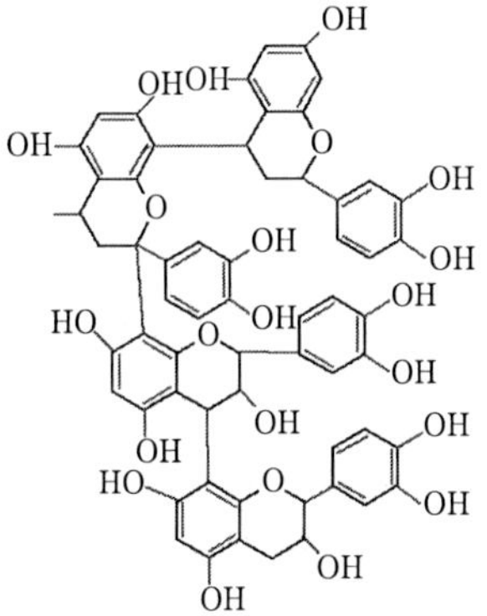

〈縮合タンニン〉

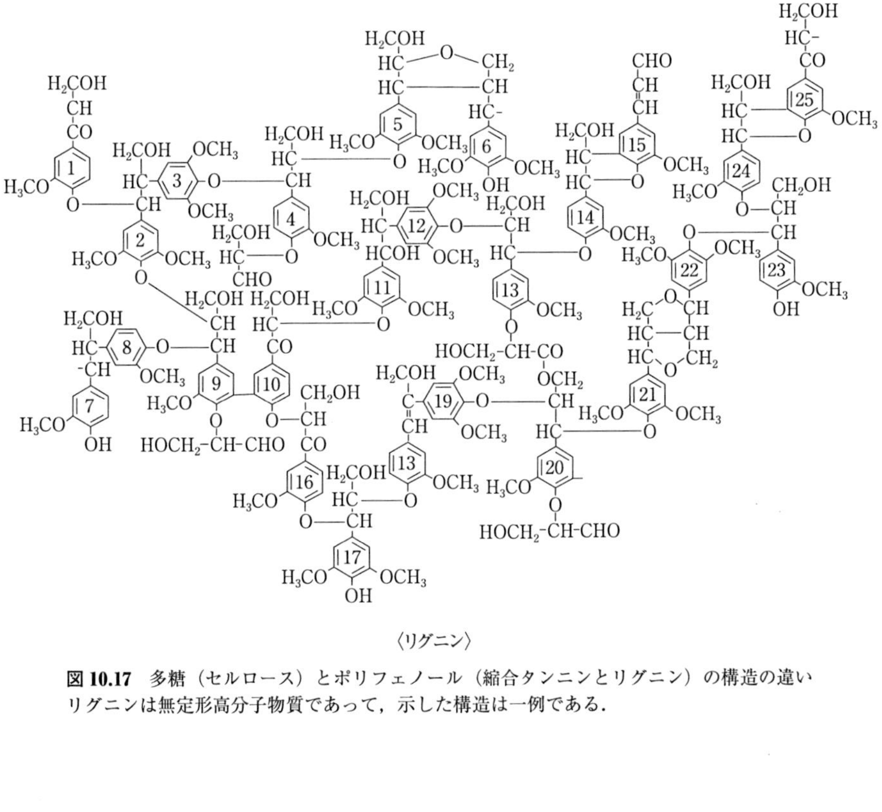

〈リグニン〉

図 10.17 多糖（セルロース）とポリフェノール（縮合タンニンとリグニン）の構造の違い
リグニンは無定形高分子物質であって，示した構造は一例である．

防御機能を持っているとされる．植物の葉や樹皮には，タンニンが乾重量あたり40％近く含まれることがあり，後述するリグニンよりも濃度が高い場合が多い．フェノール化合物には多くの官能基が含まれ（図10.17），これらが植食者のタンパク質分解酵素と水素結合し，消化酵素の活性を弱めることによって防御機能を果たすとされる．そのような防御機能が強調されるいっぽうで，植物のタンニン濃度は，植食者への防御効果を持たないとする報告も多い．しかし，いずれの場合でも，これらフェノール化合物を多く含むリターが土壌に加入すると，葉から溶出し，土壌に存在したタンパク質とフェノール化合物が結合した難分解物質を形成し，タンパク質は土壌に長く滞留するようになる．また，土壌水に溶けると微生物による分解を受けずに，土壌粒子に吸着されない分は渓流水として系外に流れる．難分解性物質の形成以外にも，土壌中のフェノール化合物は，微生物（特に硝化細菌）活性の低下，微生物酵素との結合，線虫やミミズなどの土壌動物への影響，セルロースなどの分解基質自体との反応を通して，リターや土壌有機物の分解性の低下を引き起こす．

　植食者による食害を受けると，植物はそれへの反応として葉の二次代謝産物の濃度を変化させることがある．Findlayら（1996）によると，小型節足動物によって食害を受けた植物の葉はフェノール化合物の増加反応を示し，この結果リターの質も変化した．このリターでは，分解速度が低下したという．

　リグニンもフェノールの高分子で，植物の細胞壁を構成する．リグニンは細胞壁強度を増し，細胞の膨圧を維持する機能を持つが，葉の堅さを増すことにより，葉の寿命増加や植食者への防御機能も持つとされる．リグニンはきわめて難分解性の物質で，リグニン/N(P)はC/N(P)よりもリターの分解速度をよく指標するとされる．第4章で紹介したように，貧栄養土壌に生育する樹木葉のリグニン濃度は高い傾向にあるとされる．しかし，いっぽうでは，栄養塩と葉のリグニン濃度には正の相関があるとする報告もあり，一般的な傾向は認められない．もし前者の傾向が認められるのならば，リグニン濃度の増加は分解速度の低下，ひいては栄養塩無機化の減少につながるので，ここにも生産と分解の間に正のフィードバックがある可能性が示されている．

　植物は，細胞壁強度や植食者への防御機能に投資し，寿命を延ばせば延ばすほど，難分解性リターを生産することになる．これは，生態系内の物質循環から考えると，リターからの栄養塩供給量の低下を招くので，植物には長寿命と栄養塩

の効率的なサイクルにジレンマがある．

10.5 土壌——植生系の発達——

　土壌と植生は，作用と反作用の相互作用を通して互いに発達していくが，時間スケールによって発達様式は異なる．生態系発達の時間が 100 年～1 万年と短ければ，生成された土壌はまだ土壌母材の影響を色濃く残しており，未熟な土壌である．土壌生成時間が 1 万～100 万年と長ければ，その土壌断面は土壌母材ばかりではなく気候，生物相，地形などの生成因子を総合的に反映し，風化された土壌が発達する．図 10.18 には，熱帯地域での土壌生成過程を模式的に示した．土壌生成は時間に依存するが，実際には熱や水などの風化を促す因子と時間の積で決まるので，図の時間はあくまでも風化の目安である．高温・多雨のために風化作用が激しい熱帯では，温帯よりも短時間で土壌生成が進むと考えてよい．活火山が卓越する地域では，溶岩や火山灰として頻繁に新鮮な土壌母材が供給されるので，風化の終末相は見られない．

　土壌風化は 10.2.3 項で見たように，岩石起源の栄養塩の供給を担っているばかりではなく，土壌粒子の物理化学性を決定し，イオンの交換・吸着や結晶化を通して土壌栄養塩の可給性を支配する．風化は，生態系の長期発達の方向や速度と密接に関係している．Box 17 には，岩石に含まれる一次鉱物が二次鉱物に風化する代表的な過程を示した．

　これまで一般に遷移という概念で説明されてきた土壌-植生系の発達は，短い

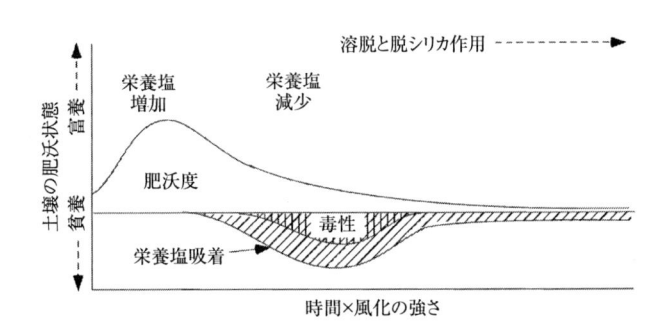

図 10.18 土壌生成の過程における肥沃度の変化
湿潤熱帯では高温と多雨のため風化が速いので，熱帯での例を示した．

表 10.4 世界の植生における地上部現存量の平均滞留年

緯度に沿った気候変化（複数データの平均値）

植　生	平均純一次生産 ($g\ m^{-2}\ yr^{-1}$)	平均現存量 ($kg\ m^{-2}$)	B/NPP 比 (yr)
熱帯降雨林	2200	45.0	20.5
熱帯季節林	1600	35.0	21.9
温帯常緑林	1300	35.0	26.9
温帯落葉林	1200	30.0	25.0
北方林	800	20.0	25.0
低木林	700	6.0	8.6
サバンナ	900	4.0	4.4
温帯草原	600	1.6	2.7
ツンドラなど	140	0.6	4.3
砂漠・乾性低木	90	0.7	7.8

熱帯山岳の高度に沿った変化（ボルネオ島キナバル山における熱帯降雨林の例）

標　高 (m)	純一次生産 ($g\ m^{-2}\ yr^{-1}$)	現存量 ($kg\ m^{-2}$)	B/NPP 比 (yr)
700	1913	43.7	22.8
1700	1222	29.4	24.1
2700	780	30.8	39.5
3100	816	21.5	26.3

地上部現存量を地上純一次生産で除し，B/NPP 比として表した．

時間スケールでの生態系発達に相当する．しかし，より長い時間スケールでは，生態系は極相を超えて変動する．

10.5.1 遷移の進行と純生態系生産（100 年～ 1 万年）

　陸上の一次遷移が進むにつれて，植物群集ではしだいに長い寿命を持つ植物に置き替わっていく．この間，生産物の一部が木部などに配分され，植物現存量が増加する．やがて，木部への配分と枯損に均衡が生じ，植物現存量は一定値に近づき，短い時間スケールでは極相という見かけの動的平衡が達成される．

　現存量 B と純一次生産 NPP の比（B/NPP）は，現存量に含まれる炭素の滞留時間を表す．遷移が極相に向かって進むにしたがい大きな値をとり，やがて一定になる．ここで，地上植生の現存量は飽和に達する．この状態では，年間に生産された有機物と同量の有機物が土壌に供給され，分解過程にまわる．表10.4 には，さまざまな気候帯における植生の現存量中の炭素滞留時間を B/NPP 比として示した．森林に限ると，現存量中の炭素の滞留時間は，興味深いことに，緯度や標高にかかわらずほぼ一定の値をとる．これは，現存量と純一次生産速度が平

行して変化するためであろう．いっぽう，土壌表層の炭素の滞留時間は，緯度や標高が高くなるほど長くなり，地上部現存量の滞留時間とは対照的である．

　一次遷移の進行にともない，植物現存量の増加とともに土壌中の有機物も増加していく．生態系中の正味の有機物増分を，純生態系生産（Net Ecosystem Productivity：NEP）という．純生態系生産（NEP）と純一次生産（NPP）および従属栄養生物による呼吸（Rh）には以下の関係が成り立つ．

$$\text{NEP} = \text{NPP} - \text{Rh} \tag{10.7}$$

従属栄養生物による呼吸（Rh）には，植食者による消費と土壌分解者による消費が含まれる．純生態系生産は，植生と土壌の総炭素量の変化量であるので，以下のように書き直すことができる．

$$\text{NEP} = \text{GPP} - \text{Rt} \tag{10.8}$$

ここで，GPPは総生産量，Rtは生態系における植物と従属生物を含む全呼吸量である．遷移初期における総生産量，純生態系生産量および呼吸量の変化量は，図1.14Bのようになる．この図では，純生態系生産が時間とともに一定値に近づき，やがては生態系の総炭素量が一定の定常状態が達成されることを示している．

　このような定常状態を仮定すると，一定の純一次生産速度と分解率のもとに，定常状態が達成される時間を推定することが可能になる．土壌有機物の分解速度は，(10.2)式のように単純指数関数モデルによって近似される．したがって，t時における土壌有機物量をX，定常状態における土壌への有機物加入量，すなわち純一次生産速度をP，土壌有機物の分解速度をkとすれば，

$$dX/dt = P - kX \tag{10.9}$$

が成り立ち，これから

$$X = P/k(1 - e^{-kt}) \tag{10.10}$$

が得られる．森林が極相に達し，定常状態が達成されたと仮定すると，

$$dX/dt = 0, \quad k = P/X$$

が得られる．ここで，たとえば標高1700 mにある山地熱帯降雨林の極相林で実測された$P = 0.4$（kg炭素 m^{-2} yr^{-1}），$X = 9.31$（kg炭素 m^{-2}）の値を使って計算すると，定常状態はわずか400年で達成される．これは，土壌中の有機物が表層から深部まで均質であり，$k = P/X$が成り立つことを仮定した結果である．ここでの仮定は，土壌全体を均質な画分とすることから，このモデルは一つのコンパ

表 10.5 数千年レベルでの一次遷移における土壌有機物の集積速度を炭素量として示したもの（Schlesinger 1990 を改変）

バイオーム	優占植生	初期状態	集積年数	炭素集積速度 (g 炭素 m^{-2} yr^{-1})
ツンドラ	極地荒原	氷河後退	8000	0.2
	極地荒原	氷河後退	9000	0.2
	極地荒原	氷河後退	2600	2.4
	カヤツリグサ・コケ	氷河後退	1000	2.4
	カヤツリグサ・コケ	氷河後退	9000	1.1
	カヤツリグサ・コケ	氷河後退	8700	0.7
北方林	トウヒ属	氷河後退	3500	11.7
	モミ-トウヒ属	氷河後退	5435	0.8
	モミ-トウヒ属	氷河後退	2740	2.2
温帯林	常緑広葉樹	火山灰	1277	12.0
	針葉樹	火山泥流	1200	10.0
	落葉樹	沖積	1955	5.1
	落葉樹	砂丘	10000	0.7
	マキ科	砂丘	10000	2.1
	Angophora	砂丘	4200	1.7
	ユーカリ属	砂丘	6500	1.4
	ユーカリ属	砂丘	5500	2.1
	亜高木	氷河堆積	9000	2.5
熱帯林	降雨林樹木	火山灰	8620	2.3
熱帯山地	ハワイフトモモ	火山灰	3500	2.5
	ハワイフトモモ	玄武岩溶岩・火山灰混合	5000	2.13
温帯草原	*Chionochloa*	氷河堆積	9000	2.2
温帯砂漠	草原	沖積	3040	0.8

ートメントからなるという．

しかし，地上では現存量が一定値に近づくとはいうものの，長期の遷移系列において土壌炭素量を実測した例では，土壌表層とミネラル層の炭素量は漸次増加する傾向を示す．表 10.5 には，数千年レベルでの一次遷移に伴う土壌有機態炭素の増加率を示した．これは (10.9) 式において，純一次生産の伸び率よりも分解速度の低下率が大きいか，分解が時間とともに不完全になっていくためである．さらに，土壌有機物は実際には不均質で，分解性の高い有機物（易分解性有機物と呼ばれる）から難分解性有機物まで不均質成分を含んでおり，分解率 k を計算したときに仮定した一つのコンパートメントのモデルよりは，複雑な過程が起こっていることを示している．これは，次に述べるように，ミネラルと有機物が吸着を起こすなどして，分解が低下することが原因である．

　日本のもっとも典型的な一次遷移は，溶岩や火山灰の堆積によって開始する．

このような，土壌母材が一次鉱物から出発する遷移の初期では，生態系発達がしばしば窒素によって制限される．これは先に述べたように窒素が気体型の循環を持ち，一次鉱物には含まれないからである．しかし，生物的な窒素固定や降雨を通して生態系に窒素が加入し，徐々に窒素総量は増加していく．植物の C/N 比がほぼ一定の値を保ちながら，有機物が集積していくので，ここでの炭素動態は窒素の集積が支配している．表 10.6 には，さまざまな一次遷移における土壌窒素の増加や無機化速度の変化パターンを示した．植物相のなかに窒素固定植物を持たないハワイ山地熱帯降雨林の一次遷移系列では，無機態と有機態の合計である全窒素の量は 5000 年にわたって増加する．窒素の増加にともない，遷移が進み，この過程で現存量や純一次生産量が増加する．遷移初期では窒素の制限が大きいため，窒素利用効率の高い植物が適応的で，結果としてそこでは生葉や生産されるリターの C/N 比が高い．やがて，窒素の増加とともに生葉や生産されるリターの C/N 比は低くなり，リターの分解速度増加が見られる．そして，土壌窒素の純無機化速度は正味でプラスに転じ，窒素制限が解除されてくる．植物にとって有効な無機態窒素（NO_3-N と NH_4-N）がどれくらい供給されるかは，土壌窒素の純無機化速度や硝化速度で指標することができるが，これらの値は土壌年齢とともに高まる．表 10.6 の例では，植物を除いて土壌培養したときの無機態窒素（NO_3-N と NH_4-N）の増加量を純無機化速度，硝酸態窒素（NO_3-N）の増加量を硝化速度としている．遷移初期には，土壌中に全窒素が少なからずあっ

表 10.6 一次遷移における土壌窒素の集積と無機化および硝化の速度（$\mu g\ g^{-1} mo^{-1}$）
（ミシガン，Lichter 1998；ハワイ，Kitayama 1996；三宅島，Kamijo et al. 2002）

場所	一次遷移の初期状態	窒素集積速度			
ミシガン	砂丘	年齢（年）	20	1000	10000
		無機化速度（$\mu g\ g^{-1} mo^{-1}$）	1.6	28.7	23.8
		硝化速度（$\mu g\ g^{-1} mo^{-1}$）	1.2	19.8	18.7
ハワイ山地林	玄武岩溶岩と火山灰	年齢（年）	400	1400	5000
		無機化速度（$\mu g\ g^{-1} mo^{-1}$）	11.9	50.1	52.5
		硝化速度（$\mu g\ g^{-1} mo^{-1}$）	0	45.2	54.3
		土壌全窒素総量（$g\ m^{-2}$）	270	380	680
三宅島照葉樹林 (100 m)	玄武岩溶岩と火山灰	年齢（年）	37	125	極相
		無機態窒素濃度（$\mu g\ g^{-1}$）	142	210	19
		硝酸態窒素濃度（$\mu g\ g^{-1}$）	43	10.6	10.6
		土壌全窒素総量（$g\ m^{-2}$）	9.1	24.1	342

三宅島のデータについては，無機化・硝化速度ではなく濃度で表した．

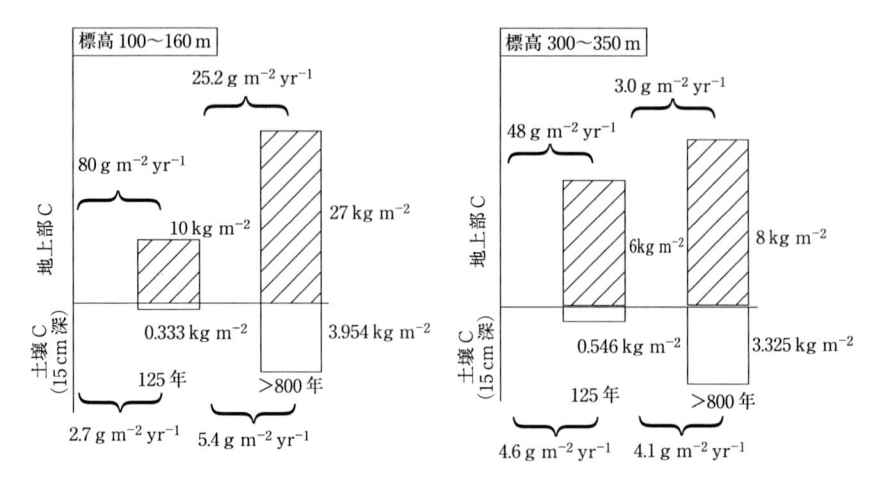

図 10.19 日本の常緑広葉樹林帯の一次遷移初期における地上と土壌の炭素集積速度（データは Kamijo *et al.* 2002 より）
三宅島における二つの標高域での例．

ても必ずしも無機化速度が速いわけでなく，ここでは植物の生産が窒素によって制限されている．

　一次遷移初期の生態系生産量は，同じ気候帯にあっても場所によって大きく異なり，それは土壌栄養と先駆種の相互作用によって支配されている．たとえば，同じ暖温帯気候に属する桜島と三宅島を比べると，桜島では安山岩上の一次遷移が極相に達するまでには 700 年以上，約 1000 年を要するとされる．いっぽう，地質条件が似通った玄武岩の三宅島では，一次遷移の初期速度はきわめて速く，125 年の古さの溶岩上にはすでに常緑広葉樹のタブ林が成立し，800 年の火山噴出物上には極相林のスダジイ林が成立する．ここでの炭素集積速度は，図 10.19 のようにきわめて速い．これは，窒素固定能を持つオオバヤシャブシが三宅島では非常に多く，経過年数 15 年程度の遷移初期から優占しはじめ，遷移初期にしばしば制限要因となる窒素を土壌に付加するためである（表 10.6 参照）．

10.5.2　長期的生態系発達と純生態系生産（1 万〜100 万年）

　100 万年オーダーでの生態系発達は，土壌風化に伴う土壌の物理化学性変化によって駆動される（図 10.18 に示した熱帯土壌風化の模式図を参照）．時間スケールの増加とともに，栄養塩の内部循環に比べて，相対的に系外からの栄養塩の付加や系外への流失の重要性が増加する．これは，長期的に見れば，水や大気を

通して系外との栄養塩の交換（循環）が起こっているために，生態系は開放的なシステムといえる．この時間スケールでの生態系発達は地質学的遷移と呼ばれ，短い時間での生態遷移とは区別される．それは，長い時間スケールでは種の進化までも含むためである．しかし，大きな地理的スケールで見れば，現在の景観のなかにはきわめて古い土壌基質から若い基質までモザイク的に含んでいるものもあるので，そこでは進化というよりも，一つの植物相を共有しながら土壌基質による分化が進んでいると考えるべきである．

長い時間スケールでは，窒素が増加するいっぽうで，土壌からは陽イオンがしだいに溶脱によって失われる．また，土壌鉱物では風化が進行し二次粘土鉱物が形成される（Box 17 に風化と二次粘土鉱物形成の詳細を示した）．この過程で，沈殿型の循環を持つリンには土壌中での存在形態に変化（画分変化）が起こる．風化が十分に進み，鉄やアルミニウムの酸化物が土壌断面に卓越してくると可溶性の土壌リンは減少し，純一次生産はリン（あるいはその他の陽イオン）によって制限されはじめる．これにともないリン利用効率の高い植物が適応的となり，

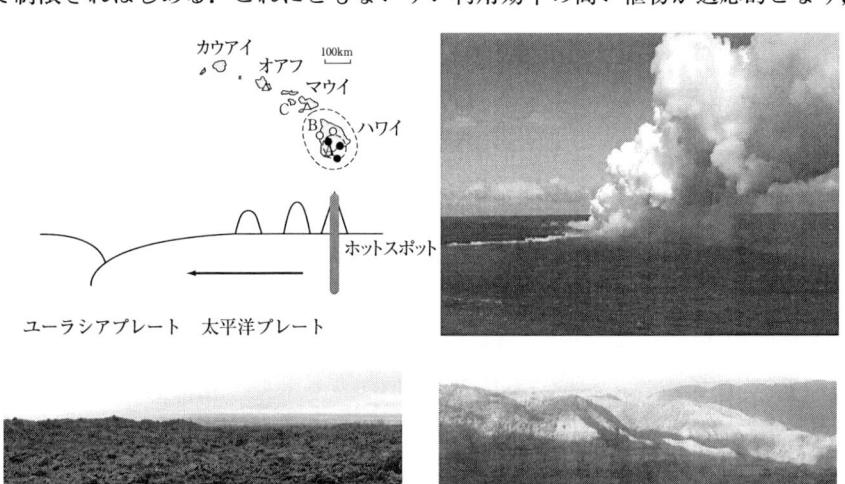

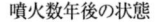

図 10.20　ハワイ諸島の成立と地質的年代変化における土壌（溶岩）の変化

樹木葉やリターのC/P比が増加しはじめる．分解もリンによって制限されはじめる．以上に述べた生態系の長期発達過程は，ハワイ諸島をモデルとして実証的に検証された．

ハワイ諸島の長期的生態系発達の例

ハワイ諸島は，太平洋プレート上のホットスポットと呼ばれる噴出口から，マントル上層の玄武岩性溶岩が噴火して形成された島々である（図10.20）．ホットスポットの位置は変わらず，数十万年にわたって溶岩が積み重なり火山島が成長するが，成長しながらプレートも移動するので，火山島は徐々に北西に移動する．成長しきるとホットスポットから離れるために，溶岩が供給されなくなり，土壌風化が進行する．このため，火山島は北西ほど古くなり，島の年代に沿って土壌発達傾度が形成される．Crewsら（1995）は，これらの島々で標高1200 m，年雨量2500 mmの条件を持った山地熱帯降雨林を選び，気候条件をそろえて200年〜400万年にわたる土壌風化にともなう生態系発達を調べた．その結果得られた土壌リンの画分変化は，図10.21のようであった．この図では，全リン量が時間とともにそれほど減少していないことと，吸蔵されていない可給態のリンが古い生態系中でも存在することなどにおいて図10.13のモデルとは異なる．しかし，一次鉱物の無機態リンが生態系発達初期で消滅すること，吸蔵態のリンが後半で増加することなど，モデルとの共通点も多い．

可溶性の土壌リンの濃度をイオン交換樹脂による吸着法で調べたところ，初期には吸着される量が低かったが，中盤で高くなり，後半では低下した．同じように，無機態の窒素量をイオン交換樹脂による吸着法で調べたところ，初期には濃度が低いものの，土壌年齢とともに増加した．全リンが豊富にもかかわらず，可溶性土壌リンの濃度が初期に低い理由は，第一に，ここで窒素の制限がかかっているために森林の生産性が低く，これにより根圏での炭酸発生量が低いために可溶となるリンが少ないことが考えられる．また，窒素によって制限された遷移初期では，樹木の生葉栄養塩濃度が，窒素ばかりではなく，リンでも低い（図10.21）．これは，窒素とリンに一種の化学量論的なバランスが生じているためと解釈されている．したがって，遷移初期においても，リターのリン濃度は低く，分解による無機態リンの放出も少ないので，イオン交換樹脂に吸着される可溶性の土壌リンも少ない．

この遷移系列では，土壌窒素の純無機化速度は，遷移初期ではマイナスとなり

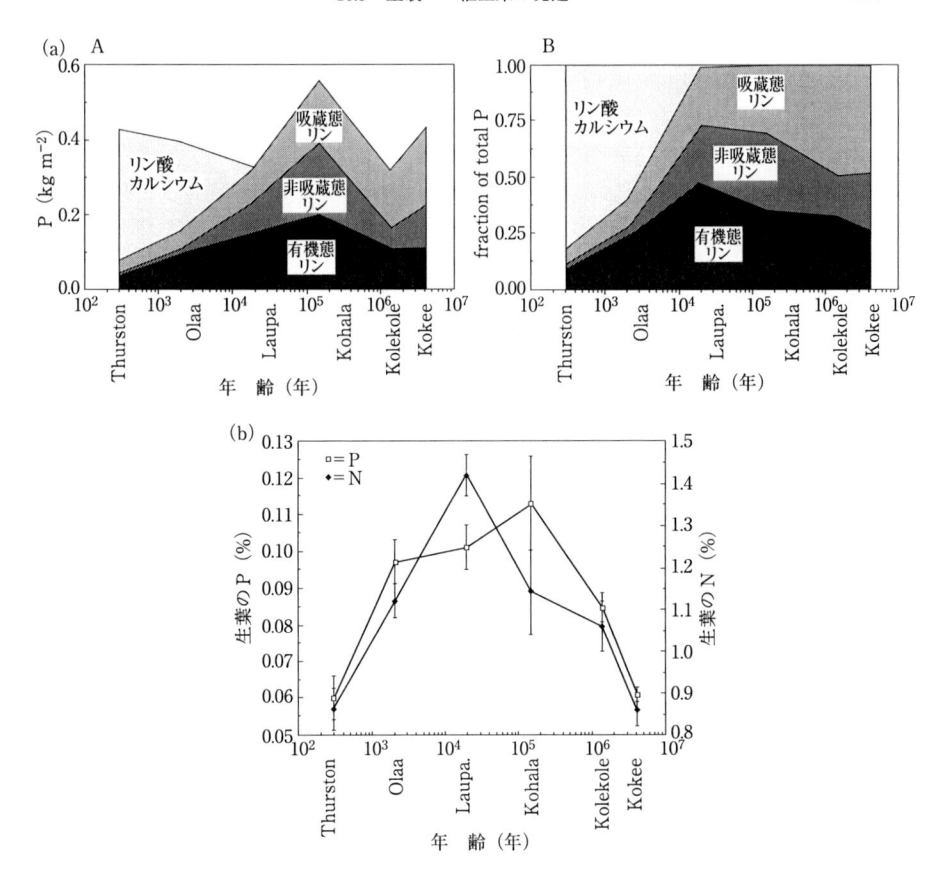

図 10.21 ハワイ諸島の島の老齢化（土壌風化）にともなう土壌リンの形態変化（a）と優占種であるハワイフトモモ（*Metrosideros polymorpha*）の生葉のリンと窒素の濃度（b）（Crews *et al*. 1995）A，面積あたりのリン量；B，全リンを1とする割合．

不動化が起こっていたが，しだいにプラスに転じた．樹木生葉の窒素濃度もしだいに増加し，森林の純一次生産はリンにも窒素にも制限されなくなった．しかし，やがては可給性の土壌リンが減少し，この山地熱帯降雨林はその生産がリンによって制限されるようになった．これは，窒素とリンを組み合わせた施肥実験によって確かめられた．遷移初期では，窒素のみの施肥に対して生産量増加の応答を示し，後期にはリンの施肥に対して生産量増加の応答を示したのである．2〜15万年の森林では，そのどちらにも応答を示さなかった．つまり，森林生態系の長期発達の過程で，窒素制限からリンの制限にシフトしたことになる．

ハワイの例では，土壌中での有機態炭素の変化も大きく，これは短期的な遷移

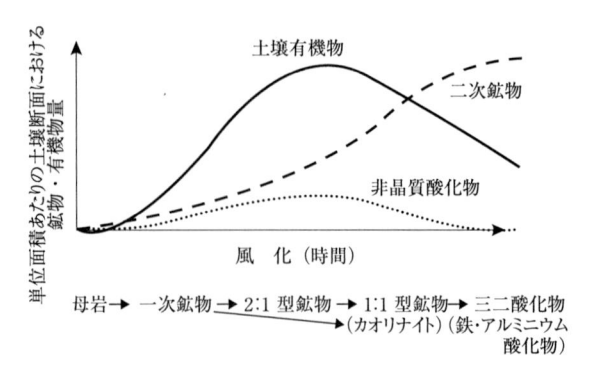

図 10.22 地質年代での土壌発達と土壌有機物安定化のメカニズム
（データは Torn et al. 1997 より）
土壌有機物量は非晶質酸化物の量に応じて変動する．

過程で見られる変動様式とは異なっている．Tornら（1997）の研究によると，土壌風化が進んだ2万年以降には，有機態炭素貯留量が大きく増加し，その大部分が表層20 cmより深い鉱質土層に難分解性画分として含まれた（図10.22）．しかし，その土壌炭素貯留量も100万年を過ぎると減少した．この減少は，森林の純一次生産の減少か分解速度の増加のいずれかによっていると予測されたが，精査したところ，この土壌炭素の減少率は森林の純一次生産の減少率よりも大きく，難分解性土壌有機物の分解速度の上昇が効いていたことがわかった．初期の火山性土壌には，アロフェン（allophane），イモゴライト（imogolite），フェリハイドライト（ferrihydrite）などの非晶質・準晶質粘土鉱物が多く含まれ，これら非晶質ミネラルは高い水和性と非常に大きな表面積を持つ．陰イオンとの配位子置換反応によって，有機物とミネラルに安定的な結合が生じるとされる．しかし，十分な風化時間とともに，それら非晶質ミネラルは脱水し結晶性粘土鉱物や鉄・アルミニウムの酸化物に変わり，有機物との親和性を失う．このため，有機物の難分解性がしだいに失われるものと解釈されている．実際に，ハワイの土壌発達過程では，非晶質ミネラルが15万年まで増加し，それ以降は減少した．結晶性粘土鉱物は風化初期では少ないものの，100万年以降に大きく増加した（図10.22）．

このように，長期の生態系発達では，土壌風化の進行に伴う非晶質・準晶質粘土鉱物の量が炭素の安定化を支配し，純生態系生産を決定する因子となる．結果として，土壌風化を伴う長期的生態系発達過程では，表10.5に表した遷移過程

での炭素貯留とは異なる様式を示す．その理由は，まず，沈殿型循環を持つ土壌リンの不溶化にともなう地上部現存量と純一次生産の減少があげられる．さらに，風化の後期に現れる土壌中での結晶性粘土鉱物の増加が，難分解性有機物画分の減少と土壌有機態炭素貯留量の減少を引き起こしていることがあげられる．このため，地上植生の純一次生産量低下と難分解性有機物減少に伴う土壌有機物分解速度の上昇により，純生態系生産と炭素貯留量は非晶質・準晶質粘土鉱物のピークを境に減少しはじめる．

10.6 この章のまとめ

　生態系を土壌と植生のシステムとして捉え，炭素の量的な鉛直分布や，地上と地下の炭素比が資源や土壌の風化にともない時空間的に変化することを紹介した．植物体の炭素と栄養塩元素には，一定幅の比が存在する．栄養塩は主にリターとして生態系のなかを循環する．この循環過程で，栄養塩の回収効率の変化，二次代謝産物への炭素投資変化，栄養塩と土壌鉱物の反応，腐植の形成，腐植と土壌鉱物の反応などにより，内的に栄養塩の循環速度が変化する可能性を指摘した．

　また，循環速度を制限するばかりではなく，土壌の風化自体や，産物としての粘土鉱物の形成が栄養塩や炭素の量を決定する大きな要因である．この循環速度の変化に対して，炭素と栄養塩の比を一定に保つために，植物は内部循環の効率性を高めるような適応を示す（第4章を参照）．しかし，窒素やリンといった光合成にとって欠くことのできない生元素では，生態遷移や地質学的遷移のなかで，これらの元素の存在比が相反的な関係にあり，むしろ劇的に変化するといってよい．与えられた地質条件のなかで，二つの元素が同時に最大値を達成できているのはまれであろう．

　植物群集の宿命は，光に対する種間競争の結果，地上部現存量を最大にすることにあるならば，このような生元素のアンバランスのなかでどのようにして現存量を維持しているのであろうか．植物の適応の全容が解明されたとは決していえない．ここに，生態系生態学の学術的な面白さがあるのではないだろうか．

　この章で述べたことは，これまでは"物質生産"や"物質循環"の範疇で，むしろ静的に扱われてきた内容である．生態系を，生理学と生物地球化学的な視点

から動的に扱うことの必要性を指摘したい．最後に，紙面の関係でその内容を紹介できなかったが，土壌–植生系の生態系動態の機能モデルとして Century Model (Parton *et al.* 1988) があるので，興味のある方は参考にされたい．

［北山兼弘］

11

地球温暖化と植物の生態

11.0 はじめに

　地球温暖化が世界規模での問題となっている．植物にとって温暖化は，光合成作用の基質であるCO_2が増加して気温が上昇し，生産期間の延長が予測される中高緯度地帯では，単純に考えると歓迎できる現象である．しかし，実際にはそう単純ではない．植物の環境応答能力を手がかりに，この章では温暖化現象での植物の応答を，植物生態学の応用問題として紹介する．たとえば，植物が利用できる資源量の一部が増加しても，「Liebig（リービッヒ）要素樽」として知られるように，不足する栄養塩の量で植物の成長は規定されるので，CO_2が増加しても直ちに成長に直結しないことも予想される．また，光合成産物の生産と消費（ソース・シンク）のバランスから成長は大きく規定されるので，CO_2増による温暖化が進行しても，直ちに成長の増加に結びつかないと考えられる．

　ところで，樹木へのCO_2付加の効果に関しては，苗木では個体全体としてその反応を評価できるが，高木では個体レベルの反応を調べるには困難がともなう．そこで，樹木をシュート（枝葉），モジュール（部材）の集合体として捉え，枝レベルの応答データを積み上げることにより，樹木から森林の環境応答をスケーリングアップし評価する例（Ward & Starin 1999）を紹介する．

a. 温暖化

　異常気象や酸性沈着と，人間活動に起因する環境変化のなかで，植物の生育は

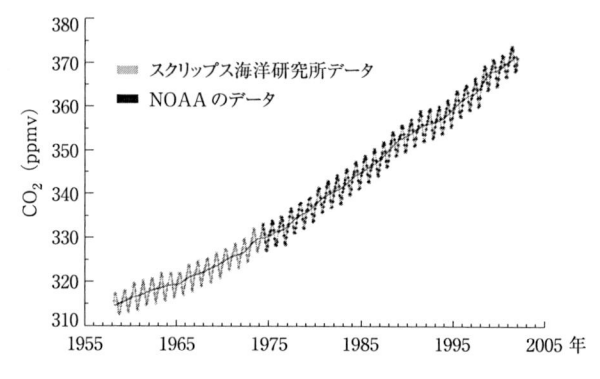

図 11.1 ハワイ島マウナ・ロアでの CO_2 濃度の長期モニタリング
最新情報は次のウェブサイトから入手可能．マウナロアの CO_2 データ (http://cdiac.esd.ornl.gov/ftp/ndp001/maunaloa.co2).

どのような影響を受けるのか．このなかでも，南極ヴォストーク基地で採取された，2546 m の氷床コア中の 22 万年前からの CO_2 濃度の記録によると，地史レベルでは温暖化現象とは，一時的な CO_2 上昇とそれにともなう気温上昇をいう（第 1 章）．ハワイ島マウナ・ロア観測所では，1957 年から大気中の CO_2 濃度がモニタリングされている．それによると，毎年約 1.5 ppmv 上昇し（図 11.1），現状では，21 世紀後半には現在の約 2 倍の 700 ppmv に達することが予測されている．産業革命（19 世紀後半）以降の変化が急速で，生物の適応力がその速度に追いつかないことが懸念される．

　大気 CO_2 濃度は，図 11.1 に示すように，北半球では高緯度になるほど明瞭にノコギリ刃形を示しながら上昇し続けている．北半球の植物の生育期はノコギリの谷間と一致することから，タイガ（ロシア語で針葉樹林）を構成するカラマツやトウヒ属などの植物の CO_2 固定能力に期待が寄せられている．固定された炭素は幹や枝などに蓄えられ，一定期間後には林床に落葉落枝（リター）として供給され大部分は土壌に蓄積されるが，分解が進行すると一部は CO_2 として大気に戻り，その一部はふたたび光合成作用によって植物に再固定される（第 10 章）．この過程は，地表を覆う植生やその日射，水分条件によって変化する．

　北米東部の落葉広葉樹林において，林床に電熱線を敷き地温上昇が生態系へ及ぼす影響を調べたところ，数種の植物の開葉時期が早くなった．人工気象室を用いて，土壌の栄養条件と CO_2，温度の影響を落葉広葉樹 3 種について調べた結果では，積算温度値が同じであれば，高 CO_2 と土壌肥沃度の高い場合に，葉と枝

の生産に成長促進効果があった．高山や寒冷地では，温暖化によって生育期間が延長したり，気温が酵素の適温に近づくことなどにより，生産力が増加する可能性もあるが，常緑か落葉かという生活型により，その反応は大きく異なることが考えられる．このために，温暖化に対する反応を「種」を越えて統一的に論ずることは非常に困難だと思われる．

いっぽう，高緯度や高山地帯では，突発的な低温害などの危険がつねにつきまとう．フィンランドでは，ヨーロッパアカマツ（*Pinus sylvestris*）の耐凍性が温暖化環境では上昇する傾向を，オープントップ・チェンバー（後述）を利用して明らかにした．この現象は，光合成産物が針葉に集積し，そのために浸透ポテンシャルが上昇することが一因と考えられている．しかし，ユーカリ類では温度が2℃上昇して生育期間が延びることで，凍害が増加する可能性も予測されている．酸性雨などによってもたらされる，過剰な窒素供給によって引き起こされる成長バランス障害など，高CO_2と窒素沈着の複合影響の解明も深刻な課題である．

b. 温室効果ガス

二酸化硫黄（SO_2）や窒素酸化物（NO_x）などの大気汚染物質と異なり，光合成作用に障害をもたらすオゾン（O_3）と同じく，CO_2は大気中に0.03％程度は含まれており，数％に達してはじめて毒性が問題になる．CO_2は地表面から放出される赤外線を吸収し，このため熱が圏外へ放出されず温室内部が暖まり地球全体の気温上昇を引き起こす．CO_2濃度測定に用いる赤外線ガス分析器（IRGA）は，この特性を利用している．このほかの温室効果ガスとしては，水田，湿原，反芻動物の胃から排出されるメタン（CH_4），古い冷蔵庫の冷媒や半導体洗浄に利用されるフロン化合物（F），また，脱窒により熱帯湿原や水田などから放出される亜酸化窒素（N_2O）は，CO_2よりも温暖化を促進する物質であるといわれている．

c. 直接-間接効果と森林

大気中のCO_2濃度の上昇にともなって植物の成長や土壌環境は変化し，CO_2施肥効果が顕在化する．これと同時に，大気の大循環なども影響を受けて，降水の量やその季節変化が大きく変わり，温室効果が顕在化する（直接効果）．これらの環境の変化を通じて，植物-土壌・微生物系の反応にも影響が出る（間接効果）．これらの関係は相互に関係し合う（Körner 2000）．

先に指摘したが，CO_2 の吸収源としての森林に期待が寄せられている．巨大なバイオマス（現存量）を持ち，システム（＝系）としての森林の生命活動を左右するのが，上述の直接・間接効果である．ここで，改めて森林を定義すると，緑色植物のなかでも毎年肥大成長（二次成長）を営み，木化（lignification）する多年生の植物を樹木と呼ぶ．多くの樹木は年々大きくなり，幹をはじめ巨大な貯蔵器官を持つ．この樹木の集団を「森林」と呼ぶ．これに対して，タケとササ類は木化はするが肥大成長しない．1970年代には，施設園芸の発達により作物など草本植物の成長制御は CO_2 施肥技術にまで発展した．作物は特定の器官を肥大させ，シンク能を上げた植物である．これに対して，野生種が大部分を占める樹木については，研究例が限られる．そこで，樹木の CO_2 上昇に対する間接効果にも注目して温暖化現象に対する森林の応答を概説する．

11.1 CO_2 への応答

11.1.1 研究方法の変遷

従来は，人工気象室などの制御環境を利用した CO_2 付加実験が一般的であった．施設整備には費用がかかるが，厳密な環境制御のもとでモデル試験が可能である．より自然条件に近いシステムとして，天井のあいた透明な囲いで CO_2 を付加するオープントップ・チェンバー（open top chamber : OTC）が利用されるが，光や風の効果が自然条件とは異なる．根系の制限が成長抑制の原因であると Arp（1991）が指摘したが（図11.2），人為影響をできる限り除いたシステムが

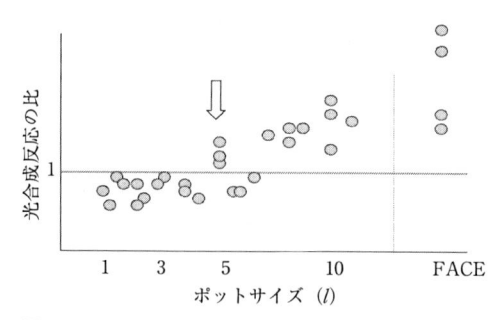

図 11.2 ポットサイズ効果の模式図（Arp 1991 を改変）
根系の制限が成長抑制の原因．光合成反応の比＝光合成速度（720 ppm）/光合成速度（360 ppm）．矢印はポットサイズが 5 l であることを示し，これ以下になると光合成反応の比が 1 より明確に下回る．

考案された.CO_2が空気より重いことを利用し,植生高よりやや高い位置の風上からCO_2を付加する FACE (free air CO_2 enrichment:開放系CO_2増加実験)である.設備費は比較的安いが,CO_2付加の維持費用が膨大にかかる.維持費用を削減する試みとして,スイスのバーゼル大学では林冠クレーンを利用し,樹木の枝先にCO_2施肥用のチューブを設置してCO_2付加を行う web-FACE を開発した.樹高 35 m の木では,チューブ長は 1 km に及ぶ.

さらに,CO_2 を吹き出す温泉の周囲の樹木に関する研究が日本の東北地方,アイスランド,イタリアで行われた.地中海性気候のイタリアでは,650 ppmV の環境で 30 年間にわたって成長している常緑カシ (*Quercus ilex*) の成長を解析した.その結果,対照の通常大気で生育した個体に比べて有意に年輪幅が増加していたが,加齢とともにその差が小さくなっていた (Hättenschwiler *et al.* 1997).

11.1.2 個葉レベル

光合成生産の生理的側面は,CO_2 固定酵素の特性により規定される.イネやコムギ,樹木の大部分は,C_3 植物である(第 2 章).C_3 植物の CO_2 固定酵素は,リブロース二リン酸 (RuBP) カルボキシラーゼ/オキシゲナーゼ (Rubisco) であるが,名称のように炭素固定とともに酸素固定をも触媒する.酸素触媒力が高温下では優先するので,光条件では呼吸(光呼吸:グリコール酸に由来する)が増加する.一定温度条件では,葉内 CO_2 濃度 (Ci) が 0 ppmV 付近から 700 ppmV 付近までは光合成速度が直線的に増加するので,濃度が上昇すれば光合成能力は増加すると考えられてきた.しかし,トウモロコシなどの葉の構造上 CO_2 濃縮機構(クランツ構造)が備わった C_4 植物(炭素固定酵素は PEP カルボキシラーゼ)では,高温・高 CO_2 処理をすると成長差は温度処理にのみ処理の影響が見られた(牧野 1999).サボテン類は,乾燥から逃れるため日中気孔を閉じて夜間に取り込んだ CO_2 を固定する(代表的に研究されたベンケイソウ科の代謝 (crassulacean acid metabolism) にちなんで CAM 植物という)が,高 CO_2 条件で成長が増加し,光合成能力に明瞭な負の制御は見られず,活性化状態の Rubisco の割合は増えることが確認された.なお,C_4 と CAM 植物はともに RuBP カルボキシラーゼをも持つ.

次に,C_3 植物の酵素レベルでの調節作用を見ると,一般に,光合成速度は CO_2 濃度に対して頭打ちの反応を示す.この反応は,二つの酵素反応が関与する

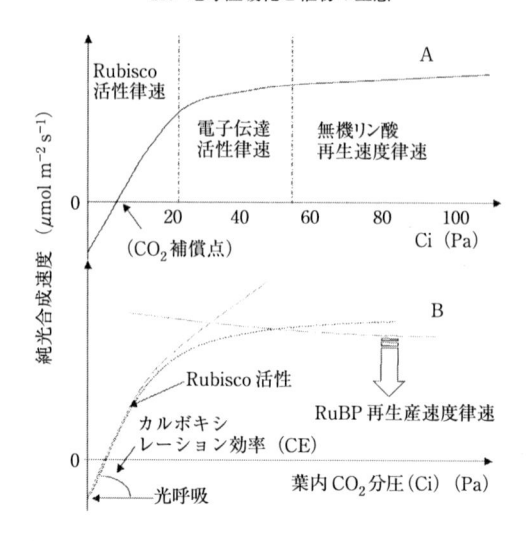

図 11.3 A-Ci 曲線と光合成制限要因（牧野 1999 を改変）
A, A-Ci 曲線の各律速要因領域；B, 生理的パラメータ.

過程を経る．Farquhar ら（1980）のグループは，CO_2 反応を酵素の物理化学からモデル化した（第 2 章）．最初に RuBPCase が触媒する反応で，CO_2 固定には RuBP を消費してホスフォグリセリン酸（PGA）を生成する反応であり，もう一つは PGA から RuBP を再生する過程である（図 11.3）．葉内 $CO_2(C_i)$-光合成関係（A/Ci）曲線に示したように，CO_2 濃度が低いときには基質である CO_2 の不足が光合成反応を律速する．この部分では，光合成速度は RuBPCase 量に依存する（RuBPCase 制限）．続いて CO_2 濃度が高くなると，今度は RuBP 濃度が光合成速度を律速しはじめる（RuBP 制限）．RuBP 再生速度は，チラコイド膜における電子伝達による NADPH・ATP 生産や，RuBPCase 以外のカルビン-ベンソンサイクル酵素活性の影響を受ける．さらに，CO_2 濃度が高い領域（C_i > 1200 ppm）では CO_2 分圧の影響はなく，葉緑体内の光合成産物の転流に関連して無機リン（Pi）が関与する．すなわち，RuBP 再生産系（炭水化物と RuBP 再生産反応には ATP が使われるので，ADP と Pi から ATP に再利用する速度に制限される）が光合成速度を律速する．

樹木を含む C_3 植物 109 種の A/Ci 反応を調べたところ，上述のような二つの律速段階が機能していることが推定された．現在の 350 ppm CO_2 濃度で最適なタンパク質の配分を持つ葉を 700 ppm CO_2 濃度に移すと，RuBPCase が相対的

に低く，電子伝達系などのタンパク質への分配が多くなる．葉のなかでの窒素（タンパク質）の分配が高 CO_2 でどのように変化するかが，順化を予測する際に重要となる．

11.1.3 個体レベル

植物は一般に光合成器官である葉と非光合成器官とされる幹，枝（緑色をしている間は，光飽和付近では自らの呼吸量程度の光合成生産量を示す），根系からなる．このため，個葉の機能だけでいろいろと論ずるには限界がある．ここでは，個体生理の立場から高 CO_2 環境での応答を検討する．

a. ソース・シンク均衡

稚樹を用いた CO_2 付加実験では，枝分かれが促進され，幹と枝との相対成長関係（allometry）が変化した．根系の制御がない水耕栽培のイネでは，高 CO_2 処理を行うと葉身の窒素含量は低下したが，葉はやや小型化するとともに，葉鞘部分が肥大し窒素含量が増加する反応を示した．これらはソース（光合成活性部分）とシンク（光合成産物の消費・利用活性）のバランスや蒸散能力が，高 CO_2 環境では個体レベルでも大きく変化することを意味している．また，人工気象室を利用した制御実験の結果，施肥しない通常の土壌栄養条件では，処理開始後の2〜3 週間は光合成能力が上昇するが，その後，多くの場合に生育時の CO_2 濃度

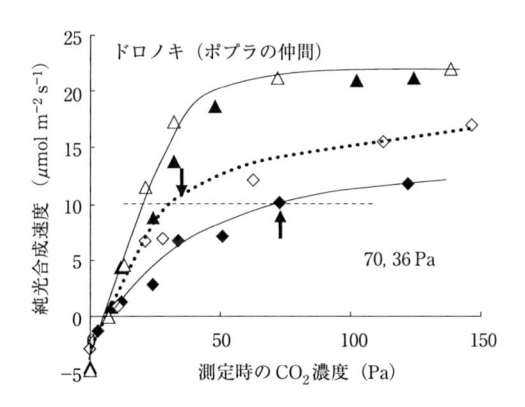

図 11.4 光合成の恒常性維持機能の例（小池 未発表）
矢印，栽培時の CO_2 濃度；▲△，富栄養；◆◇，貧栄養．貧栄養では恒常性維持現象（水平な波線）が見られるが，栄養塩量を十分与えると処理 CO_2 量にかかわりなく同じ反応を示した．ポットサイズが小さいと，貧栄養では高 CO_2 での測定値が低かった．光合成速度はポットの形状ではなく，栄養塩量に依存する．

に見合った光合成能力しか示さなくなる（図11.4）．アラスカでは，野外条件でフレームを利用し CO_2 付加を行った実験から，いわば恒常性維持機能（homeostatic adjustment）のはたらくことが1987年に紹介された．その後，同様の傾向がカンバ類，トドマツ，イヌエンジュ（マメ科）などで報告されている．

このような現象や光合成速度が低下する「負の制御：down regulation」は，高 CO_2 環境では成長が速いため植物体内の窒素濃度が相対的に低下することや，実験初期に与えられた肥料だけのため，生育途中から肥料欠乏が生じること，光合成産物が転流される器官や根系が育成ポットのサイズによって抑制されること，葉に過剰な光合成産物が蓄積すること，などが原因と考えられている．上述のように，葉には余剰の光合成産物が蓄積し，SPS（sucrose-phosphate synthetase：ショ糖リン酸合成酵素）活性が不十分であることなどによって，「負の制御」が生じることもある．この現象は，図11.4に示すように栄養分が十分であれば見られなくなる．いっぽう，360 ppm と 700 ppm で生育している苗木を，それぞれ入れ替えて光合成の順化速度を追跡した結果，光合成速度はシンクサイズなどによって多少の差はあるが，2～3週間以内に生育時の CO_2 環境に順化した（小池 1999）．以上から，樹木などの CO_2 固定機能に過大な期待はできないことを指摘したい．また，生殖成長にはポットサイズではなく，与えられる栄養塩類の量に依存することが，一年生草本で指摘された．

ロブロリーパイン（*Pinus taeda*）幼樹を用いた，根系の抑制のない状況でのOTC実験の結果でも，初期成長は加速されたが，処理開始後3年目になると針葉中の窒素含量の低下に伴い，CO_2 固定速度が低下しはじめた．バイオマス成長量は高 CO_2 処理で処理開始直後には葉量が対照に比べ233％の増加を示したが，その後低下し4年目で通常大気の処理区に比べて90％の増加にとどまった．さらに，相互被陰の影響で葉量が低下し成長も減退した．主に，根系の発達とリターからの養分供給も制限要因になると予測された．

b. FACEによる研究

米国東南部では，ロブロリーパインを対象にした世界最大規模のFACE実験がデューク大学で実施されている（図11.5）．実験の初年度から3年間は約550 ppmで生育しているサークル中心部の個体で，光合成能力や瞬時的な水利用効率は上昇した．初期の解析から，従属的呼吸速度は高 CO_2 付加によって165％増加し，現存量は57％，細根量は8％，落葉落枝生産量は35％増加した（Hamilton

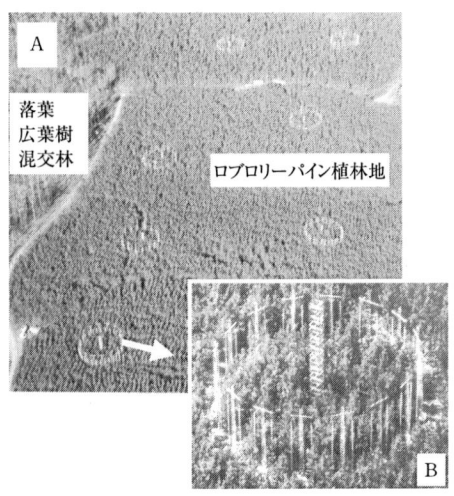

図 11.5 デューク大学演習林の FACE システム（小池 2004）
A，初期タイプも含めた 7 基の FACE（栄養条件を 2 段階設けた）；B，中央のタワーの風向センサーにより CO_2 付加方向を決める；C，北海道大学北方生物圏フィールド科学センターの FACE．壁面位置のチューブから CO_2 を付加する．

et al. 2002)．しかし，その 4 年間は成長量に処理区と CO_2 付加区の差がなかった．CO_2 付加で成長が増加したのは，栄養塩の施肥された処理区のみであった．しかし，5 年目になって，ふたたび栄養塩を施肥していない処理でも CO_2 付加区で成長量が増加しはじめた．そこで，この成長増加が見られなかった時期を移行期間（transition period）と名づけ，調査を継続している．Luo ら（2002）は，急激な CO_2 付加によるいわば「ショック効果」が消えるには，数年要することを指摘している．この FACE 研究は継続されているので，さらなる解析が待たれる．北海道大学では，この「ショック効果」を最小限に抑え，火山灰土壌地帯での森林遷移を想定した，稚樹群落に対する小型 FACE 実験を開始した（図 11.5C）．実験開始直後から CO_2 付加に対する葉面積指数（leaf area index：LAI，$m^2\,m^{-2}$）の増加と葉温の上昇，そして窒素固定菌（*Frankia* sp.）を共生するケヤマハンノキでは，土壌条件にかかわらず大きな成長が報告されている（図 11.6）．

フランス・ドイツ・スイス国境のバーゼル近郊林では，Web-FACE を用いて，16 種の落葉広葉樹高木（樹高約 35 m）に対し CO_2 を付加した結果，すべての樹種で水利用効率が上昇していた．同様の結果は，スイス・アルプスの約 2200 m に植栽された，ヨーロッパカラマツ（*Larix decidua*）やヨーロッパトウヒ

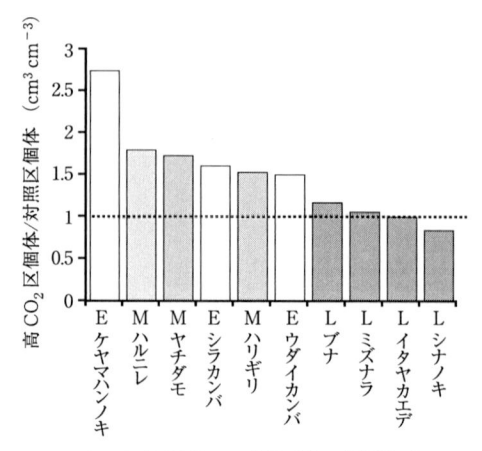

図 11.6 FACE による火山灰土壌での木部形成の種間差（江口ら 未発表）
高 CO_2 処理によって体積の増加した種は，褐色森林土よりも少なかった．遷移初期種，中間種は，高 CO_2 処理によって増加したが，遷移後期種はあまり増加しなかった．ケヤマハンノキは高 CO_2 処理をすると，体積は著しく増加した．E, 遷移前期樹種；M, ギャップ依存樹種；L, 遷移後期樹種．

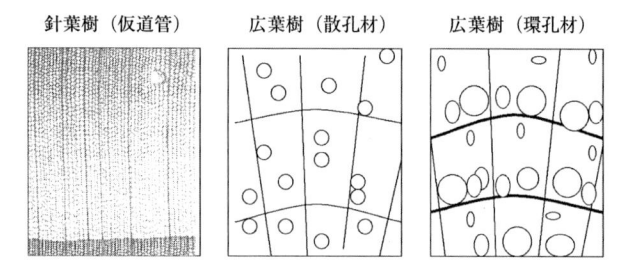

図 11.7 木部の木口面の模式図

(*Picea abies*) でも認められた．高 CO_2 下では，少なくとも瞬時的な水利用効率（P/T 比：光合成/蒸散比）の上昇は普遍的に見られるようである．

c. 水分通道と木部構造

FACE でも見られたが，一般に高 CO_2 濃度環境では，気孔コンダクタンス（通道性）が低下し水利用効率が上昇した．気温が上昇し蒸散速度が上がっても，水利用効率（蒸散速度あたりの光合成速度）が上昇し，樹種によっては細胞内腔の増加や道管直径が小さくなる傾向があった．これは，材密度が変化することを意味し，林分レベルの炭素固定・貯留量推定値にも影響が出る．ここで，水分通道は針葉樹では仮道管が担い，広葉樹では大きく分けると木部の道管が行う．広葉

樹では，木部全体に細い道管が散らばる散孔材と，太い直径を持つ道管が年輪の近くに存在する環孔材に大別される（図11.7）．水流量は道管の半径の4乗に比例するので，太い道管が効率よく水を運ぶことができる（Hagen-Poiseuilleの法則）．したがって，高CO_2条件で水利用効率が上昇することにより，道管径の小さくなることが期待される．いっぽう，針葉樹を対象にした数理モデルから，仮道管を通過する低水温は肥大成長を抑制し，高CO_2と栄養分は細胞内腔の肥厚と肥大成長を増加させることが予測された．また，水流速が高くなると，道管にキャビテーション（空洞化）が生じやすくなる．ナラ類に典型的であるが，空洞化した環孔材の道管内には柔細胞のチロースが侵入し，道管を閉塞するため通水機能が完全に失われる．

これまでのCO_2付加処理を受けた材料の年輪解析からは，年輪幅と材密度の増加がCO_2処理開始直後には見られる樹種が多いが，細胞壁の肥厚や道管形態への影響に関しては，依然として不明瞭なことが多い．これらの研究のなかでも酸性沈着中の窒素を栄養源と見なし，高CO_2の影響を調べた常緑針葉樹ヨーロッパトウヒの研究では，欧州最大の窒素付加量 30 kg ha^{-1} に2040年頃を想定した560 ppmV CO_2 の処理を行ったところ，年輪幅と材密度の上昇が明瞭になったが，リグニン量などの変化はなかったことを解明した．落葉針葉樹のシベリアカラマツ（*Larix sibirica*）やニホンカラマツ（*L. kaempferi*）では，栄養塩が十分存在するときに限り肥大成長が見られ，細胞内腔の肥大は確認されたが，細胞壁の有意な肥厚はなかった（Yazaki *et al.* 2004）．高CO_2条件で生育すると，リグニンあるいはリグニン/窒素の増加傾向があるが，すべての樹種には見られるわけではない．OTCで生育させた材料の肥大成長は，年輪解析の結果，年輪幅は高CO_2で成長した個体において有意に広かったが，密度にはCO_2の影響が見られず，処理年数とともに影響が小さくなる傾向があった．これは，土壌中の栄養塩類の欠乏や立木密度の増加のために，生育空間が経年的に狭められた結果と考えられる．

いっぽう，高CO_2・富栄養条件下で生育させたヤチダモでは，道管直径が若干低下する傾向が報告されている．これは，上述のように高CO_2条件では気孔コンダクタンス（通道性）が低下気味になり，水揚げが抑制された結果と考えられる．例外的な例は，林床でのOTC実験から報告された．パプリフェラ（*Betula papyrifera*：カンバ類のなかでは中庸の耐陰性を持つ）などの落葉広葉樹稚苗の

気孔コンダクタンスは，被陰下で行った CO_2 付加実験で大きく上昇し，光合成速度も高 CO_2 濃度で上昇する傾向もあった．この現象は，被陰条件では地上部の発達が相対的に促進され，通水性が上昇したためと考えられる．このように，CO_2 付加の効果はさまざまな環境条件でも大きく異なる．

ところで，高 CO_2 条件とオゾン（O_3）や亜硫酸ガス（SO_2）の複合影響に関する実験例は少なく，その影響を一般化できないのが現状である．上述のように，高 CO_2 条件では気孔が閉鎖気味になるので，植物体には汚染物質の取り込みが少なくなると考えられる（伊豆田 1998）．しかし，OTC を用いたヨーロッパアカマツの長期にわたる実験では，投与量（dose）が $10～20$ ppm hr^{-1} 程度の $CO_2 + O_3$ 処理は，O_3 単独と同様に成長低下を引き起こした．いっぽう，アカマツとスギでは，$50～100$ ppb 程度の低濃度の O_3 と 700 ppmV の CO_2 付加には，アカマツは感受性を示したがスギには耐性があった．現在，主要樹種であるブナをはじめスギなどの成長への，CO_2 と汚染ガス複合影響が調査されているが，補償効果がはたらき成長が促される種が多いという．NO_x など，他の汚染物質と高 CO_2 との複合影響に関する研究は，現在，本州の主要樹種について進展中である．

11.1.4 群集レベル

異なる樹種間の競争関係，あるいは異なる生物間の共生や相互作用などはきわめて複雑である．そこで，現在までの実験から直ちに予測できる間接効果も含む相互作用の例として，分枝による種内種間競争，共生菌類の役割，分解系を通じての反応，そして被食防衛に関する情報を紹介する．

a. 生物多様性への影響

高 CO_2 条件での植物群落の応答を推定するために，Oikawa（1986）は熱帯林でのバイオマス（現存量）量データを用いたシミュレーション研究を行った．この結果，大気中 CO_2 濃度が約 560 ppmV に達すると，上層木のシュート生産が増加して葉が繁茂し，下層に届く相対光量が約 4% に達すると後継の稚樹が生存できなくなり，その結果，生物の種多様性が低下することが指摘された．同様の傾向は，温室を利用した熱帯植物群落でのモデル試験や高 CO_2 で生育させたヤナギやカンバ類でも確認された．種数が減少することは，種レベルだけではなく遺伝子・景観レベルでの多様性も損なわれることになる．しかし，FACE によ

る高CO_2環境では，カエデ類やユリノキなどの更新稚樹の光補償点は低下し，光合成誘導反応の低下は小さく，多くの広葉樹葉の炭素固定効率（CE）は増加していることから，更新稚樹の成長は極端に低下しない結果が報告されている（Naumburg & Ellsworth 2002）．

ヤナギ類ではシュートの生産が大きく増加し，一時的にLAI（$m^2\,m^{-2}$）が増加したが，生育密度8000本ha^{-1}での結果では，LAIが4.0を超えると急激に下層の葉が落葉し，最終的にはLAIは4.4を超えなかった．シラカンバでは，高CO_2では分枝が進み，個葉の寿命が対照に比べて約2週間短くなる傾向を示した．しかし，生産された総葉数は1.6倍に達し，経験的ではあるがOikawa（1986）の予測を裏づけた．いっぽう，ヨーロッパトウヒを用いたモデル林では，CO_2濃度を産業革命当初から2050年頃を想定して280，420，560 ppmVと変化させて栽培すると，CO_2濃度が増加するほどLAIの増加程度は小さく，処理開始後，820日にはLAI値は，3.7，4.1，5.2（$m^2\,m^{-2}$）となった．草本植物の1個体ずつを追跡した結果からは，大きなサイズの個体が優勢になるという．今後，さらに樹種による分枝や葉の生産能力にも注目すべきであろう．

b. 土壌有機炭素

土壌中には，多量の土壌有機炭素（soil organic carbon：SOC）が存在し炭素循環の貯留場所とされる．このSOCには植物の根は含まれないが，貯留量は世界中で約2000 PgC（$Pg = 10^{15}$ g）と推定されている．これは大気中のCO_2の約3倍，植生の生物量（約450〜750 PgC）の約4倍に相当する．ここで，SOCは植物遺体（通称リター：ネクロマスや地表の枯死物）と腐植（humus：フルボ酸，泥炭や腐植物質）を含む．林床のリターの平均滞留時間は，熱帯多雨林では平均0.9年で北方針葉樹林では59.8年と見積られている．そのため平均SOC密度は，熱帯林12.3 $kgC\,m^{-2}$，亜寒帯林34.3 $kgC\,m^{-2}$とされ約3倍の差がある（伊藤 2002）．また，土壌深く蓄積されている炭素や「炭」など，ブラックカーボンとして蓄積される炭素量の推定も重要である．

北方林では主に低温のため分解が進まず，SOC貯留量が増加するが土壌水分量に影響され，同地域でも約10倍の差があるという．北海道の森林では，SOCは0〜70 cmで平均18.3 $kgC\,m^{-2}$と推定された．いっぽう，頻発する山火事により焼失する量も多く，東シベリア・ヤクーツク周辺では，現存量として熱帯林の値が約5.0 $kgC\,m^{-2}$と報告され，ツンドラ移行帯では12〜28 $kgC\,m^{-2}$とされて

いる．したがって，推定値には局所的なばらつきが含まれることを考慮する必要がある．

c. 土壌中の生物活動

これまでのCO_2付加実験からは，落葉のC/N（炭素/窒素）比やリグニン量は高くなることが報告されている．Cのみの含有率が大きいと，一般には土壌生物にとって"魅力"の小さい餌となり，分解が遅れると考えられている．また，落葉前の養分回収能力に種間差があるが，高CO_2で生産された落葉のC/N比は，通常のCO_2濃度で生産された落葉の2～4倍近い値を示す（第10章）．温帯落葉樹林の例ではあるが，C/N>30では有機物の分解過程は不動化されるという．いっぽうでは，気温の上昇にともない，分解にかかわる微生物活性の変化と落葉の性質との関連を解明する必要もある．

高CO_2下では，地上部に対する地下部の比が増加し根系が拡大する．また，根から浸出する炭素化合物が増加することも指摘されている．しかし，閉鎖実験系では高CO_2により一時的にSOCが減少する傾向がある．これを起爆（priming）効果と呼ぶ．この現象は，微生物にとって基質として利用しやすい炭素供給量（たとえば溶存有機炭素量）が増加したため，微生物活性が一時的に増加することによると考えられている．その結果，微生物バイオマスが増加し，炭素・窒素などが微生物体内で不動化されて，それ以上養分の供給が進まないため，植物にとっては特に窒素不足となってCO_2固定（＝光合成作用）への「負の制御」となる．

リター分解には，土壌生物として，特に熱帯ではシロアリが，その他でもミミズとトビムシに代表されるマクロ・ファウナ（macro fauna）が重要な役割を持つ．研究例は限られているが，欧州中部でのCO_2付加実験では，ミミズの生産する糞塊量が，処理後2年で$2.3\ kg\ m^{-2}$と通常大気の$1.7\ kg\ m^{-2}$より大きく活動が促進されたという（Körner 2000）．

d. 共生菌と分解系の制御効果

高CO_2下で生育すると葉の窒素含量が低下し，葉は黄味を帯びることが多い．しかし，ハンノキ類など窒素固定菌（*Frankia* sp.）を共生する樹木の葉の色は，緑色を保つことが多い．根粒菌と共生するイヌエンジュでは，高CO_2条件では下方に位置する加齢葉が黄化する．このように，共生する菌類により成長や葉色の変化は異なるが，高CO_2条件では土壌の窒素養分が少ない場合に，根系の根

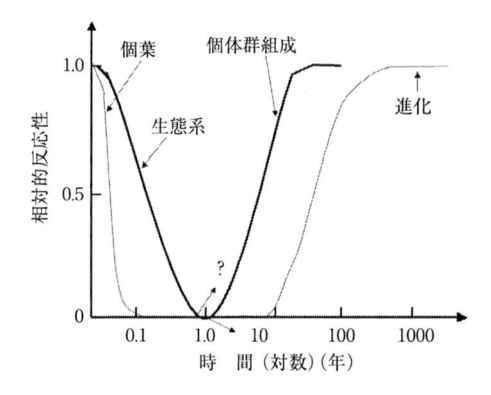

図 11.8 個葉から生態系への順化 (Oechel 1992 を改変)

粒数の増加やアセチレン還元能の上昇などが見られ，大気中の窒素固定が促進される．

　栄養塩類が成長の制限になりやすい高 CO_2 環境では，窒素固定菌を共生する樹木が植生や林分構造に及ぼす影響は大きいと考えられる．一般的に葉の窒素濃度が低いと，土壌中での分解が遅れる傾向がある．落葉前の養分回収能力に種間差があるが，高 CO_2 で生産された落葉の C/N は，通常の CO_2 濃度で生産された落葉の 2〜4 倍近い値を示す．研究例は限られるが，高 CO_2 環境で生育した樹木の落葉では，明らかに分解は遅れる傾向があった（Norby et al. 2001）．温暖化環境では，分解にかかわる微生物活性の変化と落葉の性質との関連を解明する必要がある（Paterson et al. 1997）．また，高 CO_2 では蒸散速度が抑制される傾向があり，土壌水分は高くなることも予想されている．このように，栄養塩の供給を中心に物質循環が現状と大きく異なると予想されるが，高 CO_2 条件でも落葉中の窒素含量の高いハンノキ類や，マメ科樹木の役割が注目される．

　温暖化の予測研究をアラスカとカリフォルニアで継続している米国サンディエゴ州立大学の Oechel (1992) は，個葉から生態系への順化を次のようにまとめている（図 11.8）．個葉レベルの生理機能は，3〜4 週間程度の比較的短い期間で高 CO_2 環境に順化する．しかし，土壌中での窒素の無機化など生態系レベルの生理機能を制限するのは，養分供給能力である．したがって，生態系レベルでは 100 年のオーダーである．環境適応能力も含めた進化の時間は 1000 年のオーダーであろう．すなわち，どの時間スケールで生態系の変化を評価するか，という

ことが重要である．

　植物は，落葉のかたちで供給された窒素を，そのままの状態では利用できない．そこで，土壌微生物の活動が注目される．植物の利用できる無機態窒素の生成・供給過程の解明が，重要になる（第10章）．制御環境では，明らかに外生菌根菌，根粒菌，*Frankia* sp.の活動が，高CO_2では増加していた．宿主の光合成生産能は，少なくとも一時的には増加するので，相乗効果があるといえる．この点も，予測研究では注目したい内容である．連合王国の草原をモデルとして，貧栄養に生育する草原での炭素固定機能が上昇すると予測された．この理由としては，脱窒が抑制され，溶脱も小さく非共生系の窒素固定が促進されるため，最終的に土壌中の窒素が豊富になる結果としている（Cannel & Thornley 1998）．

e. 被食防衛機構

　二次生産量（被食量）は，この30年間にわずかに増加している傾向がある．1970年代はじめには，森林の二次生産量は新たに展開する葉量の3〜4％（常緑マツ林では全葉量の約1％）とされた（古野 1974）．しかし，1990年代後半に出版されたテキストでは，10〜20％（最大26％）とある（原典は1993年）．各標高ごとで気温のみ異なる環境での窒素循環研究が進むマレーシア・キナバル山では（第10章），各標高での二次生産量を平均すると，全葉量の約7％とされた．対象樹種，地域，推定方法などに違いは含まれるが，明らかにこの数十年間の被食量が増加しているように見える．この変化は何に起因するのか．

　植物の生育は光，温度，水，栄養条件などの無機環境に大きく影響されるが，この30〜40年間に大きく変化した無機環境の一つが，大気中のCO_2濃度である．1960年代は300 ppmV付近であったが，近年，大気中CO_2濃度は毎年約1.5 ppmVずつ増加し続けており，最近では370 ppmV付近まで上昇してきた．進行する高CO_2濃度とそれによる温暖化現象のなかで，樹木の葉の被食防衛能力はどのように変化するのであろうか．この問題に関しては，北米とフィンランドを中心にカンバ類を対象とした研究が先行している．細かな化学成分は今後の課題であるが，葉の寿命が短く光合成速度の遅い樹種では（窒素利用効率が高い），高CO_2下で生育させると総フェノールと縮合タンニンの両方が増加した．これらは，フェニル基など多くの官能基を持ち，植食者のタンパク質分解酵素と結合し消化を妨げる．リグニンはこの意味で量的防御物質である．各種フェノール類の防御機構の変化も興味深い．植食者の行動に注目すると，葉のC/N比が増加

し幼虫の成長が抑制されて世代交代が進まないとの考えと，温暖化が進行し発育が加速されるだけでなく，一定量の窒素養分を摂取するため被害が増加するとの考えがある．

　一般に，葉の寿命と防御能力には正の関係がある．葉の寿命の長い樹種であるブナやミズナラでは，縮合タンニン量はわずかしか増加しないが，総フェノール量が大きく増加していた．窒素固定菌を共生するケヤマハンノキでは変化が小さい．このように，種によって高 CO_2 への応答が異なるために被食害の程度が異なり，森林域の種組成が変化するおそれがある．さらに高 CO_2 で生産された葉は貧栄養なので（C/N 比が高い），一定量の栄養を得るため植食者は多くの葉を食べるが，これによって葉上での滞在時間が長くなり天敵に食われる確率が高くなる（Stilling et al. 2002）．しかし，研究例は限られているため，今後，さらに研究を発展させるべき課題である．

　フェノール類などの防御物質の生産と成長に直結するタンパクの合成には，シキミ酸合成系の中間産物であるフェニルアラニンを介して「トレードオフ」の関係が存在するために，成長と防衛物質量の間には負の相関が予想される．したがって，同一樹体内では，成長と防御形質の「トレードオフ」関係が成立することが生化学的にも予想される．

　ただし，はじめに述べた針葉樹の場合では，代表的な被食防衛物質はアセチル CoA からメバロン酸合成系を経て生産されるテルペン類であり，広葉樹の主要防衛物質とは合成系が異なる．縮合タンニンに代表される二次代謝産物と成長の原資となる一次代謝産物の間には，炭素（C）や窒素（N：栄養塩類）のトレードオフ関係が存在する（もちろんテルペンを合成する際にも C, N 資源を消費する）．合成にかかるコストやその物質の効果（広・狭食者への防衛）が異なり，種間の遺伝的な背景（系統間の制約）などの問題があり，異種間で種内と同様に比較することは難しい．いずれにしても，樹種により生産する防御物質は異なり，成長パターンとのトレードオフ関係の違いが興味深い．

11.2　炭　素　収　支

　樹木の CO_2 固定量では，幹の年々の肥大成長と落葉の生産量，それに幹・枝・根系の相対成長関係に食害量を加えると純成長量が推定できる．しかし，森

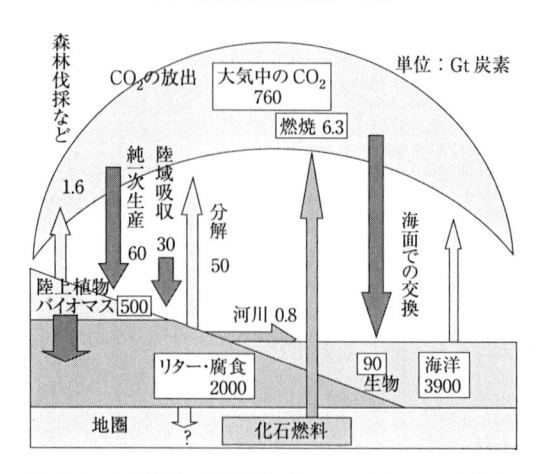

図 11.9 地球規模の炭素循環（Watson, R. T. 2000 を改変）

林としての CO_2 吸収量は土壌呼吸量の推定がいまだ確立されておらず，森林生態系（樹木集団＋土壌＋微生物などを系とする考え方）の収支を計算する上で大きな課題であり，精度を上げる試みが世界中で進行中である．次に地球規模の炭素収支に関連して，CO_2 固定機能を測定する方法を紹介する．

11.2.1 ミッシング・シンク

産業革命以降の化石燃料の大量消費などによる CO_2 の排出が 270 GtC（ギガトン炭素＝10 億トン炭素）であったが，さらにその約半分の 136 GtC の CO_2 が，熱帯林の伐採などの土地利用変化によって排出されている．森林減少は，各種資源の宝庫である貴重な森林生態系を破壊し，温暖化を促進する．

これまでの調査から，森林全体は CO_2 のシンク（吸収源）とされ，年間約 1～2 GtC 程度の CO_2 を吸収すると推定されている（炭素の吸収と放出収支の合わない部分をミッシング・シンク（missing sink）と呼ぶ）．IPCC の特別報告書（土地利用，土地利用変化，林業）に示されたデータをもとにして，地球規模の炭素循環を推定した（図 11.9）（Watson *et al.* 2000）．これによると，1990 年代の地球規模の炭素収支としては，全球炭素収支から推定した陸域の吸収量は 0.7 GtC yr^{-1} とされている．一方，この間の土地利用変化（熱帯林の伐採等）による排出は 1.6 GtC yr^{-1} に及ぶ．これらを考慮するとさらに 2.3 GtC yr^{-1} の吸収量の増加が近年陸域で起こっていることになる．海洋の吸収量に匹敵するこの吸収

量増加の一因として CO_2 施肥や無機養分の増加なども考えられているが，未だよくわからない部分が多い．この炭素収支の変動量の背後には，60 GtC yr^{-1} に達する森林をはじめとする植生の純一次生産力による吸収と，土壌呼吸・火災などによる排出のフラックスが含まれる．なお，CO_2 量から炭素量への換算は，原子量から 12(C)/44(CO_2) で行う．

Box 18

IPCC の森林の定義

IPCC（気候変動に関する政府間パネル）のグッドプラクティス・ガイダンスにおける「森林」とは，植林，再植林，森林破壊の内容を規定するため，「樹冠率の閾値」を定義して森林域を決定している．IPCC 特別報告書によると，高い閾値の樹冠率（70％の樹冠率など）が用いられる場合，樹木がまばらである樹林地の多くは，第3条3項においては「森林」としてカウントされない．低い閾値が設定された場合，密集した森林が大幅に減少しなければ森林破壊として検知されず，結果として大量の炭素が放出されることになる．「森林の劣化・回復」「伐採から再生」をどのように定義して取り扱うかも，カーボン・アカウンティング（炭素吸収・排出量をカウントする方法）に関連した重要な決定事項である．

11.2.2 推定方法

森林の炭素収支の測定には，渦相関法や熱収支法などがあるが，いずれも大面積で均質な植物集団を前提としている．ここでは，従来の林分の一次生産力の推定法に基礎をおく推定方法と，植生の変化の概要を光合成生産に基礎をおき推定する機能タイプの研究方法を紹介する．

比較的均質な人工林での CO_2 固定量推定には，積み上げ法（収穫法），相対成長量法（アロメトリー（allometry）法），群落光合成法が適用できる．広範囲の推定には各地の気象，衛星データも組み合わせた，気候学的推定方法もある．さらに，衛星データの正規化植生指数（NDVI 値）は，地上部データと組み合わせると広範囲の推定が可能になると有望視されている．

a. CO_2 固定と炭素貯留

CO_2 固定には，エネルギー生産のための呼吸による CO_2 放出をともなうが，固定された「材」の量から CO_2 蓄積量を推定できる．光合成作用は，光エネルギーにより CO_2 と H_2O から炭水化物 $(CH_2O)_n$ を合成する反応であり，次式で

表される．

$$6CO_2 + 12H_2O \longrightarrow C_6H_{12}O_6 + 6H_2O + 6O_2$$

このうちグルコース（$C_6H_{12}O_6$）は，大部分が木材の主要成分であるセルロース（$C_6H_{10}O_5)_n$）であり，計算上 264 g の CO_2 から 162 g のセルロースができる（樹木の固定する CO_2 量は純生産量（材部＋葉部）×264/162 である）．樹木は木部 1 kg をつくるのに 1.6 kg の CO_2 を吸収し，約 0.4 kg の炭素を固定する．純生産量の大きな樹種が，CO_2 固定量も大きいことになる．

しかし，固定した CO_2 を蓄積する部分は主に幹である．この比重が樹種により異なるため，同じ材積であっても蓄積している CO_2 量に違いが出る．ちなみに，木材中の炭素量は約 50％である（木材の主要成分，セルロース，ヘミセルロース，リグニンの構成比は針葉樹と広葉樹ではやや異なるが，50％，20～25％，20～35％である）．概して光合成速度が高く成長の速い樹種の材は比重が小さく，遅い樹種では比重が高い（IPCC では針葉樹の比重を 0.4，広葉樹を 0.6 とする）．

いっぽう，森林調査簿からは，森林の炭素蓄積量を以下の式で推定する（松本 2001）．

$$炭素蓄積量 = 幹材積 \times 拡大係数 \times 容積密度 \times 炭素含有率$$

CO_2 量は上述のように，炭素量×44/12 で算出できる．ここで，拡大係数とは，幹材積から林木全体へ拡大換算するという意味で，針葉樹，広葉樹ではそれぞれ 1.7，1.8 を利用する．この数値は，針葉樹では全材積の 60％を，広葉樹では 55％を幹が占めることを表す．容積密度は材積に対する乾重量の比で，わが国の樹木では針葉樹が $0.37\,t\,m^{-3}$，広葉樹は $0.49\,t\,m^{-3}$ で代表するとしている．

b. 積み上げ法

一定時間内での生産量＝CO_2 固定量は，全体の生産量から呼吸消費量を除いた値になり，純一次生産量（net primary production: NPP）を推定できる（第 1 章）．

$$純生産量(P_n) = 総生産量(P_g) - 呼吸量(R)$$
$$= 成長量(\Delta y) + リター量(\Delta L) + 被食量(\Delta G)$$

ここで，リター量とは枝や葉の脱落量および枯死個体量である．野外での呼吸量の測定は実際には難しいので，一定期間の成長量，リター量ならびに食葉性昆虫による被食量を測定することで純生産量を推定できる．通常の被食量は全葉量の 10％程度とするので，葉量と成長量の測定を厳密に行うと，CO_2 固定量の概数

が算出できる．

ここで，葉のついている部分（樹冠）が閉鎖した森林では葉量がほぼ一定なので，幹などの成長量の正確な測定が重要になる．隙間なく葉が繁り個体サイズのそろった森林では，生枝下直径と葉量との正の相関が高く，幹の辺材部（材外部の相対的に白い部分）面積と高い正の相関を持つ．単位土地面積あたりの葉量を葉面積指数（LAI）というが，光合成生産量と正の相関関係が高い（実際には葉による光の遮断量との関連性が高い）．植林により大気中の CO_2 濃度を下げることは，幹の成長量と蓄積を上げることになる．一般に，成長が旺盛な若齢林であれば，間伐後の成長回復は速やかであるが，高齢林になると樹冠の発達（葉量の増加）が困難になり，葉量の回復が遅れ，純生産量を高めることができずに CO_2 放出（ソース）に転ずる．

地下部現存量の測定例は少ない．日本各地での調査の結果，地上部/地下部（T/R）率は平均 3.3 ± 0.5，最低のシラカンバ林で 2.5，最大のシラベ林で 3.8 であった（小池 1993）．地上部現存量が測定できれば，大まかに地下部現存量が相対成長関係を用いて推定できる．厚く堆積したリターの例に見られるように，土壌中の炭素の 40% は森林に存在する．植生タイプとしては，ハイマツやダケカンバなど低温条件で発達する植生帯に多く，ニレやシラカンバ林などでは少ない．

森林生態系全体の CO_2 固定量を評価するには，土壌有機物の分解による放出（土壌呼吸速度：R_{soil}）も考慮する必要がある．純一次生産量と土壌呼吸量を測定することで，生態系一次生産量（net ecosystem production：$NEP = NPP - R_{soil}$）を推定することができる．土壌有機物の動態は，土壌呼吸速度としてある程度測定可能であるが，実際には森林内部の微細な地形や物理環境などによる影響が大きく，森林全体の土壌呼吸速度を評価することは容易でない．土壌呼吸の測定には，通気式，閉鎖式のチェンバー（同化箱）法や拡散式による推定などが試みられているが，林地でのばらつきがきわめて大きく，多点による測定や大きなチェンバーを利用する方法が試みられている．さらに，枯死木などの大型枯死材の分解過程や，土壌炭素としての蓄積過程の研究例に乏しく，今後の課題である．

11.2.3 ネット方式

1997 年 12 月，京都にて採択された気候変動枠組条約第 3 回締約国会議（COP3）

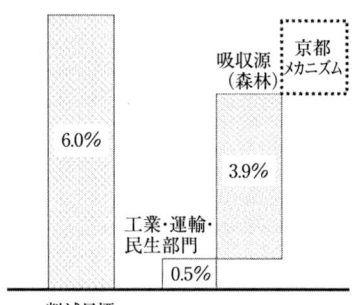

図 11.10 ネット (net：純) 方式

では，全CO_2排出量から森林のCO_2固定能力を差し引いた量を各国の排出可能量とする，ネット (net：純) 方式が採択された (図 11.10)．日本は 1990 年当時の推定 1,233 百万トン CO_2 に対して，6%排出削減の一部を森林の固定能力に期待し，2012 年までに実行することを公約とした．わが国の森林が蓄積する約 14 億トンの炭素は，化石燃料からの排出量の 4 年分と見積もられている．植林のピークは 1960 年代であり，1990 年までの成長量から排出量の約 8%に相当する年間 2300 万トンが固定された．わが国の主要造林樹種であったスギとトドマツの年齢構成は，現在 35 年生付近にピークがある．しかも，近年では新植地が減少しているので，人工林の炭素固定能力には大きな期待ができない．しかし，森林の役割は固定したCO_2を貯留する点にある．

葉群 (樹冠：クラウン) を支える幹は，枝を介した支持器官であり年々肥大成長する，いわば巨大な炭素の貯蔵庫である．人工林のような一斉林では，若齢期にはCO_2固定能力が高く，いわばシンクとしてのはたらきが期待される．しかし，加齢とともに葉量が一定値に近づくと，非光合成器官である幹，枝，根などの呼吸量が光合成量を上回り，放出源 (ソース) となる．少なくとも人工林には，単位面積あたりのCO_2固定がピークに達する林齢がある．この図式は，永久凍土地帯では成立しない．わずかな有効土層 (凍土の融解部分) での根系の競争が制限になるからである．しかも温暖化条件でのCO_2固定能力には，はじめに述べたように環境順化の側面もあり，単に樹木の成長からの予測だけではなく，光合成作用などの機能面からの予測と合わせて考察する必要がある．これに関連して，年間の呼吸消費量と現存量 (大きさ) との関連を苗木から壮齢のヒノキ群落で調べたところ，50～80 年生になり現存量がある程度増大した段階に達

> **Box 19**
>
> **京都プロトコル**
>
> 　1997年に開催された気候変動枠組条約第3回締約国会合（COP3）で採択された京都議定書では，人為的な吸収源の拡大活動が，各国の第一約束期間における排出削減数値目標の達成のために用いられることが認められた．すなわち，1990年以降の「新規植林：Afforestation」「再植林：Reforestation」「森林減少：Deforestation＝土地の改変」（第3条3項：ARD活動と呼ぶ），森林管理など（第3条4項）の人為的活動により生じる，吸収源における約束期間（2008～2012年）での炭素ストック変化が，数値目標達成の判定に組み込まれる．さらに，海外における植林などの吸収源拡大の活動も，共同実施（第6条），クリーン開発メカニズム（CDM：第12条）によって，数値目標の達成に貢献する可能性が示された．ここで，森林に対する期待が高まった．しかしながら，吸収源は実質的な温暖化対策である排出削減を先送りする，との批判は強い．

すると，群落の年間呼吸量は現存量に関係なく一定と推定された（岩坪 1996）．

11.2.4　機能タイプ

　個別の種ごとの反応を積み上げると，生態系の変化は複雑すぎて予測できない．そこで，光合成機能の類型化に見られるように，温度に対する反応，耐陰性の差，強光利用 vs. 弱光利用，光反応特性など，機能面に着目した植物の類型化により，植生変化などを推定しようとする考え方がある．しかし，高 CO_2 条件で形態が大きく変化するイネのように，単純に緒機能面だけで推定値を出すことは難しいことが指摘されており，現在では，「種」に基礎をおく研究との両立が求められている．

11.3　CO_2 フラックス

　森林としての CO_2 吸収量を推定するために世界各地で実施されているのが，葉のついている部分を林冠（キャノピー）と呼び，森林を大きな1枚の葉のように見立て CO_2 収支を捉える試みである．ここで，フラックスとは単位面積あたりの物質（この場合 CO_2）の移動速度を意味し，各地に設けられたタワーによる観測のデータを共有することで，全地球レベルでの CO_2 固定を評価するために連携をはじめた．観測研究によると，ユーラシア大陸東部の永久凍土地帯を中心

に広がるカラマツ中心のタイガでは，気温上昇とともに森林がCO_2のソースとなっていることが示された（Schimel *et al.* 2001 ; Schulze 2002）．ここでは，フラックス評価方法の紹介と問題点を述べる．

11.3.1 測定方法

微気象観測法によるCO_2吸収量の評価が有利な点は，①短期的な特徴を非破壊で連続的に測定できる，②半径数百mの範囲の代表的特徴を把握できる，ことであろう．測定精度も他と比較して高い．しかし，悪天日・風速が弱くなる夜間，モザイク状の植生地帯でのフラックスの評価方法をどのように改良するかなど，依然，未解決の部分も多い．特に長期収支を評価する際にはデータの欠測が出ることが多く，データ補完のため林分成長量の測定などを併用することが推奨されている．

不利な点としては，①その代表範囲の広さや傾斜地を除くために測定場所が限定される，②設置と維持費用が高額である，ことがあげられる．事実，急峻な地形の森林では，満足のいくデータが得られにくい．このような状況でも，先導的な研究成果を上げている飛騨高山のミズナラ林における調査結果では，開葉前と落葉後の林床面のCO_2吸収が，ササによることが明らかにされた（Yamamoto 1998）．森林の構造が重要な意味を持つ根拠となっている．

微気象観測によるフラックス観測のうち，標準とされている測定法が渦相関法である．この方法は，フラックスを直接評価できる長所がある．図11.11に，渦相関法と他の測定法の違いを示す．熱収支ボーエン比法や傾度法では，植生上の

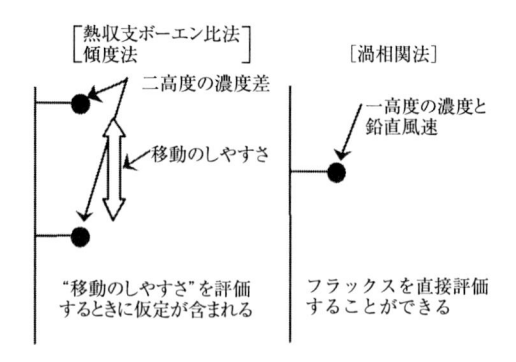

図11.11 熱収支ボーエン比法と渦相関法の模式図（北海道大学FSC，高木健太郎氏 提供）

2高度の物質濃度とその間の"物質の移動のしやすさ"がフラックス評価に必要である．渦相関法を用いる際には，0.1秒間隔で鉛直風速と濃度を測定する必要がある．この条件を満たす測器は，大滝英治氏（岡山大学）によって開発され，1980年代には商品化されて海外で広く利用され，最近，わが国でも多用されている．

i）熱収支ボーエン比法　顕熱（H：大気を暖める熱）と潜熱（lE：土壌と植物からの蒸発散に使われる熱）の比（H/lE）をボーエン比と呼び，地表の熱分配特性を表す．熱収支ボーエン比法はβを用いて顕熱，潜熱のフラックスを求める方法をいう．熱収支式から拡散係数は逆算できるので，顕熱・潜熱・CO_2フラックスの拡散係数が等しいと仮定すれば，CO_2フラックスも算出できる．

ii）渦相関法　オープンパス（開路）法とクローズドパス（閉路）法に大別される．両方法とも風速の測定は三次元の超音波風速計を利用するが，濃度の測定法に違いがある．CO_2や水蒸気の濃度には測定対象の空気に赤外線を照射し，その減衰量から評価する．オープンパス法の場合は，赤外線の照射を野外の空気に対して直接行う（濃度測定セルが開放されている）．したがって，測定にともなう濃度の変動特性の変化が比較的起こりにくいという利点がある．いっぽう，クローズドパス法は風速測定場所の空気をポンプによって吸引し，測器は屋内に設置でき長期間安定した結果が得られる．しかし，空気を長距離吸引するために濃度の変動特性が変わる可能性があり，特に高周波成分が減少する．このため，その補正と吸引による遅れを補正する必要がある．

11.3.2 衛星データとの連携

群落レベルのフェノロジーや炭素固定機能を推定するために，遠隔探査で計測される植生表面の分光反射（リモートセンシング情報）を利用する試みが進められてきた（第9章参照）．こられのなかでも正規化植生指数（NDVI）は，クロロフィルaの吸収波長帯（約680 nm）と植生表面の構造に関係する近赤外域（800〜1000 nm）の反射率から算出され，群落のLAIやクロロフィル量，最大光合成量を推定する際の指標とされる．しかし，色素は検出できても霜害直後や乾燥時のように機能が低下していることまでは検出できないが，最近では光合成活性を評価する指標として，光化学反射指数（photochemical reflectance index:

PRI) が利用されている (Field *et al.* 1995；中路他 2003)．強光阻害回避に重要なキサントフィルサイクル系における，脱エポキシ化とエポキシ化により生じる 531 nm の葉面反射率の変動を指標化できる．

ここで，NDVI と PRI はそれぞれ次のように推定される．

$$\text{NDVI} = (R_{NIR} - R_{680})/(R_{NIR} + R_{680}), \quad \text{PRI} = (R_{531} - R_{570})/(R_{531} + R_{570})$$

ここで，R_λ は波長 λ nm における分光反射率，R_{NIR} は近赤外域波長における分光反射率である．近赤外の反射率には各種ノイズを除くために 807〜843 nm の平均値を用いる．また，PRI の計算にはキサントフィル色素の構成変化を反映する 531 nm と，その検出基準になる 570 nm の反射率を利用する．さらに，エポキシ化率（EPS）は，

$$\text{EPS} = (V + 0.5A)/(V + A + Z)$$

で定義される．ここで，V，A，Z はそれぞれ，ビオラキサンチン，アンテラキサンチン，ゼアキサンチンの濃度を意味する．このほかに，補助色素であるカロテノイド（黄葉の主成分）とクロロフィルの比は PRI との相関の高い時期があり，フェノロジーの進行の指標となる．

Box 20

キサントフィルサイクル

植物は，強光があたると葉緑体内のキサントフィル色素をビオラキサンチン（V）→アンテラキサンチン（A）→ゼアキサンチン（Z）の順に還元（脱エポキシ化）することにより，吸収した光エネルギーを熱として消費する．弱光下では，この変化が逆の酸化方向（エポキシ化）に進み，この反応を循環的に行うことで，光利用効率を制御している．この際，531 nm における葉面反射率の変動が酸化・還元（エポキシ化・脱エポキシ化）を反映し，これを指標化した値が PRI である．

成長の速いニホンカラマツ幼齢木集団を対象に，NDVI，PRI，光合成速度（P_n），光利用効率（light use efficiency: LUE, mol CO_2 mol photon^{-1}），光化学系 II の量子収率（$\Delta F/F_m'$）の関係を調べた（中路他 2003）．この結果，光合成活性がなくなる夕方の測定値は大きくはずれるが，P_n と NDVI には高い正の相関があり（ただし，太陽光の入射角度の依存性が NDVI には含まれるので，高

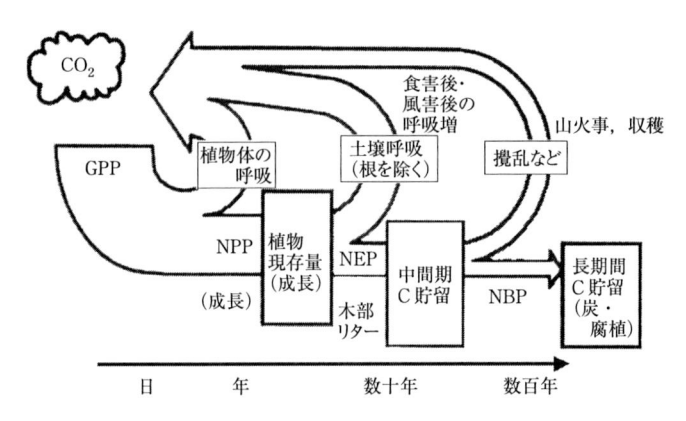

図11.12 GPP, NPP, NEP, NBPにおける炭素の流れ
GPP，総生物生産量；NPP，純一次生産量；NEP，純生態系生産量；NBP，純バイオーム生産量．

緯度地帯での適用には注意を要する），PRIとLUE，$\Delta F/F_m'$には高い正の相関があった．PRIは光化学系における励起エネルギーに関連するため，環境要因の影響を受けやすいP_nやLUEより$\Delta F/F_m'$と高い相関がある．なお，P_nとPRIには緩やかな負の相関があった．これらの結果から，PRIとLUEとの関係を利用して，光合成有効放射束密度の積算値などから群落光合成生産量を推定することができる．

11.3.3 フラックスによる炭素収支

純生態系CO_2交換量（net ecosystem CO_2 exchange：NEE）の推定が重要視されてきた．北米（AmeriFlux），西北欧州（CarboEurope），オーストラリアとニュージーランド（OZFlux）の各ネットに加え，2000年になってアジア・フラックス・ネット（AsiaFlux）が設けられた．最近では，NEP，NEEの考え方を土地利用をも考慮して純バイオーム生産量（net biome productivity：NBP）を推定する試みが，衛星データなどと関連して行われている．世界中で270近いフラックス試験地から（図11.12），GPP（総生物生産量）を100%とするとNPPが約50%（葉と非光合成器官の呼吸消費や被食量でCO_2放出），NEPは<5%（土壌呼吸として放出），NBPは約0.5%（山火事，収穫，DOCとして放出）と推定された（Buchmann & Schulze 1999）．

研究の先行している欧州では，イタリアからアイスランドまで人工林と天然生

林を,15カ所以上においてCO_2フラックス(NEE)を測定した(1996〜1998年)(Valentini et al. 2000).CO_2吸収は高緯度ほど低い傾向があった.緯度の内容は,大まかには日照時間より気温の低下が光合成生産を抑制することを意味する.総一次生産量は緯度にかかわらず一定であることから,森林の呼吸速度は高緯度ほど高いことになる.高緯度では分解が遅れ蓄積されたSOCが多く,進行する温暖化のために分解者が活発化し森林の呼吸速度が上昇すると考えられる.しかし,管理された人工林のCO_2吸収が高いという傾向はなく,北欧では施肥による生産力向上を試みているため,そのような若齢林ではCO_2吸収が高かった.

北海道北部のササを林床にともなう針広混交林を皆伐した結果,森林はCO_2の吸収源であることが実証され,伐採跡地には生物害に耐性があるグイマツ雑種F1(母樹は千島列島産のグイマツ,花粉親はニホンカラマツ)を植え,CO_2吸収能力の持続時間をモニターし始めた(北條他 2002).成果が待たれる.

11.4 植生の応答予測

11.4.1 温暖化の直接効果

ユーラシア大陸北東部に広がる針葉樹林帯は,アマゾンの熱帯雨林と並んで「地球の肺」と考えられる.窒素酸化物が北米に比べ2〜4倍量あり,その施肥効果からCO_2固定への貢献が高いとされる.この地域は凍土が存在するので有効土層が薄く,主に窒素養分が従来不足していたため(Schulze 2002),窒素付加効果が大きいと考えられる.北部は落葉針葉樹であるカラマツ類を中心とした「明るいタイガ」,中国やモンゴル北部の常緑針葉樹からなる「暗いタイガ」に大別される.この明るいタイガは,年平均気温が-10℃前後かそれ以下であり,年降水量がわずか200〜300 mmと乾燥ステップか極域砂漠しか成立しないはずの環境条件に成立する(第1章).そこの地下には,厚いところで400 mに達する永久凍土が存在する.この凍土が,短い生育期間に融解し水分を供給することで,カラマツ類が地平線の彼方まで続くタイガが存在できる.

凍土の存在する地域では,地下水が流れる場所や川の流域に堤防のようにトウヒ類が生育するが,その他の場所には落葉性のカラマツ・シラカンバ類しか生育しない.これは,土壌凍結中に気温が上昇すると常緑樹では気孔が開き,蒸発散により樹体が脱水を生じ枯死に至るので,常緑樹は生存できないことを意味す

る．温暖化が進行すれば土壌凍結地帯が減少し，常緑樹の生育範囲が拡大する可能性がある．また，山火事や伐採などの撹乱の程度が高い場所では，シラカンバ類の生育範囲が増加する可能性がある．いっぽう，大気大循環モデルによると，高緯度地域では降水量が増え，湿地が増える可能性がある．そこにはヤチダモやハンノキなど，エアレンチマと呼ばれる通道組織の発達できるタイプの樹種が優占する．

11.4.2 地形対比による予測

地形と植生の関連は，気候条件が厳しくなるといっそう明瞭になる．モンゴルでは，湿度のやや高い西向き斜面にはカラマツ類，東向き斜面には草原が広がる（図11.13）．この現象に着目し，中央シベリア・エニセイ川流域の斜面方向の違いが，下層植生の違いと主要樹種のカラマツ類（主にグイマツ）とトウヒの生理機能に及ぼす影響について調査した（Yanagihara et al. 2000）．この結果，南向き斜面の林床にはハスカップやスノキの仲間が優占し，シラカンバとグイマツがわずかながら混生していた．サイズの小さなトウヒは見られない．いっぽう，北向き斜面の下層には地衣類が優占し，イソツツジの仲間が一面を覆っていた．トウヒの混生割合が高く，南向き斜面で混成していたシラカンバ類やヨーロッパアカマツは確認できなかった．

グイマツのシュートの節間長を測定すると，明らかに南向き斜面に生育する個体の伸長成長が2～4倍大きく，針葉1枚のサイズも大きかった．トウヒのシュ

図11.13 斜面による植生の違い（京都大学生態学研究センター，藤田　昇氏 提供）
モンゴルでは，土壌湿度の高い西向き斜面にはカラマツ類，東向き斜面には草原が広がる．

ート長（1997年から5年の平均）は，南向き斜面の個体で明らかに長かった．針葉サイズも同様の傾向であった．

また，面積あたりの光合成速度は，トウヒでは斜面方向での差はなかったが，グイマツでは南向き斜面に生育する個体が明らかに高い値を示した．このような植生の違いや成長差は，生育期間に融解する土壌の厚さ（有効土層）に影響される．凍土面までの深さは，北向き斜面では30〜50 cm，南向き斜面では120〜150 cm程度であった．根系の活動と密接に関係する7月後半の地温は，根の多い表層から5〜10 cm付近（コケや地衣類を除いた土壌面からの深さ）で，北向き斜面では約5.5 ℃，南向きで約13.5 ℃であった（Yanagihara et al. 2000）．

ここで，北向き斜面を現在の状況，南向き斜面を温暖化環境下での状況と考えて，再度，将来の温暖化環境での植生変化と成長を考えてみよう．生育期間の長さは，北向き斜面のほうが短く，明らかに北向き斜面の土壌が湿潤であった．植物種を見ても，湿潤な環境に出現するトウヒ類が北向き斜面には多く出現した．北米での斜面方位別の植生調査の例では，北向きで湿潤な環境にはやはりトウヒ類が出現し，南向き斜面ではトウヒ類が姿を消し耐乾性のある種が優占する（Chabot & Mooney 1985）．これらから予想すると，温暖化が顕在化するとグイマツ類がさらに優占し，下層をスノキの仲間が広く覆うことになる．

南向き斜面の生育期間が長いことから，単純に考えると，温暖化条件ではグイマツによるCO_2固定量が増加すると期待される．葉分析の結果，南向き斜面の針葉では明らかに窒素とカリウム含量が高いことから，光合成生産量が大きく十分な落葉落枝が供給され，肥沃な土壌が形成されて，上述のようなCO_2固定量増加は期待できる．しかし，降水量の変化がないことを前提に考察したが，実際には高緯度地帯では降水量の増加が見込まれている．トウヒ類は，北米では卓越して分布するが，ユーラシア北東部では優占できないのは，常緑針葉樹であるトウヒ類は，開芽時期に土壌凍結により乾燥ストレスにあうためとされている．落葉針葉樹のカラマツ類では，土壌凍結時期にはまだ葉が展開していないため，乾燥ストレスを回避できる（小池 2002）．降水量が十分になると，常緑のトウヒも優占できるであろう．

温暖化が進行すると，この凍土と森林の存続とが危ぶまれる．事実，ある程度以上の面積を伐採すると，地表面に到達する陽光が凍土を融解し，地下の含水率が高い地域にはアラス（Alas）が形成される．アラスでは，地表面からの蒸発

により塩類が地表面に集積し，pHがアルカリ性に傾き10以上に達することがある．そこでは稚樹の更新は望めない．このため，ロシア連邦サハ共和国では，カラマツ林の伐採はきわめて慎重に実行され，森林伐採は伝統的な手法によるべきだと考えられている．森林が凍土を守り，凍土が森林を育むのである．

温暖化の進行は，人為による山火事などとともに，微妙なバランスで成り立つ永久凍土上の森林生態系を崩壊させるかもしれない．凍土融解にともない，メタンの発生が温暖化をより加速させる可能性がある．

11.5 この章のまとめ

北半球高緯度地帯では，1965年以降30年間で平均気温が約1.2℃上昇したことが確認されている．地球温暖化が急速に進行しつつあるなか，森林生態系によるCO_2の吸収・固定に期待が寄せられている．CO_2固定を直接左右するのは，光合成作用である．C_3植物である樹木の光合成能力は，CO_2濃度に依存する．制御実験の結果，CO_2濃度の上昇は光合成速度を一時的には上昇させるが，時間の経過とともに，光合成能力は酵素（Rubisco）量の減少や活性の低下，葉緑体中のデンプン粒の過剰蓄積による光合成産物のシンク能低下によって制限される．繁殖器官も光合成産物のシンクとして機能するが，研究例のあるカンバ類では発芽能力に大きな変化はなかった．また，主要な炭素貯留の場である木部の成長は，高CO_2環境では，肥料が十分に存在する場合のみ促進されることが針葉樹類で確認された．このことから，酸性沈着として供給される窒素酸化物の肥料としての影響が大きくなると考えられる．さらに，自らの成長以外での光合成産物の消費としては，共生菌類や被食防衛物質などへの転流がある．ところで，高CO_2環境では，落葉落枝の炭素/窒素（C/N）比が大きくなるため，分解速度の変化による土壌への養分供給の変動が予測される．土壌の肥沃度は植生遷移に大きな影響を与えるので，分解系が長期間のCO_2増加に対する森林生態系の応答を制御する可能性がある．いっぽう，樹木の成長は積み上げ法によって測定できるが，森林生態系としてのCO_2収支評価には，土壌呼吸の把握が不可欠であるが，土壌の不均質性から正確な値を推定することが困難であり，精度を上げる試みが続いている．

[小池孝良]

文　献

[第 1 章]
■参考文献

第 1 章は導入の章であり一般的な記述が多いため，文献を引用した書き方はしなかった．以下に一般的な教科書をあげる．

1) 地球環境の変化と植物の進化については，以下の本が優れている．文献や教科書も紹介してある．

Graham, L.（1993）*Origin of Land Plants*. John Wiley & Sons, New York［渡辺　信・堀　輝三訳（1996）陸上植物の起源．内田老鶴圃］．
Jacob, F.（1970）*La Logique du Vivant*. Gallimard, Paris.
川上伸一（2000）生命と地球の共進化．NHK ブックス，日本放送出版協会．
西田治文（1998）植物のたどってきた道．NHK ブックス，日本放送出版協会．
戸部　博（1994）植物自然史．朝倉書店．

2) 形態学は生態学の基礎としても重要である．

原　襄（1994）植物形態学．朝倉書店．
原　襄・福田泰二・西野栄正（1986）植物観察入門．培風館．

3) 植物の微環境や水分環境については以下の教科書が優れている．

Campbell, G.S. & Norman, J.M.（1998）*An Introduction to Environmental Biophysics*, 2nd ed. Springer, New York［久米　篤・大槻恭一・熊谷朝臣・小川　滋監訳（2003）生物環境物理学の基礎．森北出版］．
Jones, H.G.（1992）*Plants and Microclimate*, 2nd ed. Cambridge University Press, Cambridge.
駒嶺　穆総編集，寺島一郎編（2001）環境応答．朝倉書店．
近藤純正（2000）地表面に近い大気の科学．東京大学出版会．
Kramer, P.J. & Boyer, J.S.（1995）*Water Relations of Plant and Soil*. Academic Press, New York（原著第 3 版にあたる．第 2 版 Kramer, P.J.（1983）*Water Relations of Plants*. Academic Press, New York には次の翻訳本がある．田崎忠良監訳（1986）水環境と植物．養賢堂）．
熊沢喜久雄編（1981）水とイオン．朝倉書店．（田沢・新免，佐伯，石原らの章は水分生理学の理解のために必読）
村岡裕由・可知直毅（2003）光と水と植物のかたち．文一総合出版．
野並　浩（2001）植物水分生理学．養賢堂．

4) 物質生産の生態学は日本が世界をリードした分野であり，その知見には学ぶ点が多い．

Amthor, J.S.（1989）*Respiration and Crop Productivity*. Springer, New York［及川武久監

訳，信濃卓郎訳（2001）呼吸と作物の生産性．学会出版センター]．(構成呼吸と維持呼吸の分離に関する，翻訳者信濃による批判の解説がある)
広瀬忠樹（2002）群落の光合成と物質生産．光合成（佐藤公行編)，pp. 150-162．朝倉書店．
黒岩澄雄（1990）物質生産の生態学．東京大学出版会．
村岡裕由・可知直毅（2003）光と水と植物のかたち．文一総合出版．
野口 航（2001）環境応答のコスト．環境応答（駒嶺 穆総編集，寺島一郎編)，pp. 195-206．朝倉書店．
寺島一郎（2002）個葉および個体レベルにおける光合成．光合成（佐藤公行編)，pp. 125-149．朝倉書店．

5) 植生の記載にあたっては以下を参考にした．

林 一六（1990）植生地理学．大明堂．
小山正忠（1986）土壌学．大明堂．
及川武久（2000）地球温暖化と光合成．生命をささえる光（佐藤公行・和田正三編)，pp. 177-190．共立出版．
Whittaker, R.H.（1975）*Communities and Ecosystems*. Macmillan, New York [宝月欣二訳（1979）生態学概説．培風館]．

■図・表出典

Golley, F.B.（1972）Energy flux in ecosystems. *Oregon State University Annual Biology Colloquia* **31**:69-90.
原 襄（1994）植物形態学．朝倉書店．
広瀬弘幸・山岸高旺編（1977）日本淡水藻図鑑．内田老鶴圃．
IPCC 2001（2001）*Climate Change* 2001. Cambridge University Press, Cambridge.
Jones, H.G.（1992）*Plants and Microclimate*, 2nd ed. Cambridge University Press, Cambridge.
川上紳一（2000）生命と地球の共進化．NHKブックス，日本放送出版協会．
吉良龍夫（1976）陸上生態系—概論．共立出版．
Kira, T. & Shidei, T.（1967）Primary production and turnover of organic matter in different forest ecosystems of the Western Pacific. *Japanese Journal of Ecology* **17**:70-87.
近藤純正（2000）地表面に近い大気の科学．東京大学出版会．
久米 篤・大槻恭一・熊谷朝臣・小川 滋監訳（2003）生物環境物理学の基礎．森北出版．
黒岩澄雄編（1993）生物と環境．朝倉書店．
Larcher, W.（1995）*Physiological Plant Ecology*. Springer, Berlin.
Lindeman, R.L.（1942）The trophic-dynamic aspects of ecology. *Ecology* **23**:399-418.
松本忠夫（1993）生態と環境．岩波書店．
及川武久（2000）地球温暖化と光合成．生命をささえる光（佐藤公行・和田正三編)，pp. 177-190．共立出版．
Raven, P.H., Evert, R.F. & Eichhorn, S.E.（1999）*Biology of Plants*, 6th ed. Freeman, San Francisco.
Sage, R.F. & Pearcy, R.W.（2000）The physiological ecology of C_4 photosynthesis. In: *Photosynthesis: Physiology and Metabolism* (eds. Leegood, R.C., Sharkey, T.D. & von Caemmerer, S.), pp. 497-532. Kluwer, Dordrecht.
戸田 博（1994）植物自然史．朝倉書店．
Walter, H.（1964）*Die Vegatation der Ende in Öko-physiologischer Batrachtung*. Band II

Gustav Fischer Verlag, Stuttgart.
Whittaker, R.H. (1975) *Communities and Ecosystems*. Macmillan, New York.

[第2章]
■参考文献
Heldt, H.W. (1999) 植物生化学 (金井龍二訳 (2000)). シュプリンガー・フェアラーク東京.
駒嶺 穆総編集, 佐藤公行編 (2002) 光合成. 朝倉書店.
Lambers, H., Chapin, F.S. III & Pons, T.L. (1998) *Plant Physiological Ecology*. Springer-Verlag, Berlin.
Larcher, W. (1994) 植物生態生理学 (佐伯敏郎監訳 (1999)). シュプリンガー・フェアラーク東京.
渡邊 昭・篠崎一雄・寺島一郎編 (1999) 植物の環境応答. 秀潤社.

■引用文献
浅田浩二 (1999) 葉の光環境変動に対する迅速応答. 植物の環境応答 (渡邊 昭・篠崎一雄・寺島一郎編), pp. 107-119. 秀潤社.
Berry, J.A. & Björkman, O. (1980) Photosynthetic response and adaptation to temperature in higher plants. *Annual Review of Plant Physiology* **31**: 491-543.
Björkman O. (1981) Responses to different quantum flux densities. In: *Encyclopedia of Plant Physiology New Series* Vol 12A (eds. Lange, O.L., et al.), pp. 57-107. Springer-Verlag, Berlin.
Cowan, I.R. (1977) Stomatal behavior and environment. *Advances in Botanical Research* **4**: 117-228.
Ehleringer, J. & Björkman, O. (1977) Quantum yields for CO_2 uptake in C_3 and C_4 plants. *Plant Physiology* **59**: 86-90.
Farquhar, G.D., von Caemmerer, S. & Berry, J.A. (1980) A biochemical model of photosynthetic CO_2 assimilation in leaves of C_3 species. *Planta* **149**: 78-90.
Farquhar, G.D. & Sharkey, T.D. (1982) Stomatal conductance and photosynthesis. *Annual Review of Plant Physiology* **33**: 317-345.
Hikosaka, K., Hanba, Y.T., Hirose, T. & Terashima, I. (1998) Photosynthetic nitrogen-use efficiency in woody and herbaceous plants. *Functional Ecology* **12**: 896-905.
Hikosaka, K. & Terashima, I. (1995) A model of the acclimation of photosynthesis in the leaves of C_3 plants to sun and shade with respect to nitrogen use. *Plant, Cell and Environment* **18**: 605-618.
Reich, P.B., Walters, M.B. & Ellsworth, D.S. (1997) From tropics to tundra: Global convergence in plant functioning. *Proceedings of Natural Academy of Science, USA* **94**: 13730-13734.
Terashima, I. & Evans, J.R. (1988) Effects of light and nitrogen nutrition on the organization of the photosynthetic apparatus in spinach. *Plant and Cell Physiology* **29**: 143-155.

[第3章]
■参考文献
Niklas, K.J. (1992) *Biomechanics*, p. 602. University of Chicago Press, Chicago.

Niklas, K.J. (1994) *Plant Allometry : The Scaling of Form and Process*, p. 395. University of Chicago Press, Chicago.

種生物学会編 (2003) 光と水と植物のかたち, p. 319. 文一総合出版.

■引用文献

Anderson, M.C. (1964) Studies of the woodland light climate I. The photographic computation of light conditions. *Journal of Ecology* **52**: 27-41.

Ballaré, C.L. (1999) Keeping up with the neighbours : phytochrome sensing and other signalling mechanisms. *Trends in Plant Science* **4**: 97-102.

Caraco, T. & Kelly, C.K. (1991) On the adaptive value of physiological integration in clonal plants. *Ecology* **72**: 81-93.

Chazdon, R.L. & Field, C.B. (1987) Photographic estimation of photosynthetically active radiation : evaluation of a computerized technique. *Oecologia* **73**: 525-532.

Dean, T.J. & Long, J.N. (1986) Validity of constant-stress and elastic-instability principles of stem formation in *Pinus* contorta and *Trifolium* pratense. *Annalus of Botany* **58**: 833-840.

Forseth, I.N. & Teramura, A.H. (1986) Kudzu leaf energy budget and calculated transpiration : the influence of leaflet orientation. *Ecology* **67**: 564-571.

Givnish, T.J. (1988) Adaptation to sun and shade : a whole-plant perspective. *Australian Journal of Plant Physiology* **15**: 63-92.

Halle, F., Oldeman, R.A.A. & Tomlinson, P.B. (1978) *Tropical Trees and Forests*. Springer-Verlag, Berlin, Heidelberg, New York.

Harper, J.L. (1967) A Darwinian approach to plant ecology. *Journal of Ecology* **55**: 247-270.

Jurik, T.W., Zhang, H. & Pleasants, J.M. (1990) Ecophysiological consequences of non-random leaf orientation in the prairie compass plant, *Silphium lacinatum*. *Oecologia* **82**: 180-186.

北島　薫 (2003) 耐陰性. 生態学事典 (巌佐　庸・松本忠夫・菊沢喜八郎・日本生態学会編), pp. 372-373. 共立出版.

Kohyama, T. (1980) Growth pattern of *Abies mariesii* saplings under conditions of open-growth and supression. *Botanical Magazine, Tokyo* **93**: 13-24.

Kohyama, T. (1987) Significance of architecture and allometry in saplings. *Functional Ecology* **1**: 399-404.

Niklas, K.J. (1997) Adaptive walks through fitness landscapes for early vascular land plants. *American Journal of Botany* **84**: 16-25.

Pearcy, R.W. & Yang, W. (1996) A three-dimensional crown architecture model for assessment of light capture and carbon gain by understory plants. *Oecologia* **108**: 1-12.

Reifsnyder, W.E., Furnival, G.M. & Horowitz, J.L. (1971) Spatial and temporal distribution of solar radiation beneath forest canopies. *Agricultural Meteorology* **71**: 21-37.

Ryan, M.G. & Yoder, B.J. (1997) Hydraulic limits to tree height and tree growth. *Bioscience* **47**: 235-242.

Shinozaki, K., Yoda, K., Hozumi, K. & Kira, T. (1964) A quantitative analysis of plant form-the pipe model theory I. Basic analysis. *Japanese Journal of Ecology* **14**: 97-105.

Slade, A.J. & Hutchings, M.J. (1987) The effects of nutrient availability on foraging in the

clonal herb *Glechoma hederacea. Journal of Ecology* **75**: 95-112.
Sprugel, D.G., Hinckley, T.M. & Schaap, W. (1991) The theory and practice of branch autonomy. *Annual Review of Ecology and Systematics* **22**: 309-334.
Takenaka, A. (1994) A simulation model of tree architecture development based on growth response to local light environment. *Journal of Plant Research* **107**: 321-330.
Takenaka, A. (1997) Structural variaiton in current-year shoots of broad-leaved evergreen tree saplings under forest canopies in warm temperate Japan. *Tree Physiology* **17**: 205-210.
Takenaka, A. (2000) Responses to light microenvironment and correlative inhibition in the growth of shoots of tree seedlings under a forest canopy. *Tree Physiology* **20**: 987-991.
竹中明夫 (2003) 木の形作りと資源獲得—次の一歩はなにか—. 生物科学 **54**: 131-138.
種子田春彦・舘野正樹 (2003) シュート内の物質分配は茎の通導機能と力学的支持機能のどちらを規範として行われているのか？ 生物科学 **54**: 154-163.
Wilson, B.F. & Archer, R.R. (1979) Tree design: some biological solutions to mechanical problems. *Bioscience* **29**: 293-298.
Yagi, T. & Kikuzawa, K. (1999) Patterns in size-related variations in current-year shoot structure in eight deciduous tree species. *Journal of Plant Research* **112**: 343-352.

[第4章]
■参考文献
De Kroon, H. & Visser, E.J.W. eds. (2003) *Root Ecology-Ecological Studies*, 168. Springer, Berlin, Heidelberg, New York, Hong Kong, London, Milan, Paris, Tokyo.
Larcher, W. (2003) *Physiological Plant Ecology* (4th ed.). Springer, Berlin, Heidelberg, New York, Hong Kong, London, Milan, Paris, Tokyo.
Marschner, H. (1995) *Mineral Nutrition of Higher Plants* (2nd ed.). Academic Press, London, San Diego, New York, Boston, Sydney, Tokyo, Toronto.
森　敏・前　忠彦・米山忠克編 (2001) 植物栄養学. 文永堂出版.
Pinton, R., Varanini, Z. & Nannipieri, P. eds. (2001) *The Rhizosphere-Biochemistry and Organic Substances at the Soil — Plant Interface —*. Marcel Dekker, New York.

■引用文献
Alam, S.M. (1983) Effect of aluminum on the dry matter and mineral content of rice. *Journal of Science and Technology* **7**: 1-3.
Andrew, C.S., Jhonson, A.D. & Sandland, R.L. (1973) Effect of aluminum on the growth and chemical composition of some tropical and temperate pasture legumes. *Australian Journal of Agricultural Research* **24**: 325-339.
Arnon, D.I. & Stout, P.R. (1939) The essentiality of certain elements in minute quantity for plants with special reference to copper. *Plant Physiology* **14**: 371-375.
Barcelo, J., Guevara, P. & Poschenrieder, C. (1993) Silicon amelioration of aluminium toxicity in teosinte (*Zea mays* L. ssp. mexicana). *Plant & Soil* **154**: 249-255.
Bartlett, R.J. & Riego, D.C. (1972) Effect of chelation on the toxicity of aluminium. *Plant & Soil* **37**: 419-423.
Bengtsoon, B., Hakan, A., Jensen, P. & Berggren, D. (1988) Influence of aluminum on phos-

phate and calcium uptake in beech (*Fagus sylvatica*) grown in nutrient solution and soil solution. *Physiologia Plantarum* **74**: 299-305.

Benning, C. & Somerville, C.R. (1992a) Isolation and genetic complementation of a sulfolipid-deficient mutant of *Rhodobacter sphaeroides*. *Journal of Bacteriology* **174**: 2352-2360.

Benning, C. & Somerville, C.R. (1992b) Identification of an operon involved in sulfolipid biosynthesis in *Rhodobacter sphaeroides*. *Journal of Bacteriology* **174**: 6479-6487.

Birchall, J.D. (1992) The interrelationship between silicon and aluminium in the biological effects on aluminium. *Ciba Foundation Symposium* **169**: 50-68.

Bowen, H.J.M. (1966) *Trace Elements in Biochemistry*. Academic Press, New York.

Brietez, R.M., Watanabe, T., Jansen, S., Reissmann, C.B. & Osaki, M. (2002) The relationship between aluminium and silicon accumulation in leaves of *Faramea marginata* (Rubiaceae). *New Phytologist* **156**: 437-444.

Champigny, M.L. & Foyer, C. (1992) Nitrate activation of cytosolic protein kinases diverts photosynthetic carbon from sucrose to amino acid biosynthesis. *Plant Physiology* **100**: 7-12.

Chenery, E.M. (1948) Aluminium in the plant world, Part I, General survey in dicotyledons. *Kew Bulletin* **1948**: 173-183.

Chenery, E.M. (1955) A preliminary study of aluminium and the tea bush. *Plant & Soil* **5**: 174-200.

Chenery, E.M. & Sporne, K.R. (1976) A note on the evolutionary status of aluminum accumulation among dicotyledons. *New Phytologist* **76**: 551-554.

茅野充男 (1982) 無機栄養―成育阻害要因―. 作物比較栄養生理 (田中　明編), pp. 77-112. 学会出版センター.

Claussen, M., Luthen, H., Blatt, M. & Bottger, M. (1997) Auxin-induced Growth and its linkage to potassium channels. *Planta* **201**: 227-234.

Corrales, I., Poschenrieder, C. & Barcelo, J. (1997) Influence of silicon pretreatment on aluminium toxicity in maize roots. *Plant & Soil* **190**: 203-209.

Cuenca, G. & Herrera, R. (1990) Ecophysiology of aluminium in terrestrial plants, growing in acid and aluminium-rich tropical soils. *Annales de la Societe Royale Zoologique de Belgique* **117** (Supplement 1) : 57-73.

Cuenca, G., Herrera, R. & Medina, E. (1990) Aluminium tolerance in trees of a tropical cloud forest. *Plant & Soil* **125**: 169-175.

Cunming, L., Muchhal, U.S., Uthappa, M., Kononowicz, A.K. & Raghothama, K.G. (1998) Tomato phosphate transporter genes are differentially regulated in plant tissues by phosphorus. *Plant Physiology* **116**: 91-99.

Dancer, J., Veith, R., Feil, R., Komor, E. & Stitt, M. (1990) Independent changes of inorganic pyrophosphate and the ATP/ADP or UTP/UDP ratios in plant cell suspension cultures. *Plant Science* **66**: 59-63.

de Carvalho, L. & Cesar, P. (1984) Effect of aluminum on a cassava (*Manihot esculenta* Crantz) crop. *Review of Brazilian Mandioca* **3**: 1-5.

Delhaize, E., Ryan, P.R. & Randall, P.J. (1993) Aluminium tolerance in wheat (*Triticum aestivum* L.) II. Aluminium-stimulated excretion of malic acid from root apices. *Plant*

Physiology **103**: 695-702.
den Dubbelden, K. (1994) Growth and allocation patterns in herbaceous climbing plants. Ph.D. thesis, Utrecht University, the Netherlands.
Duff, S.M.G., Moorhead, G.B.G., Lefvre, D.D. & Plaxton, W.C. (1989) Phosphate starvation inducible "bypasses" of adenylate and phosphate dependent glycolytic enzymes in *Brassica nigra* suspension cells. *Plant Physiology* **90**: 1275-1278.
Duff, S.M.G., Sarath, G. & Plaxton, W.C. (1994) The role of acid phosphatases in plant phosphorus metabolism. *Physiologia Plantarum* **90**: 791-800.
Epstein, E. (1976) Kinetics of ion transport and the carrier concept. In: *Encyclopedia of Plant Physiology, New Series*, Vol 2B: *Transport in Plants*, II. Part B: *Tissues and Organs* (eds. Uluttge, M. & Pittman, G.), pp. 70-94. Spriger-Verlag, Berlin.
Essigmann, B., Güler, S., Narang, R.A., Linke, D. & Benning, C. (1998) Phosphate availability affects the thylakoid lipid composition and the expression of *SQD1*, a gene required for sulfolipid biosynthesis in *Arabidopsis thaliana*. *Proceedings of the National Academy of Sciences of USA* **95**: 1950-1955.
Evans, M.W. & Grover, F.O. (1940) Developmental morphology of the growing point of the shoot and the inflorescence in grasses. *Journal of Agricultural Research* **61**: 481-520.
Fan, J., Chunjian, L.W., Dieter, J. & Fusuo, Z. (2001) Effect of top excision and replacement by 1-naphthylacetic acid on partition and flow of potassium in tobacco plants. *Journal of Experimental Botany* **52**: 2143-2150.
Fischer, K., Kammerer, B., Gutensohn, M., Arbinger, B., Weber, A., Hausler, R.E. & Flugge, U. (1997) A new class of plastidic phosphate translocator: a putative link between primary and secondary metabolism by the phosphoenolpyruvate/phosphate Antiporter. *The Plant Cell* **9**: 453-462.
Foy, C.D., Chaney, R.L. & White, M.C. (1978) The physiology of metal toxicity in plants. *Annual Review of Plant Physiology* **29**: 511-566.
Gardner, W.K., Barber, D.A. & Parbey, D.G. (1983) The acquisition of phosphorus by *Lupinus albus* L. III. The probable mechanism by which phosphorus movement in the soil/root interface is enhanced. *Plant & Soil* **70**: 107-124.
Göhl, B. (1981) Tropical feeds—feed information summaries and nutritive values, FAO Animal Production and Health Series, No.12, Food and Agriculture Organization of the United Nations, Rome.
Grimme, H. & Lindhauer, M.G. (1989) The effect of Al and Mg on the transpiration rate of young maize plants. *Zeitschrift für Pflanzenernährung und Bodenkunde* **152**: 453-454.
Gigon, A. & Rorison, I.H. (1972) The response of some ecologically distinct plant species to nitrate and to ammonium nitrogen. *Journal of Ecology* **60**: 93-102.
Hackett, C. (1962) Stimulative effects of aluminum on plant growth. *Nature* **195**: 471-472.
Hammond, K.E., Evans, D.E. & Hodson, M.J. (1995) Aluminium/silicon interactions in barley (*Hordeum vulgare* L.) seedlings. *Plant & Soil* **173**: 89-95.
Haridasan, M. (1988) Performance of *Miconia albicans* (SW.) Triana, an aluminium accumulating species, in acidic and calcareous soils. *Communications in Soil Science and Plant Analysis* **19**: 1091-1103.

Haridasan, M., Paviani, T.I. & Schiarini, I. (1986) Localization of aluminium in the leaves of some aluminium-accumulating species. *Plant & Soil* **94**: 435-437.
Hartel, H., Dormann, P. & Benning, C. (2000) DGD1-independent biosynthesis of extraplastidic galactolipids after phosphate deprivation in *Arabidopsis*. *Plant Biology* **97**: 10649-10654.
Hausler, R., Schlieben, N.H., Nicolay, P., Fischer, K., Fischer, K.L. & Flugge, U. (2000) Control of carbon partioning and photosynthesis by the triose phosphate/phosphate translocator in transgenic tobacco plants (*Nicotiana tabacum* L.). I. Comparative physiological analysis of tobacco plants with antisense repression and overexpression of the triose phosphate/phosphate translocator. *Planta* **210**: 371-382.
Hirose, T. (1989) Modeling the relative growth rate as a function of plant nitrogen concentration. *Physiologia Plantarum* **72**: 185-189.
Hoagland, D.R. (1948) *Lectures on the Inorganic Nutrition of Plants*, p. 51. Chronica Botanica, Waltham, Mass.
Hoffland, E., van den Boogaard, R., Nelemans, J. & Findenegg, G. (1992) Biosynthesis and root exudation of citric and malic acids in phosphate-starved rape plants. *New Phytologist* **122**: 675-680.
Hooda, R.S., Sheoran, I.S. & Singh, R. (1989) Ontogenic changes in photosynthesis, respiration, nitrogen fixation and water use efficiency in chickpea (*Cicer arietinum* L.) grown at two moisture levels. *Photosynthetica* **23**: 189-196.
Huang, J. & Bachelard, E.P. (1993) Effects of aluminium on growth and cation uptake in seedlings of *Eucalyptus mannifera* and *Pinus radiate*. *Plant & Soil* **49**: 121-127.
Johnson, J.F., Allan, D.L. & Vance, C.P. (1994) Phosphorus stress-induced proteoid roots show altered metabolism in *Lupinus albus*. *Plant Physiology* **104**: 657-665.
Johnson, J.F., Vance, C.P. & Allan, D.L. (1996) Phosphorus deficiency in *Lupinus albus*. *Plant Physiology* **112**: 31-41.
Jones, D.L. & Darrah, P.R. (1995) Influx and efflux of organic acids across the soil-root interface of *Zea mays* L. and its implications in rhizosphere C flow. *Plant & Soil* **173**: 103-109.
片山　佃 (1951) 稲・麥の分けつ研究―稲・麥の分けつ秩序に関する研究―. 養賢堂.
川田信一郎・山崎耕宇・石原　邦・芝山秀次郎・頼　光隆 (1963) 水稲における根群の形態形成について, とくにその生育段階に着目した場合の一例. 日作紀 **32**: 163-180.
小池孝良 (1985) 弱い光. 強い光を上手に利用する樹種―広葉樹の光合成特性―. 天然林を考える (北海道営林局編), pp. 116-119. 北方林業会.
Konishi, S., Miyamoto, S. & Taki, T. (1985) Stimulatory effects of aluminum on tea plants grown under low and high phosphorus supply. *Soil Science and Plant Nutrition* **31**: 361-368.
Kotze, W.A., Shear, C.B. & Faust, M. (1976) Effect of nitrogen source and the presence or absence of aluminum on the growth and calcium nutrition of apple seedlings. *Journal of American Society for Horticultural Science* **101**: 305-309.
Koyama, H., Ojima, K. & Yamaya, T. (1990) Utilization of anhydrous aluminium phosphate as a sole source of phosphorous by a selected carrot cell line. *Plant and Cell Physiology* **31**: 173-177.

文　献

Lambers, H. & Poot, P. eds. (2003) *Structure and Functioning of Cluster Roots and Plant Responses to Phosphate Deficiency.* Kluwer Academic Publishers, Dordrecht/Boston/London.
Lerner, H.R. (1985) Adaptation to salinity at the plant cell level. *Plant & Soil* **89**: 3-14.
Lynch, J. (1995) Root architecture and plant productivity. *Plant Physiology* **109**: 7-13.
Lynch, J. & Whipps, J. (1990) Substrate flow in the rhizosphere. *Plant & Soil* **129**: 1-10.
Ma, J.F. & Hiradate, S. (2000) Form of aluminum for uptake and translocation in buckwheat (*Fogopyrum esculemtum* Moench). *Planta* **211**: 355-360.
Ma, J.F., Zheng, S.J. & Matsumoto, H. (1997a) Secretion of citric acid as an aluminium-resistant mechanism in *Cassia tora* L. In: *Plant Nutrition-for Sustainable Food Production and Environment* (eds. Ando, T. *et al.*), pp. 449-450. Kluwer Academic Publishers, Dordrecht.
Ma, J.F., Zheng, S.J. & Matsumoto, H. (1997b) Specific secretion of citric acid induced by Al stress in *Cassia tora* L. *Plant and Cell Physiology* **38**: 1019-1025.
Ma, J.F., Zheng, S.J., Matsumoto, H. & Hiradate, S. (1997c) Detoxifying aluminium with buckwheat. *Nature* **390**: 569-570.
Madore, M. & Grodzinski, B. (1984) Effect of oxygen concentration on ^{14}C-photoassimilate transport from leaves of *Salvia splendens* L. *Plant Physiology* **76**: 782-786.
牧野　周・前　忠彦・大平幸次 (1988) ダイズ単葉の窒素含量と大気条件下における光合成速度および律速因子との関係. 土肥誌 **59**: 377-381.
Malkanthi, D.R.R., Yokoyama, K., Yoshida, T., Moritsugu, M. & Matsushita, K. (1995) Effects of low pH and Al on growth and nutrient uptake of several plants. *Soil Science and Plant Nutrition* **41**: 161-165.
Marschner, H. (1995) *Mineral Nutrition of Higher Plants* (2nd ed.). Academic Press, London, San Diego, New York, Boston, Sydney, Tokyo, Toronto.
Martignone, R.A., Guiamet, J.J. & Nakayama, F. (1987) Nitrogen partitioning and leaf senescence in soybean as related to nitrogen supply. *Field Crops Research* **17**: 17-14.
Mathan, K.K. (1980) Effect of various levels of aluminum on the dry matter yield, content and uptake of phosphorus, aluminum, manganese, magnesium and iron in maize. *Madras Agricultural Journal* **67**: 751-757.
Mazorra, M.A., Jose, J.J.S., Montes, R., Miragaya, J.G., & Haridasan, M. (1987) Aluminium concentration in the biomass of native species of the Morichals (swamp palm community) at the Orinoco Llanos, Venezuela. *Plant and Soil* **102**: 275-277.
McKey, D. (1994) Legumes and nitrogen: the evolutionary ecology of a nitrogen-demanding lifestyle. In: *Advances in Legume Systematics*, Vol. 5: *The Nitrogen Factor* (eds. Sprent, J.J. & McKey, D.), pp. 211-228. Royal Botanic Gardens, Kew.
Mimura, T. (1995) Homeostasis and transport of inorganic phosphate in plants. *Plant and Cell Physiology* **36**: 1-7.
Miyasaka, S.C., Buta, J.G., Howell, R.K. & Foy, C.D. (1991) Mechanism of aluminium tolerance in snapbeans-root exudation of citric acid. *Plant Physiology* **96**: 737-743.
Mugiwara, L.M., Floyd, M. & Patel, S.V. (1981) Tolerances of triticale lines to manganese in soil and nutrient solution. *Agronomy Journal* **73**: 319-322.
Nagano, M. & Ashihara, H. (1994) Phosphate starvation and a glycolytic bypass catalyzed

by phospho*enol*pyruvate carboxylase in suspension cultured *Catharanthus roseus* cells. *Plant and Cell Physiology* **34**: 1219-1228.

中元朋実・山崎耕宇 (1988) 雑穀類の栄養器官および通導組織間の量的相互関係 (第1報), 要素構造からみた雑穀類の形態. 日作紀 **57**: 476-481.

Nakamura, T, Osaki, M., Shinano, T. & Tadano, T. (1997) Difference in system of current photosynthesized carbon distribution to carbon and nitrogen compounds between rice and soybean. *Soil Science and Plant Nutrition* **43**: 777-788.

Nátr, L. (1992) Mineral nutrients-a ubiquitous stress factor for photosynthesis. *Photosynthetica* **27**: 271-294.

Neumann, G. & Romheld, V. (1999) Root excretion of carboxylic acids and protons in phosphorus-deficient plants. *Plant & Soil* **211**: 121-130.

Nurnberger, T., Abel, S., Jost, W. & Glund, K. (1990) Induction of an extracellular ribonuclease in cultured tomato cells upon phosphate starvation. *Plant Physiology* **92**: 970-976.

Osaki, M. (1995) Ontogenic changes of N, P, and K contents in individual leaves of field crops. *Soil Science and Plant Nutrition* **41**: 429-438.

大崎　満・小柳　淳・信濃卓郎・田中　明 (1991) バレイショの生育各時期に各葉から同化した ^{14}C の各器官への転流. 土肥誌 **62**: 274-281.

Osaki, M., Matsumoto, M., Shinano, T. & Tadano, T. (1996) A root-shoot interaction hypothesis for high productivity of root crops. *Soil Science and Plant Nutrition* **42**: 289-301.

Osaki, M., Morikawa, K., Shinano, T., Urayama, M. & Tadano, T. (1991a) Productivity of high-yielding crops. II. Comparison of N, P, K, Ca and Mg accumulation and distribution among high-yielding crops. *Soil Science and Plant Nutrition* **37**: 445-454.

Osaki, M., Morikawa, K., Yoshida, M., Shinano, T. & Tadano, T. (1991b) Productivity of high-yielding crops. I. Comparison of growth and productivity among high-yielding crops. *Soil Science and Plant Nutrition* **37**: 331-339.

Osaki, M. & Shinano, T. (2001) Plant growth based on interrelation between carbon and nitrogen efflux from leaves. *Photosynthetica* **39**: 197-203.

Osaki, M., Shinano, T., Kaneda, T., Yamada, S., Nakamura, T. & Tadano, T. (2001) Ontogenetic changes of photosynthesis and dark respiration in relation to nitrogen nutrient in individual leaves of field crops. *Photosynthetica* **39**: 205-213.

Osaki, M., Shinano, T. & Tadano, T. (1992) Carbon-nitrogen interaction in field crop production. *Soil Science and Plant Nutrition* **38**: 553-564.

Osaki, M., Shinano, T., Matsumoto, M., Zheng, T. & Tadano, T. (1997) A root-shoot interaction hypothesis for high productivity of field crops. *Soil Science and Plant Nutrition* **43**: 1079-1084.

Osaki, M., Shinano, T., Yamada, M. & Yamada, S. (2004) Function of node unit on photosynthate distribution to root in higher plants. *Photosynthetica* **42**(1): 123-131.

Osaki, M., Watanabe, T. & Tadano, T. (1997) Beneficial effect of aluminum on growth of plants adapted to low pH soils. *Soil Science and Plant Nutrition* **43**: 551-563.

Oscarson, P., Ingemarsson, B. & Larsson, C.M. (1989) Growth and nitrate uptake properties of plants grown at different relative rates of nitrogen supply. I. Growth of Pisum and Lemna in relation to nitrogen. *Plant, Cell & Environment* **12**: 779-785.

Pegtel, D.M. (1987) Effect of ionic Al in culture solutions on the growth of *Arnica montana* L. and *Deschampsia flexuosa* (L.). Trin. *Plant Soil* **102**: 85-92.

Pellet, D.M., Grunes, D.L. & Kochian, L.V. (1995) Organic acid exudation as an aluminum-tolerance mechanism in maize (*Zea mays* L.). *Planta* **196**: 788-795.

Penning de Vries, F.W.T., van Laar, H.H. & Chardon, M.C.M. (1983) Bioenergetics of growth of seeds, fruits, and storageorgans. In: *Potential Productivity of Field Crops Under Different Environments* (eds. Smith, W. H. & Banata, S.J.), pp. 37-59. International Rice Research Institute, Los Banos, Philippines.

Philippar, K., Fuchs, I., Luethen, H., Hoth, S., Bauer, C.S., Haga, K., Thiel, G., Ljung, K., Sandberg, G., Boettger, M., Becker D. & Hedrich, R. (1999) Axing-induced K channel expression represents an essential step in coleoptile growth and gravitropism. *Proceedings of the National Academy of Sciences of the United States of America* **96**: 12186-12191.

Phillips, I.D.J. (1975) Apical dominance. *Annual Review of Plant Physiology* **26**: 341-367.

Pilbeam, D.J., Cakmak, I., Marschner, H. & Kirkby, E. (1993) Effect of withdrawal of phosphorus on nitrate assimilation and PEP carboxylase activity in tomato. *Plant & Soil* **154**: 111-117.

Pilbeam, D.J. & Kirkby, E.A. (1992) Some aspects of the utilization of nitrate and ammonium by plants. In: *Nitrogen Metabolism of Plants* (eds. Mengel, K. & Pilbeam, D.J.), pp. 55-70. Clarendon Press, Oxford.

del Pozo, A., Garnier, E. & Aronson, J. (2000) Constrasted nitrogen utilization in annual C_3 grass and legume crops. Physiological explorations and ecological considerations. *Acta Oecologica* **21**: 79-89.

Raven, J.A. & Smith, F.A. (1976) Nitrogen assimilation and transport in vascular land plants in relation to intercellular pH regulation. *New Phytologist* **76**: 415-431.

Reich, B.P., Koike, T., Gower, S.T. & Schoettle, A.W. (1995) Causes and consequences of variation in conifer leaf life-span. In: *Ecophysiology of Coniferous Forests* (eds. Smity, W.K. & Hinckley, T.M.), pp. 225-254. Academic Press, New York.

Reid, R.J., Tester, M.A. & Smith, F.A. (1995) Calcium/aluminium interactions in the cell wall and plasma membrane of Chara. *Planta* **195**: 362-368.

Rengel, Z. & Robinson, D.L. (1989a) Competitive Al^{3+} inhibition of net Mg^{2+} uptake by intact *Lolium multiflorum* roots I. Kinetics. *Plant Physiology* **91**: 1407-1413.

Rengel, Z. & Robinson, D.L. (1989b) Aluminium and plant age effects on adsorption of cations in the donnan free space of ryegrass roots. *Plant & Soil* **116**: 223-227.

Roy, A.K., Sharma, A. & Talukder, G. (1988) Some aspects of aluminum toxicity in plants. *The Botanical Review* **54**: 145-178.

Ryan, P.R., Delhaize, E. & Randall, P.J. (1995) Characterisation of Al-stimulated efflux of malate from the apices of Al-tolerant wheat roots. *Planta* **196**: 103-110.

Ryan, P., Delhaize, E. & Jones, D. (2001) Function and mechanism of organic anion exudation from plant roots. *Annual Review of Plant Physiology and Plant Molecular Biology* **52**: 527-560.

Sarkunan, V. & Biddappa, C.C. (1982) Effect of aluminum on the growth yield and chemical

composition of rice. *Oryza* **19**: 188-190.
Schachtman, D., Robert, R. & Ayling, S.M. (1998) Phosphorus uptake by plants: from soil to cell. *Plant Physiology* **116**: 447-453.
Seemann, J.R., Badger, M.R. & Berry, J.A. (1984) Variations in the specific activity of ribirose-1,5-bisphosphate carboxylase between species utilizing differing photosynthetic pathways. *Plant Physiology* **74**: 791-794.
Shen, Z., Wang, J. & Guan, H. (1993) Effect of aluminium and calcium on growth of wheat seedlings and germination of seeds. *Journal of Plant Nutrition* **16**: 2135-2148.
Shinano, T., Osaki, M. & Kato, M. (2001) Difference in the nitrogen economy of temperate trees. *Tree Physiology* **21**: 617-624.
Shinano, T., Osaki, M. & Tadano, T. (1994) ^{14}C-allocation of ^{14}C-compounds introduced to a leaf to carbon and nitrogen components in rice and soybean during ripening. *Soil Science and Plant Nutrition* **40**: 199-209.
Shinano, T., Osaki, M. & Tadano, T. (1995) Comparison of growth efficiency between rice and soybean at the vegetative growth stage. *Soil Science and Plant Nutrition* **41**: 471-480.
Sinclair T.R. (1975) Photosymthate and nitrogen requirements for seed production by various crops. *Science* **189**: 565-567.
Sinclair, T.R. & Horie T. (1989) Leaf nitrogen, photosynthesis, and crop radiation use efficiency: A review. *Crop Science* **29**: 90-98.
但野利秋 (1993) 養分の吸収. 植物栄養・肥料学, pp. 130-131. 朝倉書店.
高橋英一 (1974) 比較植物栄養学. 養賢堂.
Tan, K. & Keltjens, W. G. (1990) Interaction between Al and P in sorghum plants. I. Studies with the Al sensitive sorghum genotype, TAM 428. *Plant & Soil* **124**: 15-23.
田中　明 (1956) 葉位別に見た水稲葉の生理機能の特性及びその意義に関する研究 (第 3 報). 土肥誌 **26**: 413-418.
田中　明 (1958) 葉位別に見た水稲葉の生理機能の特性及びその意義に関する研究 (第 11 報〔完〕), 各葉位葉の同化作用力及び同化産物の移動. 土肥誌 **29**: 327-333.
田中　明 (1977) 塩基選択能および濃度反応性の作物間差—比較植物栄養に関する研究— (第 7 報). 土肥誌 **48**: 352-361.
田中　明 編 (1984) 酸性土壌とその農業利用. 博友社.
Thaworuwong, N. & van Diest, A. (1974) Influences of high acidity and Al on the growth of lowland rice. *Plant & Soil* **41**: 191-195.
Theodorou, M.E. & Plaxton, W.C. (1993) Metabolic adaptations of plant respiration to nutritional phosphate deprivation. *Plant Physiology* **101**: 339-344.
Thornton, F.C., Schaedel, M. & Raynal, D.J. (1986a) Effect of aluminum on the growth of sugar maple in solution culture. *Canadian Journal of Forest Research* **16**: 892-896.
Thornton, F.C., Schaedel, M. & Raynal, D.J. (1986b) Effect of aluminum on the growth, development, and nutrient composition of honylocust (*Gleditsia triacanthos* L.) seedlings. *Tree Physiology* **2**: 307-316.
Thornton, F.C., Schaedel, M., Raynal, D.J. & Zipperer, C. (1986c) Effect of aluminum on honylocust (*Gleditsia triacanthos* L.) seedlings in solution culture. *Journal of Experimental Botany* **37**: 775-785.

von Uexküll, H.R. & Mutert, E. (1995) Global extent, development and economic impact of acid soils. *Plant & Soil* **171**: 1-15.
Wagatsuma, T. (1983) Characterization of absorption of absorption sites for aluminum in the roots. *Soil Science and Plant Nutrition* **29**: 499-515.
Wasaki, J., Omura, M., Ando, M., Shinano, T., Osaki, M. & Tadano, T. (1999) Secreting portion of acids phosphatase in roots of lupin (*Lupinus albus* L.) and a key signal for the secretion from the roots. *Soil Science and Plant Nutrition* **45**: 937-945.
Wasaki, J., Yamamura, T., Shinano, T. & Osaki, M. (2003) Secreted acid phosphatase is expressed in cluster roots of lupin in response to phosphorus deficiency. *Plant & Soil* **248**: 129-136.
Wasaki, J., Yonetani, R., Kuroda, S., Shinano, T., Yazaki, J., Fujii, F., Shimbo, K., Yamamoto, K., Sakata, K., Sasaki, T., Kishimoto, N., Kikuchi, S., Yamagishi, M. & Osaki, M. (2003) Transcriptomic analysis of metabolic changes by phosphorus stress in rice *plant roots*. *Plant, Cell & Environment* **26**: 1515-1523.
Watanabe, T. & Osaki, M. (2002) Role of organic acids in Al accumulation and plant growth in *Melastoma malabathricum* L. *Tree Physiology* **22**: 785-792.
Watanabe, T., Osaki, M. & Tadano, T. (1998) Effects of nitrogen source and aluminum on growth of tropical tree seedlings adapted to low pH soils. *Soil Science and Plant Nutrition* **44**: 655-666.
Webb, L.J. (1954) Aluminum accumulation in the Australian-New Guinea flora. *Australian Journal of Botany* **2**: 176-196.
Yamada, S., Osaki, M., Shinano, T., Yamada, M., Ito, M. & Permana, A.T. (2002) Effect of potassium nutrition on current photosynthesized carbon distribution to carbon and nitrogen compounds among rice, soybean, and sunflower. *Journal of Plant Nutrition* **25**: 1957-1973.
Yoshii, Y. (1937) Aluminum requirements of solfatara-plants. *Botanical Magazine* **51**: 262-270.
吉井義次・神保忠男 (1932) アルミニュウムの植物界に於ける分布. 生態学研究 **3**: 147-156.
Zheng, S.J., Ma, J.F. & Matsumoto, H. (1998a) High aluminium resistance in buckwheat. I. Al-induced specific secretion of oxalic acid from root tips. *Plant Physiology* **117**: 745-751.
Zheng, S.J., Ma, J.F. & Matsumoto, H. (1998b) Continuous secretion of organic acids is related to aluminium resistance during relatively long-term exposure to aluminium stress. *Physiologia Plantarum* **103**: 209-214.

[第5章]
■参考文献
酒井聡樹・高田壮則・近 雅博 (1999) 生き物の進化ゲーム. 共立出版.
Silvertown, J.W. (1992) 植物の個体群生態学 (第2版) (河野昭一・高田壮則・大原 雅訳). 東海大学出版会.
Silvertown, J.W. & Chalesworth, D. (2001) *Introduction to Plant Population Biology* (4th ed.). Blackwell Science, Oxford.
鷲谷いづみ・矢原徹一 (1996) 保全生態学入門. 文一総合出版.

■引用文献

Barrett, S.C.H. (1996) The reproductive biology and genetics of island plants. *Philosophical Transactions of the Royal Society of London Series B* **351**: 725-733.

Barth, F.G. (1985) *Insects and Flowers : The Biology of a Partnership*. Princeton University Press, Princeton.

Beattie, A.J. & Culver, D.C. (1979) Neighborhood size in *Viola. Evolution* **33**: 1226-1229.

Broyles, S.B. & Wyatt R. (1991) Effective pollen dispersal in a natural population of *Asclepias exaltata* : the influence of pollination behavior, genetic similarity, and mating success. *American Naturalist* **138**: 1239-1249.

Burczyk, J. (1996) Variance effective population size based on mutilocus gamete frequencies in coniferous populations : An example of a scots pine clonal seed orchard. *Heredity* **77**: 74-82.

Caballero, A. (1994) Developments in the prediction of effective population size. *Heredity* **73**: 657-679.

Clark, J.S., Silman, M., Kern, R., Macklin, E. & HilleRisLambers, J. (1999) Seed dispersal near and far : patterns across temperate and tropical forests. *Ecology* **80**: 1475-1494.

Crawford, T.J. (1984) *What is a population ? Evolutionary Ecology* (ed. Shorrocks, B.), pp. 429-454. Blackwell Scientific Pub., Oxford.

Cruden, R.W. (1977) Pollen-ovule ratios : a conservative indicator of the breeding systems in the flowering plants. *Evolution* **31**: 32-46.

Dodd, M.E. & Silvertown, J. (2000) Size-specific fecundity and the influence of life time size variation upon effective population size in *Abies balsamea*. *Heredity* **85** : 604-609.

Dow, B.D. & Ashley, M.V. (1996) Microsatellite analysis of seed dispersal and parentage of saplings in bur oak, *Quercus macrocarpa*. *Molecular Ecology* **5**: 615-627.

Dow, B.D. & Ashley, M.V. (1998) High levels of gene flow in bur oak revealed by paternity analysis using microsatellites. *Journal of Heredity* **89**: 62-70.

Eckert, C.G. & Barrett, S.C.H. (1994) Tristyly, self-compatibility and floral variation in *Decodon verticillatus* (Lythraceae). *Biological Journal of the Linnean Society* **53**: 1-30.

Eguiarte, L.E., Burquez, A., Rodriguez, J., Martinez Ramos, M., Sarukhan, J. & Pinero, D. (1993) Direct and indirect estimates of neighborhood and effective population size in a tropical palm, *Astrocaryum mexicanum*. *Evolution* **47**: 75-87.

Falconer, D.S. (1989) *Introduction to Quantitative Genetics* (3rd ed.). Longman, London.

Fenster, C.B. (1991a) Gene flow in *Chamaecrista fasciculate* (Leguminosae). I. Gene dispersal. *Evolution* **45**: 398-409.

Fenster, C.B. (1991b) Gene flow in *Chamaecrista fasciculate* (Leguminosae). II. Gene establishment. *Evolution* **45**: 410-422.

Hamrick, J.L. & Godt, M.J. (1990) Allozyme diversity in plant species. In : *Plant Population Genetics, Breeding, and Genetic Resources* (eds. Brown, A.H.D., Clegg, M.T., Kahler, A.L. & Weir, B.S.), pp. 43-63. Sinauer Associates, Sutherland, MA.

Hanzawa, F.M., Beattie, A.J. & Culver, D.C. (1988) Directed dispersa : demographic analysis of an ant-seed mutualism. *American Naturalist* **131**: 1-13.

Heywood, J.S. (1986) The effect of plant size variation on genetic drift in populations of annu-

als. *American Naturalist* **127**: 851-861.
Higashi, S., Tsuyuzaki, S., Ohara, M. & Ito, F. (1989) Adaptive advantages of ant-dispersed seeds in the myrmecochorous plant *Trillium tschonoskii* (Liliaceae). *Oikos* **54**: 389-394.
Husband, B.C. & Barrett, S.C.H. (1992) Effective population size and genetic drift in tristylous *Eichhornia paniculata* (Pontederiaceae). *Evolution* **46**: 1875-1890.
堀田　満（1974）植物の分布と分化．三省堂．
Isagi, Y., Kanazashi, T., Suzuki, W., Tanaka, H. & Abe, T. (2000) Microstellite analysis of the regeneration process of *Magnolia obovata* Thunb. *Heredity* **84**: 143-151.
川窪伸光（1991）島嶼における顕花植物の性表現—雌雄異株をめぐって—．種生物学研究 **15**: 19-27.
河野昭一（1984）植物の生活史と進化．培風館．
菊沢喜八郎（1995）植物の繁殖生態学．蒼樹書房．
Levin, D.A. & Kerster, H.W. (1974) Gene flow in seed plants. *Evolutionary Biology* **7**: 139-220.
Lord, E.M. (1981) Cleistogamy: a tool for the study of floral morphogenesis, function and evolution. *Botanical Review* **47**: 421-449.
Meagher, T.R. (1986) Analysis of paternity within a natural population of *Chamaelirium luteum* I. Identification of most-likely male parents. *American Naturalist* **127**: 199-215.
Nilsson, L.A., Rabakonandrianina, E. & Petersson, B. (1992) Exact tracking of pollen transfer and mating in plants. *Nature* **360**: 666-668.
Ohara, M. & Higashi, S. (1987) Interference by ground beetles with the dispersal by ants of seeds of *Trillium* species (Liliaceae). *Journal of Ecology* **75**: 1091-1098.
Ohara, M., Takada, T. & Kawano, S. (2001) Demography and reproductive strategies of a polycarpic perennial, *Trillium apetalon* (Trilliaceae). *Plant Species Biology* **16**: 209-217.
Paterniani, E. & Short, A.C. (1974) Effective maize pollen dispersal in the field. *Euphytica* **23**: 129-134.
Primack, R.B. (1995) *A Primer of Conservation Biology*. Sinauer Associates, Sunderland, MA.
Schwaegerle, K.E. & Schaal, B.A. (1979) Genetic variability and founder effect in the pitcher plant *Sarracenia purpurea* L. *Evolution* **33**: 1210-1218.
Shaffer, M.L. (1981) Minimum population sizes for species conservation. *Bioscience* **31**: 131-134.
Snow, A.A. & Whigham, D.F. (1989) Cost of flower and fruit production in *Tipularia discolor*. *Ecology* **70**: 1286-1293.
Stephenson, A.G. & Winsor, J.A. (1986) *Lotus corniculatus* regulates offspring quality through selective fruit abortion. *Evolution* **40**: 453-458.
Streiff, R., Ducousso, A. Lexer, C., Steinkellner, H., Gloessl, J. & Kremer, A. (1999) Pollen dispersal inferred from paternity analysis in a mixed oak stand of *Quercus robur* L. and *Q. petracea* (Matt.) Liebl. *Molecular Ecology* **8**: 831-841.
Sutherland, S. & Delph, L.F. (1984) On the importance of male fitness in plants: patterns of fruit-set. *Ecology* **65**: 1093-1104.
Taggert, J.B., McNally, S.F. & Sharp, P.M. (1990) Genetic variability and differentiation among founder populations of the pitcher plant (*Saracenia purpurea* L.) in Ireland.

Heredity **64**: 177-183.
田中　肇 (1991) 昆虫が好む色. インセクタリウム **28**: 12-26.
田中　肇 (1997) 花と昆虫がつくる自然. 保育社.
Turner, M.E., Stephens, J.C. & Anderson, W.W. (1982) Homozygosity and patch structure in plant populations as a result of nearest-neighbor pollination. *Proceedings of the National Academy of Sciences USA* **79**: 203-207.
鷲谷いづみ (1998) サクラソウの目. 地人書館.
Wright, S. (1931) Evolution in Mendelian populations. *Genetics* **16**: 97-159.
Wright, S. (1952) The theoretical variance within and among subdivisions of a population that is in a steady state. *Genetics* **37**: 312-321.
矢原徹一 (1988) 花の性と交配. 植物の世界3 (河野昭一編), pp. 116-125. 教育社.
山口陽子 (1991) マタタビの蜂寄せ作戦. 光珠内季報 **85**: 9-13.

[第6章]
■参考文献
Baskin, C.C. & Baskin, J.M. (1998) *Seeds: Ecology, Biogeography, and Evolution of Dormancy and Germination.* Academic Press, San Diego.
Caswell, H. (2001) *Matrix Population Models.* Sinauer Associates, Sunderland.
Harper, J.L. (1977) *Population Biology of Plants.* Academic Press, London.
野本宣夫・横井洋太 (1981) 植物の物質生産, 生物学教育講座6. 東海大学出版会.
Silvertown, J. & Charlesworth, D. (2001) *Introduction to Plant Population Biology* (4th ed.). Blackwell Science, Oxford.

■引用文献
Akcakaya, H.R., Burgman, M.A., & Ginzburg, L.R. (1999) *Applied Population Ecology: Principles and Computer Exercises using RAMAS EcoLab 2.0* [H・レシット・アクチャカヤ, マーク・A・バーグマン, レフ・R・ギンズバーグ (2002) コンピュータで学ぶ応用個体群生態学—希少生物の保存をめざして— (楠田尚史・小野山敬一・紺野康夫訳). 文一総合出版].
Baskin, J.M. & Baskin, C.C. (1980) Ecophysiology of secondary dormant in seeds of *Ambrosia artemisifolia. Ecology* **61**: 475-480.
Baskin, J.M. & Baskin, C.C. (1983) Seasonal changes in the germination response of buried seeds of *Arabidopsis thaliana* and ecological interpretation. *Botanical Gazette* **144**: 540-543.
Baskin, C.C. & Baskin, J.M. (1998) *Seeds: Ecology, Biogeography, and Evolution of Dormancy and Germination.* San Diego, Academic Press.
Boorman, L.A. & Fuller, R.M. (1984) The comparative ecology of two sand dune biennials: *Lactuca virosa* L. and *Cynoglossum officinale* L. *New Phytologist* **69**: 609-629.
Bradshaw, A.D. (1965) Evolutionary significance of phenotypic plasticity in plants. *Advances in Genetics* **13**: 115-155.
Caswell, H. (2001) *Matrix Population Models.* Sinauer Associates, Sunderland.
Cole, L.C. (1954) The population consequences of life history phenomena. *Quarterly Review of Biology* **29**: 103-137.

Fenner, M. (1985) *Seed Ecology*. Chapman & Hall, New York.
Fisher, R.A. (1930) *The Genetical Theory of Natural Selection*. Oxford University Press, Oxford.
Foster, R. (1977) *Tachigalia versicolor is* suicidal neo-tropical tree. *Nature* **268**: 624-626.
Gadgil, M. & Bossert, W.H. (1970) Life historical consequences of natural selection. *American Naturalist* **104**: 1-24.
Galston, A.W. (1961) *The Life of the Green Plant*. Prentice-Hall, Englewood Cliffs.
Gottlieb, L.D. (1977) Genotypic similarity of large and small individuals in a natural population of the annual plant *Stephanomeria exigua* ssp. *coronaria* (Compositae). *Journal of Ecology* **65**: 127-134.
Harper, J.L. (1967) A Darwinian approach to plant ecology. *Journal of Ecology* **55**: 242-270.
Harper, J.L. & Ogden, J. (1970) The reproductive strategy of higher plants I. The concept of strategy with special reference to *Senecio vulgaris* L. *Journal of Ecology* **58**: 681-698.
Harper, J.L. (1977) *Population Biology of Plants*. Academic Press, London.
Hart, R. (1977) Why are biennials so few ? *American Naturalist* **111**: 792-799.
Hirose, T. (1983) A graphical analysis of life history evolution in biennial plants. *Botanical Magazine Tokyo* **96**: 37-47.
Ishikawa, S. & Kachi, N. (2000) Differential salt tolerance of two *Artemisia* species growing in contrasting coastal habitats. *Ecological Reserach* **15**: 241-247.
伊藤嘉昭 (1978) 比較生態学 (第2版). 岩波書店.
伊藤嘉昭 (1982) 社会生態学入門：動物の繁殖戦略と社会行動. 東京大学出版会.
巌佐 庸 (1990) 数理生物学入門：生物社会のダイナミックスを探る. HBJ出版局.
Janzen, D.H. (1976) Why bamboos wait so long to flower ? *Annual Review of Ecology and Systematics* **7**: 347-391.
de Jong, T.J., Klinkhamer, P.G.L. & Prins, A.H. (1986) Flowering behaviour of the monocarpic perennial *Cynoglossum officinale* L. *New Phytologist* **103**: 219-229.
可知直毅 (1986) 二年生草本の生活史の進化. 日本生態学会誌 **36**: 19-27.
Kachi, N. & Hirose, T. (1983) Bolting induction in *Oenothera erythrosepala* Borbas in relation to rosette size, vernalization, and photoperiod. *Oecologia* **60**: 6-9.
Kachi, N. & Hirose, T. (1985) Population dynamics of *Oenothera glazioviana* in a sand-dune system with special reference to the adaptive significance of size-dependent reproduction. *Journal of Ecology* **73**: 887-901.
Kachi, N. & Hirose, T. (1990) Optimal time of seedling emergence in a dune-population of *Oenothera glazioviana*. *Ecological Research* **5**: 143-152.
Kaneko, Y. & Kawano, S. (2002) Demography and matrix analysis on a natural *Pterocarya rhoifolia* population developed along a mountain stream. *Journal of Plant Research* **115**: 341-354.
Kaneko, Y., Takada, T. & Kawano, S. (1999) Population biology of *Aesculus turbinata* Blume : A demographic analysis using transition matrices on a natural population along a riparian environmental gradient. *Plant Species Biology* **14**: 47-68.
Krebs, C.J. (1978) *Ecology: The Experimental Analysis of Distribution and Abundance* (2nd ed.). Happer & Row, New York.

Lamont, B.B. (1991) Canopy seed storage and release: What's in a name ? *Oikos* **60**: 266–268.
Leverich, W.J. & Levin, D.A. (1979) Age-specific survivorship and reproduction in *Phlox drummondii*. *American Naturalist* **113**: 881–903.
Mooney, H.A. & Chiariello, N.R. (1984) The study of plant function : the plant as a balanced system. In : *Perspectives on Plant Population Ecology* (eds. Dirso, R. & Sarukhan, J.), pp. 305–323. Sinauer, Sunderland.
Pianka, E.R. (1978) *Evolutionary Ecology* (2nd ed.). Harper & Law, New York ［エリック・R. ピアンカ（1978）進化生態学（伊藤嘉昭監修，久場洋之・中筋房夫・平野耕治訳）．蒼樹書房］．
Platenkamp, G.A.J. & Shaw, R.G. (1992) Environmental and genetic constraints on adaptive population differentiation in *Anthoxanthum odoratum*. *Evolution* **46**: 341–352.
Reinartz, J.A. (1984) Life history variation of common mullein (*Verbascum thapsus*) I. Latitudinal differences in population dynamics and timing of reproduction. *Journal of Ecology* **72**: 897–912.
Rood, S.B., Williams, P.H., Pearce, D., Murofushi, N., Mander, L.N. & Pharis, R.P. (1990) A mutant gene the increases gibberellin production in *Brassica*. *Plant Physiology* **93**: 1168–1174.
Schaffer, W.M. (1974) Selection for optimal life histories : the effects of age structure. *Ecology* **55**: 291–303.
Schaffer, W.M. & Gadgil, M.D. (1975) Selection for optimal life histories in plants. In : *Ecology and Evolution of Communities* (eds. Cody, M.L. & Diamond, J.M.), pp. 142–157. Harvard University Press, Cambridge.
Sharitz, R.R. & McCormick, J.F. (1973) Population dynamics of two competing annual plant species. *Ecology* **54**: 723–740.
Silvertown, J. (1983) Why are biennials sometimes not so few ? *American Naturalist* **121**: 448–453.
Silvertown, J., Franco, M. & Perez-Ishiwara, R. (2001) Evolution of senescence in iteroparous perennial plants. *Evolutionary Ecology Research* **3**: 393–412.
Symonides, E. (1974) Populations of *Spergula vernalis* Willd. on dunes in the Torun basin. *Ekologia Polska*, **22**: 379–416.
Tompson, K. & Grime, J.P. (1979) Seasonal variation in the seed banks of herbaceous species in ten contrasting habitats. *Journal of Ecology* **67**: 893–921.
Watkinson, A.R. & Harper, J.L. (1978) The demography of a sand dune annual : *Vulpia fasciculata*. I. The natural regulation of populations. *Journal of Ecology* **66**: 15–33.
Wesselingh, R.A. & de Jong, T.G. (1995) Bidirectional selection on threshold size for flowering in *Cynoglossum officinale* (hounds' tongue). *Heredity* **74**: 415–424.
Yokoi, Y. (1976) Growth and reproduction in higher plants. I. Theoretical analysis by mathematical models. *Botanical Magazine Tokyo* **89**: 1–14.
横井洋太（1981）物質生産と種の生活．植物の物質生産（野本宣夫・横井洋太著），pp.97–150．東海大学出版会．
Young, T.P. & Augspurger, C.K. (1991) Ecology and evolution of long-lived semelparous plants. *Trend in Ecology and Evolution* **6**: 285–289.

[第7章]

■参考文献

Harper, J.L. (1977) *Population Biology of Plants*. Academic Press, London.

小川房人 (1980) 個体群の構造と機能，植物生態学講座 5. 朝倉書店．

Silvertown, J. (1992) 植物の個体群生態学 (第 2 版) (河野昭一・高田壮則・大原　雅訳)．東海大学出版会．

Silvertown, J. & Charlesworth, D. (2001) *Introduction to Plant Population Biology* (4th ed.). Blackwell Science, Oxford.

■引用文献

Aikman, D.P. & Watkinson, A.R. (1980) A model for growth and self-thinning in even-aged monocultures of plants. *Annals of Botany* **45**: 419-427.

Bazzaz, F.A. & Harper, J.L. (1976). Relationship between plant weight and numbers in mixed populations of *Sinaps alba* (L.) Rabenh. and *Lepidium sativum* L. *Journal of Applied Ecology* **13**: 211-216.

Cannell, M.G.R., Rothery, P. & Ford, E.D. (1984) Competition within stands of *Picea sitchensis* and *Pinus contorta*. *Annals of Botany* **53**: 349-362.

Enquist, B.J., Brown, J.H. & West, G.B. (1998) Allometric scalings of plant energetics and population density. *Nature* **395**: 163-165.

Firbank, L.G. & Watkinson, A.R. (1985) A model of interference within plant monocultures. *Journal of Theoretical Biology* **116**: 291-311.

Ford, E.D. (1975) Competition and stand structure in some even-aged plant monocultures. *Journal of Ecology* **63**: 311-333.

Hara, T. (1984a) A stochastic model and the moment dynamics of the growth and size distribution in plant populations. *Journal of Theoretical Biology* **109**: 173-190.

Hara, T. (1984b) Dynamics of stand structure in plant monocultures. *Journal of Theoretical Biology* **110**: 223-239.

Hara, T. (1986) Growth of individuals in plant populations. *Annals of Botany* **57**: 55-68.

Hozumi, K. (1971) Studies on the frequency distribution of the weight of individual trees in a forest stand III. A beta-type distribution. *Japanese Journal of Ecology* **21**: 152-167.

Hozumi, K. & Shinozaki, K. (1970) Studies on the frequency distribution of the weight of individual trees in a forest stand II. Exponential distribution. *Japanese Journal of Ecology* **20**: 1-9.

Hozumi, K., Shinozaki, K. & Tadaki, Y. (1968) Studies on the frequency distribution of the weight of individual trees in a forest stand I. A new approach toward the analysis of the distribution function and the-3/2th power distribution. *Japanese Journal of Ecology* **18**: 10-20.

Ishizuka, M. (1984) Spatial pattern of trees and their crowns in natural mixed forests. *Japanese Journal of Ecology* **34**: 421-430.

Sato, K. & Iwasa, Y. (1993) Modeling of wave regeneration (Shimagare) in subalpine *Abies* forests: population dynamics with spatial structure. *Ecology* **74**: 1538-1550.

Kira, T., Ogawa, H. & Sakazaki, N. (1953) Intraspecific competition among higher plants I. Competition-density-yield interrelationship in regularly dispersed populations. *Journal of Institute of Polytechnics, Osaka City University* **D4**: 1-16.

Koch, A.L. (1966) The logarithm in biology: mechanisms generating the lognormal distribution exactly. *Journal of Theoretical Biology* **12**: 276-290.

Kohyama, T. & Fujita, N. (1981) Studies on the *Abies* population of Mt. Shimagare I. Survivorship curve. *Botanical Magazine, Tokyo* **94**: 55-68.

Kohyama, T., Hara, T. & Tadaki, Y. (1990) Patterns of trunk diameter, tree height and crown depth in crowded *Abies* stands. *Annals of Botany* **65**: 567-574.

Kohyama, T. (1989) Simulation of the structural development of warm-temperate rain forest stands. *Annals of Botany* **63**: 625-634.

Kohyama, T. (1991) Simulating stationary size distribution of trees in rain forests. *Annals of Botany* **68**: 173-180

Kohyama, T. (1992) Density-size dynamics of trees simulated by a one-sided competition multi-species model of rain forest stands. *Annals of Botany* **70**: 451-460.

Koyama, H. & Kira, T. (1956) Intraspecific competition among higher plants VIII. Frequency distribution of individual plant weight as affected by the interaction between plants. *Journal of Institute of Polytechnics, Osaka City University* **D7**: 73-94.

Kubo, T. & Kohyama, T. (2005) *Abies* population dynamics simulated by a functional-structural tree model. *Ecological Research* **20**: 255-269.

Mohler, C.L., Marks, P.L. & Sprugel, D.G. (1978) Stand structure and allometry of trees during self-thinning of pure stands. *Journal of Ecology* **66**: 599-614.

Nagano, M. (1978) Dynamics of stand development. In : *Biological Production in a Warm-temperate Evergreen Oak Forest of Japan* : JIBP Synthesis 18 (eds. Kira, T., Ono, Y. & Hosokawa, T.), pp. 21-32. University of Tokyo Press, Tokyo.

Nagashima, H., Terachima, I. & Katoh, S. (1995) Effect of plant density on frequency distributions of plant height in *Chenopodium album* stands : analysis based on continuous monitoring of height-growth of individual plants. *Annals of Botany* **75**: 173-180.

Nakashizuka, T. (1984) Regeneration process of climax beech (*Fagus crenata* Blume) forests V. Population dynamics of beech in a regeneration process. *Japanese Journal of Ecology* **34**: 411-419.

Nanami, S., Kawaguchi, H. & Yamakura, T. (1999) Dioecy-induced spatial patterns of two codominant tree species, *Podocarps nagi and Neolitsea aciculata*. *Journal of Ecology* **87**: 678-687.

Oikawa, T. (1985) Simulation of forest carbon dynamics based on dry-matter production model 1. Fundamental model structure of a tropical rainforest ecosystem. *Botanical Magazine, Tokyo* **98**: 225-238.

Osawa, A. (1995) Inverse relationship of crown fractal dimension to self-thinning exponent of tree populations: a hypothesis. *Canadian Journal of Forest Research* **25**: 1608-1617.

Osawa, A. & Sugita, S. (1989) The self-thinning rule: another interpretation of Weller's results. *Ecology* **70**: 279-283.

Ripley, B.D. (1981) *Spatial Statistics*. John Wiley & Sons, New York.

清和研二・菊沢喜八郎 (1987) トドマツ人工林における樹木の大きさごとの空間分布の林齢にともなう変化. 日本林学会誌 **69**: 465-471.

島谷健一郎 (2001) 点過程による樹木分布地図の解析とモデリング. 日本生態学会誌 **51**: 87-106.

Shinozaki, K. & Kira, T. (1956) Intraspecific competition among higher plants VII. Logistic theory of the C-D effect. *Journal of Institute of Polytechnics, Osaka City University* **D7**: 35-72.

Takada, T. & Iwasa, Y. (1986) Size distribution dynamics of plants with interaction by shading. *Ecological Modelling* **33**: 173-184.

寺本 英 (1997) 数理生態学. 朝倉書店.

Yamakura, T. (1987) An empirical approach to the analysis of forest stratification I. Proposed graphical method derived by using an empirical distribution function. *Botanical Magazine, Tokyo* **100**: 109-128.

Yamakura, T. (1988) An empiricaqal approach to the analysis of forest stratification II. Quasi-1/2 power law of tree height in stratified forest communities. *Botanical Magazine, Tokyo* **101**: 153-162.

Yamakura, T. & Shinozaki, K. (1980) Frequency distribution of individual weight, stem diameter and height in plant stands I. Proposed new distribution density functions derived by using the finite difference method. *Japanese Journal of Ecology* **30**: 307-321.

Yoda, K., Kira, T., Ogawa, H. & Hozumi, K. (1963) Self-thinning in overcrowded pure stands under cultivated and natural conditions (Intraspecific competition among higher plants XI) *Journal of Biology, Osaka City University* **14**: 107-129.

Watkinson, A.R. (1980) Density-dependence in single-species populations of plants. *Journal of Theoretical Biology* **66**: 345-357.

Weiner, J. & Thomas, S.C. (1986) Size variability and competition in plant monocultures. *Oikos* **47**: 211-222.

Weller, D.E. (1987) A reevaluation of the -3/2 power rule of plant self-thinning. *Ecological Monographs* **57**: 23-43.

Westoby, M. (1982) Frequency distributions of plant size during competitive growth of stands: the operation of distribution-modifying-functions. *Annals of Botany* **50**: 733-735.

Westoby, M. (1984) The self-thinning rule. *Advances in Ecological Research* **14**: 167-225.

White, J. (1980) Demographic factors in populations of plants. In: *Demography and Evolution in Plant Populations* (ed. Solbrig, O.T.), pp. 21-48. Blackwell Scientific Publ., Oxford.

White, J. & Harper, J.L. (1970) Correlated changes in plant size and number in plant populations. *Journal of Ecology* **58**: 467-485.

[第8章]

■参考文献

宮下 直・野田隆史 (2003) 群集生態学. 東京大学出版会.

寺本 英 (1997) 数理生態学. 朝倉書店.

Tokeshi, M. (1999) *Species coexistence: ecological and evolutionary perspectives*. Blackwell Science, Oxford.

■引用文献

Adams, J.M. & Woodward, I.F. (1989) Patterns in tree species richness as a test of the glacial extinction hypothesis. *Nature* **339**: 699-701.

Aiba, S. & Kohyama, T. (1997) Crown architecture and life-history traits of 14 tree species in a warm-temperate rain forest: significance of spatial heterogeneity. *Journal of Ecology* **85**: 611-624.

Akashi, N., Kohyama, T. & Matsui, K. (2003) Lateral and vertical crown associations in mixed forests. *Ecological Research* **18**: 455-461.

Connell, J.R. (1978) Diversity in tropical rain forests and coral reefs. *Science* **199**: 1302-1310.

Currie, D.J. & Parquin, V. (1987) Large-scale biogeographical patterns of species richness of trees. *Nature* **329**: 326-327.

Hector, A., Loreau, M., Schmid, B. & BIODEPTH project (2002) Biodiversity manipulation experiments: studies replicated at multiple sites. In : *Biodiversity and Ecosystem Functioning: Synthesis and Perspectives* (eds. Loreau, M., Naeem, S. & Inchausti, P.), pp. 36-46. Oxford University Press, Oxford.

Hubbell, S.P. (2001) *The unified neutral theory of biodiversity and biogeograpy*. Princeton University Press, Princeton.

Huisman, J. & Weissing, F.J. (2001) Fundamental unpredictability in multispecies competition. *American Naturalist* **157**: 488-494.

Huston, M.A. (1994) *Biological diversity: the coexistence of species on changing landscapes*. Cambridge University Press, Cambridge.

伊東 明 (2000) リュウノウジュの林冠優占と熱帯雨林の多様性. 森の自然史 (菊沢喜八郎・甲山隆司編), pp. 146-161. 北海道大学図書刊行会.

Janzen, D.H. (1970) Herbivores and the number of tree species in tropical forests. *American Naturalist* **104**: 501-528.

Kohyama, T. (1984) Regeneration and coexistence of two *Abies* species dominating subalpine forests in central Japan. *Oecologia* **62**: 156-161.

Kohyama, T. (1992) Density-size dynamics of trees simulated by a one-sided competition multi-species model of rain forest stands. *Annals of Botany* **70**: 451-460.

Kohyama, T. (1993) Size-structured tree populations in gap-dynamic forest — the forest architecture hypothesis for the stable coexistence of species. *Journal of Ecology* **81**: 131-143.

甲山隆司 (1998) 生物多様性の空間構造と生態系における機能. 生物多様性とその保全 (岩波講座 地球環境学5) (井上民二・和田英太郎編), pp. 65-96. 岩波書店.

Kohyama, T., Suzuki, E., Aiba, S. & Seino, T. (1999) Functional differentiation and positive feedback enhancing plant biodiversity. In : *The Biology of Biodiversity* (ed. Kato, M.), pp. 179-191. Springer, Tokyo.

Kohyama, T., Suzuki, E., Partomihardjo, T., Yamada, T. & Kubo, T. (2003) Tree species differentiation in growth, recruitment and allometry in relation to maximum height in a Bornean mixed dipterocarp forest. *Journal of Ecology* **91**: 797-806.

Oksanen, J. (1996) Is the humped relationship between species richness and biomass an artefact due to plot size ? *Journal of Ecology* **84**: 293-295.

Shmida, A. & Ellner, S. (1984) Coexistence of plant species with similar niches. *Vegetatio* **58**: 29-55.

Stevens, M.H.H. & Carson, W.P. (1999) The significance of assemblage-level thinning for

species richness. *Journal of Ecology* **87**: 490–502.
Suzuki, E. & Kohyama, T. (1991) Spatial distribution of wind-dispersed fruits and trees of *Swintonia schwenkii* (Anacardiaceae) in a tropical forest of West Sumatra. *Tropics* **1**: 131–142.
Takahashi, K. (1997) Regeneration and coexistence of two subalpine conifer species in relation to dwarf bamboo in the understorey. *Journal of Vegetation Science* **8**: 529–536.
寺本 英（1997）数理生態学．朝倉書店．
Tilman, D. (1982) *Resource Competition and Community Structure*. Princeton University Press, Princeton.
Tilman, D. (1994) Competition and biodiversity in spatially structured habitats. *Ecology* **75**: 2–16.
Tilman, D., Knops, J., Wedin, D. & Reich, P. (2002) Plant diversity and composition: effects on productivity and nutrient dynamics of experimental grasslands. In: *Biodiversity and Ecosystem Functioning: Synthesis and Perspectives* (eds. Loreau, M., Naeem, S. & Inchausti, P.), pp. 21–35. Oxford University Press, Oxford.
Wada, N., Murakami, M. & Yoshida, K. (2000) Effects of herbivore-bearing adult trees of the oak *Quercus crispula* on the survival of their seedlings. *Ecological Research* **15**: 219–227.
Yamada, T., Itoh, A., Kanzaki, M., Yamakura, T., Suzuki, E. & Ashton, P.S. (2000) Local and geographical distributions for a tropical tree genus, *Scaphium* (Sterculiaceae) in the far east. *Plant Ecology* **148**: 23–30.

[第9章]
■参考文献
林 一六（1990）植生地理学．大明堂．
小林四郎（1995）生物群集の多変量解析．蒼樹書房．
Legerndre, P. & Legendre, L. (1998) *Numerical Ecology* (2nd English Edition). Elsevier, Amsterdam.
日本リモートセンシング研究会編（2001）改訂版 図解リモートセンシング．日本測量協会．
Turner, M.G., Gardner, R.H. & O'Neill, V.O. (2001) *Landscape Ecology in Theory and Practice. Pattern and Process*. Springer-Verlag, New York.

■引用文献
Braun-Blanquet, J. (1964) *Pflanzensoziologie: Grundzuge der Vegetationskunde*. Springer-Verlag, Wien［鈴木時夫訳（1971）植物社会学（上・下）．朝倉書店］．
Bruelheide, H. & Chytrý, M. (2000) A new measure of fidelity and its application to defining species groups. *Journal of Vegetation Science* **11**: 295–306.
Delcourt, H.R., Delcourt, P.A. & Webb, III, T. (1983) Dynamic plant ecology: the spectrum of vegetational change in space and time. *Quaternary Science Review* **1**: 153–175.
Forman, R.T.T. (1995) *Land Mosaics*. Cambridge University Press, Cambridge.
Foster, B.L. & Tilman, D. (2000) Dynamic and static views of succession: testing the descriptive power of the chronosequence approach. *Plant Ecology* **146**: 1–10.
Frenot, Y., Gloaguen, J.C., Cannavacciuolo, M. & Bellido, A. (1998) Primary succession on glacier forelands in the subantarctic Kerguelen Islands. *Journal of Vegetation Science* **9**:

75-84.

林 一六 (1990) 植生地理学. 大明堂.

MacArthur, R.H. (1972) *Geographical Ecology. Patterns in the Distribution of Species*. Harper & Row, New York [厳 俊一・大崎直太監訳 (1982) 地理生態学—種の分布にみられるパターン—. 蒼樹書房].

Palmer, M.W. (1993) Putting testings in even better order: the advantages of canonical correspondence analysis. *Ecology* **74**: 2215-2230.

露崎史朗 (2001) 火山遷移初期動態に関する研究. 日本生態学会誌 **51**: 13-22.

Tsuyuzaki, S. (1996) Species diversities analyzed by density and cover in early volcanic succession on Mount Usu, Japan. *Vegetatio* **122**: 151-156.

Tsuyuzaki, S. (2002) Vegetation development patterns on skislopes in lowland Hokkaido, northern Japan. *Biological Conservation* **108**: 239-246.

Tsuyuzaki, S., Ishizaki, T. & Sato, T. (1999) Vegetation structure in gullies developed by the melting of ice wedges along Kolyma River, northeastern Siberia. *Ecological Research* **14**: 385-391.

Turner, M.G., Gardner, R.H. & O'Neill, V.O. (2001) *Landscape Ecology in Theory and Practice. Pattern and Process*. Springer-Verlag, New York.

Whittaker, R.H. (1975) *Communities and Ecosystems* (2nd ed.). Macmillan, New York [宝月欣二訳 (1979) 生態学概説. 培風館].

吉田正夫編 (2002) 自然力を知る— ピナツボ火山災害地域の環境再生 —. 古今書院.

[第10章]

■参考文献

二井一禎・肘井直樹編著 (2000) 森林微生物生態学. 朝倉書店.

Schlesinger, W.H. (1997) *Biogeochemistry: An Analysis of Global Change* (2nd ed.). Academic Press, San Diego, CA.

山根一郎・浜田竜之介・吉永長則・浅見輝男・松田敬一郎・佐久間敏夫・小林達治・湯村義男 (1997) 土壌学 (第6版). 文永堂出版.

■引用文献

Aerts, R. (1996) Nutrient resorption from senescing leaves of perennials: are there general patterns? *Journal of Ecology* **84**: 597-608.

Barbour, M.G., Burk, J.H., Pitts, W.D., Gilliam, F.S. & Schwartz, M.W. (1998) *Terrestrial Plant Ecology* (3rd ed.). Benjamin/Cummings, Menlo Park, CA.

Crews, T.E., Kitayama, K., Fownes, J.H., Riley, R.H., Herbert, D.A., Mueller-Dombois, D. & Vitousek, P.M. (1995) Changes in soil phosphorus fractions and ecosystem dynamics across long chronosequence in Hawaii. *Ecology* **76**: 1407-1424.

Enoki, T. & Kawaguchi, H. (1999) Nitrogen resorption from needles of *Pinus thunbergii* Parl. growing along a topographic gradient of soil nutrient availability. *Ecological Research* **14**: 1-8.

Findlay, S., Carriero, M., Kirschik, V. & Jones, C.G. (1996) Effects of damage to living plants on leaf litter quality. *Ecological Applications* **6**: 269-275.

Jackson, R.B., Canadell, J., Ehleringer, J.R., Mooney, H.A., Sala, O.E. & Schulze, E.D. (1996) A

global analysis of root distributions for terrestrial biomes. *Oecologia* **108**: 389-411.
Kamijo, T., Kitayama, K., Sugawara, A., Urushimichi, S. & Sasai, K. (2002) Primary succession of the warm-temperate broad-leaved forest on a volcanic island, Miyake-jima, Japan. *Folia Geobotanica* **37**: 71-91.
Kitayama, K. (1996) Soil nitrogen dynamics along a gradient of long-term soil development in a Hawaiian wet montane rainforest. *Plant and Soil* **183**: 253-262.
Kitayama, K. & Aiba, S. (2002) Ecosystem structure and productivity of tropical rainforests along altitudinal gradients with contrasting soil P pools on Mount Kinabalu, Borneo. *Journal of Ecology* **90**: 37-51.
Kitayama, K., Schuur, E.A.G., Drake, D.R. & Mueller-Dombois, D. (1997) Fate of a wet montane forest during soil ageing in Hawaii. *Journal of Ecology* **85**: 669-679.
Lichter, J. (1998) Primary succession and forest development on coastal Lake Michigan sand dunes. *Ecological Monographs* **68**: 487-510.
Molloy, L. (1988) *Soils in the New Zealand Landscape. The Living Mantle*. Mallinson Rendel in Association with the New Zealand Society of Soil Science, Wellington, N.Z.
Osono, T. & Takeda, H. (2001) Organic chemical and nutrient dynamics in decomposing beech leaf litter in relation to fungal ingrowth and seccession during 3-year decomposition processes in a cool temperate deciduous forest in Japan. *Ecological Research* **16**: 649-670.
Parton, W.J., Stewart, J.W.B. & Cole, C.V. (1988) Dynamics of C, N, P and S in grassland soils: a model. *Biogeochemistry* **5**: 109-131.
Raich, J.W., Russell, A.R. & Vitousek, P.M. (1997) Primary productivity and ecosystem development along an elevational gradient on Mauna Loa, Hawaii. *Ecology* **78**: 707-721.
Schlesinger, W.H. (1990) Evidence from chronosequence studies for a low carbon storage potential of soils. *Nature* **348**: 232-234.
Schlesinger, W.H. (1997) *Biogeochemistry: An Analysis of Global Change* (2nd ed.). Academic Press, San Diego, CA.
Sinsabaugh, R.L., Antibus, R.K., Linkins, A.E., McClaugherty, C.A., Rayburn, L., Repert, D. & Weiland, T. (1993) Wood decomposition: nitrogen and phosphorus dynamics in relation to extracellular enzyme activity. *Ecology* **74**: 1586-1593.
Tiessen, H., Chacon, P. & Cuevas, E. (1994) Phosphorus and nitrogen status in soil and vegetation along a toposequence of dystrophic rainforests on the upper Rio Negro. *Oecologia* **99**: 145-150.
Torn, M.S., Trumbore, S.E., Chadwick, O.A., Vitousek, P.M. & Hendricks, D.M. (1997) Mineral control of soil organic carbon storage and turnover. *Nature* **389**: 170-173.
Vogt, K.A., Vogt, D.J., Palmiotto, P.A., Boon, P., O'Hara, J. & Asbjornsen, H. (1996) Review of root dynamics in forest ecosystems grouped by climate, climatic forest type and species. *Plant and Soil* **187**: 159-219.
Walker, T.W. & Syers, J.K. (1976) The fate of phosphorus during pedogenesis. *Geoderma* **15**: 1-19.

[第11章]
■参考文献
Drennan, P.M. & Nobel, P.S. (2000) Responses of CAM species to increasing atmospheric

CO_2 concentrations. *Plant, Cell and Environment* **23**: 767-781.

福島和彦・船田　良・杉山淳司・高部圭司・梅澤俊明・山事浩之編著（2003）木質の形成, pp. 382. 海青社.

Guo, L.B. & Gifford, R.M. (2002) Soil carbon stocks and land use change: a meta analysis. *Global Change Biology* **8**: 345-360.

小池孝良（2002）温暖化環境における森林の応答. 河川文化 **10**: 184-243.

小池孝良（2002）地球環境変動と植物：高 CO_2 環境への応答. 光と水と植物のかたち（村岡裕由・可知直樹編著）, pp. 119-138, 文一総合出版.

小池孝良・大崎　満（1997）機能タイプからみた樹木の温暖化適応能. 日本生態学会誌 **47**: 307-313.

吸収源対策研究会（2003）温暖化対策交渉と森林, p. 203. 全国林業改良普及協会.

松浦陽次郎（2004）周極域の森林保全. 岩波科学 **74**: 335-340.

文字信貴・平野高司・高見晋一・堀江　武・桜谷哲夫編（1997）農学・生態学のための気象環境学, 丸善.

Ohsawa, M. (2000) Impacts on natural ecosystems. In : *Global Warming : The Potential Impact on Japan* (eds. Nishioka, S. & Harasawa, H.), pp. 35-99, Springer-Verlag, Tokyo, New York.

Roy, J., Saugier, B. & Mooney, H.A. (2001) *Terrestrial Global Productivity*, p. 573. Academic Press, San Diego.

Smith, T.M., Shugart, H.H. & Woodward, F.I. (1997) *Plant Functional Types*, p. 369. Cambridge University Press, Cambridge, New York.

高橋正通（2001）森林土壌の炭素固定メカニズム. 森林立地 **33**: 24-29.

Walker, B. & Steffen, W. (1996) *Global Change and Terrestrial Ecosystems*, p. 619. Cambridge University Press, Cambridge, New York.

Walker, B.H., Ingram, J., Steffen, W. & Canadell, J. (1999) *The Terrestrial Biosphere and Global Change*, p. 439. Cambridge University Press, Cambridge, New York.

矢吹万寿（1986）植物の動的環境, pp. 194. 朝倉書店.

■引用文献────────────────────────────────

Arp, W.J. (1991) Effects of source-sink relations on photosynthetic acclimation to elevated CO_2. *Plant, Cell and Environment* **14**: 869-875.

Buchmann, N. & Schulze, E-D. (1999) Net CO_2 and H_2O fluxes of terrestrial ecosystems. *Global Biogeochemical Cycles* **13**: 751-760.

Cannel, K.G.R. & Thornley, J.H.M. (1998) N-poor ecosystems may respond more to elevated [CO_2] than N-rich in the long term. A model analysis of grassland. *Global Change Biology* **4**: 431-442.

Chabot, B.F. & Mooney, H.A. (1985) *Physiological Ecology of North American Plant Communities*, p. 351. Chapman & Hall, New York.

Field, C.B. Randerson, J.T. & Malmstrom, C.M. (1995) Global net primary production: combining ecology and remote sensing. *Remote Sensing Environment* **51**: 74-88.

Hamilton, J.G., DeLucia, E., Geoprge, K., Naidu, S.L., Finzi, A.C. & Schlesinger, W.H. (2002) Forest carbon balance under elevated CO_2. *Oecologia* **131**: 250-260.

Hätenschwiler, S., Schweingruber, F.H. & Köner, Ch. (1996) Tree ring responses to elevated

CO_2 and increased N deposition in *Picea abies*. *Plant, Cell and Environment* **19**: 1369-1378.
北條　元（2002）森林伐採・育林などの森林施業が二酸化炭素吸収能に与える影響を解明する―北海道大学天塩研究林における大規模野外実験―. 北方林業 **54**: 245-247.
古野東洲（1974）森の中の昆虫. 森―そのしくみとはたらき―（只木良也・赤井龍男編著）, pp. 98-114, 共立出版.
伊藤昭彦（2002）陸上生態系としての土壌有機炭素貯留とグローバル炭素循環. 日本生態学会誌 **52**: 189-227.
伊豆田猛（2002）日本の農作物と樹木に対するオゾンと酸性降下物の影響に関する研究. 大気環境学会誌 **37**: 81-95.
岩坪五郎編（1996）森林生態学, p. 306. 文永堂出版.
Kasischke, E.S. & Stocks, B.J. eds. (2000) *Fire, Climate, and Carbon Cycling in the Boreal Forest. Ecological Studies* 138, p. 461. Springer-Verlag, New York.
小池孝良（1993）主要樹種の CO_2 固定能の意義. 北方林業 **45**: 15-18.
小池孝良（1999）CO_2 濃度上昇と森林の応答能力研究の動向. 大気環境学会誌 **34**: A35-A42.
小池孝良（2002）垂直分布における環境適応. 樹木環境生理学（永田 洋・佐々木恵彦編）, pp. 81-121. 文永堂出版.
小池孝良編（2004）樹木生理生態学, p. 264. 朝倉書店.
Körner, Ch. (2000) Biosphere responses to CO_2 enrichment. *Ecological Application* **10**: 1590-1619.
Luo, Y., Medlyn, B., Hui, D., Ellsworth, D., Reynolds, J.F. & Katul, G. 2001, Gross primary productivity in the Duke Forest: Modeling synthesis of the free-air CO_2 enrichment experiment and eddy-covariance measurements. *Ecological Applications* **11**: 239-252.
牧野　周（1999）CO_2 と光合成. 植物の環境応答（渡邊　昭・篠崎一雄・寺島一郎監修）, pp. 134-141. 秀潤社.
松本光朗（2001）日本の森林による炭素蓄積量と炭素吸収量. 森林科学 **33**: 30-36.
中路達郎・武田知己・向井　譲・小池孝良・小熊宏之・藤沼康実（2003）カラマツ針葉の光合成活性と分光反射指標の関係. 日本林学会誌 **85**: 205-213.
Naumburg, E. & Ellsworth, D.S. (2002) Photosynthetic sunfleck utilization potential of understory saplings growing under elevated CO_2 in FACE. *Tree Physiology* **22**: 393-401.
Norby, R.J., Cotrufo, M.F., Ineson, P., O'Neill, E.G. & Canadell, J.G. (2001) Elevated CO_2, litter chemistry, and decomposition: a synthesis. *Oecologia* **127**: 153-165.
Oechel, W.C. & Billings, W.D. (1991) Effects of global change on the carbon balance of arctic plants ecosystems. In: *Arctic Ecosystems in a Changing Climate* (eds. Chapin, F.S. III, *et al.*), pp. 139-168. Academic Press, San Diego.
Oikawa, T. (1986) Simulation of forest carbon dynamics based on a dry-matter production model. III. Effects of increasing CO_2 upon a tropical rain forest ecosystem. *Botanical Magazine Tokyo* **99**: 419-430.
Paterson, E., Hall, J.M., Rattray, E.A.S., Griffiths, K. & Killham, K. (1997) Effect of elevated CO_2 on rhizosphere carbon flow and soil microbial processes. *Global Change Biology* **3**: 363-377.
Schimel, D.S., House, J.I., Hibbard, K.A., Bousquet, P., Ciais, P., Peylin, P., Braswell, B.H., Apps,

M.J., Baker, D., Bondeau, A., Canadell, J., Churkina, G., Cramer, W., Denning, A.S., Field, C.B., Friedlingstein, P., Goodale, C., Heimann, M., Houghton, R.A., Melillo, J.M., Moore III, B., Murdiyarso, D., Noble, I., Pacala, S.W., Prentice, I.C., Raupach, M.R., Rayner, P.J., Scholes, R.J., Steffen, W.L. & Wirth, C. (2001) Recent patterns and mechanisms of carbon exchange by terrestrial ecosystems. *Nature* **414**: 169-172.

Schulze, E-D. (2002) Understanding global change: lessons learnt from the European landscape. *Journal of Vegetation Science* **13**: 403-411.

Schulze, E-D., Wirth, C. & Helmann, M. (2000) Managing forests after Kyoto. *Science* **289**: 2058-2059.

Stilling, P., Cattell, M., Moon, D.C., Ross, A., Hungate, B., Hymuss, G. & Drake, B. (2002) Elevated atmospheric CO_2 lowers herbivore abundance, but increases leaf abscission rates. *Global Change Biology* **8**: 658-667.

Valentini, R., Matteucci, G., Dolman, A.J., Schulze, E-D., Rebmann, C., Moors, E.J., Granler, A., Gross, P., Jensen, N.O., Pllegaard, K., Lindroth, A., Grelle, A., Bernhofer, T., Grunwald, T., Aubinet, M., Ceulemans, R., Kowaiski, A.S., Vesala, U., Berbigler, P., Loustau, D., Gudmundsson, J., Thorgeirsson, H., Ibrom, A., Morgenstern, K., Clement, R., Moncrieff, J., Montagnani, L., Minerbi, S. & Jarvis, P.G. (2000) Respiration as the main determinant of carbon balance in European forests. *Nature* **404**: 861-865.

Ward, J.K. & Strain, B.R. (1999) Elevated CO_2 studies: past, present and future. *Tree Physiology* **19**: 211-220.

Watson, R.T. (2000) Land Use, hand-use change and forestry, p.377. Cambridge University Press, New York.

Yamamoto, S., Maruyama, S., Saigusa, N. & Kondo, H. (1999) Seasonal and inter-annual variation of CO_2 flux between a temperate foresee and the atmospheric in Japan. *Tellus* **51B**: 402-413.

Yanagihara, Y., Koike, T., Matsuura, Y., Mori, S., Shibata, H., Satoh, F., Masyagina, O.V., Zyranova, O.A, Prokushkin, S.G. & Abaimov, A.P. (2000) Soil respiration rate on the contrasting north-and south-facing slopes of a larch forest in central Siberia. *Eurasian Journal of Forest Research* **1**: 19-29.

Yazaki, K., Ishida, S., Kawagishi, T., Fukatsu, E., Maruyama, Y., Kitao, M., Tobita, H., Koike, T. & Funada, R. (2004) Effects of elevated CO_2 on growth, annual ring structure and photosynthesis in *Larix kaempferi* seedlings. *Tree Physiology* **24**: 941-949.

おわりに

　この20年ほどの間の，植物生態学の各領域での発展は著しいものがある．それだからこそ，教科書の提供が滞ってしまった，という側面もありそうだ．それまで，日本の植物生態学は，各大学の理学部や農学部の研究室が，それぞれ特徴的なスクールを形成して特定の領域の研究を掘り下げており，出身を辿ってスクールの系譜を示すことが可能だった．ちょうどこの20年の間に，そうした「スクール」は完全にシャッフルされ，また各研究室がどの領域を扱う，といった特異性もなくなった．領域の境界を越えるような視点が，独創的な研究を特徴づけるようにもなってきた．こうした領域間の壁の消失は，必然的な過程でもあるが，スクールを中心とした伝承に代わる，情報の共有のためには，あらたな装いの教科書の必要性がより高くなってきているのも事実である．

　近年の手法の進展もめざましい．葉の光合成・呼吸・蒸散のガス交換や光合成の蛍光反応は，携帯式の測器によって，今や現場で容易に測定できるようになった．個体群のなかの遺伝的組成（同一ジェネット判定や，個体の親子判定，地理的・生態的な変異）は，DNAレベルで観測できるし，生理過程から生態系の循環に至るプロセスのマーカーあるいはトレーサーとして，炭素や窒素の安定同位体利用も一般化してきた．数理的なモデルについても，それまでは，解析解（方程式の数学的な解析によって求められる数式解）をベースに展開されてきたが，コンピュータの性能の飛躍的向上によって，シミュレーション実験による数値解（パラメータや初期値に数値を与えて計算される解）が容易に求まるようになり，数理モデルを利用する幅を広げた．

　植物生態学全般をまとめた英文の教科書には，Michel Crawleyの編になる*Plant Ecology*がある（Blackwell Scientific Publications，第2版1997年）．同書とは機能的なアプローチを主眼としている点を共有しているが，生態現象の諸スケールにまたがってモジュール成長や栄養生態に注目している点で，本書に特色を持たせることができた．動物生態学では，伊藤嘉昭・山村則男・嶋田正和共著になる『動物生態学』（蒼樹書房，1992年）が定本となっている（同書の改訂

版は，伊藤嘉昭・山村則男・嶋田正和・粕谷英一共著『動物生態学 新版』として，海游舎から2005年に出版される）．これと相補的に，本書が植物生態学の概説の役割を果たすことを期待している．生態学全般を通覧する手ごろな入門書としては，日本生態学会編の『生態学入門』（東京化学同人）が2004年に刊行されている．

　本書の執筆に際しては，分担した各章の原稿が出そろった段階で，章の間の調整を図った．執筆メンバーは，おたがいに共同プロジェクトを進めている仲間である．また，各自の植物生態学者としての専門領域は，担当した章よりもかなり幅広い．そのため，それぞれが章の間の連携を意識した改訂に関わって，本書のまとまりを高める作業をするのは容易だった．さらに，以下に挙げる多くの同僚や大学院生のみなさんに，いろいろな段階の原稿に対してコメントをいただいた．相場慎一郎，赤坂宗光，江口則和，舟山幸子，半場祐子，原登志彦，長谷川元洋，長谷川成明，上條隆志，久保拓弥，宮沢真一，村岡裕由，長嶋寿江，西秀雄，西村愛子，野口航，大曽根陽子，太田誠一，及川真平，里村多香美，清野達之，信濃卓郎，塩寺さとみ，曽根恒星，鈴木静男，種子田春彦，舘野正樹，浦口あや，谷内茂雄，矢崎至洋，和崎淳，渡辺敏裕，高木健太郎（敬称略，順不同）．出版に至る長い過程で，朝倉書店編集部には我慢強くお手伝いいただいた．最後に厚くお礼申し上げる．

甲 山 隆 司

索引

日本語索引

ア 行

アーキテクチャ 108
亜酸化窒素 363
アセチル CoA 377
アセチレン還元能 375
あて材 94
亜熱帯高圧帯（域） 32
アーバスキュラー菌根 148
アブシジン酸 62
アマイド 139
アラス 390
アルカリ土壌 136
アルミニウム集積植物 124
アロメトリー 105
アロメトリー法 389
暗呼吸 45, 56
安全率 92
安定ステージ分布 220
安定同位体 76
安定齢構造 211
鞍部点 273
アンモニア態 139

イオンストレス 137
維管束鞘細胞 16, 74
異型花柱性 164
移行期間 369
移行帯 303
維持呼吸 27
異常気象 361
一次生産 24
一次遷移 350
一年生草本 107, 191, 197
一方向競争 242, 254, 258
イチヤクソウ 193
一様分布 248
一回繁殖型草本 191, 229
一回繁殖型多年生植物 198
一斉更新 241
遺伝子型頻度 177

遺伝子多様度 178
遺伝子頻度 177
遺伝子流動 182
遺伝的浮動 180
イネ科 144
易分解性有機物 334
移流方程式 255
移流方程式モデル 259
入れ替えた行列 219, 226

渦相関法 384, 385
雨緑樹林 39
雲霧帯 39

永久凍土 382, 391
エイジ依存的繁殖 208
栄養素 119
栄養繁殖 108
液胞膜 119
エコトープ 297
エコトーン 303
エポキシ化 386
エライオソーム 175
塩性植物 131
塩性土壌 136
塩類土壌 136

オイラー方程式 213
応力 94
応力一定仮説 94
オオマツヨイグサ 194, 196, 204, 207, 211
オオリソウ 204, 206
オーキシン 153
オサバグサ 192
雄機能仮説 171
オゾン 4, 363
オゾン層 4
オープントップ・チェンバー 363, 364
オープンパス（開路）法 385
折れ棒モデル 288

温室効果ガス 22, 363
温度順化 68

カ 行

開花臨界サイズ 206
回収効率 346
外生菌根菌 148, 345, 376
階層構造 253
階層分化 252
解糖 145
開放花 165
開放系 CO_2 増加実験 365
カキドウシ 193
拡大係数 380
傘型の樹形 96
果実 90
加重平均 308
化石燃料 382
可塑性 236
カタクリ 192
褐色森林土壌 35
活性酸素 58, 59, 62
仮導管 11, 96
花粉 90
花粉制限 170
可変性二年草 203, 208
カーボン・アカウンティング 389
可溶性タンニン 347
カリウム 151
夏緑樹林 39
カルビン-ベンソンサイクル 14, 43
カルボキシル化反応 44
環境勾配 298
環境勾配分析 307
還元型ヌクレオチド 145
還元型ペントースリン酸回路 14
環孔材 371
感受性 219

索　引

感受性分析　219, 221
間接環境勾配分析　307
気温の逓減率　33
期間増加率　212, 218, 224
キキョウナデシコ　225
気孔　7, 53
気孔コンダクタンス　53, 62, 65, 75, 369, 371
キサントフィルサイクル　59, 386
キサントフィル色素　386
疑似一年草　192
気室　7
寄生植物　102
季節風　34
気体型循環　334
起爆効果　374
キャノピー　383
キャビテーション　371
究極要因　189
吸光係数　70
吸収源　378
吸蔵態　337
休眠種子　194
境界条件　259
強光阻害　86
胸高直径　106
競争　90
競争排除則　269
京都プロトコル　383
行列モデル　193
局所的な密度　242
局所的に安定　273
局所的に不安定　273
近交係数　179
近交弱勢　162
菌根菌　148
近親交配　162
近接個体間相互作用　250
菌体　343
均等度　287

グイマツ雑種F1　388
空間格子モデル　241
空間占有効率　269
空中シードバンク　194
空洞化　371
クエン酸合成酵素　146
茎　90
くじ引き仮説　277

クチクラ　6
クラウン　382
クラスター根　146
クランツ構造　76, 365
クリーン開発メカニズム　383
クローズドパス（閉路）法　385
クローナル植物　107
クロノシークエンス　299
クロロフィル　43, 68
クロロフィル蛍光　58, 59
クロロプラスト　150
クローン成長　108
群系　305
群集　262, 296, 303, 304
群分類　305
群落光合成モデル　70

景観　296
景観生態学　296
景観生態学図　320
景観要素　297
傾向化除去対応分析　309
形成層　11
ケイ素　123
茎頂分裂組織　11
傾度法　384
結果率　170
結実率　170
結晶性粘土鉱物　358
原形質膜　119
原（始）植生　310
現存量　326, 364, 372
　　根の――　329
現存量回転速度　286
現存量動態　260
顕熱　385

好塩植物　131
好気呼吸　4
高茎草原　40
光合成　42, 43
光合成速度　24, 46
光合成法　26
光合成有効放射　23
光合成有効放射束密度　387
恒常性維持機能　368
構成呼吸　27
孔辺細胞　151
高木　110
硬葉樹林　39

呼吸効率　141
呼吸速度　24
呼吸割合　142
黒体　18
枯死遺体　344
コスト-ベネフィット（利益）解析　64
個体間相互作用　243, 245
個体群　2, 190
個体群生態学　232
個体群統計　208
個体群動態　189
個体サイズ　242
個体再生産指数　229
個体ベースモデル　207
コホート　190, 209
固有値　218
固有ベクトル　218
コレオケーテ　6
根端分裂組織　11
コンパス植物　87
コンパートメント　351
根粒菌　140

サ　行

最終収量一定則　236
最終氷期　289
最小個体群サイズ　180
最小律　271
再植林　383
サイズ依存的繁殖　203, 208
サイズ分布　243
サイズ分布動態　259
　　――のシミュレーション　254
最適尺度法　308
最適繁殖齢　201
最適葉面積指数　73
最適臨界サイズ　206
細胞内腔　370
材料力学　92
座屈　91
砂漠　40
サバナ　40
サバナ林　39
差分法（山倉の）　244
サワグルミ　193
散孔材　371
三次元構造　260, 279
酸性雨　363

索　　引

酸性沈着　361
酸性土壌　135
酸性ホスファターゼ　147
酸素反応　45
酸素触媒力　365
残存繁殖価　226, 229
三大栄養素　138
散布　90
散乱光　82

ジェネット　108, 192
紫外線　3
自家受粉　160
自家不和合性　163
自家和合性　163
時間系列　299
シキミ酸合成系　377
至近要因　189
資源　82
　──の探索　110
資源競争　236
資源競争モデル　270
資源制限　170
資源比共存仮説　270
資源利用効率　66, 269
自己間引き　237, 248
　──の−3/2乗則　238, 255, 257
　──の−4/3乗則　240
自殖　158
自殖率　185
自然選択　2
自然選択圧　100
シダ類　134
シードバンク　193
　一時的な──　194
　永続的な──　194
ジベレリン　205
縞枯れ現象　241
縞枯れ林　240
島の生物地理学　319
シミュレーション実験　88
雌雄異熟　163
収穫法　389
周期律表　133
従属栄養生物　329
集団枯死　241
集団動態モデル　254
集中分布　248
周年休眠サイクル　195
集約法　306

重要度　299
雌雄離熟　163
樹冠　89, 380, 382
樹冠率　389
縮合型タンニン　347, 377
樹枝状体　148
種子生産量　228
種子捕食者の飽食仮説　192
種多様性　286, 287, 372
シュート　85, 361
受動輸送　119
シュート頂分裂組織　11
寿命　69
純一次生産　321
純一次生産速度　286
純一次生産量　380
順化　2, 63, 113, 367
馴化　2, 63
循環経路　331
瞬間死亡率　259
瞬間出生率　259
瞬間成長速度　259
純光合成生産量　227
純生態系 CO_2 交換量　387
純生態系生産　351
純増加率　210
純バイオーム生産量　387
純無機化速度　336
枝葉　361
硝化細菌　336
硝酸塩　264
硝酸化成　139
硝酸還元酵素　121
蒸散速度　55, 64
硝酸態　139
消失過程　259
蒸発散速度　289
照葉樹二次林　255
照葉樹林　39
常緑荒原　40
常緑性　84
常緑多年生草本　193
植生　296
植生科学　297
植生図　305, 312
植物遺体　373
植物群集　296
植物社会学　303
ショック効果　369
ショ糖リン酸合成酵素　368
序列化　305

自律性　111
シロイヌナズナ　195
シロツメクサ　193
進化　2
　生活史の──　190, 197
新規植林　383
シンク　116, 367, 378
真性二年草　203
浸透圧ストレス　137
浸透圧調整　151
針葉樹林　39
信頼区間　249
森林減少　383
森林構造仮説　281

推移確率　215
推移行列モデル　214
数理モデル　267
スクロースホスフェイトシンターゼ　143
ステップ　40
ストロン　193

生活史　156, 189, 232
　──の進化　190, 197
西岸海洋性気候　34
正規化植生指数　316, 379, 385
正規分布　243
制限要因　368
生産　24
生産過程　260
正準分析　309
生存曲線　209
生存スケジュール　190
生態系　260
生態系一次生産量　377
生態遷移　355
成長解析　103
成長効率　142
成長呼吸　27
成長速度　244
生得的休眠　194
性表現　158
生物固定　335
生物的要因　1
生命表解析　209
生命表反応テスト　220
生理過程　260
生理的統合　108
赤外線ガス分析器　363
積算相対優占度　299

426 索引

世代期間　210
世代交代　8, 377
節　89
石灰質土壌　136
節間　89
節間長　389
節単位　115
セルロース　380
遷移　299
潜在自然植生　310
潜在的占有面積　254
選択効果　265
選択的中絶仮説　169
選択的養分吸収　118
全地球測位システム　317
全天写真　83
潜熱　385
占有面積　254

総一次生産　24
相互作用　243
相互遮蔽　116
相互被陰　88
走出枝　108, 193
増殖率　197
叢生草原　40
相対成長　105
相対成長関係　367
相対成長速度　103, 244
相対成長量　142
相対成長量法　389
相補効果　265
草本植物　107
促進効果　303
側方分裂組織　10
ソース　367, 381, 382
ソース・シンク均衡　367
ソース・シンク単位　115

タ　行

大域的に安定　274
耐陰性　99
対応分析　308
タイガ　362, 388
耐乾性　390
大気飽差　55
対称型二階差分図　252
対称の競争　243
対数級数モデル　288
対数正規分布　243, 244

対数正規モデル　288
耐凍性　363
太陽光　81
太陽高度　87
太陽定数　19
対立遺伝子　177
多回繁殖型多年生草本　192, 229
他家受粉　160
タカネツメクサ　191
他殖　160
脱エポキシ化　386
脱窒　336
多年生草本　107, 197
単位性　10
短期応答　47
貯蔵　194
短枝　98
炭水化物　379
単性花　159
弾性分析　219, 221
炭素安定同位体組成比　76
炭素固定効率　373
炭素収支　377
炭素蓄積量　380
炭素/窒素比　121
炭素分布　324
炭素/ミネラル比　323
短波　19
短波放射　32
弾力性　220

遅延繁殖　200
地下茎　108
地下部　100
地球温暖化　361
地形系列　299
チゴユリ　192
地質学的遷移　355
地上部移行性　132
地上部/地下部率　381
地生態学　298
地中海性気候　34
窒素固定菌　374
窒素固定細菌　335
窒素固定能　140
窒素酸化物　363
窒素沈着　363
窒素濃縮機能　144
窒素の循環　334, 376
窒素利用効率　67, 140, 142
着生植物　102

中規模攪乱仮説　290
中勢木　251
抽だい　204
虫媒花　90
超音波風速計　385
長期応答　63
長期生態学研究　301
超高木　39
長枝　98
長日日長　204
超出木　39
頂端分裂組織　10
長波　19
直接環境勾配分析　307
直達光　82
貯蔵　194
チョルノジョーム　35
地理情報システム　316
チロース　371
沈殿型循環　334

通導器官　96
ツツジ型菌根　148
積み上げ法　26, 379, 380
つる植物　102
ツンドラ　35, 40

低温刺激　204
逓減率　287
　気温の——　33
定常分布　255
泥炭　35
低木　109
低リンストレス　149
適応　1
適応度　2, 190, 196
　——の尺度　190
適合度　305
デモグラフィー　208
テルペン類　377
電子伝達系　43
天頂角　86

同位体分別　16, 76
投影　217
同化箱法　381
同化量　25
導管　11, 96
統合中立理論　275
同時出生群　209, 211
凍土　388, 391

索　引

凍土融解　391
等比級数モデル　288
特性方程式　273
土壌呼吸速度　381
土壌シードバンク　194
土壌食者　345
土壌断面　327
土壌窒素　353
土壌凍結　390
土壌動物　343
土壌微生物　343
土壌有機炭素　373
土壌有機物　324, 328
トチノキ　193
ドナン自由相　130
トポシークエンス　299
トレードオフ　2, 100, 227

ナ　行

内生菌　140
内的自然増殖率　202, 208, 213, 224
内部循環　341
ナデシコ目　133
ナトリウム　130
難分解性有機物　334
難溶性無機リン酸　138

二酸化硫黄　363
二次鉱物　337
二次代謝産物　347
日照時間　82
日中低下　55
二年生草本　191, 197
任意交配　162

根　116
　　——の現存量　329
ネクロマス　344
根-地上部相互関係　117
熱収支ボーエン比法　385
熱帯季節林　39
熱帯山地林　39
熱帯収束帯（域）　32
熱帯多雨林　292
熱帯低地多雨林　262
ネット方式　381
熱放散　58
粘土鉱物　135, 334
粘土腐植複合体　334

年輪解析　256

囊状体　148
囊状毛　137
能動輸送　119

ハ　行

葉　81
バイオマス　364, 372
配偶体　9
培地濃度依存吸収　124
パイプモデル　97, 257
ハーゲン-ポアゾイユの式　12
発芽時期　196
パッチ　297
パッチクランプ法　153
ハドレー循環　32
花　90
バーナリゼーション　204
ばらつき（成長速度の）　244
春植物　84
反作用　2
繁殖価　220, 224, 226
繁殖開始齢　197
繁殖行列　216
繁殖曲線　209
繁殖コスト　226
　　当座の——　227
繁殖スケジュール　190
繁殖成功度　210
繁殖戦略　223
繁殖努力　227
繁殖の成功　90
繁殖分配　227
繁殖臨界サイズ　207
繁殖齢　202
反復平均法　308

被圧木　251
ビオトープ　320
光　81
　　——の獲得　81
　　——の透過率　83
光化学反射指数　385
光-光合成曲線　47
光呼吸　45, 49, 143, 365
光呼吸能　143
光順化　67
光阻害　57, 86
光防御機構　58

光補償点　48, 99
光利用効率　386
光量子　17
微気象観測　384
日呼吸　57
被食防衛　372, 376
ヒース　40
ヒストグラム　243
微生物活性　375
非生物的要因　1
微生物バイオマス　374
非線形モデル　273
非対称的競争　243
肥大成長　371
左固有ベクトル　220
必須元素　119, 220
被度　299
一山型分布　243
非平衡理論　276
ビロードモウズイカ　206
貧栄養　376
びん首効果　182

フィトクロム　93
フィトマー　115
フィトン　115
フィトン説　115
フィンボス　289
風化　16
風媒花　90
フェニルアラニン　377
フェノール類　376
フェーン　33
フクド　189
部材　361
腐植　35, 334, 373
腐植食　345
腐植層　327
ブタクサ　196
二山化　243, 246, 250
二山型分布　246
物質循環　326
物質分配　104
物理的風化　337
不動化　335
負の制御　368, 374
腐葉層　327
フラクタル次元　240
フラックス　383, 387
フラックス観測　384
フロンガス　4

分解　326
分解者群集　322
分割法　306
分節構造　10
分布密度関数　244
分裂組織　10

平均占有面積　239
平衡点　273
平衡理論　276
閉鎖花　161
偏西風　34
変動係数　243

ポアソン分布　248
貿易風　34
防御物質　347
胞子体　9
放射乾燥度　38
放出源　382
ボーエン比　385
補償点　49
ホスホエノールピルビン酸カルボキシラーゼ　15, 143
ホスホグリセリン酸　366
ポドゾル　35

マ 行

マイクロサテライトマーカー　176
埋設バック法　336
埋土種子　192
マクロ・ファウナ　374
曲げモーメント　93
マスフロー依存吸収　124
マメ科　144
マンネングサ　191

右固有ベクトル　220
幹直径−樹高曲線　247
水ストレス　61
水ポテンシャル　5, 62
水利用効率　66, 368, 370
ミッシング・シンク　378
密度依存性　235, 260
密度効果の逆数式　236, 255, 258
ミトコンドリア　46, 143
ミトコンドリア呼吸　45
ミネラル層　327

無機化　326
無機態窒素　353
無機リン　366
無性花　160
メタ群集　275
メタ個体群　275
メバロン酸合成系　377

毛管力　12
木本植物　107
モジュール　361
　　──の繰り返し　10
モジュール構造　103, 106
モリソル　35
モンスーン　34

ヤ 行

ヤマイモ　192

有機酸代謝機能　144
有機酸分泌　147
有機態炭素　326
有機態リン　338
有効集団サイズ　182
有効土層　382, 388
優勢木　251
優占度　299
誘導休眠　194
有用元素　119, 121

葉群　70, 382
葉群光合成　70
葉群光合成モデル　71
葉鞘　367
溶脱　38, 336
葉肉細胞　15, 74
葉肉細胞コンダクタンス　53
養分ストレス　131
葉面積指数　70, 73, 381
葉面反射率　386
葉緑体　43

ラ 行

落葉広葉樹林　39
落葉性　84
ラメット　108, 192
ラン型菌根　148
ランタニド　134

ランダム分布　248

力学系　273
リグニン　150, 348, 371, 376
リグニン代謝　150
リグニン/窒素比　333
リザーブ仮説　171
離散モデル　259
リター　326, 341, 362, 373
リター供給速度　286
リタートラップ　26
リターバック法　331
リター量　380
律速　47
リービッヒ要素樽　361
リボヌクレアーゼ　147
リモートセンシング　314, 385
両掛け戦略　166
量子収率　48, 75
両性花　158
量的防御　376
両方向競争　243, 258
林冠　84, 383
林冠ギャップ　82
リンゴ酸脱水素酵素　146
リン酸　337
リン酸トランスポーター　148
リン酸分解酵素　338
リンの循環　337

類似度指数　306

齢別出生率　209
齢別生存率　209
レッドフィールド比　323
連続の式　259
連続モデル　259

老化　69
ロジスティック曲線　105
ロジスティック式　236
ロジスティック成長　255
ロスビー循環　34
ロゼット　198

ワ 行

歪度　243

欧文索引

acclimation　2, 63
action　2
active transport　119
adaptation　1
aerial seed bank　194
age specific fertility　209
age specific survivorship　209
agglomerative method　306
air chamber　7
Alas　390
alkaline soils　136
allometry　105, 367, 379
alpine meadow　40
APase　147
apical meristem　10
arbuscule　148
ARD 活動　383
association　303, 304
asymmetric competition　243
autonomy　111

bending moment　93
beneficial elements　121
bet-hedging-strategy　166
biomass　326
biotope　320
bottle-neck effect　182
broad-leaved deciduous forest　39
broken stick model　288
brown forest soil　35
buckling　91
buried-bag 法　336

C_4 植物　15, 74
calcareous soils　136
CAM 光合成　78
CAM 植物　365
canopy gap　82
carboxylation　44
chernozem　35
chronosequence　299
classification　305
clonal growth　108
cluster root　146
C/N 比　121, 333, 374
CO_2 施肥　364
CO_2 フラックス　383, 387

CO_2 放出　381
coefficient of variation　243
cohort　209, 211
Corioli 力　34
community　262, 296
competitive exclusion principle　269
coniferous forest　39
continuity equation　259
COP3　381
correspondence analysis（CA）308
cost-benefit analysis　64
cost of current reproduction　227
coverage　299
crassulacean acid metabolism　365
cumulative relative dominance　299

day respiration　57
decomposition　326
demography　208
density dependence　235
desert　40
detrended correspondence analysis（DCA）309
direct gradient analysis　307
Dirichlet モザイク　249
distribution and abundance　189
divisive method　306
dominance　299
Donnan free space　130
down regulation　368
dynamical system　273

ecosystem-engineer　345
ecotone　303
ecotope　297
elaiosome　175
elasticity　220
emergent　39
environment　1
environmental gradient　298
equilibrium point　273
evenness　287

evolution　2

facilitation　303
factorial designs　221
facultative binennials　203
fertility curve　209
fidelity　305
finite rate of increase　212
Fisher の α 指数　287
fitness　2, 188
forest architecture hypothesis　281
formation　305
free air CO_2 enrichment（FACE）365, 368, 372
fymbos　289

gaseous cycle　334
gene diversity　178
genet　108
genetic drift　180
geoecology　298
geographic information system（GIS）316
geometric series model　288
Gini の指数　243
global positioning system（GPS）317
globally stable　274
gradient analysis　307
gross photosynthetic rate　24
gross primary production　24

Hadlay 循環　32
Hagen-Poiseuille の式　12, 371
Halophytes　131
hard-leaved forest　39
Hardy-Weinberg の法則　177
heath　40
hemispherical photograph　83
herb　107
homeostatic adjustment　368
humus　35, 373

immobilization　335
importance value　299
inbreeding coeffcient　179
inbreeding depression　162

indirect gradient analysis 307
individual based model 207
induced dormancy 194
innate dormancy 194
intermediate disturbance
　　hypothesis 290
intrasystem cycling 341
intrinsic rate of natural increase
　　210
island biogeography 319
iteration 10

L 関数 249
landscape 296
landscape ecological map 320
landscape ecology 296
landscape element 297
lateral meristem 10
laurel-leaved forest 39
leaching 38
leaf area index (LAI) 70, 73,
　　373, 381
leaf area ratio (LAR) 103
leaf canopy 70
leaf mass ratio (LMR) 104
Liebig の無機栄養説 119
Liebig 要素樽 361
life history 156
Life Table Response Experiment
　　(LTRE) 220
lifetime reproductive success
　　210
light use efficiency (LUE) 386
lignfication 360
Lindeman 比 25
locally stable 273
locally unstable 273
log series model 288
logistic curve 105
lognormal model 288
long shoot 98
long-term ecological research
　　(LTER) 301
long-term response 63
long wave 19
lottery hypothesis 277

macro fauna 374
male function hypothesis 171
meristem 10
meta community 275

meta population 275
midday depression 55
minimum viable population
　　(MVP) 180
missing sink 378
MNY 法（穂積の）244
modular structure 10
mollisol 35
monsoon 34
mycorrhizal fungi 148

natural-selection 2
needle-leaved forest 39
net assimilation rate (NAR)
　　103
net biome productivity (NBP)
　　387
net ecosystem CO_2 exchange
　　(NEE) 387
net ecosystem productivity
　　(NEP) 351, 381
net mineralization rate 336
net photosynthetic rate 24
net primary production (NPP)
　　24, 380
net reproductive rate 210
node unit 115
non-equilibrium theory 276
normalized difference vegetation
　　index (NDVI) 316, 379,
　　385

O_2 発生型の光合成 4
occluded fraction 338
one-sided competiton 242
open top chamber (OTC)
　　364, 368, 372
optimal scaling 308
ordination 305
original vegetation 310
oxygenation 45

P/O 比 166
passive transport 119
patch 297
patch clamp method 153
peat 35
PEPCase 15, 143, 365
persistent seed bank 194
photochemical reflectance
　　index (PRI) 385

photoprotective mechanisms
　　58
photosynthetically active photon
　　flux density (PFD, PPFD)
　　23
photosynthetically active
　　radiation (PAR) 23
physiological integration 108
phytochrome 93
phytomer 115
phyton 115
phyton theory 115
phytosociology 303
pipe model 97
Planck の分布則 19
plant community 296
plant sociology 303
plasticity 236
P/O 比 166
podsol 35
pollen limitation 170
potential natural vegetation
　　310
preference 118
project 217
pseudo-annuals 192

rain-green forest 39
ramet 108
randam designs 222
reaction 2
reaction wood 94
reciprocal averaging (RA)
　　308
redfield ratio 323
regression designs 222
relative growth rate (RGR)
　　103, 244
remote sensing 314
reproductive allocation 227
reproductive effort 227
reproductive index 229
reproductive strategy 223
reproductive value 220, 224
reserve 194
reserve hypothesis 171
residual reproductive value
　　227
resource 82
resource limitation 170
resource use efficiency 66

索　引

respiration rate　24
RNase　147
root/shoot 比　330
root apical meristem（RAM）
　　11
Rosby 循環　34
Routh-Hurwitz 条件　273
Rubisco　14, 44, 49, 74, 365

saddle point　273
saline soils　136
savanna　40
savanna woods　39
sclerophyllous forest　39
secondary mineral　337
sedimentary cycle　334
selective abortion hypothesis
　　171
self-compatibility　163
self-incompatibility　163
self-thinning　237
selfing rate　185
sensitivity　219
shade tolerance　99
Shannon-Wiener の情報量指数
　　288
shoot　85
shoot apical meristem　11
short shoot　98
short-term response　47
short wave　19
shrub　109
similarity index　306

Simpson の指数　288
sink　116
S/O 比　170
soil organic carbon（SOC）
　　373, 388
soil profile　327
soil seed bank　194
solar constant　19
Sørensen の類似度指数　306
source-sink 単位　115
species diversity　287
species richness　287
specific leaf area（SLA）　104
spring ephemeral　84
stable age structure　211
stable isotope　76
Stefan-Boltzmann 定数　19
steppe　40
stress　94
strict bienials　203
succession　299
sucrose-phosphate synthetase
　　（SPS）　143, 368
summer-green forest　39
survivorship curve　209
symmetric competition　243

tall herbage　40
TCA サイクル　145, 147
threshold size for flowering
　　206
toposequence　299
T/R 率　381

trade wind　34
trading off　2
transient seed bank　194
transition period　369
transporsed matrix　219
tropical montane forest　39
tropical seasonal forest　39
tundra　35, 40
tussock grass land　40
two-sided competition　243

unified neutral theory　275
uniform stress hypothesis　94
unitary　10
upper basal area　257

vapour pressure deficit　55
vascular cambium　11
vegetation　296
vegetation map　305, 312
vegetation science　297
vegetative reproduction　108
vernalization　204
vesicle　148
vesiculated hair　137
vital rates　216

water-water サイクル　59
weighting average　308
westerly wind　34
woody plant　107

著者代表略歴

甲 山 隆 司
1954年　東京都に生まれる
1983年　京都大学大学院理学研究科博士課程修了
現　在　北海道大学大学院地球環境科学研究科教授
　　　　理学博士

植 物 生 態 学 ─ Plant Ecology ─　　定価はカバーに表示

2004年12月10日　初版第1刷
2018年 6月25日　　　第6刷

著者代表　甲　山　隆　司
発行者　朝　倉　誠　造
発行所　株式会社　朝　倉　書　店
　　　　東京都新宿区新小川町 6-29
　　　　郵　便　番　号　162-8707
　　　　電　話　03(3260)0141
　　　　FAX　03(3260)0180
　　　　http://www.asakura.co.jp

〈検印省略〉

© 2004〈無断複写・転載を禁ず〉　　東京書籍印刷・渡辺製本

ISBN 978-4-254-17119-8　C 3045　　Printed in Japan

JCOPY　〈(社)出版者著作権管理機構 委託出版物〉

本書の無断複写は著作権法上での例外を除き禁じられています．複写される場合は，そのつど事前に，(社)出版者著作権管理機構（電話 03-3513-6969, FAX 03-3513-6979, e-mail: info@jcopy.or.jp）の許諾を得てください．

好評の事典・辞典・ハンドブック

火山の事典（第2版）	下鶴大輔ほか 編	B5判 592頁
津波の事典	首藤伸夫ほか 編	A5判 368頁
気象ハンドブック（第3版）	新田 尚ほか 編	B5判 1032頁
恐竜イラスト百科事典	小畠郁生 監訳	A4判 260頁
古生物学事典（第2版）	日本古生物学会 編	B5判 584頁
地理情報技術ハンドブック	高阪宏行 著	A5判 512頁
地理情報科学事典	地理情報システム学会 編	A5判 548頁
微生物の事典	渡邉 信ほか 編	B5判 752頁
植物の百科事典	石井龍一ほか 編	B5判 560頁
生物の事典	石原勝敏ほか 編	B5判 560頁
環境緑化の事典	日本緑化工学会 編	B5判 496頁
環境化学の事典	指宿堯嗣ほか 編	A5判 468頁
野生動物保護の事典	野生生物保護学会 編	B5判 792頁
昆虫学大事典	三橋 淳 編	B5判 1220頁
植物栄養・肥料の事典	植物栄養・肥料の事典編集委員会 編	A5判 720頁
農芸化学の事典	鈴木昭憲ほか 編	B5判 904頁
木の大百科［解説編］・［写真編］	平井信二 著	B5判 1208頁
果実の事典	杉浦 明ほか 編	A5判 636頁
きのこハンドブック	衣川堅二郎ほか 編	A5判 472頁
森林の百科	鈴木和夫ほか 編	A5判 756頁
水産大百科事典	水産総合研究センター 編	B5判 808頁

価格・概要等は小社ホームページをご覧ください．